積體電路製程技術與品質管理

葉文冠　陳柏穎　翁俊仁　著

東華書局

國家圖書館出版品預行編目資料

積體電路製程技術與品質管理 / 葉文冠, 陳柏穎, 翁俊仁著. -- 初版. -- 臺北市 : 臺灣東華, 民 100.09

368 面 ; 19x26 公分

ISBN 978-957-483-670-3 (平裝)

1. 積體電路

448.62　　　　　　　　　　　　　　100016753

積體電路製程技術與品質管理

著　　者	葉文冠　陳柏穎　翁俊仁
發 行 人	陳錦煌
出 版 者	臺灣東華書局股份有限公司
地　　址	臺北市重慶南路一段一四七號三樓
電　　話	(02) 2311-4027
傳　　眞	(02) 2311-6615
劃撥帳號	00064813
網　　址	www.tunghua.com.tw
讀者服務	service@tunghua.com.tw
門　　市	臺北市重慶南路一段一四七號一樓
電　　話	(02) 2371-9320
出版日期	2011 年 9 月 1 版 1 刷
	2018 年 9 月 1 版 3 刷

ISBN　　978-957-483-670-3

版權所有　‧　翻印必究

自　序

　　台灣半導體產業由於高品質的人力資源與產官學研的良性合作等因素，已具備完整的產業供應鏈與群聚效應，發展其獨特的優越性，為台灣經濟史上創造不少奇蹟，除了帶動電子資訊業的蓬勃發展外，也讓台灣在世界舞台上擔任舉足輕重的角色。正因為半導體技術突飛猛進，也讓國內呈現許多半導體相關資訊與參考書籍。然而，觀察坊間半導體相關書籍資訊難易不一，並非完全針對欲進入半導體製造領域之人士所設計。另一方面，針對其他行業背景但對半導體製造有興趣的人員以及相關在校學生，並無合適的入門參考書籍可參考，因此激發本人撰寫一本結合半導體元件開發與半導體製造之參考書的願景。

　　本書以元件設計及製程工程師之觀點來寫作，編排章節與一般市面半導體相關書籍不同，共近四百頁，主要以半導體元件設計理念與相關半導體工程觀點為內容。適合讀者包括半導體等相關高科技產業的新進人員，以及對半導體產業有興趣的學生和社會人士使用。本書的產生，有些是我在 IC 產業界累積的觀察心得，有些是我教學與學生討論激盪所產生的結論，有些則是我閱讀國內外書籍的心得，我希望這些觀點，能夠帶給讀者一些幫助。本書內含十二章，將半導體的製造技術分為前段製程與後段製程，以製造理想元件作為論述之重點，配合相關製程來敘述如何整合為架構，並詳述各製程相關模組所扮演的角色以及如何做好所需之相關設備與製程需求。另外

針對半導體廠所需評估之品質管理 (Quality Management) 與統計製程管制 (Statistical Process Control) 將分別敘述於第十一與十二章。本書儘量以半導體製造實務上面臨之困難與可能解決方法來說明，讓學員能夠充分了解目前半導體製造技術之發展趨勢，提升讀者閱讀的興趣，也可提供半導體工程師作為一參考手冊。

　　本書內容涵蓋技術與管理，包羅萬象，此書的完成要感謝翁俊仁教授與陳柏穎教授在部分章節與相關資料的提供，才能順利將本書付梓。半導體產業是發展快速的產業，本書疏漏之處在所難免，謹在此期盼諸位先進，不吝指教，廣為建言。

　　最後要感謝高雄大學提供我一個可發揮的環境，此校園乃我從一創校就一起成長之土地，一草一木皆令我感動，以及我的同事、朋友、學生們的協助與鼓勵。

　　謹以此書獻給我親愛的父母、太太先樂與女兒佳欣，感謝他們無私的容忍與支持。

葉文冠
一〇〇年七月於國立高雄大學

目　次

自　序　iii

第一章　導　論　1

1.1　半導體元件分類　2

1.2　半導體發展史　8

1.3　半導體應用與相關產品　10

1.4　半導體產業　11

習　題　13

第二章　半導體材料　15

2.1　半導體材料　15

    2.1.1　元素半導體　17

    2.1.2　化合物半導體　17

    2.1.3　氧化物半導體　19

    2.1.4　非晶質半導體　20

2.2　矽半導體　20
　　　　2.2.1　矽原子結構　20
　　　　2.2.2　能　帶　22
　　　　2.2.3　本質半導體　24
　　　　2.2.4　半導體摻雜　24
　　2.3　矽晶圓空片製造　28
　　　　2.3.1　晶圓處理製程　29
　　2.4　矽晶圓清洗與潔淨室　34
　　　　2.4.1　晶圓雜質之去除　36
　　　　2.4.2　晶圓之清洗方式　39
　　習　題　40

第三章　半導體元件　41

　　3.1　半導體元件結構　41
　　　　3.1.1　MOSFET 結構　41
　　3.2　半導體元件特性　43
　　　　3.2.1　$p\text{-}n$ 接面特性　43
　　　　3.2.2　雙極性元件　47
　　　　3.2.3　單極性元件　50
　　3.3　MOSFET 結構發展與縮小化設計　59
　　習　題　64

第四章　元件隔離技術　65

　　4.1　元件隔離　65
　　4.2　傳統局部氧化隔離技術　68

4.2.1　局部氧化隔離製造程序　69

4.2.2　淺溝槽隔離技術　71

4.3　反階梯位井工程　75

習　題　78

第五章　薄膜製程技術　79

5.1　薄膜沈積機制　81

5.2　薄膜沈積技術　82

5.2.1　物理氣相沈積　82

5.2.2　化學氣相沈積　88

5.2.3　磊　晶　97

5.3　氧　化　103

5.3.1　閘極介電層特性需求　105

5.3.2　高介電常數絕緣材料　107

5.3.3　閘　極　107

5.4　導電層間的絕緣　109

5.4.1　矽石玻璃　109

5.4.2　硼磷矽玻璃　110

5.4.3　高密度電漿　110

習　題　113

第六章　摻雜製程技術　115

6.1　摻　雜　115

6.1.1　擴　散　119

6.1.2　離子佈植　119

6.2　基板摻雜　123

6.2.1 位井的形成　123
6.2.2 通道的形成　124
6.3 源/汲極摻雜與汲極工程　127
6.3.1 源/汲極區域提高工程　129
6.3.2 淺接面工程　130
6.3.3 後續熱退火　132
習題　135

第七章　微影製程技術　137

7.1 微　影　137
7.2 光　阻　141
7.3 解析度與景深　146
7.4 光　源　148
7.5 光　罩　150
7.6 光學機台　151
7.7 新型微影製程技術　155
7.7.1 先進光阻　156
7.7.2 解析度改善技術　158
7.7.3 離軸照明　159
7.7.4 相偏移光罩　160
7.7.5 光學鄰近修正術　161
7.7.6 浸潤式微影　162
7.7.7 電子束微影　164
習題　167

第八章　蝕刻製程技術　169

8.1 蝕刻製程　169
　8.1.1　濕式蝕刻　170
　8.1.2　乾式蝕刻　171

8.2 濕式蝕刻的應用——不同蝕刻材料　174
　8.2.1　矽的濕式蝕刻　174
　8.2.2　二氧化矽的濕式蝕刻　175
　8.2.3　氮化矽的濕式蝕刻　176
　8.2.4　鋁的濕式蝕刻　176

8.3 乾式蝕刻的應用——不同蝕刻材料　177
　8.3.1　絕緣層的乾式蝕刻　178
　8.3.2　複晶矽的乾式蝕刻　181
　8.3.3　金屬線：鋁及鋁合金的乾式蝕刻　183
　8.3.4　耐火金屬及其矽化物的蝕刻　186

8.4 蝕刻工程　186
　8.4.1　電　漿　187
　8.4.2　濺擊蝕刻　187
　8.4.3　電漿蝕刻　188
　8.4.4　反應性離子蝕刻　188
　8.4.5　電子迴旋共振式離子反應電漿蝕刻　190
　8.4.6　磁場強化反應性離子蝕刻　191
　8.4.7　光阻乾式去除　192

8.5 特殊結構　193
　8.5.1　無邊界接觸窗　193
　8.5.2　無對準管洞　194

8.6 製程導致損害　195
　8.6.1　巨觀負載效應　196

8.6.2 微觀負載效應 196

8.6.3 電漿導致損壞 198

習 題 200

第九章 元件製程設計 201

9.1 元件的設計法則 203

9.2 臨界電壓 204

9.2.1 閘極絕緣層 205

9.2.2 閘極漏電流 208

9.2.3 氧化層電荷 210

9.2.4 高介電常數閘極絕緣層材料 212

9.2.5 閘極材料 214

9.3 短通道效應 216

9.3.1 源／汲極工程 220

9.3.2 基板工程 220

9.3.3 通道高電場效應 221

9.4 深次微米元件設計 224

9.4.1 元件遷移率增強技術 225

9.4.2 新元件設計 231

9.4.3 MOSFET 元件設計瓶頸 238

習 題 240

第十章 IC 後段製程 241

10.1 金屬連線架構 242

10.2 金屬化需求 243

10.3 金屬化製程技術 245

    10.3.1 金屬尺寸縮小 245

    10.3.2 改變金屬化材料 245

  10.4 金屬化結構演進 248

  10.5 金屬材料發展 251

  10.6 低介電質絕緣材料 255

  10.7 銅金屬化製程整合 257

  習 題 259

第十一章 半導體製程之品質管理 261

  11.1 半導體產業實施品質管理的必要性與重要性 261

    11.1.1 產品品質的定義 266

    11.1.2 產品成本與品質的關係分析 268

    11.1.3 產品品質的發展歷程 270

  11.2 全面品質管理的意義與重要性 275

    11.2.1 全面品質管理的基本意義 276

    11.2.2 全面品質管理的實質內容 280

  11.3 全面品質管理的實施步驟 284

  11.4 全面品質管理實施後的好處 285

  11.5 全面品質管理與統計分析 287

    11.5.1 品質管理與統計分析的關係 287

  習 題 293

第十二章 統計製程管制 295

  12.1 統計製程 296

  12.2 管制圖應用 297

    12.2.1 PDCA運用 299

12.3 品質管制　300
12.4 常用品質管理工具　302
12.5 管制圖分類　309
12.6 異常處理系統介紹　310
　　12.6.1　OOC　310
　　12.6.2　OOS　311
　　12.6.3　OCAP　311
12.7 製程能力指數　311
習　題　317

附　錄　製程整合　319

參考書籍　331

半導體產業相關重要組織與協會　335

索　引　337

導 論

1.1 半導體元件分類
1.2 半導體發展史
1.3 半導體應用與相關產品
1.4 半導體產業

    本章目的在介紹半導體元件之種類與其所應用之相關電子產品,並敘述目前半導體產業之現狀與未來展望。

    積體電路 (integrated circuit, IC) 乃將各種精密複雜的元件 (device) 與線路 (circuit) 經由**半導體** (semiconductor) 工廠的製造積集於半導體**晶圓** (wafer) 表面而形成的整合電路。目前市場設計出來之電子產品,大多是以半導體 [尤其是矽 (Si) 半導體] 所製造而來,而由於**固態理論** (solid state theory) 的深入研究與**材料科學** (material science) 的積極發展,可以藉由半導體製造出體積小、密度高、功能強與價格便宜的電子元件,因此在短短的數十年內半導體技術迅速蓬勃發展,成為最具潛力的產業,所以在電子電機應用領域中,半導體材料扮演十分重要的角色。

    對積體電路而言,**矽金氧半場效電晶體** (silicon-based metal-oxide-semiconductor field effect transistor) 是最重要的**主動元件** (active device)。近年來,電子產業能持續不斷地蓬勃發展,其進步的原動力,在於金氧半電晶體尺寸可以不斷地縮小來改善**操作速度** (operation speed) 與元件消

耗功率 (power consumption)，電子元件的積集度與功能性也因此加強了許多。目前可以藉由半導體製造出各種高密度之記憶體及邏輯元件，如個人電腦、數位電玩、數位相機、介面卡……方面等產品。這些產品所需之半導體元件不外乎都要滿足低成本、高可靠度、快速存取時間和低功率消耗的需求。而這些需求可藉由降低元件尺寸以及提升製程技術來完成，因此隨著積體電路需求，晶圓製程技術已經是現今半導體科技業主要核心發展領域之一，而為因應未來半導體工業的快速成長，發展新的製程技術是無可避免的趨勢。

現有愈來愈多產品已經利用新的製程技術完成，在國內大廠如台積電 (tsmc)、聯電 (UMC)……等，已經進入**奈米級** (nano meter) 之量產技術範疇，也已進入**高介電常數材料** (high dielectric constant material) 與**金屬閘極** (metal gate) 製程時代的新紀元，然而晶圓製程技術在奈米金氧半電晶體的縮小化過程中會遇到許多問題與瓶頸 [例如漏電流與**可靠性問題** (reliability issue)]，製程上的考量與新技術發展也會面臨更多挑戰。

1.1　半導體元件分類

半導體元件分類大致如圖 1.1 所示。若以個別半導體元件 (device)

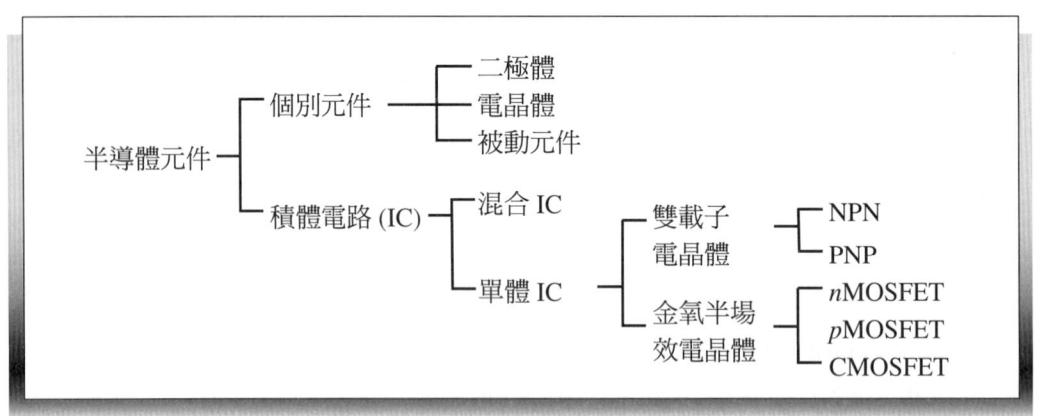

圖 1.1　半導體元件分類

來區分，可分為**二極體** (diode)、**電晶體** (transistor) 與**被動元件** (passive component)，而電晶體又可分為**金氧半場效電晶體** (metal-oxide-semiconductor field-effect transistor, MOSFET) 與**雙載子電晶體** (bipolar transistor) 兩種。若以**積體電路** (IC) 來分類，可分為只有一種電晶體組合成之 IC，稱為**單體 IC** (monolithic IC)，而由不同種電晶體組合而成之 IC 則稱為**混合 IC** (hybrid IC)。

半導體之產品項目很多且千變萬化，不同應用的相關產品也很多。IC 產品大致可分為四個種類，這些產品可細分為許多子產品，分述如下：

1. **記憶體 IC**：顧名思義，記憶體 IC 是用來儲存資料的元件，通常用在電腦、電視遊樂器、電子辭典等產品上。依照其資料的持久性 (電源關閉後資料是否消失) 可再分為揮發性、非揮發性記憶體；揮發性記憶體包括**動態隨機存取記憶體** (dynamic random access memory, DRAM)、**靜態隨機存取記憶體** (static random access memory, SRAM)，非揮發性記憶體則包含**罩幕式唯讀記憶體** (mask read only memory, mask ROM)、**可抹除且可程式唯讀記憶體** (erasable programmable read only memory, EPROM) 與**快閃記憶體** (flash memory)。

2. **微處理 IC**：指有特殊的資料運算處理功能的元件，包含三種主要產品：**微處理器** (micro processor) 指微電子計算機中的運算元件，如電腦的 MPU；**微控制器** (micro controller) 是電腦中主機與介面中的控制系統，如音效卡、影視卡……等的控制元件；**數位訊號處理** (digital signal processor, DSP) IC 可將類比訊號轉為數位訊號，通常用於語音及通訊系統。

3. **類比 IC**：複雜性低、應用面積大、整合性低、流通性高，通常用來作為語言及音樂 IC、電源管理與處理的元件以及**混頻** (mixed signal) 元件。

4. **邏輯 IC**：為了特殊資訊處理功能而設計的 IC (特殊功能 IC：ASIC)，目前較常用在數位電子、3D 遊戲機、多功能轉輸系統 [如**網路傳真機**

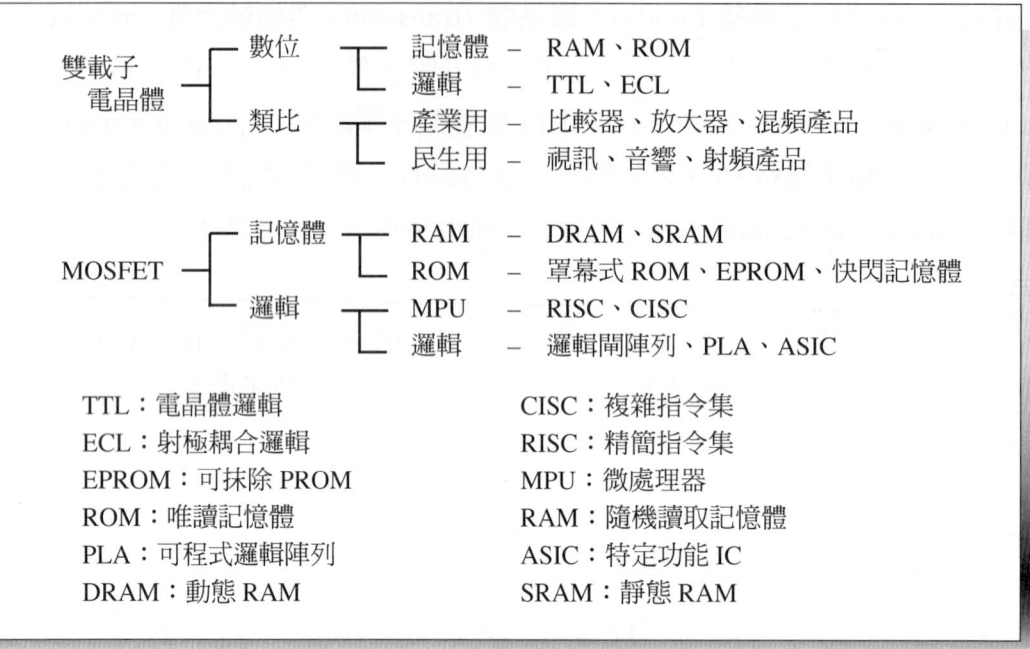

圖 1.2　積體電路分類

(fax-moden) 的功能模擬、筆式輸入的辨認]……等。

但若以功能性來看，積體電路相關產品大致上可分為**記憶體** (memory)、**類比** (analog) 與**邏輯** (logic) 產品。圖 1.2 即說明此類產品之分類。而每年國際半導體協會 (SIA) 也以 MPU 與記憶體兩大產品作為半導體發展之指標，圖 1.3 指出每二至三年半導體產品即呈倍數成長。以矽材料完成之 MOSFET 是 IC 線路中最重要之**主動元件** (active device)。MOSFET 之所以能成為主要元件的原因是因為它可以藉由元件尺寸之縮小來提升元件之速度，進而提升相關設計線路的表現與減少線路面積 (提升產量)，以滿足相關產品功能的要求。

表 1.1 所示為 MOSFET 的發展里程圖，過去近三十年來，元件縮小大致遵守**莫爾定律** (Moore's law)，且以每兩年縮小為 30% 之比率為原則來設計。因此 MOSFET 自 1970 年代早期開始發展 10 μm 尺寸，直到 2000 年時已有 0.13 μm MOSFET 製造之產品上市，而目前已進入次 0.1 μm (sub-100 nm) 世代，預計 2015 年將可完成 22 nm (0.022 μm) MOSFET。

第一章 導　論

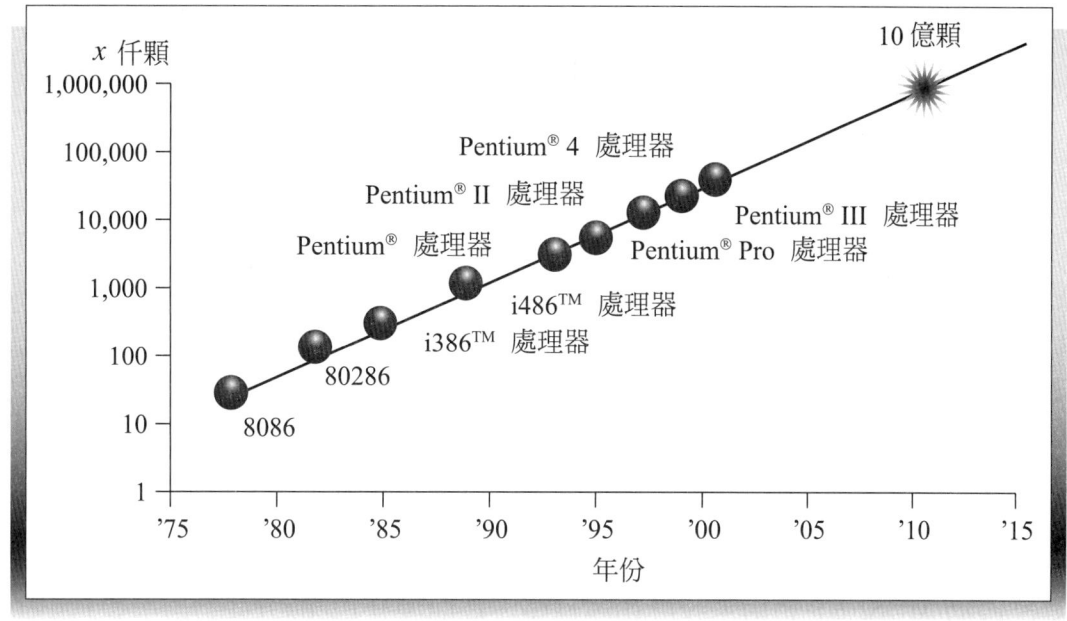

資料來源：Intel

圖 1.3　積體電路發展趨勢

表 1.1　MOSFET 發展里程圖

年份 參數	1986	1989	1992	1995	1997	1999	2001	2003	2005	2007	2010	2013	2016
技術節點 (μm)	1	0.7	0.5	0.35	0.25	0.18	0.13	0.10	0.08	0.065	0.045	0.032	0.022
閘氧化層厚度 (Å)	250	200	120	70	50	35	20	15~20	10~15	8~12	6~8	5~6	4~5
操作電壓 (V)	5	5	5	3.3	2.5	1.8	1.2	1.0	0.9	0.7	0.6	0.5	0.4
DRAM 容量 (位元)	256 K	1 M	4 M	16 M	64 M	128 M	256 M	512 M	1 G	4 G	16 G	64G	128G
運算頻率 (MHz)	< 33	66	150	350	750	1200	1600	2000	2200	2500	3000	3600	4500
晶圓尺寸 (mm)	150	150	200	200	200	200	300	300	300	300	400	400	400

由表 1.1 可見當元件縮小至 0.25 μm 以下時，即進入所謂深次微米的領域 (deep-submicron region)，此時閘極氧化層厚度少於 50 Å。因此許多因短通道效應 (short channel effect) 與閘極漏電流 (gate leakage) 所造成之元件退化 (device degradation) 已明顯發生。

圖 1.4 為 0.18 μm MOSFET 結構之 **SEM 剖面圖** [SEM: Scanning Electron Microscope (掃描式電子顯微鏡)]，而圖 1.5 則為 45 nm high-k/Metal gate MOSFET 結構之剖面圖，除了基板 (substrate) 變化外，明顯比較可知兩者並無顯著的差異。主要原因是 MOSFET 之結構已被沿用數十年，基本之特性已被研究清楚，因此元件設計者大多習慣性先縮小尺寸，在不改變 MOSFET 結構原則下，以替代材料或修正製程來改善元件因縮小化所產生之旁生效應 (side effect)。因此目前半導體製造廠仍舊以傳統 MOSFET 結構來設計相關線路，然而現在也開始面臨元件尺寸因縮

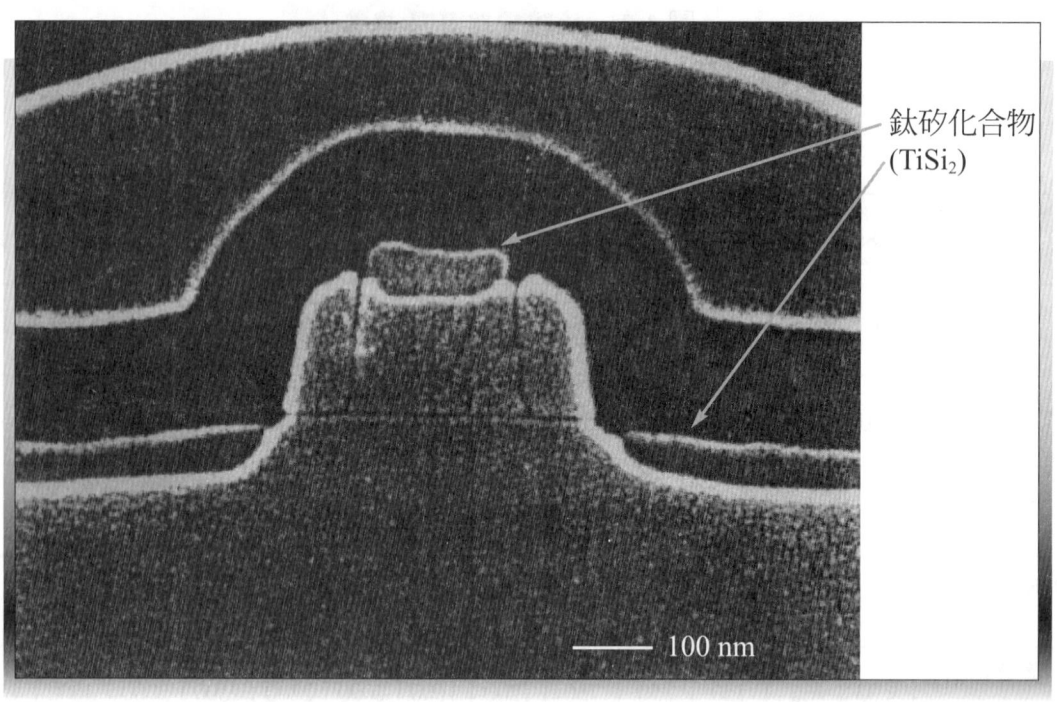

資料來源：UMC

圖 1.4 0.18 μm MOSFET 結構

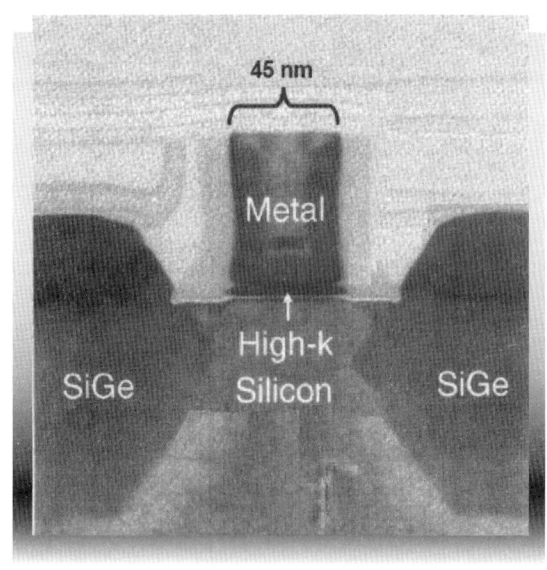

資料來源：Intel

圖 1.5 45 nm high-k/Metal gate MOSFET 結構

小到數個原子之臨界點所產生之元件**崩潰效應** (breakdown)，因此如何維持 MOSFET 結構但不會失去控制元件之能力，是目前元件設計者最重要的課題之一。

圖 1.6 所示為一般 IC 製作流程。IC 製作大致可分兩大主軸，一為 IC 電路製圖，二為晶圓製作。當電路設計師將線路設計出來後，即將線路圖案轉印至**光罩** (mask) 上，交給**晶圓代工廠** (foundry) 製作 IC；另一方面，半導體材料公司提供**矽晶圓空片** (pure wafer) 給代工廠作為 IC 的**基板** (substrate)，再經由半導體製造流程製出所需之 IC。而 IC 之製作過程是晶片經由**薄膜成長** (thin film)、**微影技術** (photo-lithography)、**蝕刻** (etching)、**離子摻雜** (doping) 四大**模組** (module) 等數百個步驟完成。當 IC 製作完成後再經由**晶圓針測製程** (wafer probing)，交由 IC 封裝公司進行**構裝** (packaging)、**測試製程** (initial test and final test) 等步驟，即可出貨。

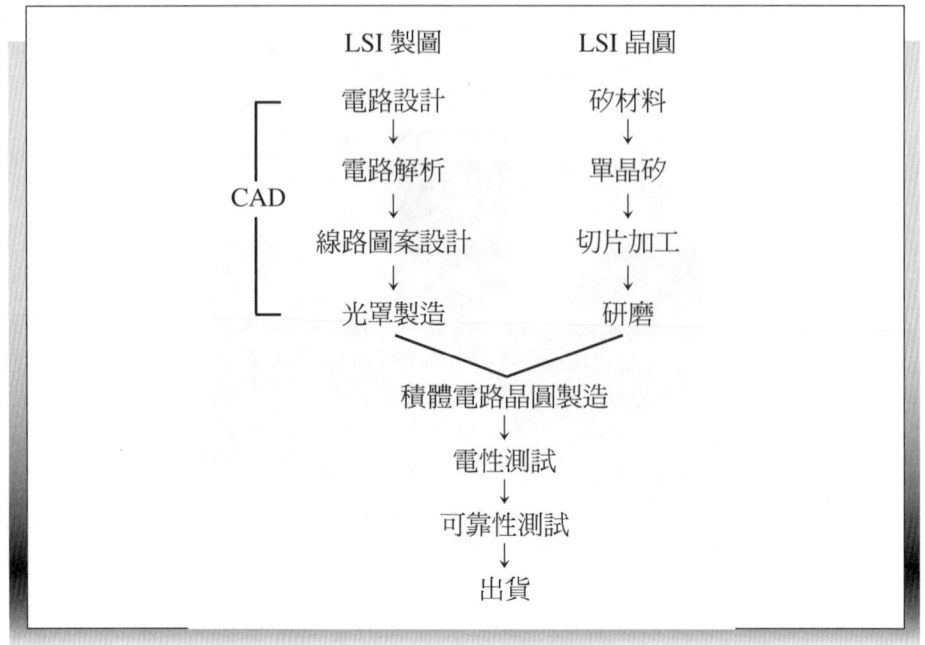

圖 1.6　積體電路製作流程

1.2　半導體發展史

　　半導體材料被應用在電晶體製作是由三位服務於美國貝爾實驗室 (IBM Bell Labs) 的科學家所完成，圖 1.7 為人類第一顆純固態 (solid state) 電晶體。1947 年巴定 (John Bardeen) 和同事布拉頓 (Walter Brattain) 發明了半導體三極體，一個月後，蕭克利 (William Schockley) 發明了 PN **接面二極體** (junction diode)，此三位科學家因發現電晶體效應共同獲得 1956 年諾貝爾物理學獎 (Nobel prize in physics) 的殊榮。之後美國主要大型電子公司，開始投入大量資金與人力致力於電晶體的研發，所謂積體電路 (IC) 則於 1960 年初被實現出來。近年來由於半導體製造技術日新月異，目前量產技術已進入 90 奈米 (nm) 世代，圖 1.8 為利用 45 奈米完成之 IC，已經擁有上億顆之電晶體，並採用**高介電常數** (high dielectric constant) 之介電材料，以及為了增加元件效能，選用金屬性之材質閘極來取代多晶矽閘極。

第一章　導　論　9

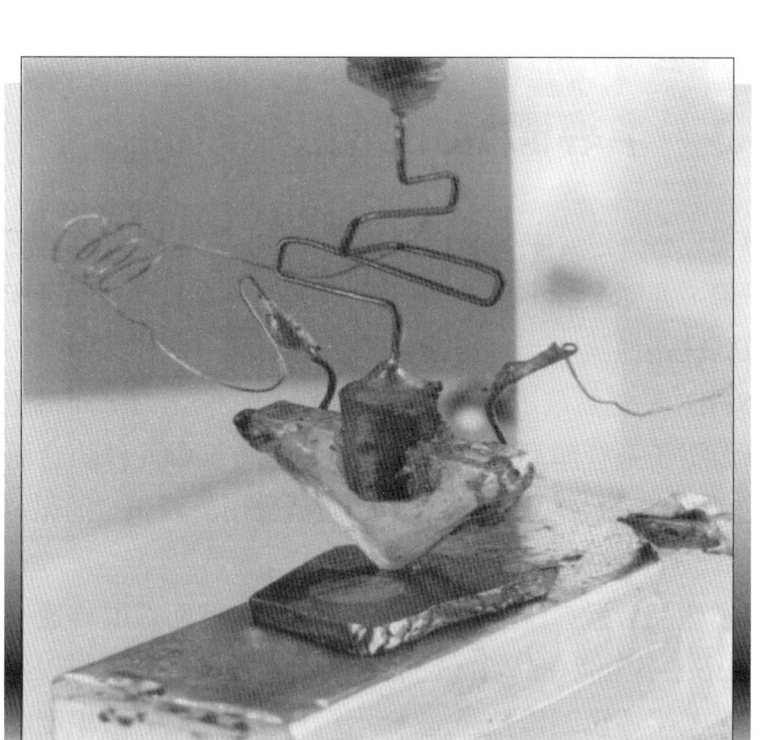

資料來源：Bell Labs, Lucent

圖 1.7 人類第一顆純固態電晶體

資料來源：Intel

圖 1.8 先進積體製程所製作之處理器

1.3 半導體應用與相關產品

　　半導體元件 (包含主動元件與被動元件) 的應用極為廣泛，同學在學習電子學、邏輯設計、計算機概論、微處理機、單晶片實作、電力電子學、電腦網路通訊、半導體雷射、光電子學……等課程中，都會接觸到。MOSFET 是整個電子零組件中，主動元件的主力，而電子零組件又是組成下游電子系統產品的主要部分，這些主被動元件組合而成積體電路 (IC) 是半導體產品的主要成員，IC 廣泛應用於資訊、通訊、消費性和其他各式電子產品。

　　微電子產品最近二十多年因半導體技術增進而進展神速，促使下游 IC 應用產品，不僅能在品質、性能方面有所提升，而且得以不斷推出新的產品。尤其半導體製程技術進入到深次微米時代，積集度已進入**超大型積體電路** (ULSI) 階段，再加上數位訊號處理技術的成熟等因素，已使諸多新近推出的電子產品，不易用傳統的資訊、通訊、消費性等應用領域加以區分，反而以 3C (computer、communication、consumer) 結合的產品型態居多。例如：**多媒體** (multimedia)、**個人數位助理** (personal digital assistant)、**互動電視控制器** (Set-Top Box)、電子遊戲機 (如 SONY 的 PSP，任天堂的 Wii 以及微軟公司的 XBOX) 等產品，既有資訊產品的特質，又有通訊或消費性產品的功能。不過為了介紹或分類上方便，一般外界仍將半導體的應用領域分成四大類，分別為資訊用、消費性電子、通訊用和其他類等，可參考圖 1.9 所示。就四大應用領域而言，資訊工業乃當今電子工業第一大產業，產品種類繁多，依其處理資料性質可分為電腦系統、資料儲存裝置、輸出入周邊和**辦公室自動化** (office automation, OA) 產品。在消費性電子產品的分類方面，則包括家電產品和視訊、音響等組成的消費性電子產品，在家庭自動化和數位化的潮流趨勢下，半導體被採用的比例則逐年增加。尤其電子玩具、電視 (子) 遊樂器等個人電子產品，在個人化趨勢下，已漸成為半導體在消費性電子產品領域的主要目標市場。至於在通訊應用方面，通訊技術的發展至少

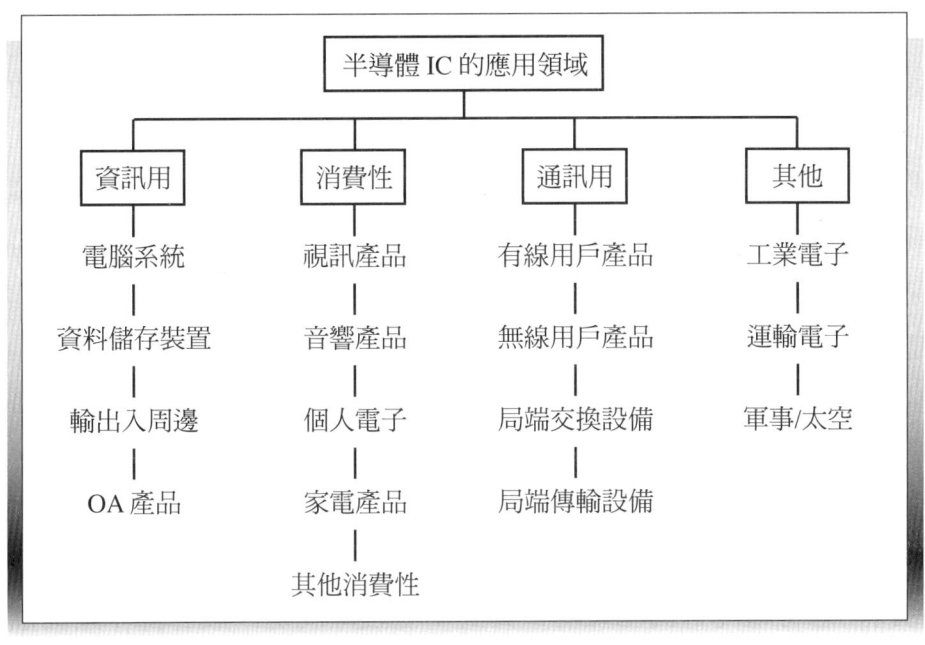

圖 1.9　半導體 IC 的應用領域

已經一百五十年以上，莫斯 (Morse) 當年於美國巴爾的摩和華盛頓間，架上第一條電報線路後，人類在通訊方面的努力，一直沒有間斷過。通訊產品依其技術和用途，可概分為有線用戶產品、無線用戶產品、局端交換設備和局端傳輸設備四大部分。其中局端設備和一般使用者關係較不直接，且全球市場為少數幾家主要通訊大廠所壟斷，系統產品附加價值並非來自零組件，半導體的使用比例並不高；而用戶端產品不管有線或無線，在輕薄短小的趨勢下，半導體使用比例逐年增加，遂成為眾多半導體業者努力的方向。另外其他如太空與軍事用所需之特殊功能 IC，則需特別訂做以符合其可靠性之要求。

1.4　半導體產業

　　台灣半導體產業有兩大特色，一個是垂直分工的產業組織，另一個是在產業製程分工上以製造為核心能力，如圖 1.10 所示為我國半導體的

產業結構,其優勢包括上下游產業鏈完整、專業分工配合度高、產業群眾效果顯著以及周邊產業完善等特色。而台灣半導體產業的特質乃以從事代工為主,包括邏輯 (logic) 和記憶體 (memory) 製造的專業代工。台灣半導體產業經過多年的努力,已交出漂亮的成績單,就半導體產業中最重要之關鍵產業:即 IC 設計、製造與封測,分別排名第二與第一且每年保持 12~15% 之成長率,可以預期未來台灣半導體產業技術仍具備相當的競爭力,可望繼續在世界半導體市場版圖保持一定的地位。

近半世紀來,台灣從無到有,成為全球第三大半導體與個人電腦產業的生產中心,一路走來,雖數度遭逢考驗,卻能持續成長繁榮,就是來自生活在這塊土地上人們的勤奮工作、積極上進、充滿彈性、吃苦耐勞;同時也代表我們對先進知識的努力追求,以及前瞻的經營遠見,讓台灣在惡劣環境下仍能成功;更簡單地說,就是一股源源不斷的前進力量。如今「微米」已不稀奇,先進國家都在朝向更進步的「奈米」時代前進,大家都在蓋十二吋晶圓廠,目前更朝向蓋十八吋晶圓廠邁進。如

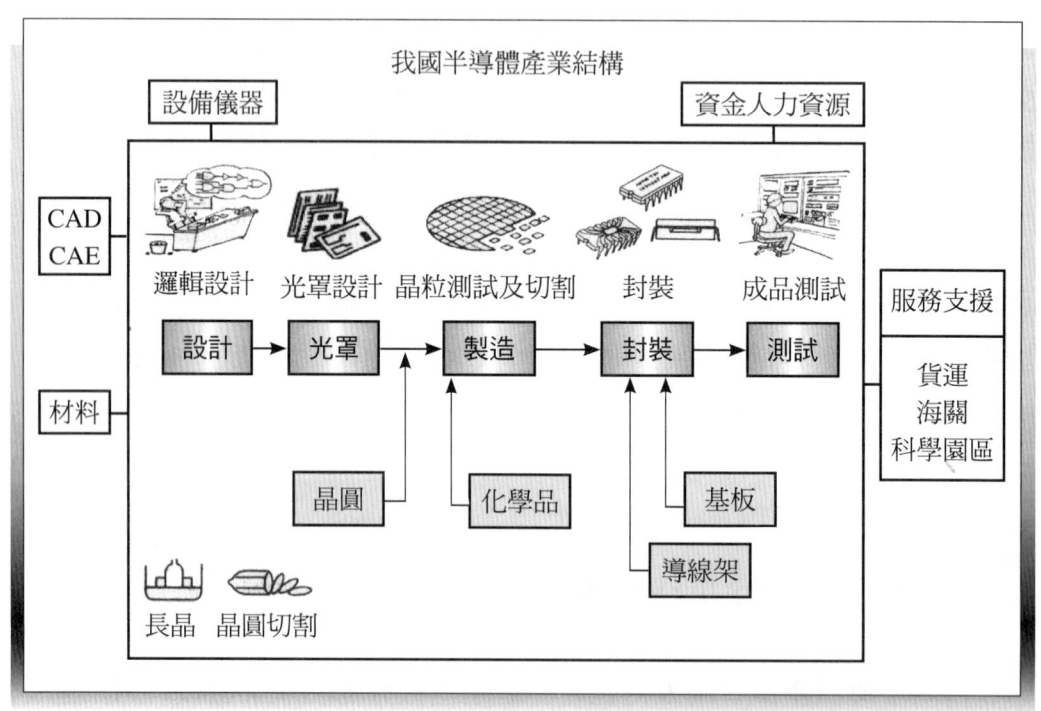

圖 1.10　專業分工創造台灣 IC 產業特有優勢

何創造有利的投資與生產環境，鼓勵國際與國內業者在台投資先進之晶圓廠，還有其他更先進的產業技術，讓國內掌握最新的核心能力，確保台灣的領先地位。汰舊換新才是科技進步的動力，才是台灣的活力。雖 ITRS 預測在 2012 年 28 奈米將可導入生產線量產，但各國先進廠商如 Intel、IBM、TI、Toshiba、tsmc、UMC……等，早已積極地在 2011 年展開 28 奈米製程量產佈局，更開始著手 22，甚至 15 奈米之技術開發，期以成為下一個市場的贏家。

習題

1. 何謂積體電路？
2. 何謂晶圓 (wafer)？
3. 何謂晶圓代工 (foundry)？
4. 何謂 IDM？
5. 何謂莫爾定律 (Moore's law)？
6. 台灣半導體產業特色為何？
7. 簡單敘述 IC 製作流程。
8. 何謂半導體製程模組 (IC process module)？包含哪些製程？
9. 何謂半導體製程整合 (IC process integration)？
10. 半導體元件分類為何？
11. IC 製造產業積極開發及研究的目標主要是朝著何種趨勢邁進？

2

半導體材料

2.1 半導體材料
2.2 矽半導體
2.3 矽晶圓空片製造
2.4 矽晶圓清洗與潔淨室

本章之目的在介紹半導體材料之發展與矽晶圓空片的製作方式。

2.1 半導體材料

自然界的物質依照導電程度的難易,可概略分為三大類:**導體** (conductor)、**半導體** (semiconductor) 和**絕緣體** (insulator)。半導體材料一名乃相對於所謂導體與絕緣體材料之導電能力來稱呼。顧名思義,半導體的**導電性** (conductivity) 介於容易導電的金屬導體和不易導電的絕緣體之間,圖 2.1 為常見各類材料之導電性,大致以**電阻率** (resistivity) 來區分,材料電阻率愈高,導電能力就愈低。而半導體的導電度則介於導體與絕緣體之間,其導電度約在 $10^{-5} \sim 10^{6}$ s/cm 之間。但在溫度、光、電磁場的刺激與摻入雜質的影響下,導電度會有明顯的變化,因此可藉由半導體**摻雜** (doping) 來改變其電阻性,正由於這些特性,使得半導體材料

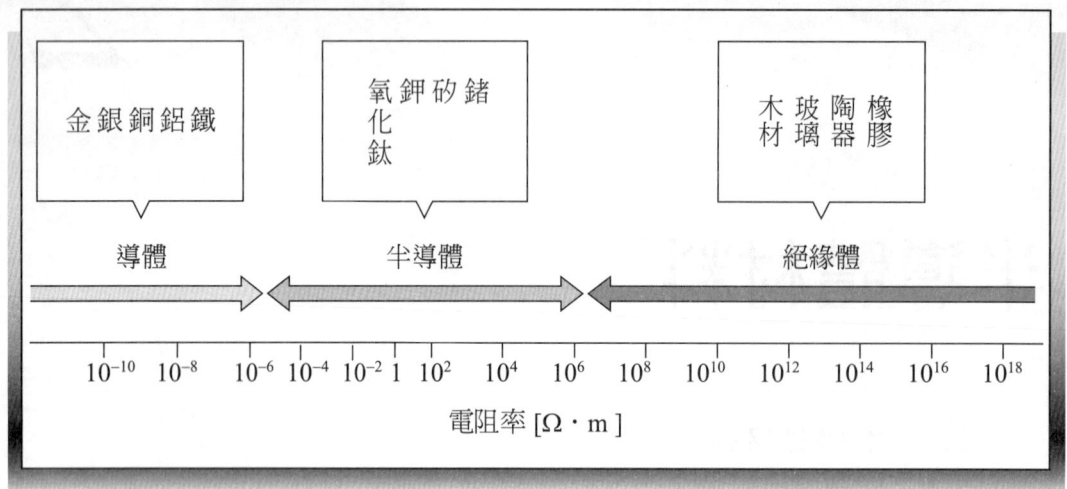

圖 2.1　各類物質電阻率

已經成為目前電子應用產品中的重要材料。

　　半導體的種類很多，有屬於單一元素的半導體，如矽 (Si) 和鍺 (Ge)；也有由兩種以上元素結合而成的**化合物** (compound) 半導體，如砷化鎵 (GaAs) 與銦化磷 (InP) 等。在室溫條件下，熱能可將半導體物質內一小部分的原子與原子間的**價鍵** (valence bond) 打斷，而釋放出**自由電子** (free electron) 並同時產生一**電洞** (hole)。因為電子和電洞是可以自由活動的電荷載子，前者帶負電，後者帶正電，因此半導體具有一定程度的導電性。常用矽晶半導體晶圓的電阻率，大多介於 $10^{-5} \sim 10^6$ [$\Omega \cdot cm$] 之間，約相當於載子濃度在 $10^{13} \sim 10^{19}$ cm^{-3} 的範圍。

　　半導體材料大致可分為元素半導體、化合物半導體、氧化物半導體與非晶質半導體這四大類。其中以元素半導體應用最廣，尤其是矽晶半導體，幾乎佔半導體市場的絕大多數。化合物半導體的砷化鎵則急起直追，在**光電** (optical)、**微波** (microwave) 與**雷射** (laser) 半導體上，獨領風騷，是被看好具潛力的材料。至於另外兩種半導體，雖然目前尚無法像前面兩種大量且廣泛地使用，但在某些特定領域的應用上，也都扮演舉足輕重的角色，而且極具開發潛力，是後勢看好的先進新材料。以下就這四種材料分別一一介紹。

⊙ 2.1.1 元素半導體

若以元素週期表來看 (如表 2.1 所示)，碳 (C)、矽 (Si)、鍺 (Ge)、錫 (Sn) 等元素半導體主要為週期表上第 IV 族的元素，見圖 2.2 所示，它們以共價鍵結合，具有鑽石立方結構，其中以矽元素為目前研究最透澈、技術最成熟，使用最廣的半導體材料。早期 1950 年代，鍺是主要的半導體材料，當電晶體尚未發明前，半導體材料主要是應用在整流與感光二極體等兩端接腳的元件上。但鍺材料元件在高溫時容易產生很大的漏電流，應用範圍受到限制，而且鍺之氧化物為水溶性，製造十分不易。而矽具有價格便宜、取得容易 (矽土及矽酸鹽佔地球表層含量 25%，僅比氧略少)、具有較低的漏電流以及製造容易等優點，另外，例如可做絕緣層的高品質二氧化矽 (SiO_2)，可直接經由氧化加熱產生。因此，考量熱穩定性與價格問題，目前除了特殊元件外，大多利用矽作為製造半導體 IC 的主要元素。

⊙ 2.1.2 化合物半導體

化合物半導體主要是週期表上第 III 族與第 V 族元素形成的 III-V 族

表 2.1　元素週期表

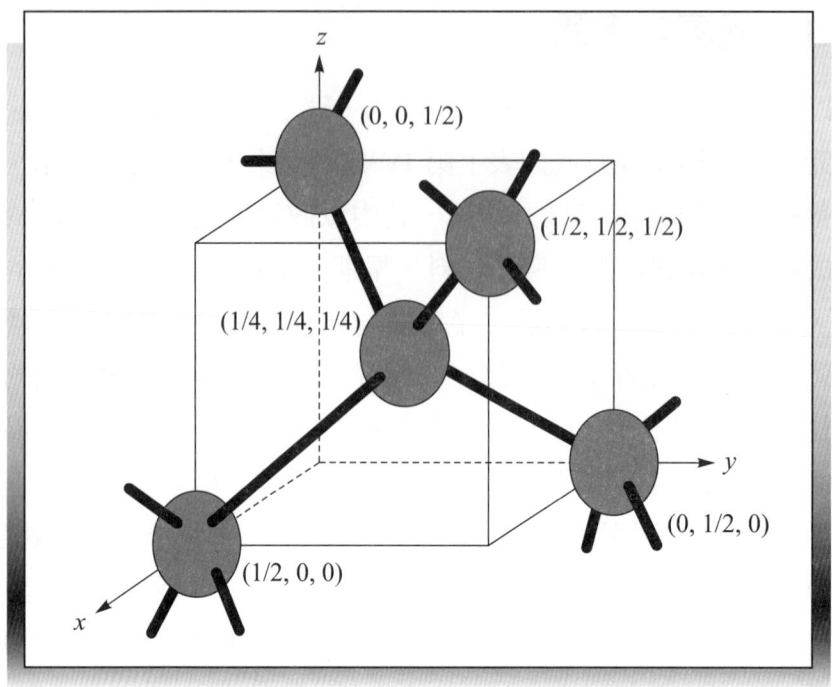

圖 2.2　矽鑽石立方結構

化合物，以及第 II 族與第 VI 族元素形成的 II-VI 族化合物，這兩種化合物為主。

1. III-V 族化合物半導體：主要包括砷化鎵 (GaAs)、磷化鎵 (GaP)、銻化銦 (InSb)、磷化銦 (InP) 等，此類材料具有**閃鋅礦** (zincblende) 結構，見圖 2.3 所示，其鍵結方式以**共價鍵** (covalent bond) 為主。由於五價原子比三價原子具有更高的陰電性，因此具有少許離子鍵成分。若將 III-V 族材料置於電場中，其晶格很容易被極化，而離子位移有助於介電係數的增加。在砷化鎵材料的 n 型半導體中，電子移動率 (μ_n~8500 cm^2/Vs) 遠大於矽的電子移動率 (μ_n~1450 cm^2/Vs)，因此運動速度快，應用在高速數位積體電路上比矽半導體優越。但由於砷化鎵材料的積體電路製程極為複雜，成本也相對昂貴，且成品的不良率高，單晶缺陷比矽多，因此砷化鎵之應用不如矽半導體來得普及。

2. II-VI 族化合物半導體：主要包括硫化鎘 (CdS) 與碲化鎘 (CdTe)，其結

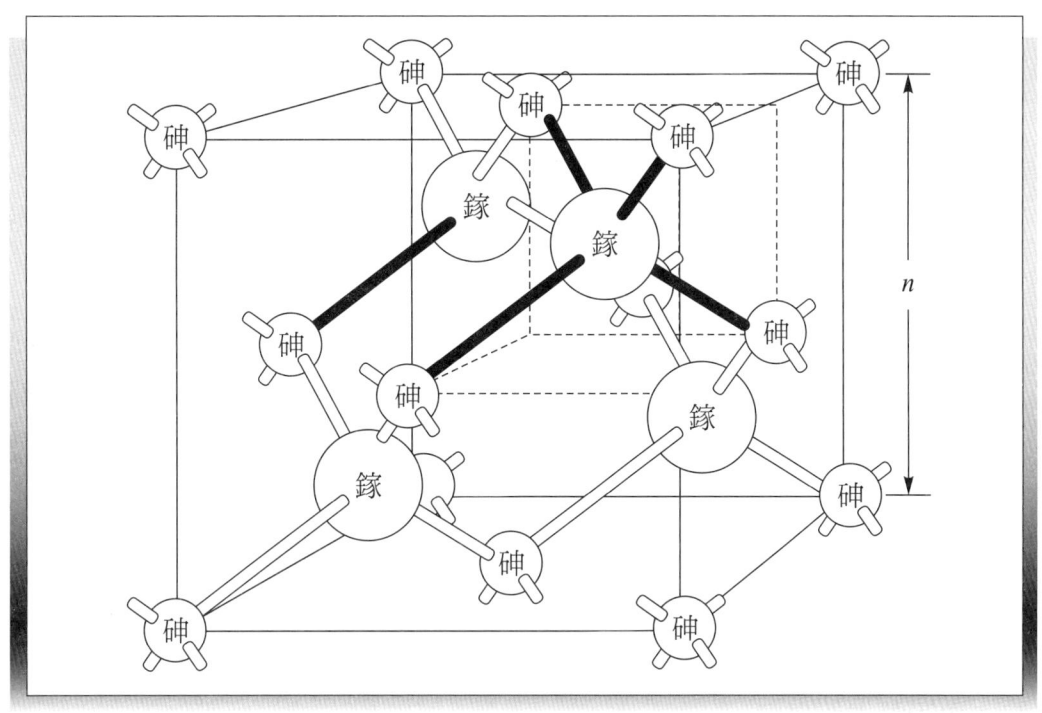

圖 2.3　砷化鎵閃鋅礦結構

構與 III-V 族同為閃鋅礦結構。其鍵結方式亦主要為共價鍵，並含離子鍵成分，其離子性比 III-V 族高。在應用上，以硫化鎘在**光敏阻器** (photo resistor) 最知名。

3. IV-VI 族化合物半導體：在輻射偵測上使用的硫化鉛 (PbS)、硒化物與碲化物。由於此類化合物材料的起步較晚，製程技術的困難度較高，所以目前產能仍無法與矽元素半導體相提並論。但其優越的光電、雷射與微波特性，以及電子高移動率，是矽半導體所欠缺的。未來此類材料之前景好壞，有待製程技術的再突破。

◎ 2.1.3　氧化物半導體

由於過渡金屬離子具有未填滿的 d 殼層，造成過渡金屬氧化物比較複雜，一般以介電、磁性與光電與各類感測材料的應用最為廣泛。最常見的材料包括氧化銅 (Cu_2O)、氧化鎳 ($Ni_{1-x}O$)、氧化鋅 (ZnO)、氧化鎘

(SnO$_2$) 等材料。

◉ 2.1.4 非晶質半導體

非晶質 (amorphous) 半導體是一種不具規則晶體結構的非晶體材料，這類材料無長程有序排列，但在短距離內，原子排列仍然有些規律性。在目前半導體非晶質材料之中，最受重視的有下列兩類材料：

1. 四面體鍵型非晶半導體：如矽 (Si)、鍺 (Ge)、砷化鎵 (GaAs) 等。特別是矽烷 (SiH) 輝光放電分解出的氫化非晶矽薄膜 (α-Si：H)，能摻入雜質，形成 *p-n* 接面，使得此材料能廉價提供作為**太陽電池 (solar battery)** 材料。此外，氫化非晶矽薄膜還可應用在場效**薄膜電晶體 (thin film transistor)** 上，以及在**影像感測器 (image sensor)** 上極為重要的**電荷耦合元件 (Charge Coupled Device, CCD)**，也都有使用非晶矽，因此是一具應用潛力的材料。

2. 硫系玻璃半導體：如硫 (S)、硒 (Se)、碲 (Te) 等，以及它們與砷 (As)、鍺 (Ge)、矽 (Si)、銻 (Sb) 等元素形成二元或多元化合物玻璃。這類材料的應用以影印機上的靜電複印感應膜最有名。最常用的材料就是非晶硒 (α-Se)。

2.2 矽半導體

◉ 2.2.1 矽原子結構

大自然物質皆由原子所組合而成，而每一個原子均有屬於自己的軌道結構。圖 2.4 所示為矽原子之軌道示意圖。矽原子之原子序為 14 ($1S^2 2S^2 2P^6 3S^2 3P^2$)，由於矽原子外圍有 4 個價電子，如圖 2.5 所示，因此每個矽原子必須與另外 4 個矽原子共享其價電子，即是以相當之平衡力

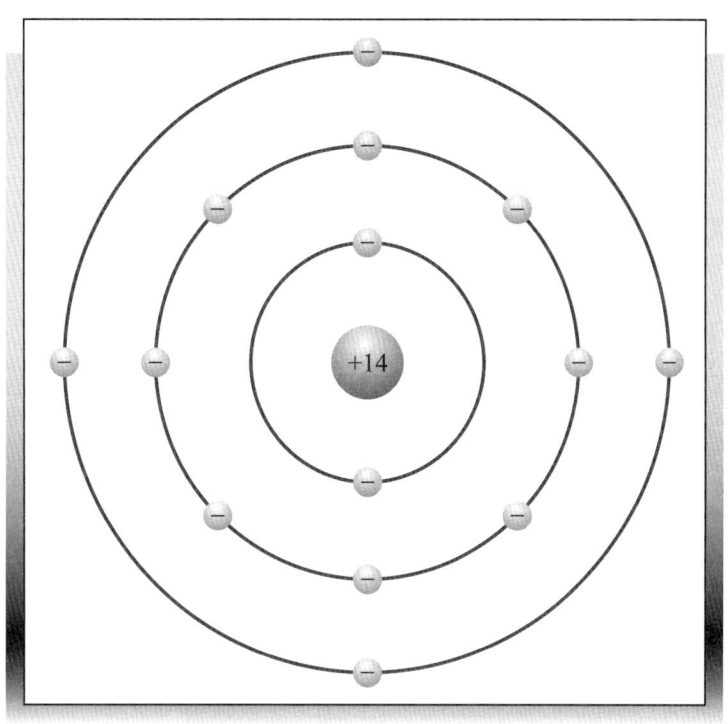

圖 2.4　矽原子的結構圖

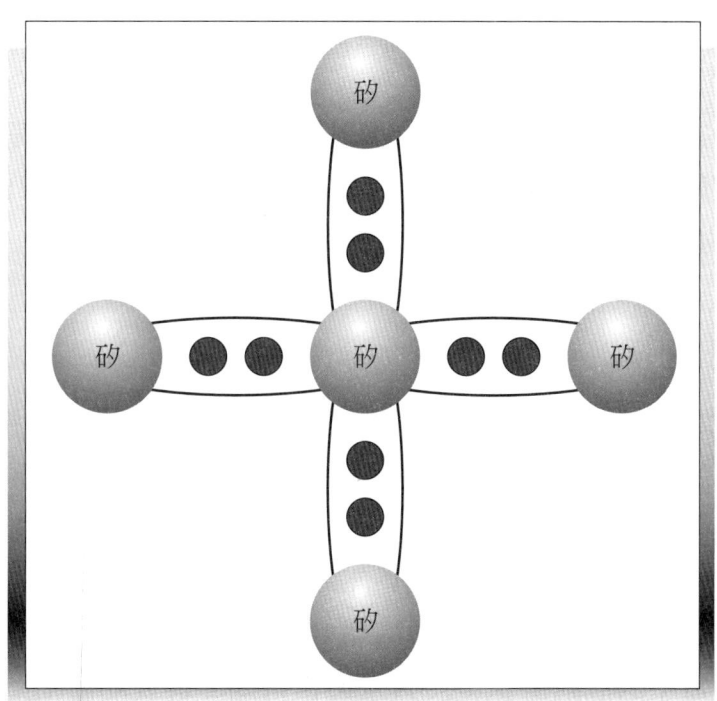

圖 2.5　矽的共價鍵結構

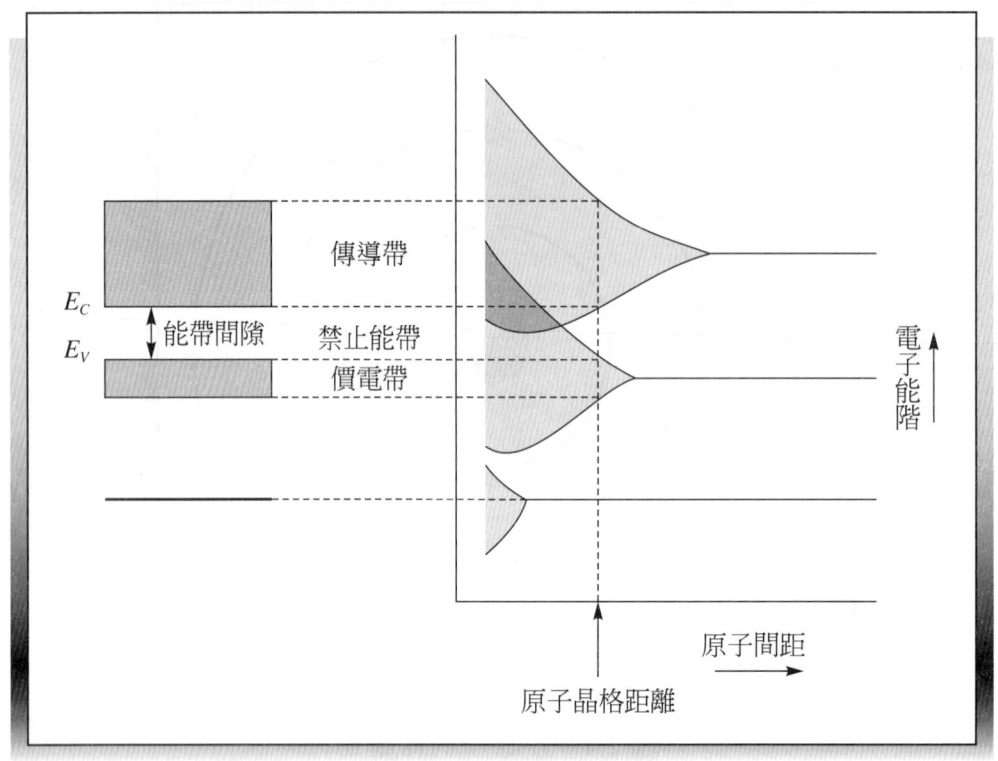

圖 2.6　能帶形成圖

(共價鍵) 進行鍵結，而電子會在**價殼層** (valence shell) 繞著原子核。然而電子在價殼層無法傳導電流，除非電子能脫離軌道形成**自由電子** (free electron) 才能形成電流。

◉ 2.2.2　能　帶

　　物質的外圍電子之能量分佈可由量子力學的方法加以分析，如圖 2.6 所示，當原子與原子相隔很遠時，彼此不受對方影響，其原子外圈之電子各自繞著原子核且分佈在能階上，一旦許多原子聚在一起，此時原子間距離接近，所屬之電子會受到外部電子影響，形成**能帶** (energy band)。在高能量的**傳導帶** (conduction band) 內，即 E_C 以上，電子可以自由活動，自由電子的能階就是位於這一導電帶內。最低能區 (E_V 以下) 稱為**價電帶** (valence band)，被價鍵束縛而無法自由活動的價電子能階，就是

位於這一價帶內。大部分價電子能量均分佈在價電帶,且因受到原子核之束縛,無法自由移動產生電流;如果電子因外力而越過所謂**能帶間隙** (energy gap, E_g) 進入導電帶,即可自由地移動傳導電流。導電帶和價帶之間是一沒有能階存在的**禁止能帶** (forbidden band),在沒有雜質介入的情況下,電子是不可能存在能帶間隙當中的。因此物質大致可以能帶間隙大小來區分導體、半導體與絕緣體。

在絕對溫度的零度時,一切熱能活動完全停止,原子間的價鍵完整無損,所有電子都被價鍵牢牢綁住無法自由活動,且電子能量都位於最低能區的價電帶,這時價電帶完全被價電子佔滿,而導電帶則完全空著。價電子欲脫離價鍵的束縛而成為自由電子,必須克服能帶間隙 E_g,提升自己的能階進入導電帶。而大部分金屬能帶間隙在室溫下小於 1 **電子伏特** (electron volts, eV),因此電子很容易越過這個間隔,而絕緣體間隙往往超過 10 eV 以上,因此除非有足夠大的外力加持,否則很難讓電子由價帶跳過間隙。由於半導體的能隙大小介於導體與絕緣體之間,以矽半導體為例,矽的能帶間隙只有 1.12 電子伏特,因此加以適當之能量 (如電壓) 及可促使價電子越過能帶間隙形成自由電子。此現象即使得半導體材料具備**可控制性** (controllable)。熱能也是提供這一能量的自然能源之一。例如,在室溫 (300°K) 下,熱能打斷價鍵而產生電子和電洞的速率,與電子和電洞的**再結合** (recombination) 速率達到平衡時,此時電子的密度約為 5×10^{10} cm^{-3}。但是因為矽的原子密度約為 5×10^{22} cm^{-3},可知因室溫熱能而被打斷的價鍵數,在比例上是微乎其微的。

在電子被釋放出來的同時,必然留下一帶正電荷的電洞在價電帶上,見圖 2.7 所示。所以可以說在導電帶可發現 100% 之電子,而價電子則發現不到任何電子 (即 0%),因此我們可以**費米能階** (Fermi level, E_f) 來代表發現電子機率為 1/2 之能階。當外界溫度愈高,被熱能釋放出來的電子和電洞的數量也愈多。因此,純半導體 (又稱本質半導體) 的導電性遂因溫度的升高而增大,這與金屬導體的電阻隨溫度的升高而變大的現象,正好相反。之後章節會探討摻入雜質對於半導體導電性的影響。

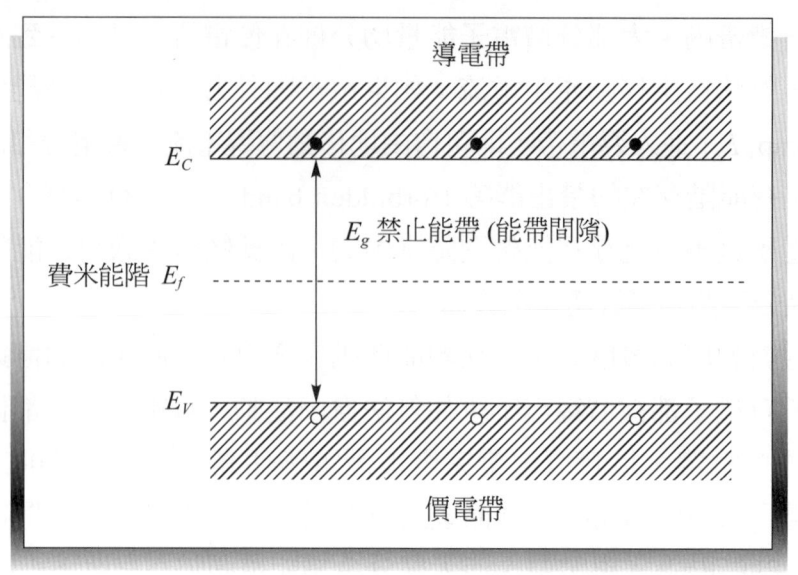

圖 2.7　本質半導體能帶圖

◉ 2.2.3　本質半導體

半導體材料中，我們也可以**電子** (electron) 之移動來說明導電的性質。即當價電帶中之電子獲得足夠能量時能跳過能帶間隙進入導電帶，即形成所謂之自由電子產生電流；相對地，在價電帶中會留下一空缺，我們習以**電洞** (hole) 來表示。電子與電洞之行徑方向相反，我們統稱為**載子** (carrier)。圖 2.8 顯示不同半導體在不同溫度下載子之密度，在熱平衡狀態下無任何外力之干擾，因**熱擾動** (vibration) 造成自價電帶跳至導電帶的電子數與在價電帶之電洞數相當，即 $n=p=n_i$。此時之半導體材料我們常以**本質半導體** (intrinsic semiconductor) 來稱呼。本質矽半導體之晶格結構，即矽原子之間是以共價鍵共享二個價電子組成。

◉ 2.2.4　半導體摻雜

當本質半導體其中一矽原子被具 5 價電子之原子 [如磷 (P)、砷 (As) 等] 取代時，則整個結構將額外多出一個不受約束之**自由電子** (free electron)，如圖 2.9 所示，間接提升了此矽半導體之導電能力。此種加入

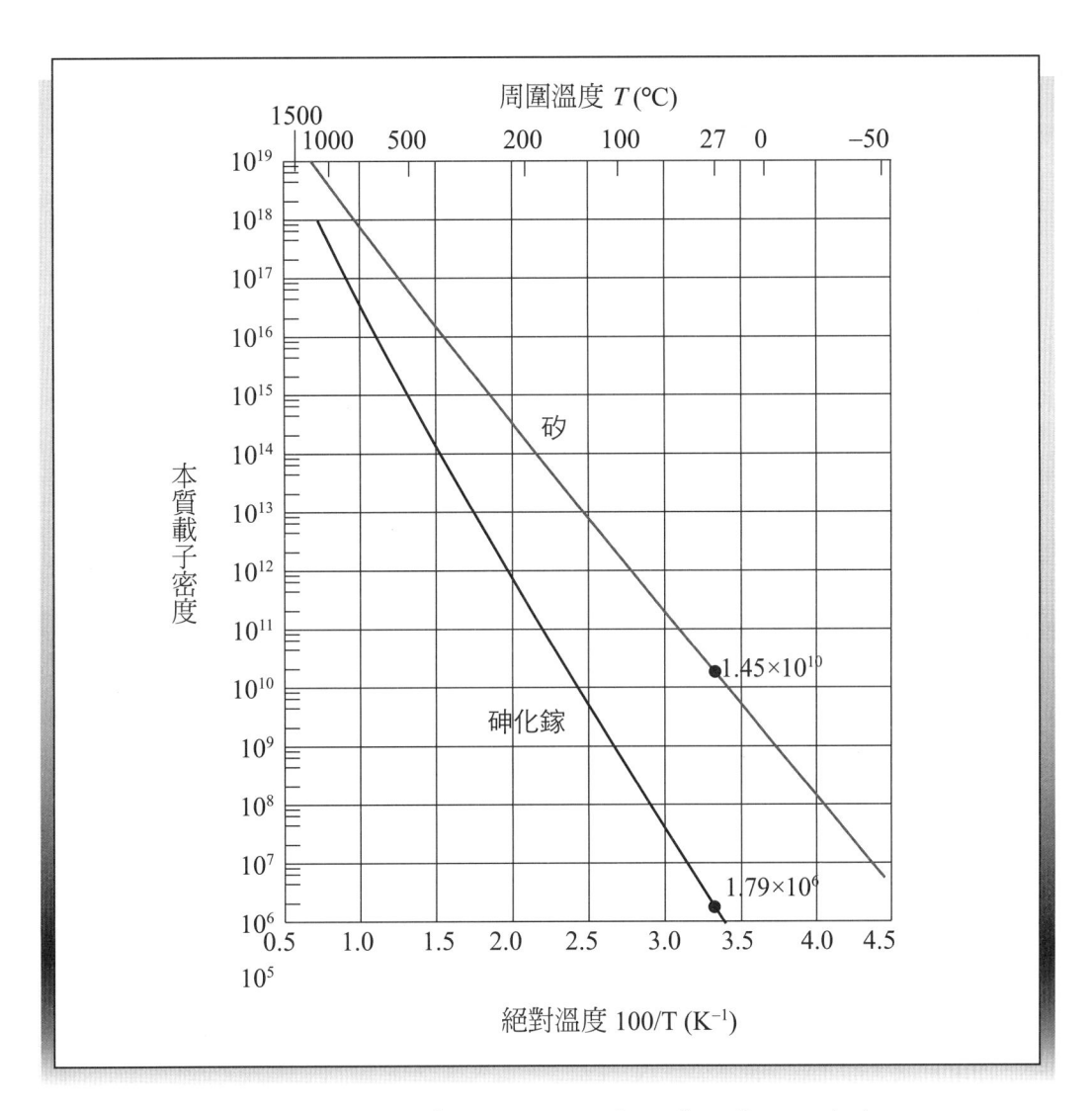

圖 2.8　不同半導體在不同溫度下導電載子之密度

雜質之行為稱為**摻雜** (doping)，而被摻入之雜質則稱為**摻質** (dopont)，經由摻雜後之半導體材料則為**外質半導體** (extrinsic semiconductor)，我們以 n 型 (negative) 半導體稱之。如果對本質半導體加入具 3 個價電子之雜質 [如硼 (B) 原子] 來取代其中一個矽原子，如圖 2.10 所示，則會產生一電洞 (hole)，此時被摻雜後之半導體，我們習以 p 型 (positive) 半導體稱之。對 n 型半導體而言，每加入一 5 價電子之磷或砷原子作為摻質，原本本質半導體中將會產生一個電子，此電子可以提供給其他原子，因

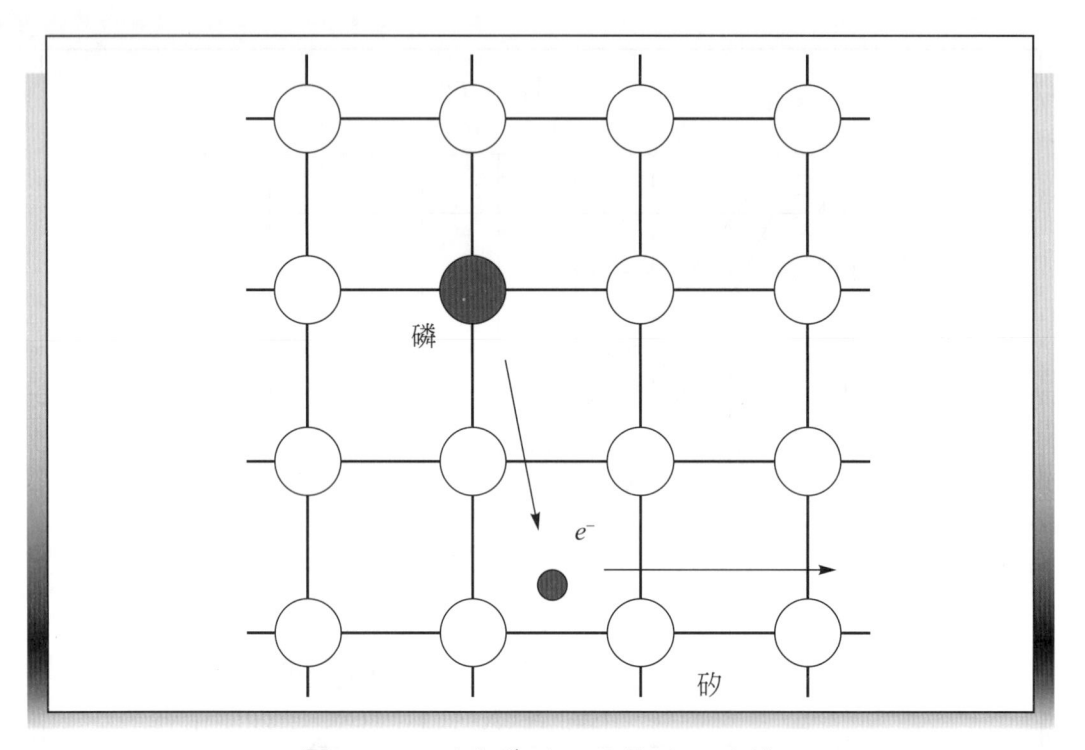

圖 2.9　n 型半導體之晶格平面結構

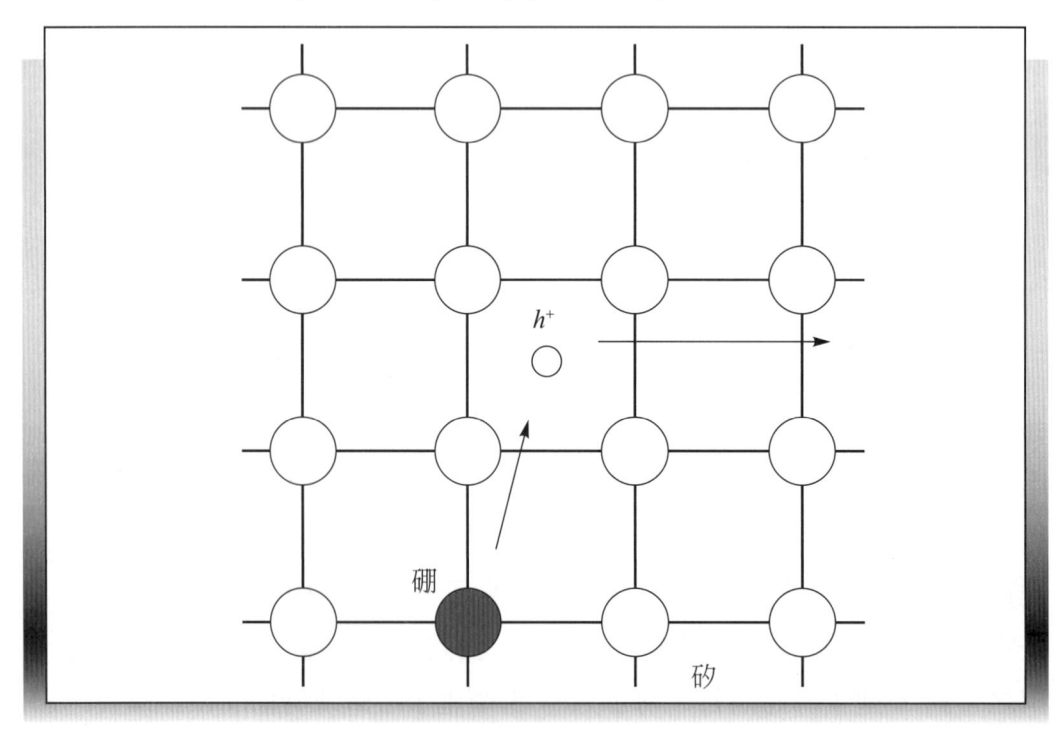

圖 2.10　p 型半導體之晶格平面結構

此我們習以**施體** (donor) 來稱呼這種摻質，以 N_D 表示。對 p 型半導體來說，每加入一個三價電子之硼原子作為**摻質** (dopant)，將對原本本質半導體中產生一電洞，提供一空位給外界電子進駐，因此我們習以**受體** (acceptor) 來稱之，以 N_A 表示。

延續上述能帶理論，我們再以矽半導體為例，來探討雜質的摻入對於半導體導電性的影響。矽是一種四價的元素。如果我們將五價元素，如最常用的磷 (P) 或砷 (As) 等摻入矽晶體內，使其取代某些矽原子，則該等五價元素多出的一個電子，在矽晶結構內受到的束縛力非常薄弱，在室溫時即已絕大部分游離而成自由電子進入導電帶，而經摻入施體的 n 型矽半導體會因摻質失去電洞額外產生一**施階** (donor level)，這類五價施體其能階 E_D 非常靠近導電帶，見圖 2.11 所示，而游離後的施體離子則帶正電。這種半導體稱為 n 型半導體，其**費米能階** (Fermi level, E_f)，即發現電子機率為 1/2 之能階，則比較靠近導電帶。一般 n 型半導體內的電子數量遠比電洞為多，是構成電流傳導的主要載子，或稱**多數載子** (majority carrier)。

同理，我們如將三價元素如硼 (B) 等摻入矽晶體內，則在其取代矽原子的位置後，因為少了一個價電子，所以必須從別處接受一個額外電子以便形成四個圍繞在硼原子外的共價鍵，結果在價帶內造成一個帶正電

圖 2.11　n 型半導體能帶圖

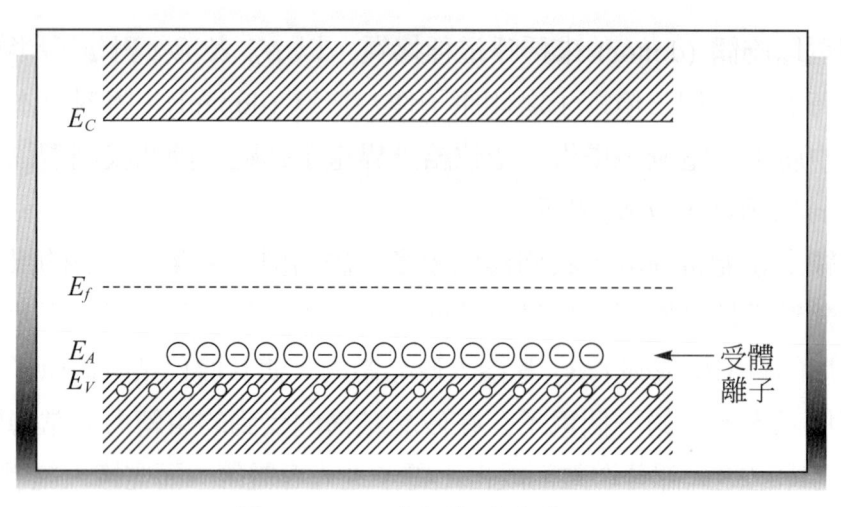

圖 2.12 *p* 型半導體能帶圖

的電洞進入價電帶。而經摻入受體的 *p* 型半導體會因摻質失去電洞額外形成一**受階** (acceptor level)。這類三價受體其能階 E_A 非常靠近價帶，見圖 2.12 所示，而接受一個額外電子後的受體離子則帶負電。這種半導體稱為 *p* 型半導體，此時費米能階比較靠近價帶。*p* 型半導體內的電洞數量遠比電子為多，是電流傳導的主要載子。

在實務上，不論 *n* 型或 *p* 型，雜質摻入濃度大多在 $10^{13} \sim 10^{19}$ cm^{-3} 之間。由於絕大部分的施體或受體雜質在室溫時均已游離，所以 *n* 型半導體內的電子濃度大約等於施體雜質濃度，而 *p* 型半導體內的電洞濃度也大約等於受體雜質濃度，在熱平衡條件下即須滿足 $n + N_D^+ = p + N_A^-$ 條件。又因該等載子濃度遠比純半導體內的電子、電洞濃度為大，因此雜質摻入濃度的多寡，實際上相當有效地控制了半導體的導電性。如此一來，對位於價電帶電子而言，將因能帶間隙減少 $E_C - E_D$ 而更容易進入導電帶形成自由電子，因此提升了半導體材料之導電能力。

2.3 矽晶圓空片製造

我們日常生活中使用的各種資訊家電產品都要使用大量不同型式的

圖 2.13　晶　圓

半導體，**晶圓** (wafer) 就是製造半導體元件最重要的材料，如圖 2.13 所示。製造晶圓的原料主要是二氧化矽 (SiO_2)，為了製造晶圓，工程師先將二氧化矽經過純化、熔解、蒸餾和一系列分解後，先提煉出**多晶矽** (poly-silicon) 結晶，再將多晶矽拉成不同直徑大小的**矽晶錠** (ingot)。

晶圓廠將矽晶錠經過研磨、拋光和切片後，就成為製造半導體的**基板** (substrate) **晶圓空片** (pure wafer)。再根據客戶的需求和設計，經過沈積、蝕刻、加溫、光阻處理、塗佈、顯影等數百道加工程序將客戶所設計之線路做在晶圓上，一片晶圓依其不同的尺寸就可製造出數十乃至數百顆 IC 半導體。晶圓廠再將已經完成加工製作成 IC 的晶圓，送到半導體封裝測試廠，完成測試、切割和封裝，淘汰不良的產品後，就成為一顆顆的半導體產品，交給電腦、手機或主機板廠等不同的客戶用於組合生產成各式電子產品。

◉ 2.3.1　晶圓處理製程

晶圓必須具備高純度、單晶、低雜質、低晶格缺陷等特性，所以晶圓製作的關鍵技術在於如何利用**單晶成長** (single crystal growth) 技術提煉出高純度的矽晶圓。晶圓處理製程乃由矽長晶開始，長晶之後之加工過

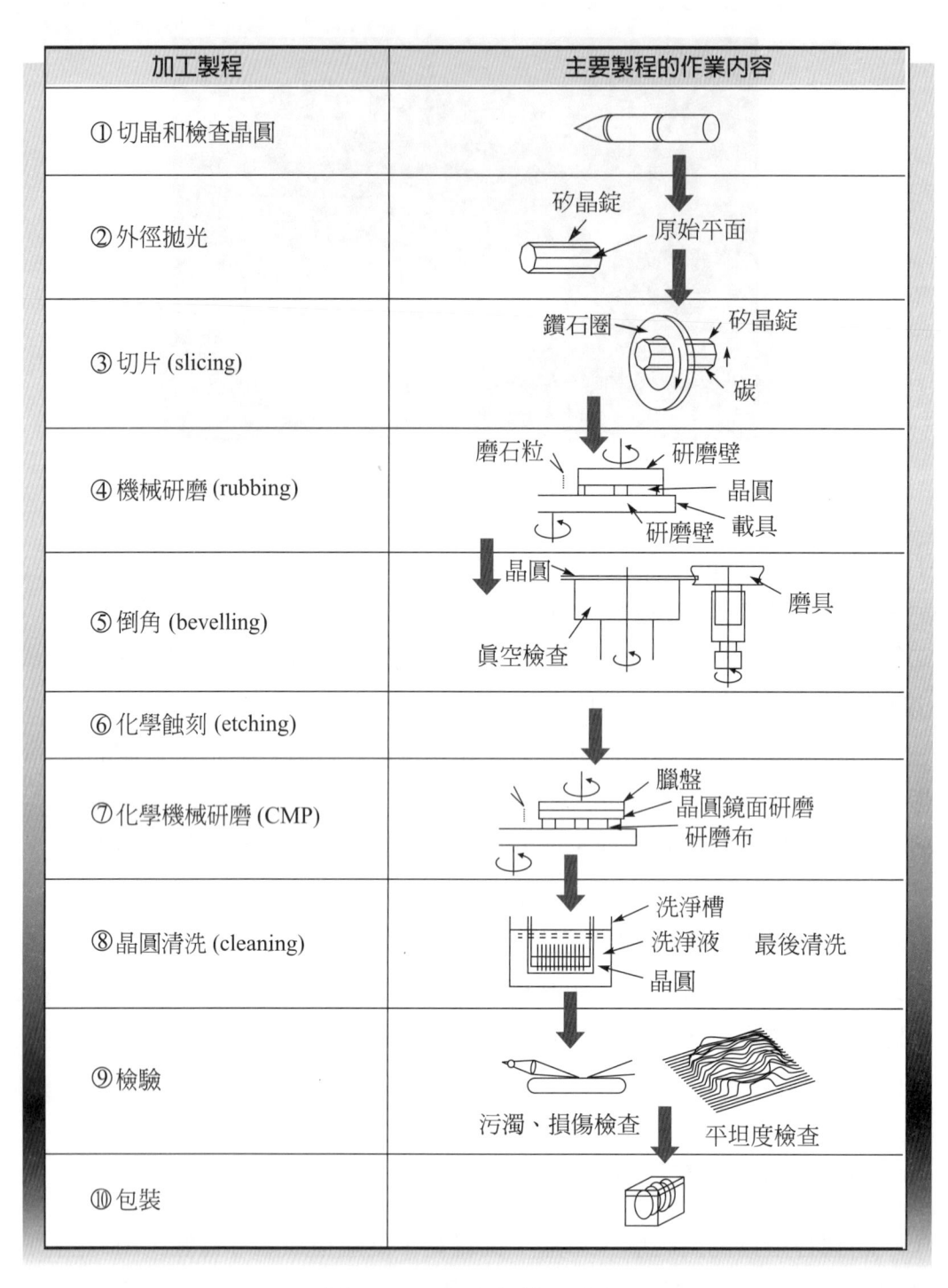

加工製程	主要製程的作業內容
①切晶和檢查晶圓	
②外徑拋光	矽晶錠／原始平面
③切片 (slicing)	鑽石圈／矽晶錠／碳
④機械研磨 (rubbing)	磨石粒、研磨壁、晶圓、研磨壁、載具
⑤倒角 (bevelling)	晶圓、磨具、真空檢查
⑥化學蝕刻 (etching)	
⑦化學機械研磨 (CMP)	臘盤、晶圓鏡面研磨、研磨布
⑧晶圓清洗 (cleaning)	洗淨槽、洗淨液、晶圓、最後清洗
⑨檢驗	污濁、損傷檢查　平坦度檢查
⑩包裝	

圖 2.14　晶圓片製程流程

程如圖 2.14 所示，大致如下：

1. **晶圓檢查**
2. **外徑拋光**
3. **切片** (slicing)
4. **邊緣機械研磨** (edge-rubbing)
5. **倒角** (bevelling)
6. **化學蝕刻** (etching)
7. **化學機械研磨** (chemical mechanical polishing)
8. **洗淨** (cleaning)
9. **檢驗** (inspection)
10. **包裝**

　　其關鍵性製程均需於乾淨無塵的環境內施行，此外維持恆定溫、濕度也很必要；因此**無塵室** (clean room) 之規劃是以能達到正確的微結構製造為主要原則，無塵室之乾淨度等級規劃，例如 class 10，其意指直徑 ≥ 0.5 mm 之粒子數目小於 10 particles/ft^3。矽的初始材料是矽砂，它與一些碳化物 (如煤、焦碳) 一起放入高溫爐，冶煉出純度 98% 的冶金級矽，稱為**冶金級矽** (metallurgical grade silicon, MGS)。之後將矽粉碎，再與氯化氫反應，得出呈液體狀的三氯矽烷 (SiHCl$_3$)，蒸餾後去除雜質，再還原為更高純度的電子級矽，稱為**電子級矽** (electronic grade silicon, EGS)，即可作為單晶成長使用的材料。

　　其中長晶乃利用單晶成長技術完成，**捷拉斯基法** (Czochralski，又稱 CZ 法) 是目前使用最普遍的單晶成長技術，如圖 2.15 所示。它的裝備包括三個主要部分：(1) 反應爐體，包含外部加熱器，盛裝熔融矽烷的坩鍋器皿。(2) 拉單晶裝置，包括可放置**晶種** (seed) 拉晶器與旋轉裝置。(3) 環境控制，包括氣體氬 (Ar) 供應器，流量控制與排出系統。在晶粒成長程序中，電子級矽的多晶矽置於坩鍋，加熱超過矽的熔點。將拉晶器放置一晶種，放入坩鍋，晶種尖端接觸熔融態矽，然後慢慢旋轉拉出，並逐漸冷卻，形成一柱狀**晶錠** (ingot)。然而需注意 CZ 法中氧是主要雜質，而

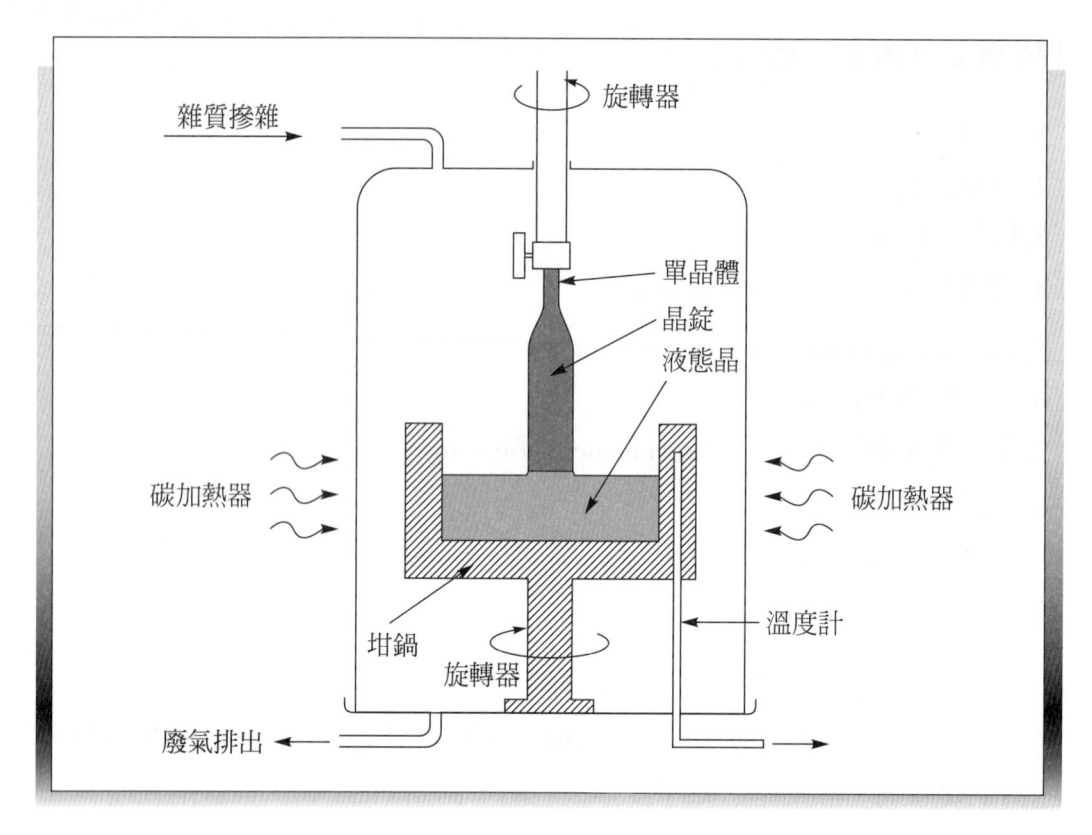

圖 2.15　捷拉斯基單晶成長技術

過飽和固溶氧會在元件製作中引起缺陷,且含碳 (C) 之加熱器與坩鍋容易溶入溶液中,石英管內含鋁 (Al) 與硼 (B) 等雜質皆會引起缺陷,需特別處理。圖 2.16 為 CZ 法之設備圖。

單晶成長技術除了 CZ 法之外,還有**布里基曼法 (Bridgeman)** 與**浮帶製程 (floating zoom)**。布里基曼法主要用在砷化鎵的單晶成長,而浮帶製程可長成比 CZ 法更純 (雜質更少) 的矽單晶,如圖 2.17 所示,此方法乃在真空中氬 (Ar) 將熔融**矽部 (zone)** 變成單晶矽。晶錠必須再經過切割、標定晶面方向、導電度量測、研磨、拋光等程序,才告完成。由於布里基曼法不使用坩鍋,所以較無污染問題,然而此法以細晶種支撐較不易得到大尺寸晶圓,因此較不受量產工廠青睞。

人類利用晶圓製造半導體不過只有幾十年的光景,隨著科技發達,晶圓的尺寸愈來愈大,圖 2.18 所示為不同尺寸的晶圓演進,從早期直徑

資料來源：Research Institute Corp. (SSI)

圖 2.16 捷拉斯基法之設備圖

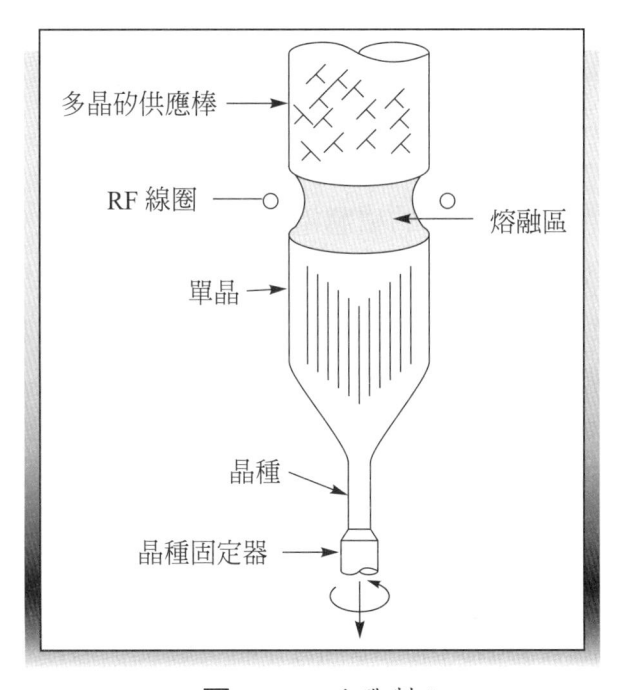

圖 2.17 浮帶製程

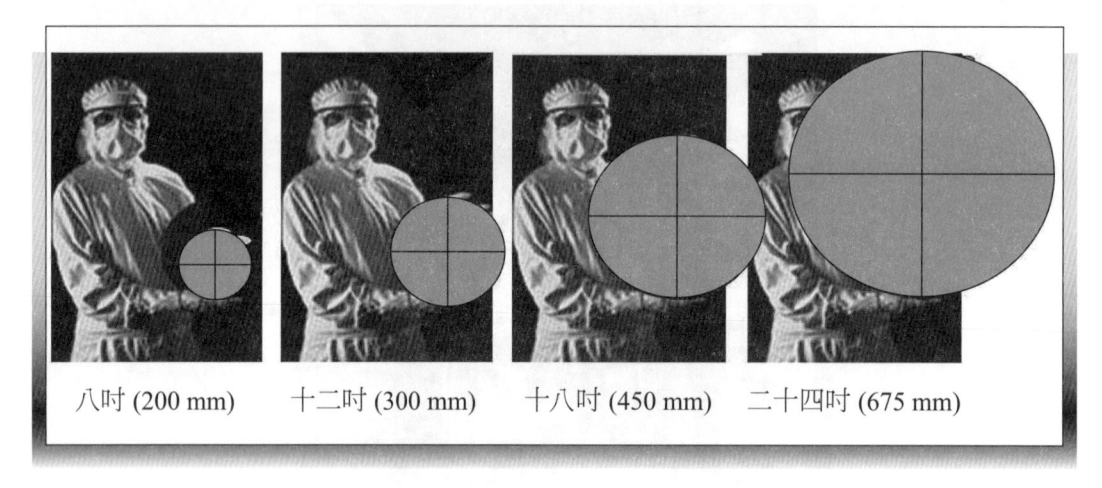

圖 2.18　晶圓尺寸演進

只有三吋，一路發展到四吋、六吋、八吋 (200 mm)、十二吋 (300 mm) 乃至十八吋 (450 mm)。而所謂的八吋與十二吋晶圓，則是以晶圓直徑大小來區分，晶圓直徑愈大，代表晶圓面積愈大，因此每片晶圓所能生產切割成的 IC 半導體顆粒數自然愈多。

2.4　矽晶圓清洗與潔淨室

由於半導體工業所製作的積體電路元件尺寸愈來愈小，在一塊小小的晶片上，整合了許許多多的元件，因此在製作的過程中就必須防止外界雜質污染源，因為這些污染源可能造成元件性能的劣化及電路產品**良率** (yield) 和**可靠性** (reliability) 的降低。圖 2.19 說明了晶圓晶粒數對積體電路良率的影響。

一般污染源包括了**塵埃** (particle)、**金屬離子** (metal ion)、**有機物** (organic) 等，可知污染源所造成之缺陷對晶圓良率有極大的影響，而且**晶粒** (die) 大小有不同之影響程度，所以製作積體電路必須在潔淨的環境下進行，儘量將污染源和晶圓隔離。而一般提供潔淨空氣、控制塵粒數的空間稱之為**潔淨室** (clean room)。以直徑 0.5 微米的塵粒作為比較標

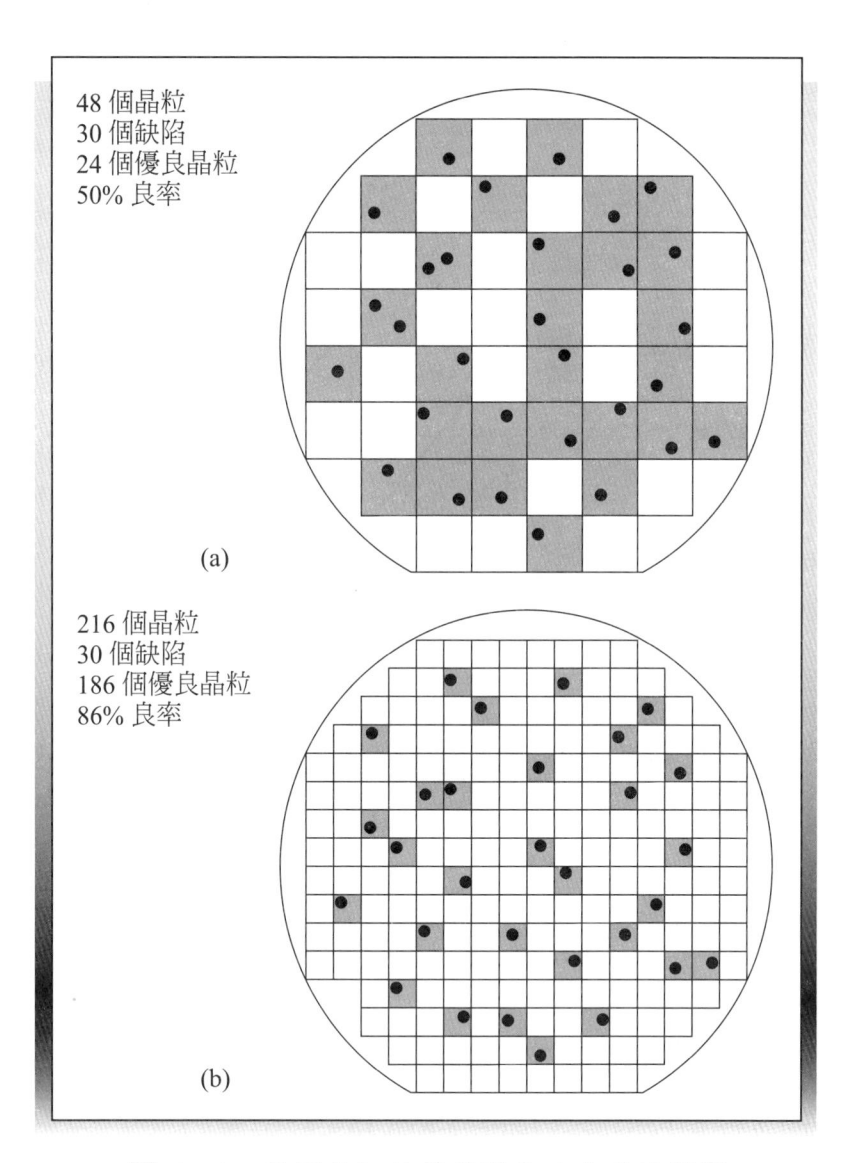

(a)
48 個晶粒
30 個缺陷
24 個優良晶粒
50% 良率

(b)
216 個晶粒
30 個缺陷
186 個優良晶粒
86% 良率

圖 2.19　晶圓晶粒數對積體電路良率的影響

準，在 1 立方英尺 (ft³) 的空間中，大於 0.5 微米的塵粒少於一個，就稱為**潔淨級** (Class) 1；而大於 0.5 微米的塵粒少於十個，就稱為潔淨級 10；大於 0.5 微米的塵粒少於一千個，就稱為潔淨級 1000，圖 2.20 說明了潔淨室的規格要求。目前許多半導體積體電路產品都是在潔淨級 1 之潔淨室中製造，潔淨室中之操作人員也需穿著無塵衣以避免因人為因素間接造成污染。

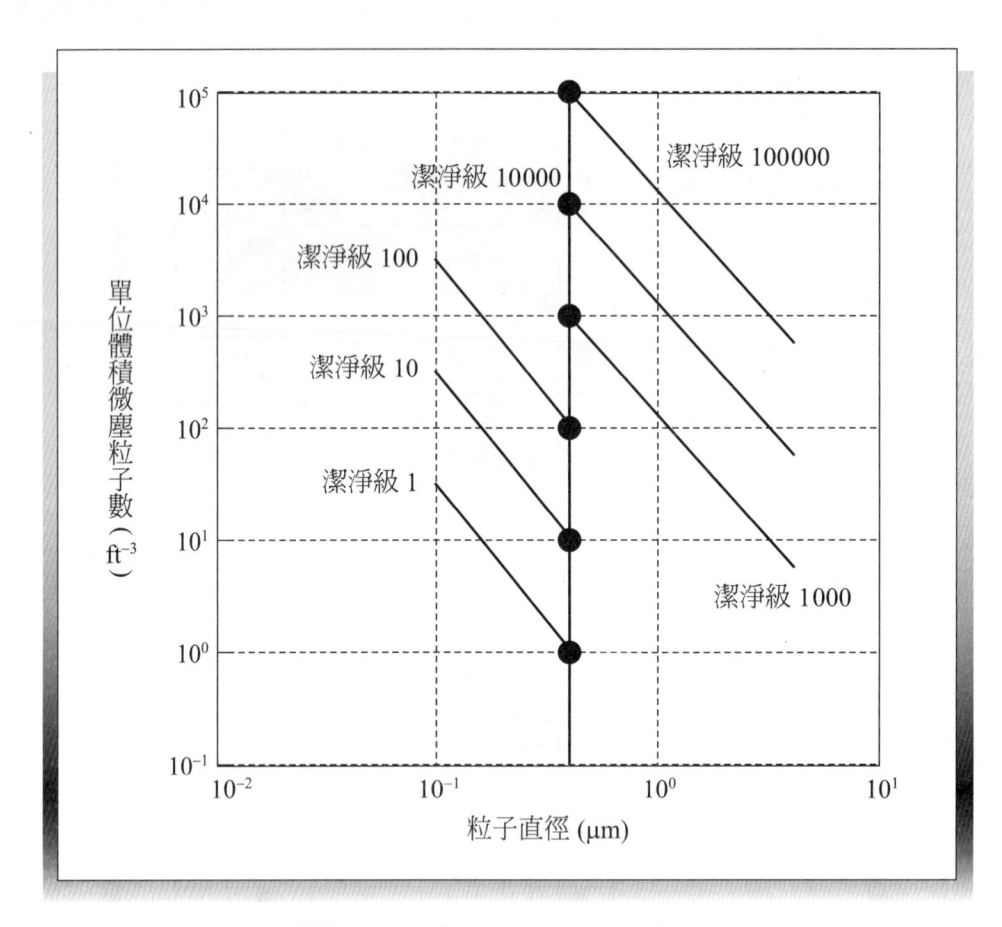

圖 2.20　潔淨室的規格要求

◉ 2.4.1　晶圓雜質之去除

晶圓雜質之去除包含物理方式與化學方式兩種。

A. 物理方式

即利用外界物理應力產生缺陷處迫使雜質趨近缺陷達到雜質之去除的目的，如圖 2.21 所示為常用之雜質去除方法——**去疵法** (gettering)，可分**本質去疵法** (intrinsic gettering) 與**外質去疵法** (extrinsic gettering) 兩種。

本質去疵法乃利用製程 (長晶) 將晶圓內部形成一缺陷帶，利用 CZ 法長晶過程中過飽和氧含量在熱處理後形成析出物以造成晶格缺陷，這些缺陷將可提供元件設計區雜質或金屬等缺陷之**吸附** (sink)，此缺陷帶

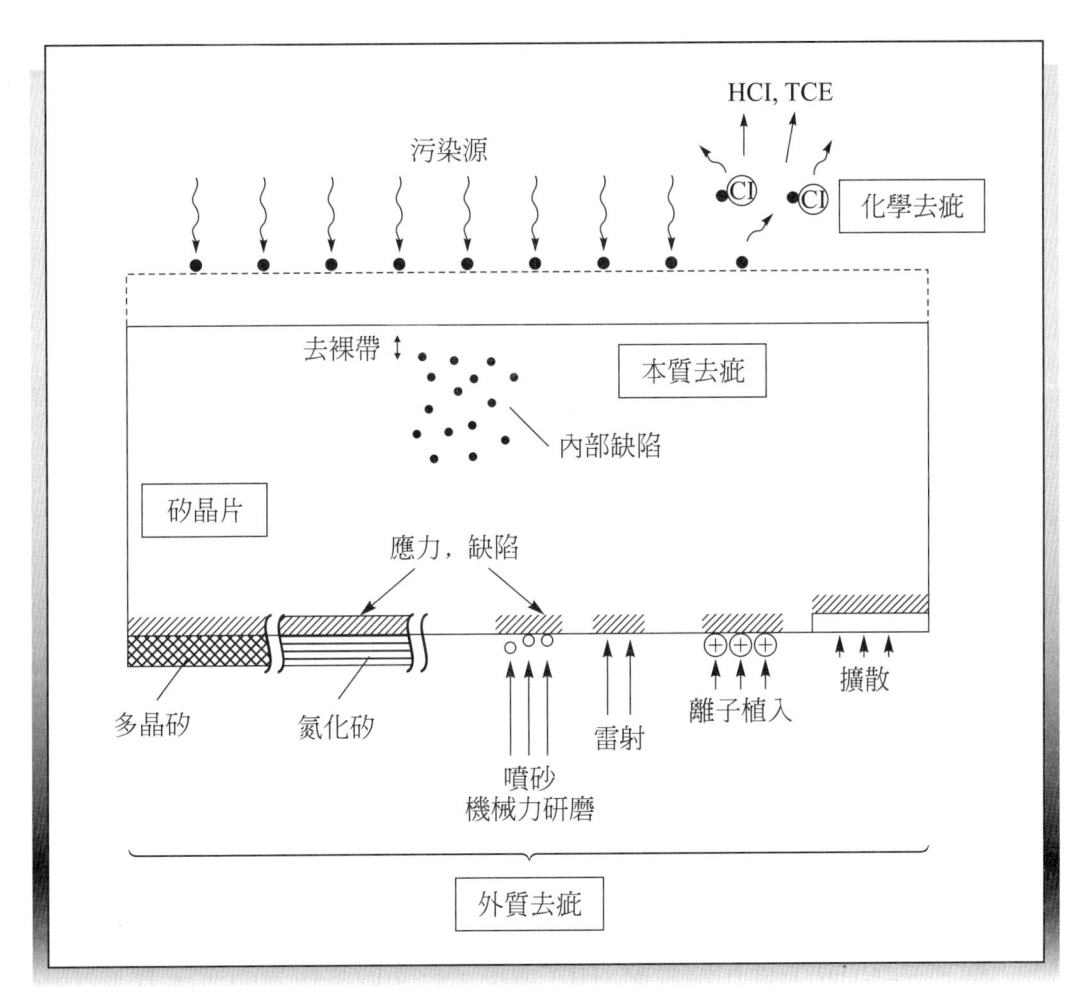

圖 2.21　去疵法

會吸引位在晶圓表面下之雜質至內部，讓晶圓次表面 (subsurface) 形成較無缺陷之區域。舉例來說，氧原子常是一不受歡迎之雜質，因此我們可以熱處理表面下的氧原子擴散到矽晶圓表面而離開晶圓或至內部的吸附區形成二氧化矽析出物，此次表面有均勻結構無缺陷，被稱為**去裸帶** (denuded zone)，而表面可利用化學方式達到雜質去除表面後形成乾淨無缺陷之區域，可提供 IC 之製作。

另一方面，外質去疵法乃藉由外在力量造成晶圓背面受機械應力而形成如差排等各種缺陷來達成去疵的目的。常見的外質去疵法有機械研磨、噴砂、雷射、離子植入或施以一層多晶矽、氮化矽等方法，但須注

意的是以此方法在機械應力控制上及其後續清洗上尤需仔細處理，以免造成晶圓變形或污染。

B. 化學方式

乃利用化學反應達到雜質去除之目的，因此不同雜質需用不同的化學反應，包含：

1. **有機物之去除**：有機物常存在於晶圓保存盒內。去除方法包含使用硫酸 (H_2SO_4)，但會造成飛散與廢液回收等問題，且需在 140°C 下處理。另外 Isagawa 提出利用 O_3-H_2 方法可在常溫下去除有機物。
2. **微粒之去除**：會造成圖案缺陷、絕緣膜耐壓不足、局部離子植入不佳等問題。在乾蝕刻、離子植入、濺鍍、CVD 時會造成微粒吸附在晶圓上。去除方法為氫氧化氨 (NH_4OH) 清洗，但會使粒子產生與矽基板同電位而互相排斥。若添加氨氣 (NH_3) 則會造成晶圓表面粗糙，使得氧化層 Q_{BD} 變差。
3. **金屬之去除**：由於 Fe、Cu、Na、Ca 等金屬會影響元件之特性，所以利用含 Cl 或 F 之氣體去除。
4. **氧化層之去除**：如果存在 O_2 與 H_2O，矽基板表面會被氧化而形成氧化層。去除方法為使用氫氟酸 (HF) 清洗，會使矽基板表面充滿 H 原子，避免矽基板表面被氧化。

表 2.2　常用的晶圓清洗液與清洗效果

名　稱	化學成分	成分比	清洗效果
RCA 標準清洗 1	$NH_4OH : H_2O_2 : H_2O$	1：1：5, 75°C	清除有機物
RCA 標準清洗 2	$HCl : H_2O_2 : H_2O$	1：1：6, 80°C	鹼金屬離子、金屬氫化物
SPM (硫酸＋雙氧水混水合物)	$H_2SO_4 : H_2O_2$	3：1, 120°C	清除有機物
稀釋氫氟酸 (DHF)	$HF : H_2O$	1：10~100, 25°C	清除氧化物

表 2.3　乾式去除

洗淨對象的雜質	洗淨方法
金　屬	HCl 氣體 UV/Cl$_2$ 氣體 形成金屬重合體
有機物	UV/O$_3$ 氣體
氧化物	無水 HF 氣體 HF 氣體＋水蒸氣 UV/HF＋H$_2$ 氣體

◉ 2.4.2　晶圓之清洗方式

晶圓在每一道製程前皆須作清洗的動作，晶圓之清洗方式包含**濕式清洗** (wet cleaning) 與**乾式清洗** (dry cleaning) 兩種。

1. **濕式清洗**：表 2.2 所示為常用的晶圓濕式清洗液與清洗效果，大多以整批 (batch) 清洗方式，常需升溫處理，但較無因乾式清洗所需**電漿** (plasma) 所產生之缺陷。
2. **乾式清洗**：表 2.3 所示是常用的晶圓乾式清洗氣體與清洗效果，金屬雜質以含氯 (Cl) 氣體在 350~500°C 之 UV 下處理。有機物雜質用 O$_3$ 或紫外線激勵之 O$_2$ 加上含氯氣體處理，有機物會被分解為 H$_2$O、O$_2$、CO$_2$、H$_2$ 及 CO。氧化物則用無水之氫氟酸 (HF) 氣體、氫氟酸氣體＋水蒸氣、紫外線激勵之 HF/H$_2$ 去除。

乾式清洗為單片，藥液之侵入較易，不會有氣泡存在，對於較深之**接觸窗** (deep contact)、**管洞** (via hole) 與**溝渠** (trench) 較易清洗。雜質在高蒸氣壓下不易再附著，可達成**整合型工具** (cluster tool) 設計之需求，且處理所需溫度較低。

習題

1. 如何分辨導體、半導體和絕緣體?
2. 何謂本質半導體 (intrinsic semiconductor)?說明為何 $n=p=n_i$?
3. 何謂半導體摻雜?
4. 何謂 n 型半導體?何謂 p 型半導體?
5. 為何選擇矽作為半導體基板?
6. 請簡述晶圓空片製造。
7. 請比較晶圓之清洗方式。
8. 何謂半導體無塵室等級之潔淨級 1 (Class1)?
9. 如何去除晶圓雜質?
10. 何謂 IC 晶圓的良率 (yield)?說明晶粒數對 IC 良率的影響?
11. 為何要有無塵室?

3

半導體元件

3.1 半導體元件結構
3.2 半導體元件特性
3.3 MOSFET 結構發展與縮小化設計

本章之目的在介紹半導體元件之結構與特性、半導體元件之發展歷史、半導體元件縮小之目的，以及目前半導體元件在製程上所面臨之瓶頸。

3.1 半導體元件結構

3.1.1 MOSFET 結構

半導體元件大多以 n 或 p 型半導體加上氧化層與金屬材料組合而成，我們以 nMOSFET 作為例子來看。nMOSFET 之結構如圖 3.1 所示，大致可分為三部分，一為 **p-n 接面二極體** (p-n junction diode)，二為 **n-p-n 雙載子電晶體** (n-p-n bipolar)，三為 **MOS 電容** (MOS capacitor) 元件。對 p-n 接面二極體而言，經受體摻雜後的 p 型矽 (p 型基板) 與經施體摻雜後

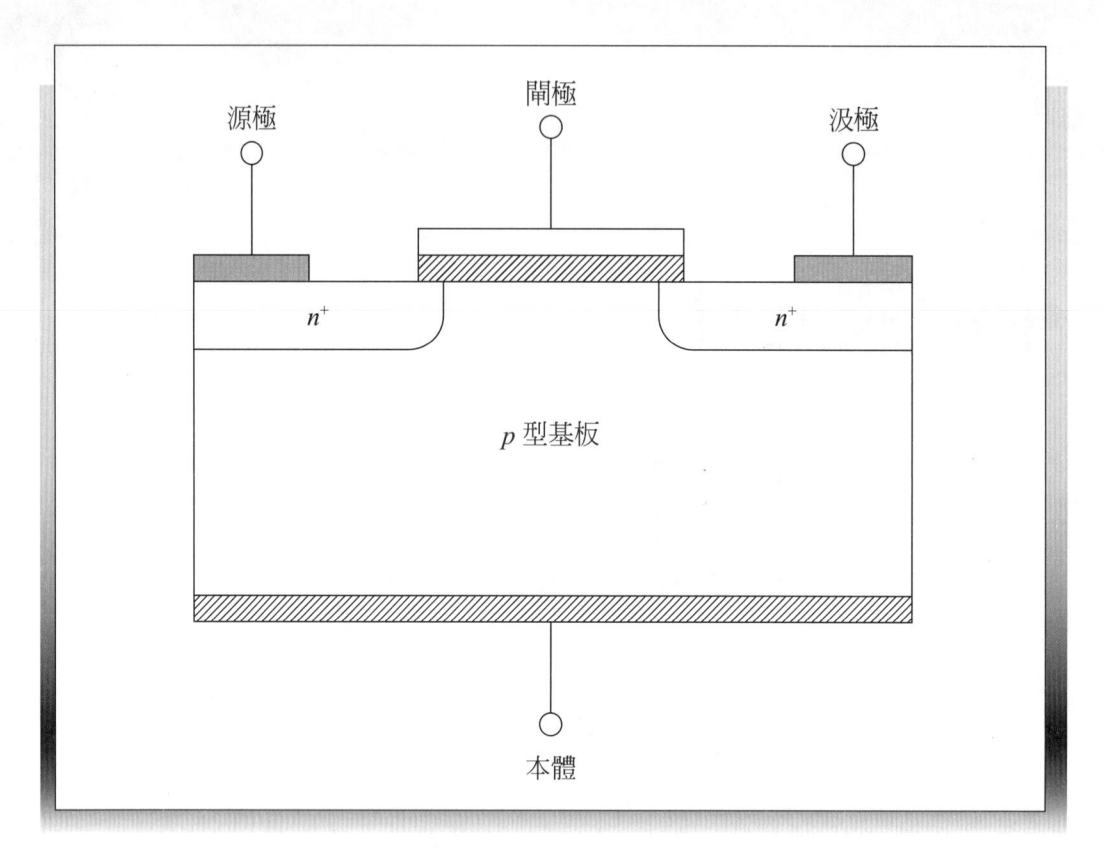

圖 3.1　基本 nMOSFET 結構

之 n 型半導體 (n^+ S/D 接面)，會經由結合而形成**接面** (junction)，在未加入任何偏壓之作用時，n 型半導體內產生之電子會與 p 型半導體內產生之電洞因擴散作用互相移動。當達到平衡後，會在接近接合區形成**空乏層** (depletion layer)，此區內並無載子出現，我們習以 **p-n 接面** (p-n junction) 稱之。

另外橫向 n-p-n 或 p-n-p 結構，即產生一雙載子電晶體之元件，此元件具備放大的特性，因此在元件尺寸縮小時特別要注意因電流放大所造成電晶體**崩潰** (breakdown) 之問題。最後是垂直 MOS 電容器，其由兩片導電的電極板所構成，中間摻入一層具絕緣特性之**介電材料** (dielectric material)，因此基板可因閘極施加正負偏壓而感應電子形成 **n 型通道** (n-channel) 或電洞形成 **p 型通道** (p-channel)，整個 MOSFET 即由此三部分結合而成。

3.2 半導體元件特性

半導體元件種類許多，但不外乎由下列基本元件組合而成，本節將一一敘述其基本特性。

3.2.1 p-n 接面特性

p 型半導體與 n 型半導體的接合面的特性，在半導體元件上，扮演著重要的角色。例如電子電路上的整流、交換、……等工作，以及**雙極性電晶體** (bipolar transistor)、**閘流體** (thyristor)、**接面場效電晶體** (junction field effect transistor, JFET)、金氧半場效電晶體 (MOSFET) 的積體電路，甚至半導體雷射，都是由一個或數個 p-n 接合面所構成。因此 p-n 接面二極體是形成各種半導體元件不可或缺的基本結構，由 p 型和 n 型半導體緊密接合，如圖 3.2 所示。

接合後 p 型區的多數載子電洞會向電洞濃度較低的 n 型區擴散

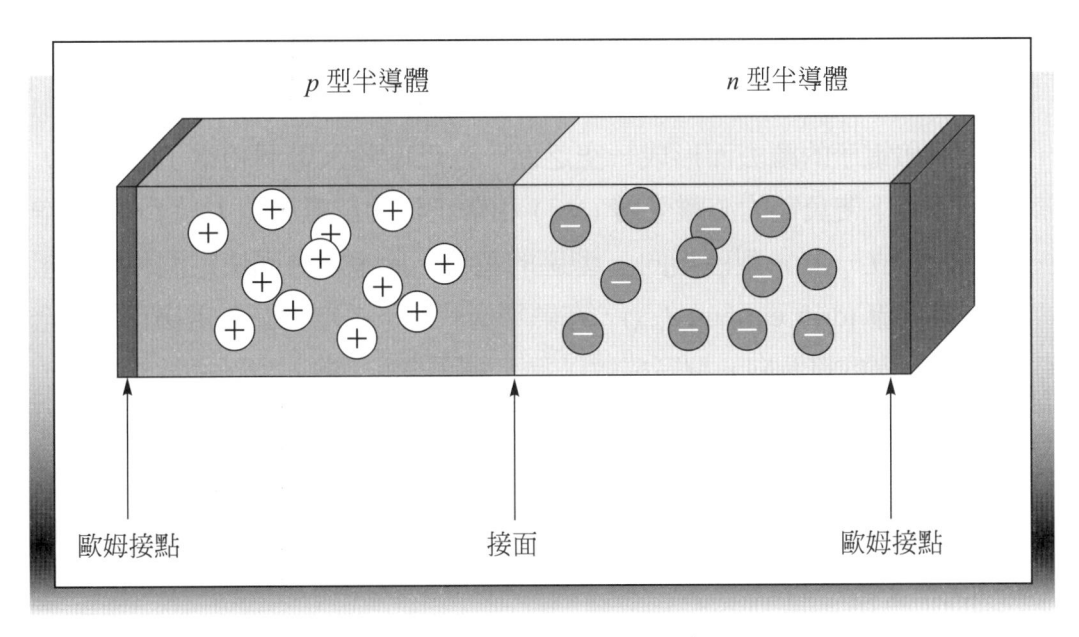

圖 3.2　p-n 二極體結構

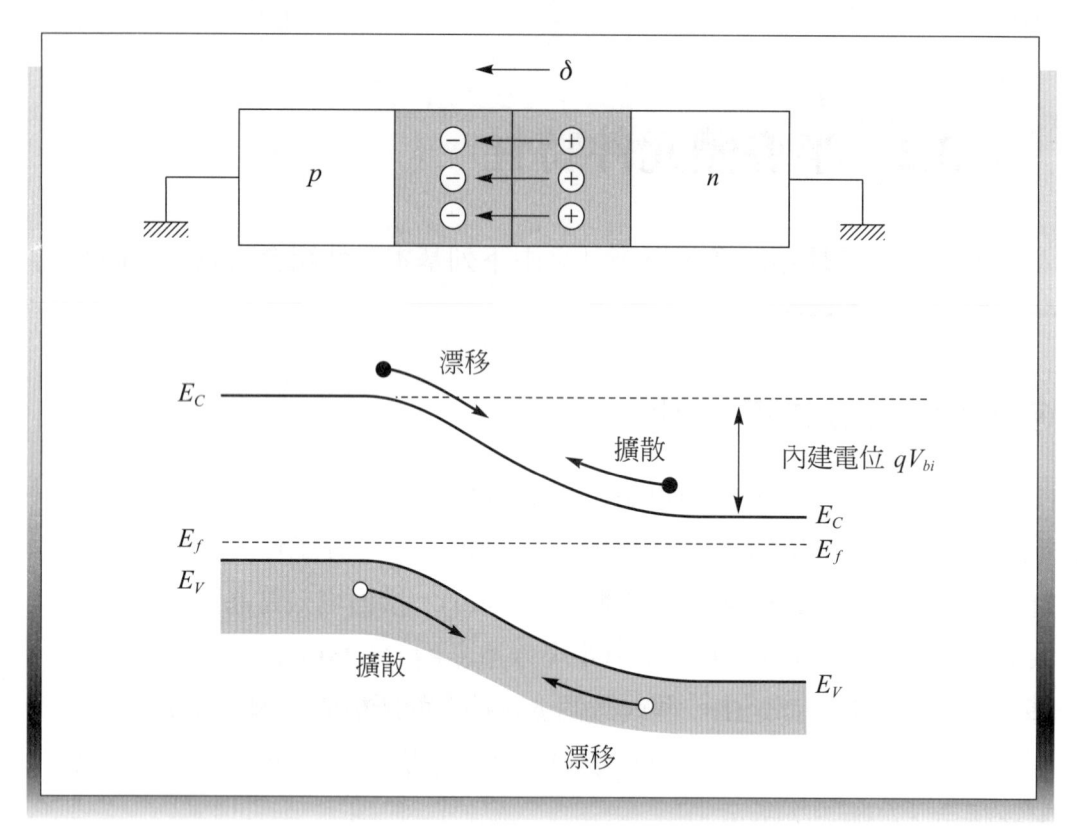

圖 3.3　p-n 二極體能帶圖

(diffusion)，同時，n 型區的多數載子電子會向電子濃度較低的 p 型區擴散，結果產生**擴散電流** (diffusion current, J_{diff})。因此，在接面的兩側，由於電洞和電子的離去而形成一空乏區。空乏區內因電洞和電子的離去，而分別留下帶負電的游離受體 (N_A^-) 和帶正電的游離施體 (N_D^+)，而在空乏區內建立一由 n 型區指向 p 型區的電場，此電場會驅使電洞和電子產生**漂移電流** (drift current, J_{drift})，在熱平衡狀態下，空乏區的電場正好完全抵消 p 型區的電洞向 n 型區擴散以及 n 型區的電子向 p 型區擴散的趨勢，即 $J_{diff}=J_{drift}$。熱平衡狀態下，p-n 接面的能階如圖 3.3 所示，費米能階保持固定。n 型端相對於 p 型端高出一**內建電位** (build-in potential, V_{bi}) (也就是介面兩側的電位差)，但對電子而言，n 型端的能階比 p 型端的能階低 qV_{bi}。

現在，假設有一**順向偏壓** (forward bias, V_F) 加於 p-n 接面。所謂順向

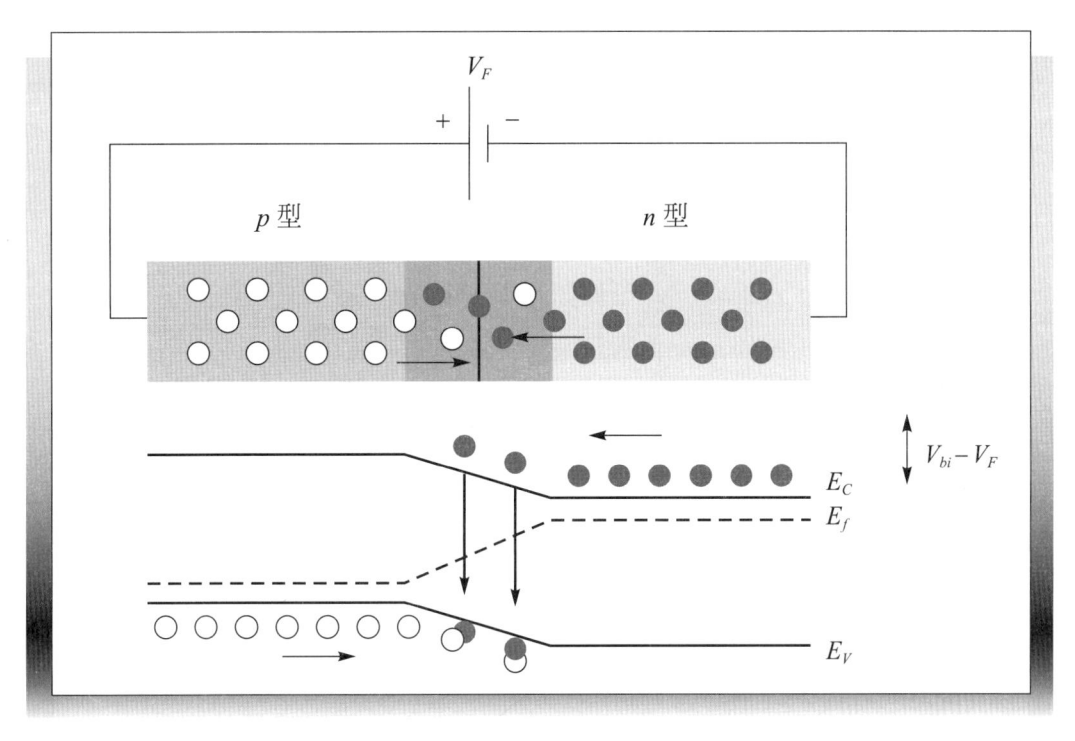

圖 3.4 *p-n* 二極體順偏能帶圖

偏壓係將偏壓的正壓端加於 *p* 型端，負壓端加於 *n* 型端。此時，對電子而言，*p* 型端的各能階向下移，而 *n* 型端的各能階向上移，使 *p-n* 兩端的能階差距縮小為 $q(V_{bi}-V_F)$，如圖 3.4 所示。於是，*n* 型區的大量電子得以越過降低的能障進入 *p* 型區，而 *p* 型區的電洞也得以大量進入 *n* 型區。

對於帶正電荷的電洞而言，能階圖必須倒轉，即愈下面的能階代表愈高的能量。這兩股電子流和電洞流共同構成一股由 *p* 型區經過接面進入 *n* 型區的大電流，稱為順向電流。反之，假設加於 *p-n* 接面的為一**反向偏壓** (reverse bias, V_R)，亦即偏壓的正壓端加於 *n* 型端，負壓端加於 *p* 型端，則 *p-n* 兩端間的能階差距擴大為 $q(V_{bi}+V_R)$，如圖 3.5 所示，使得 *n* 型區的電子無法進入 *p* 型區，*p* 型區的電洞也無法進入 *n* 型區。

然而，從能階圖可知，*p* 型區的少數載子 (電子) 和 *n* 型區的少數載子 (電洞)，仍然可以不費力地進入對方，而構成一由 *n* 型區經過接面進入 *p* 型區的小電流，稱為反向電流。反向電流通常很小，而且隨反向偏壓的增大而趨近於一飽和值。因此，理想 *p-n* 接面的電流電壓關係可表示為

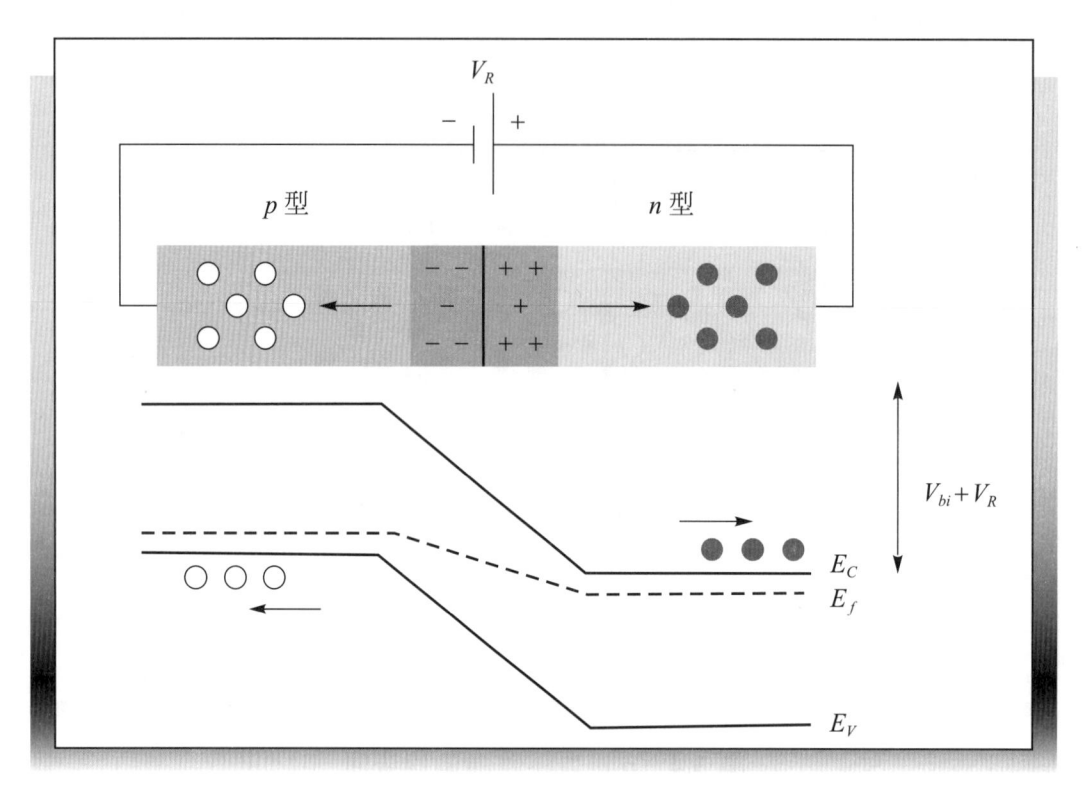

圖 3.5　p-n 二極體反偏能帶圖

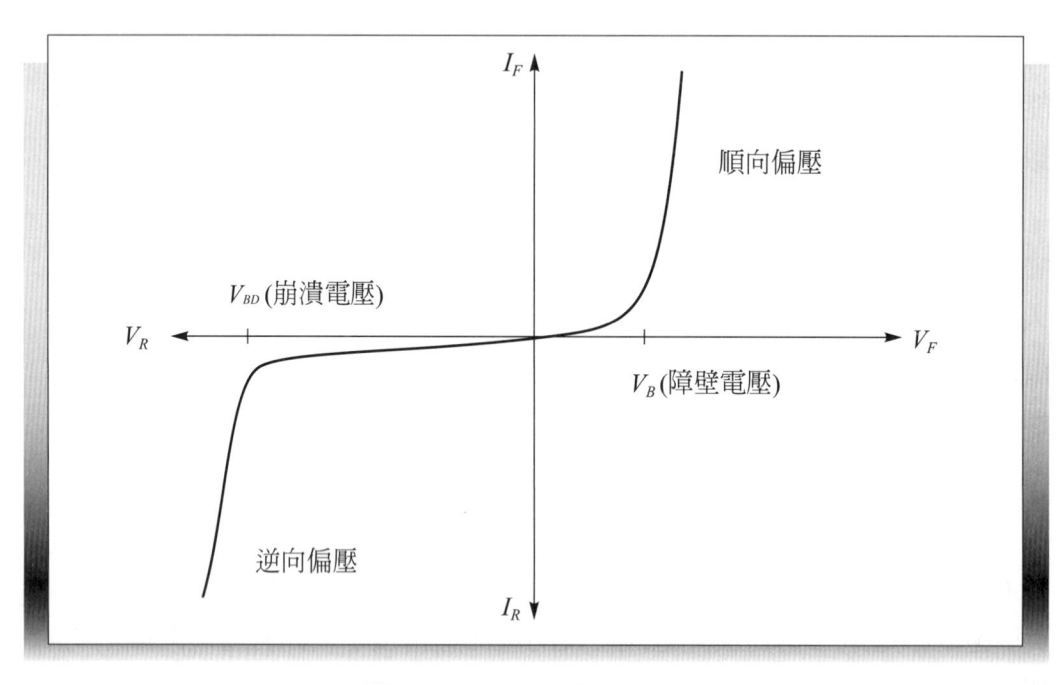

圖 3.6　p-n 二極體電性圖

$I = I_o(e^{qv/kT} - 1)$。式中 I_o 為**反向飽和電流** (reverse saturation current)，q 為基本電荷量，k 為波茲曼常數，T 為絕對溫度。

電流電壓特性如圖 3.6 所示。順偏時，$V_F > 0$ 且大於 V_B (障壁電壓，即 V_{bi})，極小電壓即可導通大電流；另一方面，在反偏時，$V_R < 0$，僅有極小量的電流流通，此特性讓 p-n 接面二極體具備特殊之**整流** (rectify) 功能。但如果增加反偏超過崩潰電壓 (breakdown voltage, V_{BD})，即 $|V_R| > |V_{BD}|$ 時才有極大的崩潰電流。空乏區在不外加電壓，p-n 接面處於穩定的熱平衡狀態下，接面的淨電流為零時之接合面區域。一般分析靜態 p-n 接合面特性可依雜質分佈區分為**突變接合面** (abrupt junction) 與**漸變接合面** (linearly graded junction) 兩種。

● 3.2.2　雙極性元件

雙極性電晶體 (bipolar transistor) 是重要的半導體元件之一，圖 3.7 所示為理想化雙極性電晶體的一維構造圖與代表符號，以矽質 n-p-n 雙極性電晶體為例，電晶體是在 n 型基板上先形成 p 型區，然後在 p 區上形成 n^+ 區。最後，在 n^+ 及 p 區，還有底部的 n 基板區，經氧化層開窗後，再作金屬接觸。高濃度摻雜 n^+ 區為射極，較窄的中間區域為基極，而低濃度摻雜 n^+ 區為集極。在正常操作下，射-基極接面**順向偏壓** (forward bias)，而集-基極接面**反向偏壓** (reverse bias)。

圖 3.8(a) 所示為接成**共基極接線** (common base configuration) 之 n-p-n 電晶體放大器圖，亦即基極與輸入和輸出電路共用。因為射-基極接面順向偏壓，電子由 n 射極注入 (或發射) 到基極，而電洞由 p 基極注入射極。在理想接面情況下，這兩個電流之和構成總射極電流。又因一般電晶體的 n^+ 射極摻雜濃度遠大於 p 基極摻雜濃度，故由 n^+ 射極注入到基極的電子電流，遠大於由 p 基極注入射極的電洞電流，因而總射極電流主要是由 n 射極注入到基極的電子電流所構成。由於電晶體的基極寬度很窄，因此由射極注入的電子絕大部分可以擴散通過基極而到達反向偏壓的基-集極空乏區邊緣，然後漂移到集極。所以，基-集極雖然反向偏

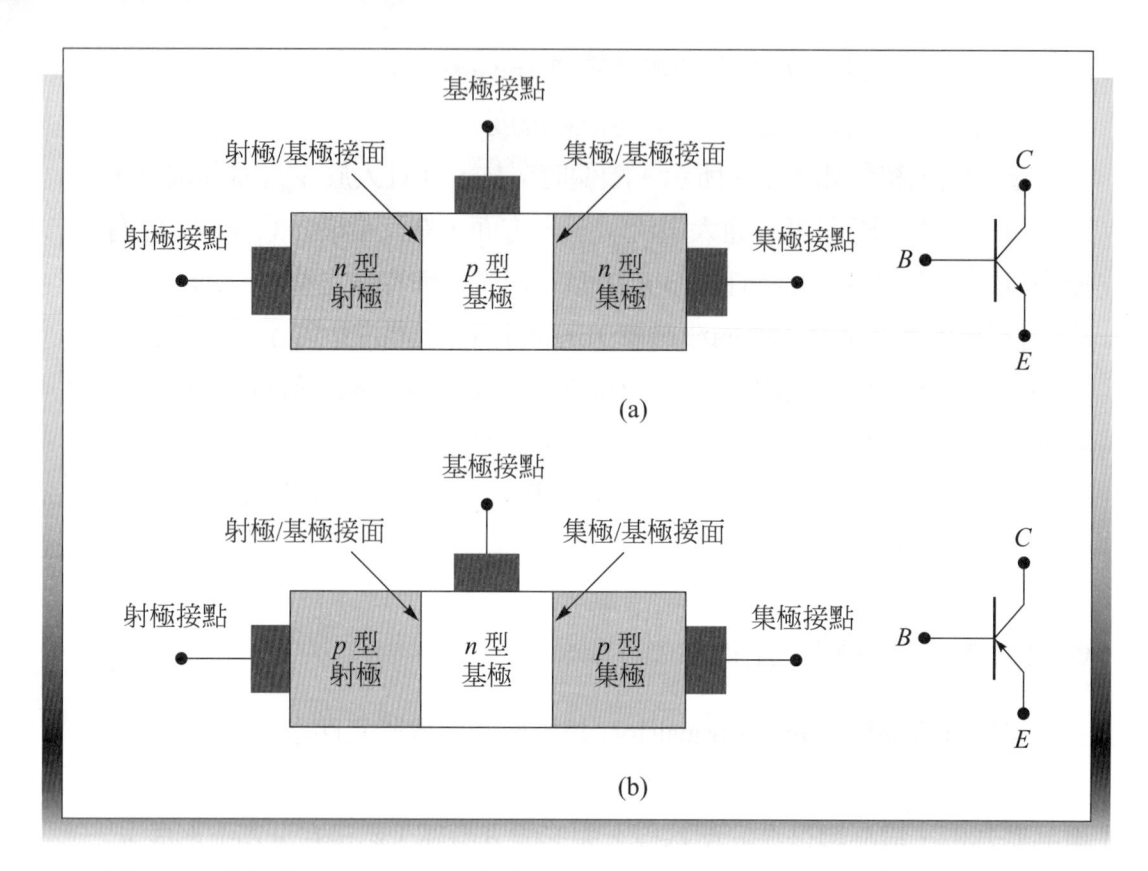

圖 3.7 雙極性 (a) n-p-n 電晶體，(b) p-n-p 電晶體的一維構造圖與符號

壓，集極電子電流實際上非常相近於射極電子電流，也非常相近於總射極電流。射極電流是受到射-基極順向偏壓 (V_{BE}) 所控制的。射-基極順向偏壓的微小變化，可以導致射極電流和反向偏壓集極電流的大幅度變化，而在輸出電路產生大電流輸出，此為電晶體動作和放大的原理。圖 3.8(b) 所示為 n-p-n 電晶體共基極線路之輸出特性。反之，p-n-p 電晶體為 n-p-n 電晶體的互補型構造，兩者動作原理相同，只需將電洞和電子的角色互換，並將電流流通方向和電壓極性反過來。圖 3.8(c) 所示為接成共基極接線之 p-n-p 電晶體放大器圖。

從上面的分析，我們可以想見只有在兩個接面相當接近時，才可能有電晶體的作用。若兩個接面距離很遠，則由射極注入的電子在未抵達基-集接面前已和基極內的電洞結合而消失，不可能有電晶體的動作發

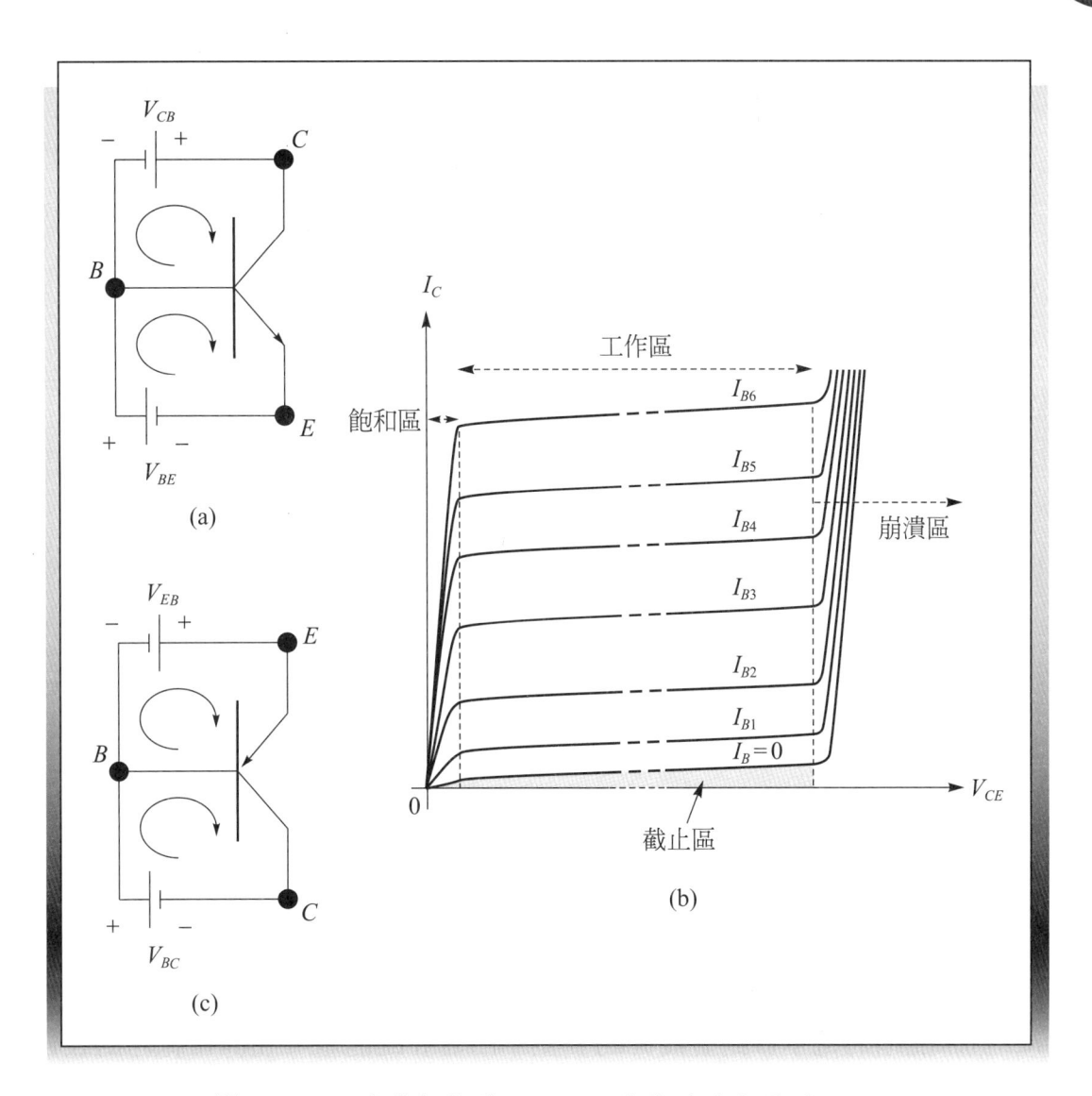

圖 3.8　(a) 共基極接線之 n-p-n 電晶體放大器圖；
　　　　(b) 共基極接法之 n-p-n 電晶體輸出特性；
　　　　(c) 共基極接法之 p-n-p 電晶體放大器圖。

生，而此 n-p-n 結構只相當於兩個背對背連接的 p-n 二極體而已。總之，雙極性元件是指半導體元件的電導作用，是由電洞與自由電子兩種載子共同參與，包含**雙極性電晶體** (bipolar transistor)、**異質接面雙極性電晶體** (heterojunction bipolar transistor, HBT) 與**閘流體** (thyristor)。

◉ 3.2.3　單極性元件

單極性元件是由一種載子單獨參與電導過程的半導體元件。例如 n 通道的 MOSFET，表示元件使用自由電子參與電導，p 通道 MOSFET 則為電洞參與電導。這與前一節介紹雙極性電晶體中，自由電子與電洞同時參與導電有所區別，因此分開獨立介紹。由於只有一種載子動作，因此沒有少數載子儲存效應，故比雙極性元件有更快的切換速度，以及較高的截止頻率。此外，單極性元件具有低功率消耗、元件製程度良率高以及電路可縮減在極小空間內等優越特性，目前已成為半導體的主流元件。例如 MOSFET 與 JFET 元件，都是屬於單極性元件。

A. 金屬-半導體 (MS) 接面二極體

大部分 p-n 接面有用的整流特性可以簡單地經由形成一個適當的金屬-半導體接點而得到。很明顯地，這樣的趨勢深具吸引力，而且當需要利用元件作高速整流時，金屬-半導體接面特別有用。有需要時，我們也必須能夠對半導體形成非整流 (歐姆) 接觸，以下就兩種常用之金屬-半導體接面二極體作一介紹。

1. 蕭特基能障

我們討論過真空中金屬的功函數 $q\phi_m$。一個功函數 $q\phi_m$ 為將一個在費米能階的電子移到金屬外的真空中所需要的能量。在非常乾淨的表面，ϕ_m 典型值，對鋁而言為 4.2 eV，對金而言為 4.7 eV。當負電荷接近金屬表面，在金屬中會感應正 (影像) 電荷。當影像力 (image force) 和外加電場結合，有效的功函數減少。這樣造成的能障降稱為**蕭特基效應** (Schottky effect)。而此金屬-半導體接觸之整流接面可視為**蕭特基能障二極體** (Schottky barrier diodes)。首先我們考慮金屬-半導體接面的能障。當一個功函數 $q\phi_m$ 的金屬與功函數 $q\phi_s$ 的半導體接觸將會發生電荷轉換，直到費米能階成一直線為止。例如，當 $\phi_m > \phi_s$ 時，在接觸以前半導體的費米能階剛開始時高於金屬的費米能階。但為了使兩者的費米能階成一直

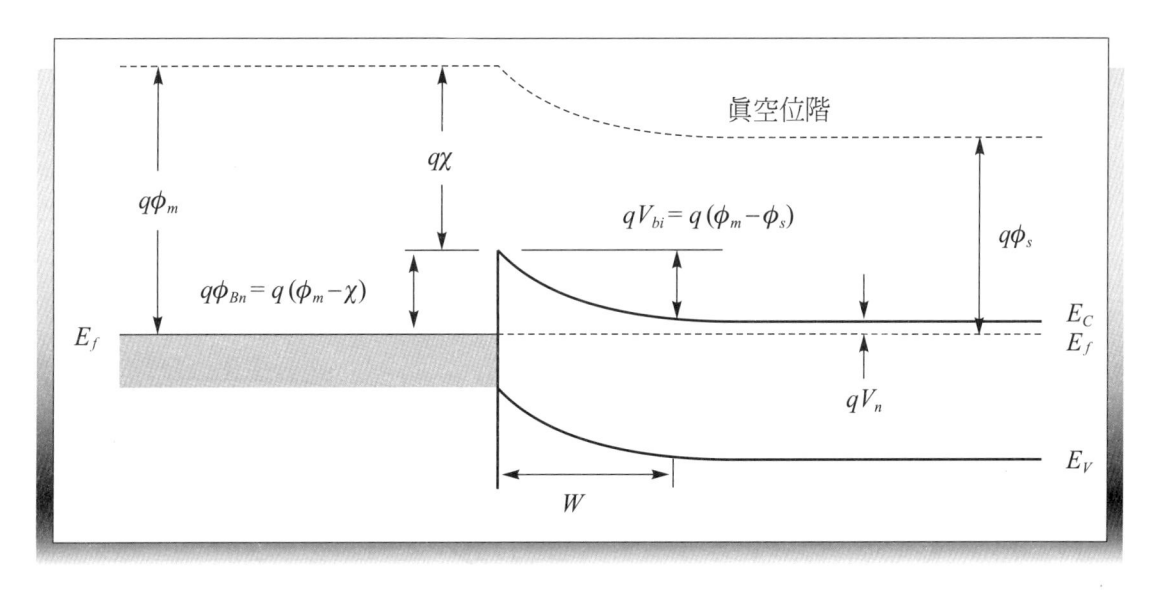

圖 3.9　金屬-半導體接面的接觸能障圖

線，半導體的靜電位與金屬相較下必須增加 (即電子的能量必須降低)，如圖 3.9 所示。n 型半導體中接近接面形成寬度 W 的空乏區，由於在空乏區中未補償施體的正電荷與金屬上的負電荷匹配，對金屬-半導體接面的接觸，高度 ϕ_{Bn} 為 $q\phi_m - q\chi$，其中 $q\chi$ 稱為**電子親和力** (electron affinity)，即為從真空能階到半導體導電帶邊緣所作的測量。

此時從半導體層往金屬看之能障為 V_{bi}，V_{bi} 能夠藉由順向偏壓或反向偏壓而減少或增加。當順向偏壓 V_F 加到圖 3.10(a)，能障將從 V_{bi} 降至 $V_{bi} - V_F$。結果，在半導體導電帶中的電子可以跨過空乏區擴散。這產生一個順向電流 (金屬流向半導體) 通過接面。相反地，反向偏壓使能障增加到 $V_{bi} + V_R$，如圖 3.10(b) 所示，從半導體流向金屬電子流可以忽略。此時二極體接面類似 p-n 接面的形式，電流方程式可由 (3.1) 式表示：

$$I = I_o (e^{qV/kT} - 1) \tag{3.1}$$

在此情形下，反向飽和電流 I_o 不能像 p-n 接面一般可以簡單地以推導出來。然而，一個簡單的特性我們能直覺地預測出來的是飽和電流應與電子從金屬流向半導體的能障 V_{bi} 的大小有關，此能障 $\phi_m - \chi$ 不會受偏壓所影響，而在金屬中的一個電子欲克服的能障機率由波茲曼因子所給定。

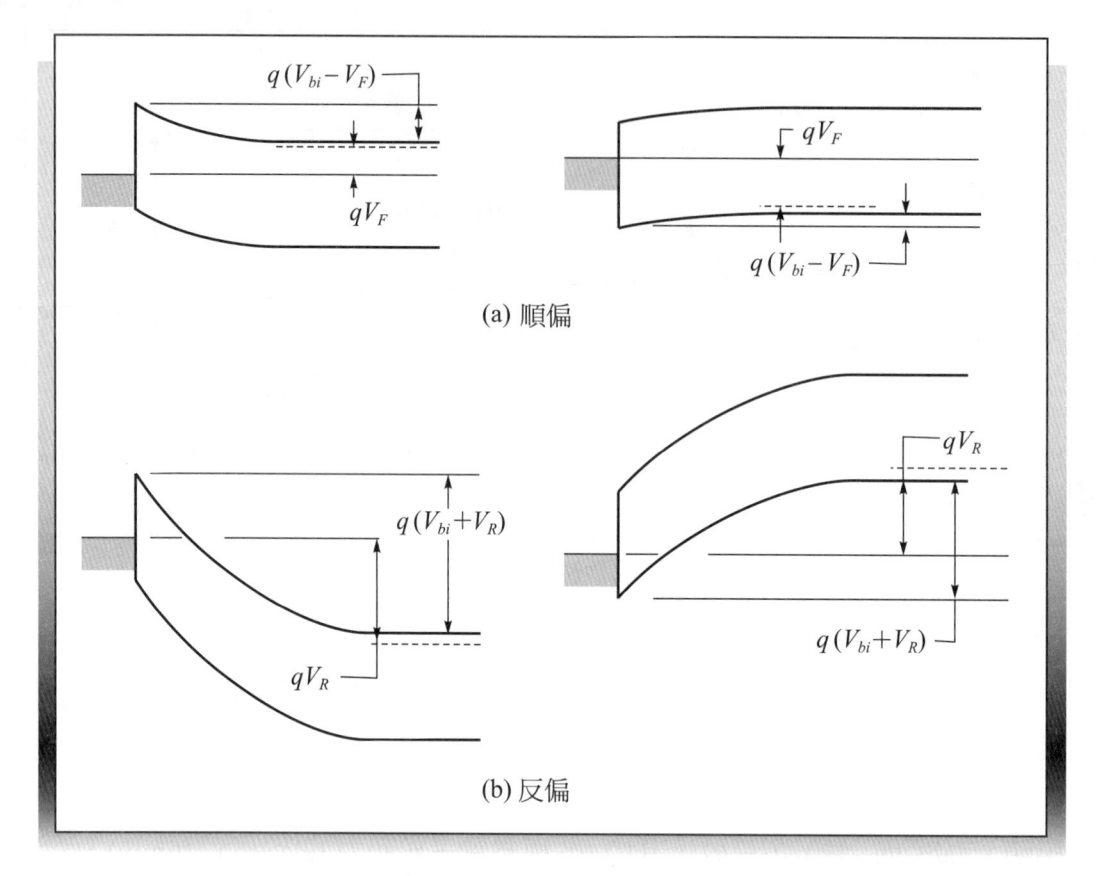

圖 3.10 金屬-半導體 (n 型與 p 型基板) 接面的偏壓能障圖

因此電流方程式可由 (3.2) 式表示：

$$I_o \propto e^{-q\phi_{Bn}/kT} \tag{3.2}$$

如果比較 $p\text{-}n$ 接面二極體，如圖 3.11 所示，蕭特基能障二極體特色主要為多數載子熱離子放射，沒有少數載子的注入，也沒有其儲存延遲時間，即使大電流時會有少數注入的發生，它們還是多數載子元件，因此其切換速度和高頻特性都比 $p\text{-}n$ 接面要好，而 $p\text{-}n$ 接面二極體為少數載子擴散，因此比蕭特基二極體的反向飽和電流 I_D 要大得多，起始電壓也較大。

早期的半導體技術，整流接面的製作是把電線直接壓到半導體上，現今的半導體技術，是在乾淨的半導體表面形成一個金屬薄面，再由微

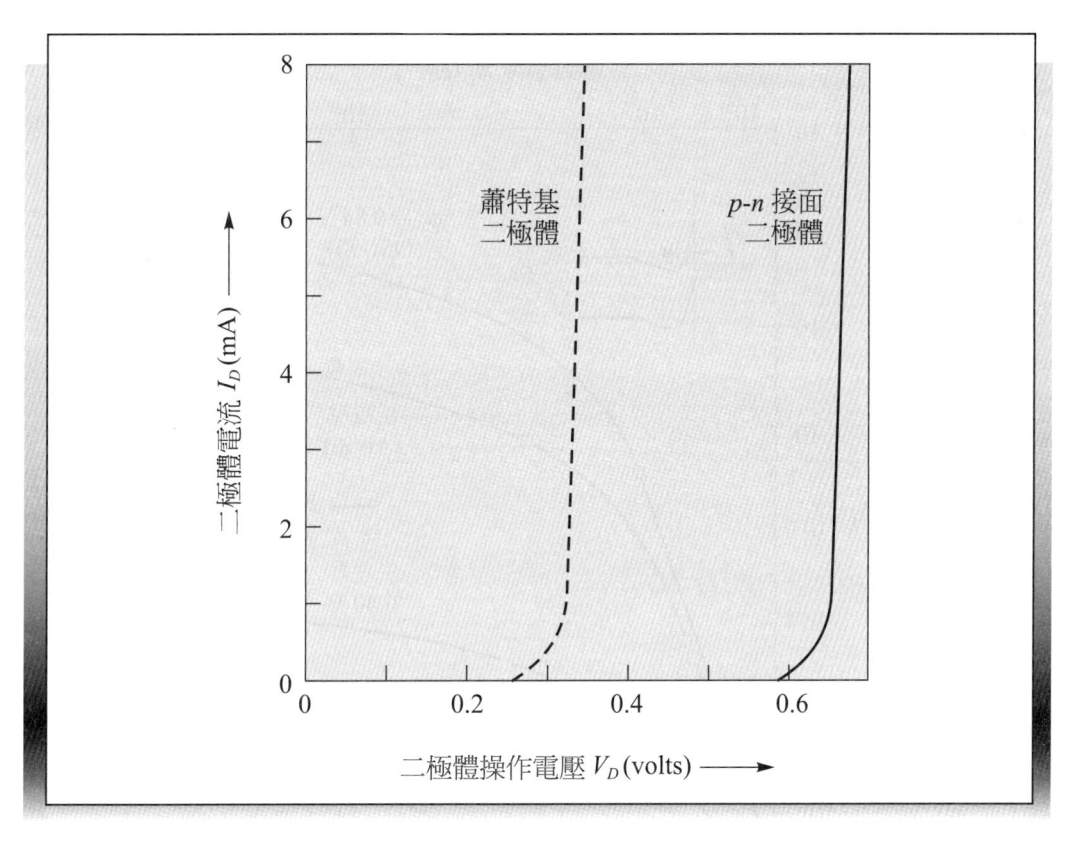

圖 3.11　蕭特基二極體與 p-n 接面二極體的電性比較

影的技術形成接觸面圖樣，蕭特基能障半導體相當適合於密集封裝的積體電路，因為其微影的步驟比 p-n 接面的製作要簡化許多。

2. 歐姆接面

在 MOSFET 結構中，我們通常希望有一個**歐姆** (ohmic) 性質的金屬-半導體接面，因為它在正反兩種偏壓狀態下都保持線性的 I-V 特性。典型的積體電路其表面是夾雜著 p 區域和 n 區域，這些表面需要接觸並連接，即必須使這些接面呈現歐姆接面，具備小電阻的特性，才不會整流信號。此種金屬-半導體接面雙向皆可導通，且其接觸電阻遠小於半導體的串聯電阻，當電流通過時，其壓降可忽略。如圖 3.12 所示為歐姆性質的金屬-半導體接面電性圖，有兩種方式可形成歐姆接面，當半導體摻雜為低濃度時，以 n 型半導體為例，可使用 $\phi_m < \phi_s$ 的金屬材料，若使用 p

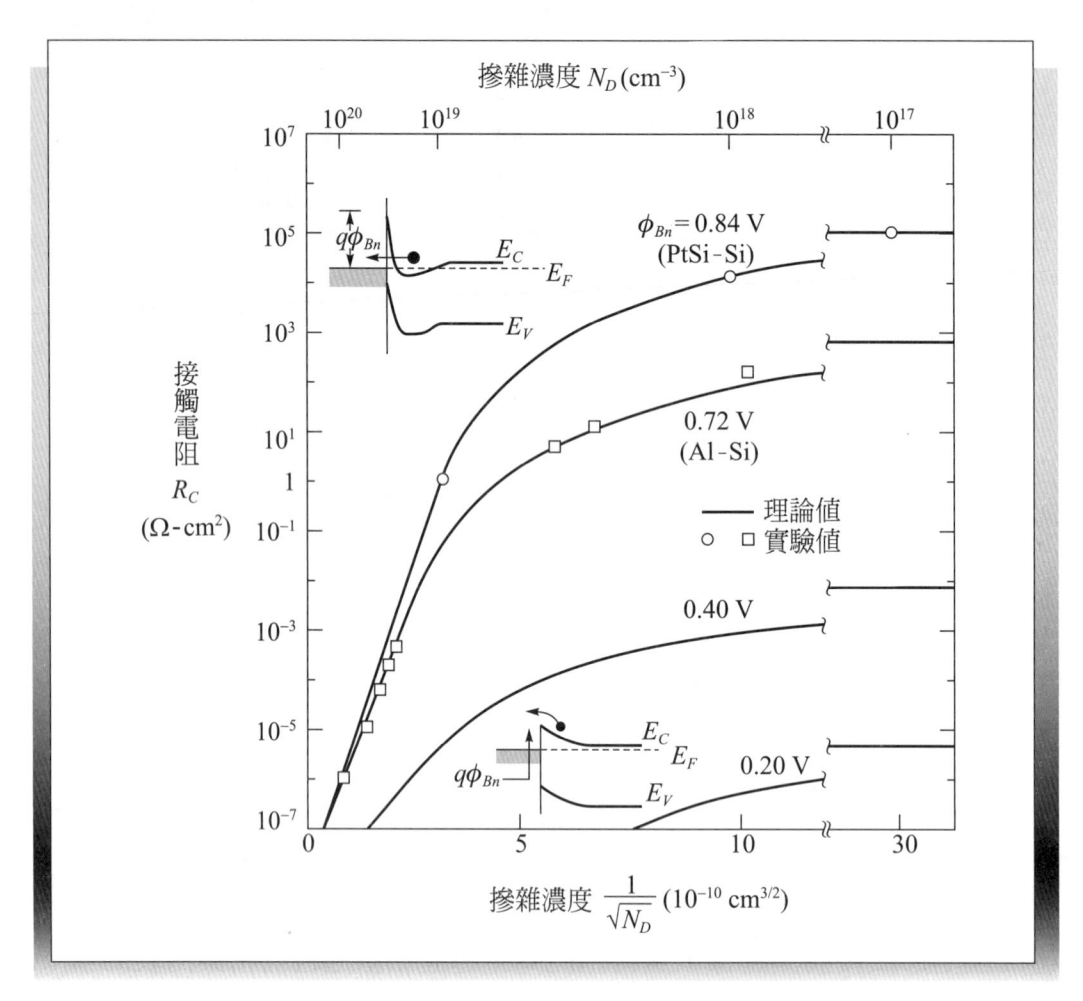

圖 3.12　歐姆性質的金半接面電性圖

型半導體，則使用 $\phi_m > \phi_s$ 的金屬材料來降低能障。反之，如果半導體摻雜為高濃度時，則可藉由高濃度效應使得**能障寬度** (barrier width) 變窄，間接讓載子藉由**穿隧效應** (tuanneling effect) 產生電流。

B. 接面場效電晶體

　　接面場效電晶體 (junction field effect transistor, JFET) 是利用一個或多個閘極產生的反向偏壓，以 p-n 接面的空乏區來控制通道上的電流。n 通道接面場效電晶體的結構與符號如圖 3.13 所示，包括：(1) 一個導電通道 (n 通道)，通道側面為 p-n 接面。(2) 通道兩端為**汲極** (drain) 與**源極**

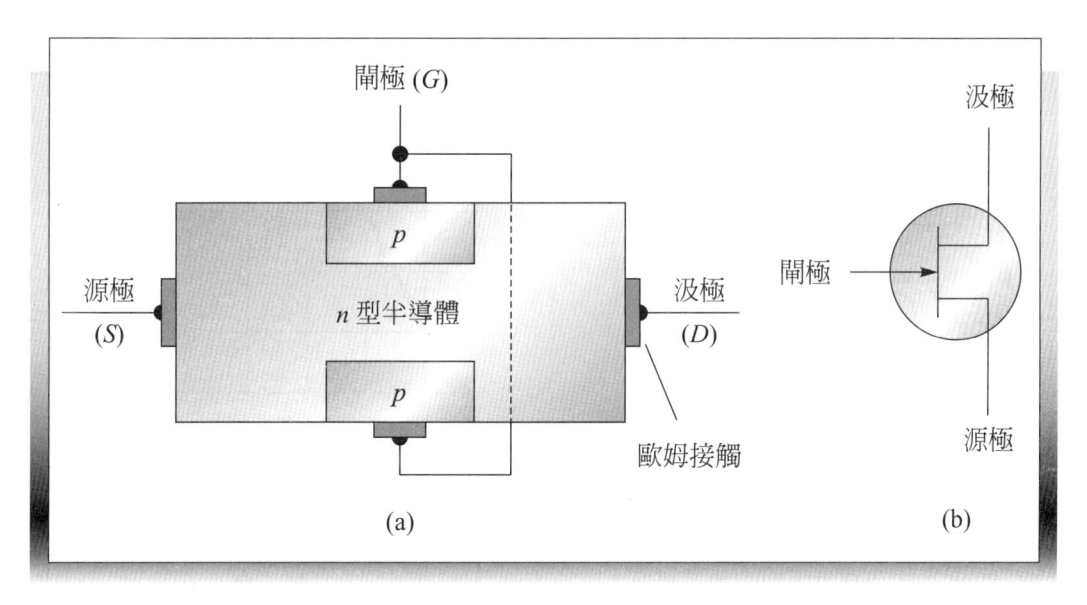

圖 3.13　n 通道接面場效電晶體的結構與符號

(source)，若加一偏壓，可在通道上產生一導通電流。(3) 通道上下兩端有一閘極，閘極所加偏壓可控制通道兩側 p-n 接面。當反向偏壓的空乏區擴大，可減少通道截面積，甚至夾止電導通道，以達到控制通道電流的目的。通道若為 n 型材料，稱為 n 通道 JFET，導電載子為自由電子；通道若為 p 型材料，稱為 p 通道 JFET，導電載子為電洞。由於自由電子的移動率大於電洞 (即 $\mu_n > \mu_p$)，因此 n 通道優於 p 通道，尤其是在快速元件的應用上。我們可由下列的分析對 JFET 元件的動作與反應出的電流-電壓特性曲線做進一步的了解：

1. 當不增加閘極電壓時 ($V_G = 0$)，V_{DS} (汲極相對源極) 很小時，通道電流 I_D 隨 V_D 增加做線性增加，呈歐姆特性關係，即 $I_D = V_D/R$，其中 R 為通道電阻，如圖 3.14(a) 所示。

2. 當 V_D 增加到 V_{Dsat}，接近汲極的通道兩側，空乏區寬度亦隨著增加，當 $V_D = V_{Dsat}$ 時，上下兩空乏區接觸會夾止 (pinch-off) 通道，通道電流達 I_{Dsat}，如圖 3.14(b) 所示。

3. 當 $V_D > V_{Dsat}$ 時，空乏區持續擴大，夾止點 p 由汲極移向靠近源極之 p' 點，p' 點電壓維持在 V_{Dsat}，通道電流 I_D 不隨 V_D 改變，維持飽和值

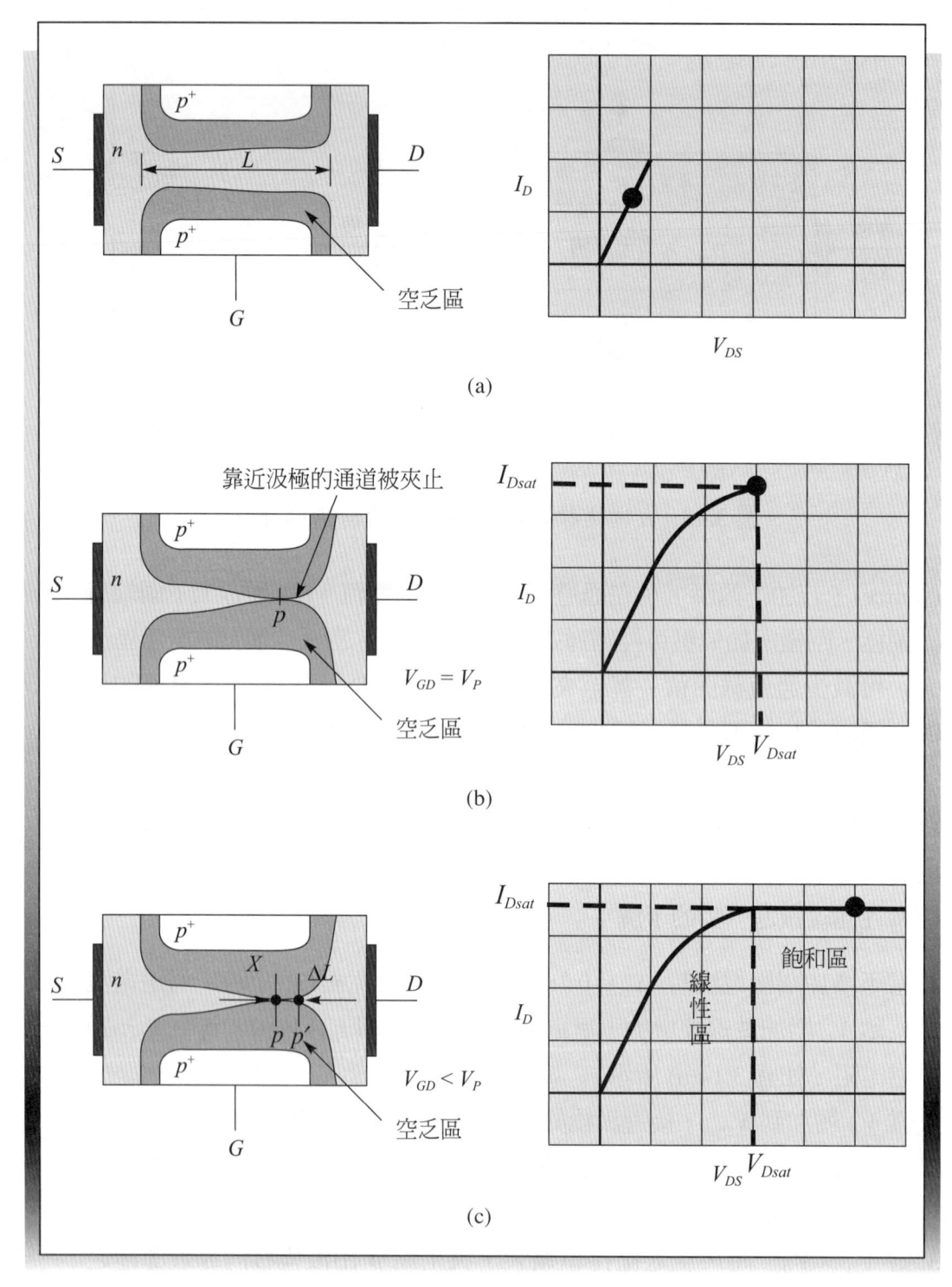

圖 3.14 nJFET 元件的動作與反應出的電流-電壓特性曲線

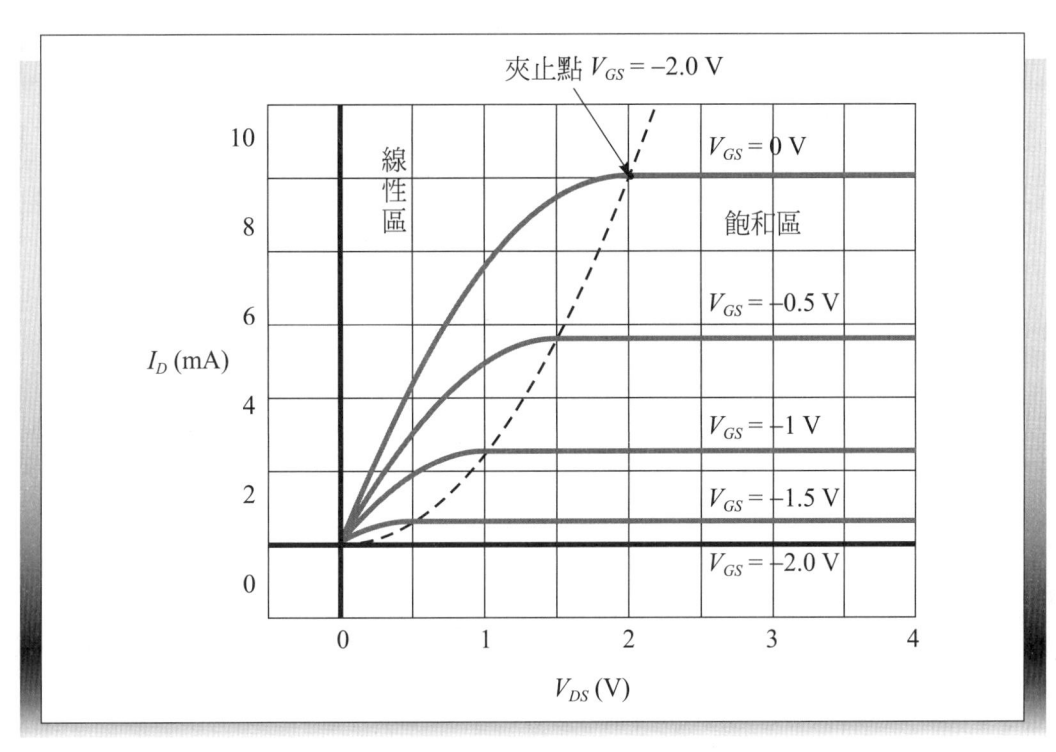

圖 3.15 nJFET 元件的電流-電壓特性曲線

I_{Dsat}，如圖 3.14(c) 所示。

4. 當閘極增加反向電壓時 ($V_G < 0$)，初始的空乏區大，通道寬度小，$V_D < V_{Dsat}$ 時，對應一個較大的電阻 R；同時也對應一個較小的 V_{Dsat} 與 I_{Dsat}。因此對 JFET 而言，I_D-V_D 特性曲線可歸納為線性區，夾止點與飽和區。閘極電壓增加 (反向偏壓加大)，夾止點電壓 V_{Dsat} 下降，飽和電流 I_{Dsat} 下降，如圖 3.15 所示。

C. 金屬-氧化物-半導體場效電晶體 (MOSFET)

金氧半場效電晶體，為金屬-氧化層-半導體 (metal-oxide-semiconductor) 場效電晶體 (field-effect transistor) 的簡稱，是當今超大型積體電路的最重要元件。金氧半場效電晶體是一種單極性元件，即只有一種載子主要參與之半導體元件。圖 3.16 所示為 n 通道 MOSFET 之基本結構圖。整體結構包括 p 型半導體基底和兩個 n^+ 區，分別為源極和汲極。在氧化層上面的金屬接觸稱為閘極。高摻雜濃度的複晶矽，或矽化物與

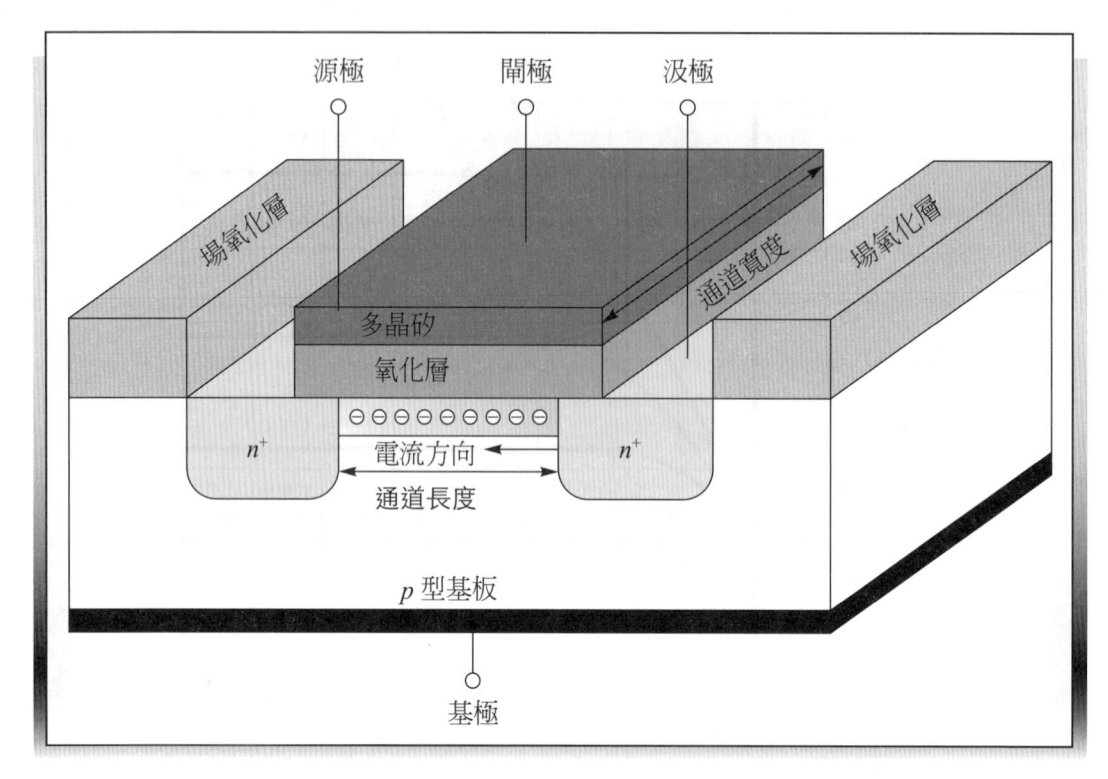

圖3.16　n通道金屬-氧化物-半導體場效電晶體結構圖

複晶矽的混合，亦可用為閘極。閘極氧化層通常很薄，厚度只有數十埃(Å)，若以源極接點作為元件的參考電壓，當閘極不加電壓時，則源極至汲極間相當於兩個背對背相接的 p-n 接面，雖在兩極間加以電壓，但不會有電流導通。若在閘極加上足夠的正電壓，則建立在閘極下的氧化層內的強電場，可將 p 型基底的電子吸引到靠近氧化層的基底表面，使得基底表面由原來的 p 型反轉 (inverted) 成 n 型，因而在兩個 n^+ 區間形成一條表面 n 型通道 (n channel)，可以導通大量的電流於源極和汲極之間。此通道的導電率可經由閘極電壓的大小來加以控制。

如圖 3.17 所示，為 n 通道增強型 (enhancement mode) MOSFET 之輸出特性曲線，依操作電壓可分為 (a) 截止區 ($V_{GS} < V_T$)，(b) 線性區 ($V_{GS} \geq V_T$，$V_{GS} - V_T > V_{DS}$)，以及 (c) 飽和區 ($V_{GS} \geq V_T$，$V_{GS} - V_T \leq V_{DS}$) 三種區域。我們若將信號輸入閘極，則由相對應的汲極電流 I_D 的變化，可在輸出電路的負載端得到放大的信號。n 通道 MOSFET 的互補型構造

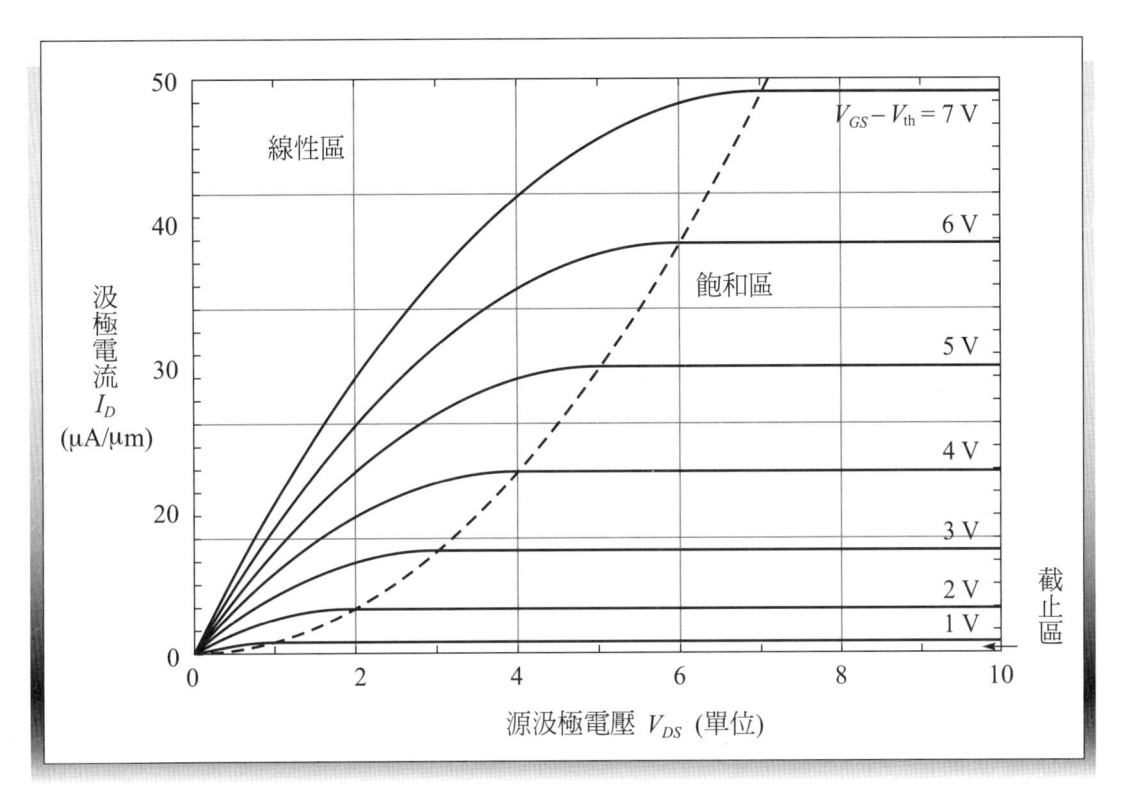

圖 3.17　nMOSFET 元件的電流-電壓特性曲線

為 p 通道 MOSFET，兩者動作原理相同，但電壓極性相反，在 p 通道中傳導的載子是電洞，而非 n 通道中的電子。有一種將 n 通道和 p 通道 MOSFET 結合而成的互補型 (complementary) 金氧半場效電晶體，簡稱 CMOSFET，其具有低功率消耗之特性。CMOSFET 技術是當今半導體技術發展的一個重要環節，逐漸凌駕於傳統雙極性電晶體之上，成為半導體元件應用的主流，超大型積體電路都是以 CMOSFET 結構為基礎來設計。

3.3　MOSFET 結構發展與縮小化設計

MOSFET 結構，如圖 1.4 所示，自 1980 到 1990 年代初期即閘極長

度由 2.0 μm~0.5 μm 所發展之基本結構，1990 年代之後至今，大致結構不變，初期 MOS 電晶體初期的發展是以金屬 (如鋁) 作為閘極材質，這也是 MOS (metal-oxide-semiconductor) 名稱的由來。在**離子佈植** (ion implantation) 的**自我對準** (self-aligned) 製程發明後，由於後續須有高溫的活化退火 (annealing) 程序，因此改以**多晶矽** (poly-Si) 取代金屬作為閘極材質。多晶矽和氧化層的介面特性良好，且能忍受高溫的製程，這是金屬所無法達到的優點，因此被廣泛地採用。

在一般 CMOS 的應用中，n^+ 多晶矽同時作為 n 和 p 通道 MOS 的閘極，稱為**單一多晶矽閘極** (single poly gate)，如圖 3.18 所示，主要的優點為加工簡易。不過從 CMOS 電路設計的觀點，若欲達到高速及低功率耗損的要求，pMOS 和 nMOS 的 V_{th} 須呈正負對稱且不能太大，所以在閘極形成前通常會在 pMOS 元件通道區施以一 p 型元素**摻雜** (doping) 程序 (如 B 佈植) 以降低截止電壓 (V_{th}) 的絕對值。此種 pMOS 結構稱為**潛通道** (buried channel) MOS，而 nMOS 結構則稱為**面通道** (surface channel) MOS，主要是反應通道相對**閘極氧化層** (gate oxide) 的位置。

此種 CMOS 方式而後成為業界標準的技術，不過到 0.35 μm 以下製程時開始遇到瓶頸，主要的問題出在 pMOS 電晶體的**短通道效應** (short

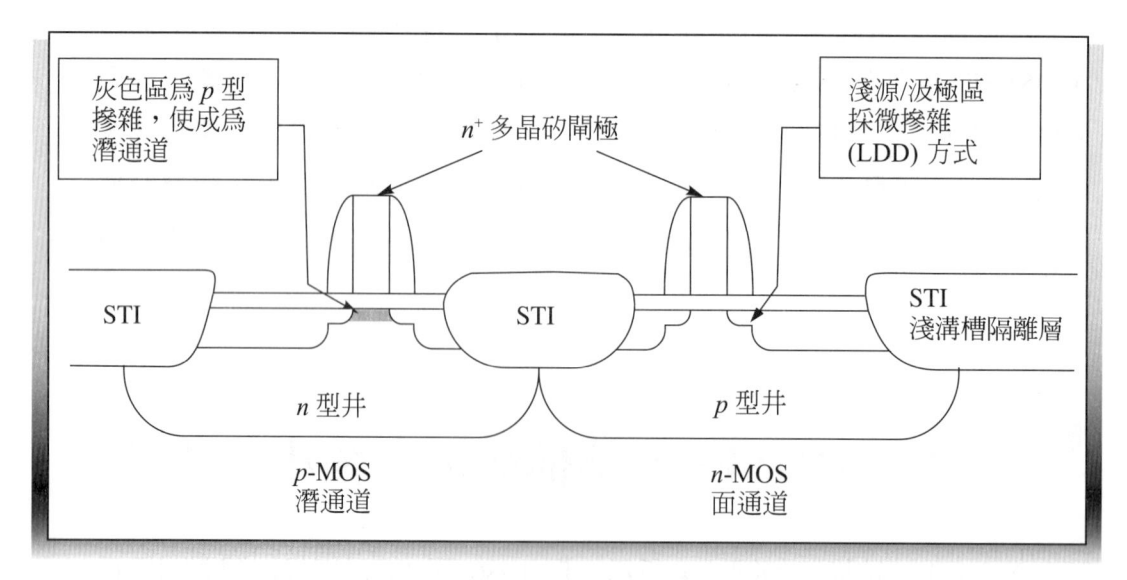

圖 3.18 比較潛通道與面通道 MOSFET

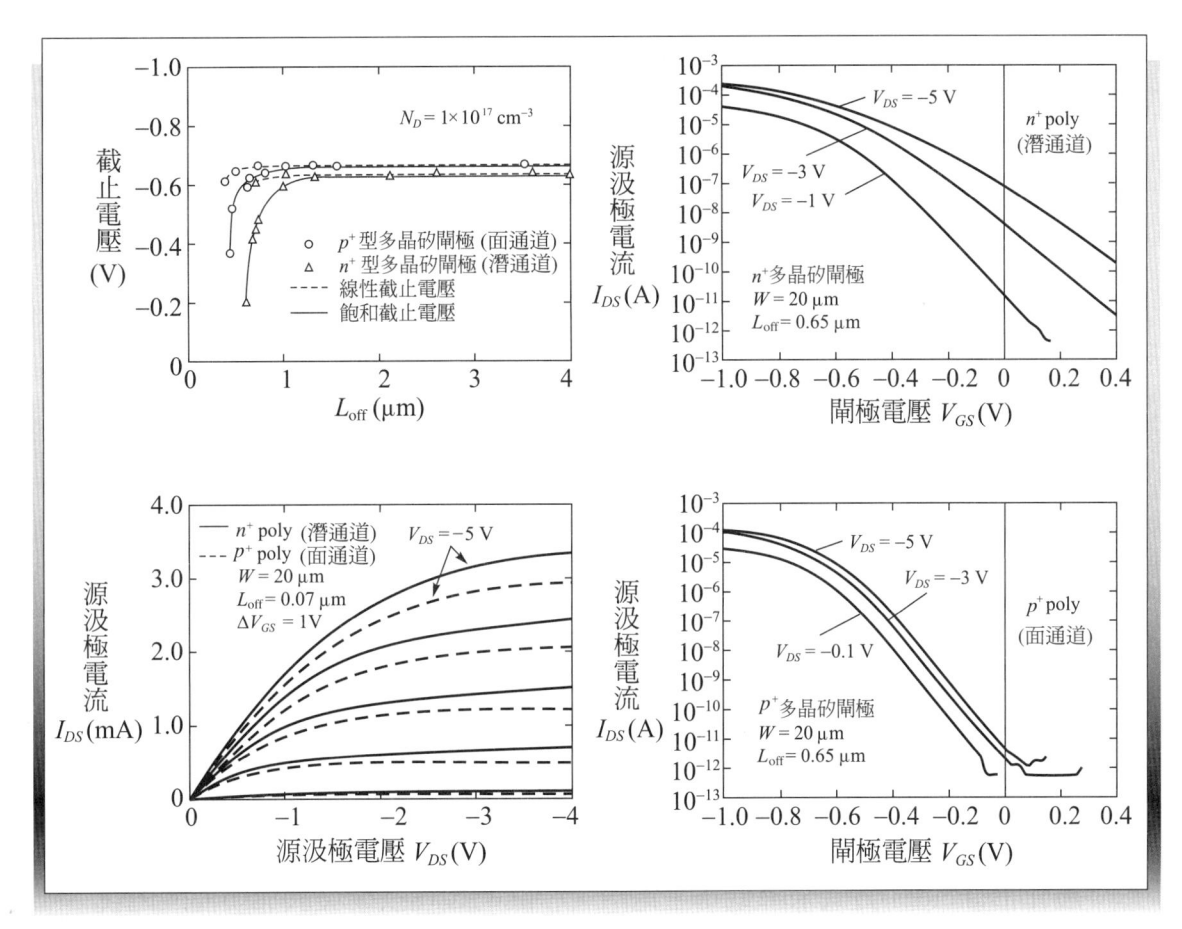

圖 3.19　p 通道潛通道與面通道 MOSFET 之特性比較

channel effect)，因為潛通道中的載子通道離氧化層介面較遠，閘極的控制性較差，所以和面通道元件比起來短通道效應要嚴重許多，如圖 3.19 所示。因此在 0.25 μm 的電晶體製作時，若繼續使用潛通道 MOS，相關的效應如 V_{th} 下降 (V_{th} roll-off) 和**汲極引發能障衰退** (drain-induced barrier lowering, DIBL) 所導致漏電流增加等現象，均相當難以控制，必須作結構上的改變以解決此問題。因此改由**雙多晶矽閘極** (dual poly gate)，如圖 3.20 所示。

雙多晶矽閘極和單多晶矽閘極不一樣的地方，是採用 p^+ 多晶矽作為 pMOS 的閘極，所以可以製作面通道的元件，不過在程序上會較複雜。由於 pMOS 和 nMOS 均為面通道，對於短通道效應的控制性可以提升。

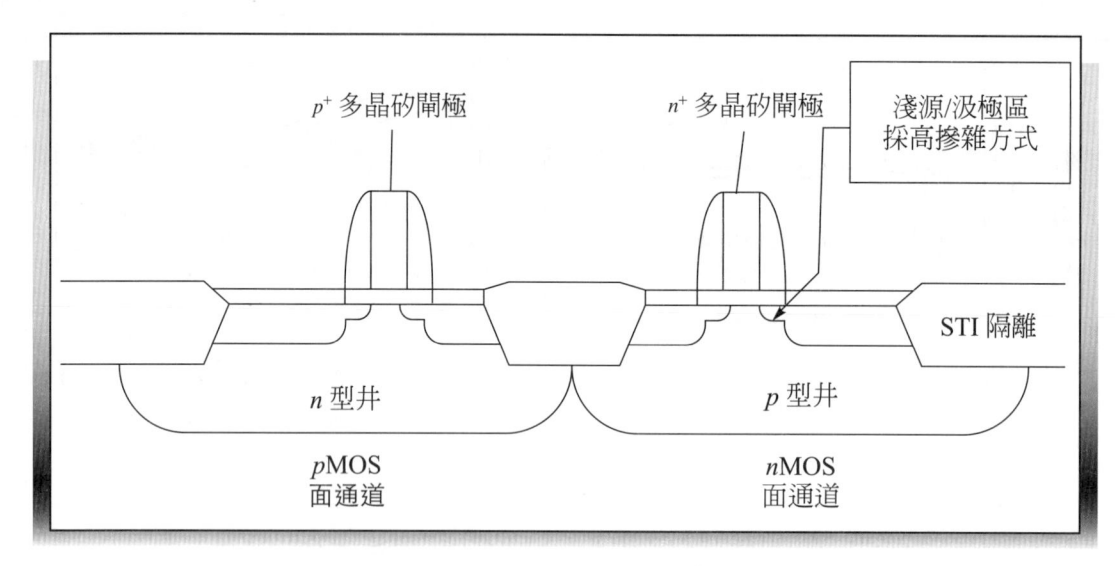

圖 3.20　雙多晶矽閘極 CMOSFET 結構

目前此雙多晶矽閘極已成為現今 MOSFET 閘極技術的主流。另一個困擾則在於寄生電阻，由於電阻和傳導線的截面積成反比，因此當閘極寬度縮小後，寄生電阻會顯著上揚 (假設厚度不變)，對於深次微米元件的操作影響很大。一般的對策是採用**多晶矽金屬化** (polycide) 或自我校準**矽金屬化** (salicide) 方式來降低寄生電阻，相關的製程技術發展與所面臨的挑戰將在後面文中介紹。此外也有人提出**金屬閘極** (metal gate) 方式，也就是回歸 MOS 電晶體初期的結構，當然在製程上會有許多考量與改變。此種方式在 45 nm 以後已被應用，特別是在高速的邏輯電路。

順應深次微米 CMOS 製程的發展，好的閘極技術應符合下面要求能搭配面通道元件的設計，以減少短通道效應的影響。如果閘極材料的**費米能階** (Fermi level) 能位於矽能帶的中間位置附近，即可非常簡易地調配元件的 V_{th}，對於達到上述目的是很好的選擇。另外選擇低**電阻率** (resistivity, ρ) 材料以降低寄生電阻，並減少閘極中**載子空乏的現象** (carrier depletion effect)，此現象常見於多晶矽閘極，即所謂矽晶空乏現象 (poly-depletion)，所以要提升其摻雜離子之活化 (activation) 程度。而金屬閘極則無此些疑慮，但仍需避免高溫製程下，因摻雜元素或金屬成分擴散而造成的氧化層破壞。另外，在閘極介電材料方面，一直是使用二氧

化矽 (SiO$_2$) 來作為閘極氧化層，主要原因為對多晶矽／二氧化矽介面之性質已十分了解，因此由 1970 年代以後至今，閘極氧化層仍以二氧化矽為主，但在 45 奈米以後二氧化矽之厚度將小於 2 奈米，將造成極大之**穿隧電流** (tunneling current)，所以將以高介電常數材料取代之，閘極絕緣層的發展與詳細技術將在第五章探討。

最後，為了降低因元件縮小化所造成之**短通道效應** (short channel effect)，元件**汲極工程** (drain engineering) 必須不斷地改良以達成元件縮小化能保持 MOSFET 結構之目的。至於摻雜濃度的差別，主要是希望控制元件之操作 (如 V_{th} 植入)，隔離 [如**反崩潰** (anti-panchthrough)] 植入與**暈型** (halo) 植入，詳細技術發展將在第六章探討，過程中包含淡**摻雜源極** (LDD) 來防止**熱載子效應** (hot-carrier effect)，以及因**接面深度** (junction depth) 降低所造成電阻上升等問題，大多利用製程 [如**源/汲極提升工程** (elevated S/D engineering)] 來克服此問題，詳細技術發展將在第六章探討。如圖 3.21 所示，必須在以下四部分改良以提高元件**表現** (performance) 與**可靠性** (reliability)。

1. MOSFET 閘極材料與接觸層結構 (金屬閘極；完全矽金屬矽化閘極)

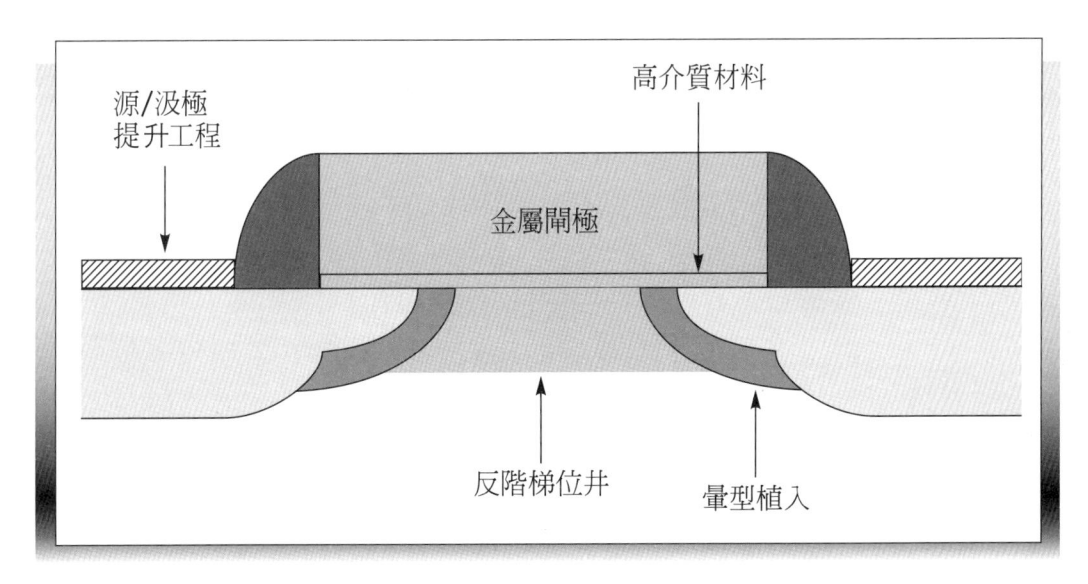

圖 3.21　MOSFET 縮小化所需之結構設計

2. 閘極高介電常數材料
3. 摻雜濃度之控制 (通道濃度：反階梯位井，反崩潰植入)
4. 汲極結構之設計 (源/汲極提升工程，LDD，暈型植入)

總而言之，圖 3.21 所示為目前以及未來針對 MOSFET 縮小化時所需考量之製程設計，元件設計者將因而不斷被要求設計提高 MOSFET 特性之方法以維持不變，否則改變 MOSFET 結構以因應未來產品之需求將勢所難免。

習題

1. 請說明 p-n 接面二極體基本特性。
2. 請說明雙載子電晶體基本特性。
3. 請說明 MOSFET 基本特性。
4. 何謂蕭特基能障？
5. 何謂歐姆接面？
6. 簡單說明 MOSFET 縮小化時需注意之問題。
7. 何謂潛通道 (buried channel) MOS？何謂面通道 (surface channel) MOS？請比較之。

4 元件隔離技術

4.1 元件隔離
4.2 傳統局部氧化隔離技術
4.3 反階梯位井工程

　　半導體製造過程可概分前段製程與後段製程兩階段，前段製程乃從**晶圓處理製程** (wafer fabrication) 到**元件完成** (device formation)，而後段製程則將元件經由**金屬線連接** (metal interconnection) 完成線路為止。
　　本章將介紹各元件之間之隔離工程。

4.1　元件隔離

　　首先我們針對 MOSFET 製作開始，在開始之前，我們必須完成元件之間的隔離製作，其中分為**間隔位井隔離** (inter-well isolation) 與**內部位井隔離** (intra-well isolation) 兩種，如圖 4.1 所示。間隔位井指的是不同位井之間之隔離，即 n^+ 與 n 位井之隔離，而內部位井則是指同一位井之間之隔離，即 n^+ 與 n^+ 之隔離，隔離的目的即是為避免相鄰之元件操作時互相影響。我們可以圖 4.2(a) 來說明此現象，圖中為 nMOSFET 與 pMOSFET 組合而成之 CMOSFET，由於二內部電晶體 (n-p-n 與 p-n-p) 因

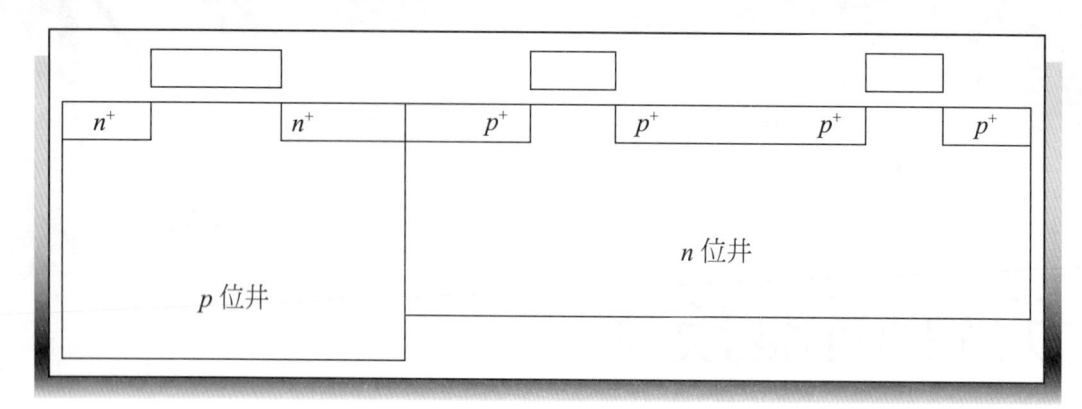

圖 4.1 間隔位井與內部位井之定義

距離接近還會自然形成一 n-p-n-p 結構，如此一來 n-p-n 之輸出 (集極) 會進入 p-n-p 之輸入 (基極) 而形成一正回饋，一旦訊號進入，會很快放大累積而造成元件崩潰，如圖 4.2(b) 所示，此稱為**閂鎖效應** (latch-up) 現象，如圖 4.2(c) 所示為其近似 p-n-p-n 之 I-V 關係圖，如果要避免此現象，則需提高保持元件不崩潰之最小電壓 V_{HOLD} 的量，使得內部崩潰電壓小於 V_{HOLD} 即可避免閂鎖效應，V_{HOLD} 可以 (4.1) 式表示之：

$$V_{HOLD} = V_{CEp} + V_{BEn}(1 + R_{S2}/R_{S1}) \tag{4.1}$$

為了提高 V_{HOLD}，可以減少電晶體二輸出端電流回流至電晶體一之輸入端形成正回饋，因此增加回流路徑之電阻 (R_{S2}) 或減少離開 n-p-n-p 線路之路徑電阻 (R_{S1}) 兩方式可達成，而 R_{S2} 之增加可以由增加 n^+ 至 p^+ 之距離來完成，但增加 n^+ 至 p^+ 之距離會增加線路本身面積。另外，可使用具**單一晶格之磊晶片** (epi-wafer) 來替代傳統非單一晶格之矽晶片，因為磊晶片**無摻雜質** (non-doped)，所以可達到高電阻，然而磊晶片價格昂貴，因此除了特定產品指定需求外，很少消費性產品會使用此種晶片來製作。目前大部分會以降低 R_{S1} 來減少正回饋的發生機率，而降低 R_{S1} 可以增加位井 (well) 雜質濃度來完成，因此大多以位井工程 (well engineering) 來改善之，目前常以**反階梯位井** (retrograde well) 的植入來達成此目的。另外為了直接阻止正回饋發生，一種有效方法是利用**氧化層隔離** (oxide isolation) 技術直接隔離兩個電晶體。絕緣技術方法可分為**局部氧化隔離**

第四章 元件隔離技術

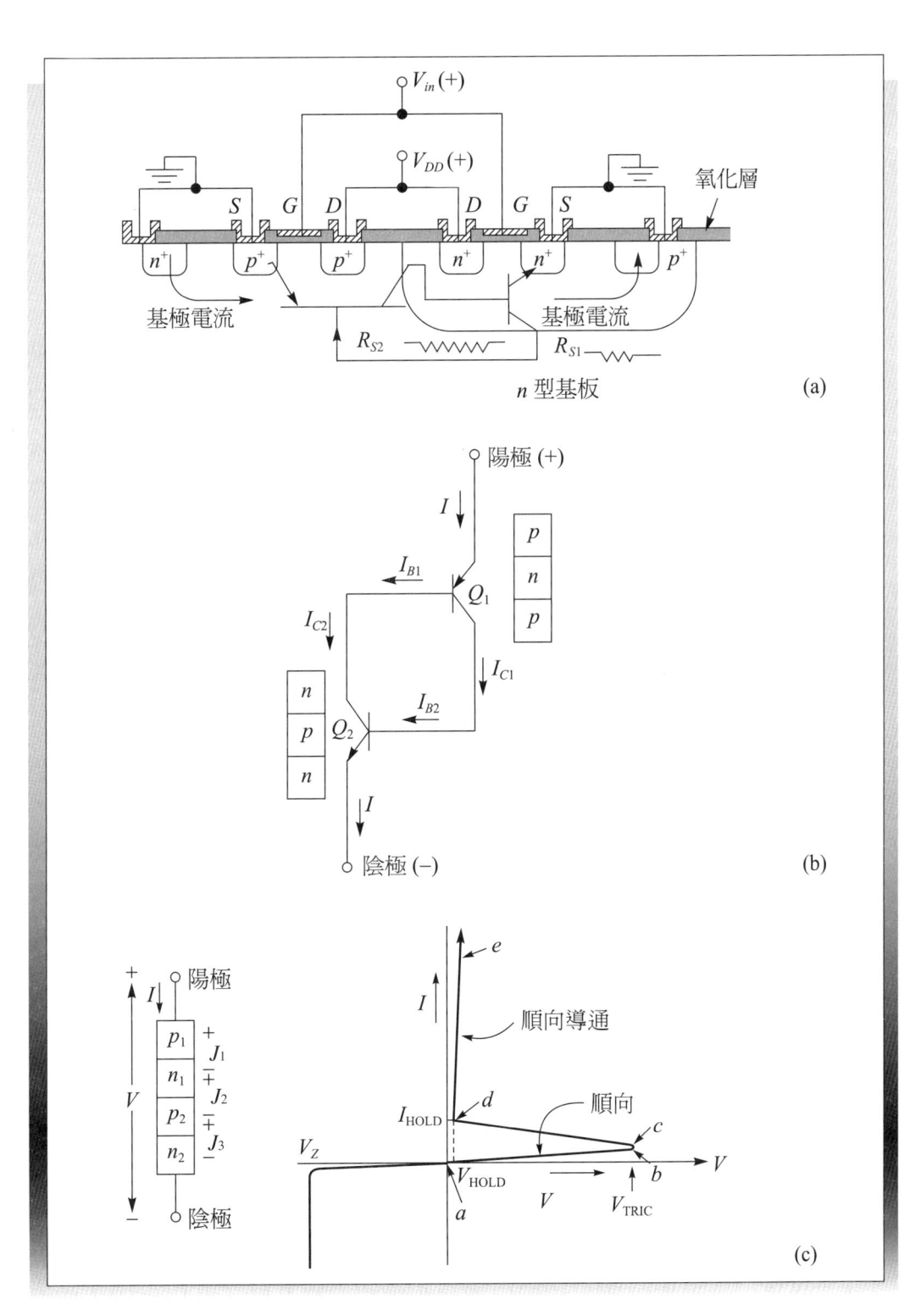

圖 4.2 閂鎖效應發生機制

(localized oxidation isolation, LOCOS) 技術與**淺溝槽隔離** (shallow trench isolation, STI) 技術。

4.2 傳統局部氧化隔離技術

傳統隔離技術，即如圖 4.3 所示形成的局部**場氧化層** (field oxide) 來完成，場氧化層的目的是在隔離元件中的**主動區** (active region)，如果把場氧化層和相鄰的主動區一起來看，它就相當於一個**閘極氧化層** (gate oxide)，只是這個 MOS 電晶體是不希望被啟動的，它必須發揮隔離的效果，也就是說場氧化層的**截止電壓** (threshold voltage) 必須要很大。因此氧化層下的井區濃度，須施以額外的佈植來增加，以防止此區因上部導線通過所帶來的電場，或因氧化層中的電荷引起井區表層的導電屬性的反向，而造成電晶體間的漏電流效應通路。也就是在 n 型井區中於隔離氧化層下的矽晶表面形成更濃之 n^+ 型薄層，在 p 型井區中於隔離氧化層下的矽晶表面形成更濃之 p^+ 型薄層。

一般硼 (B) 佈植，是用來抑制 p 型井區中，n 型元件間通路的形成。而磷 (P) 佈植，是用來抑制 n 型井區中，p 型元件間通路的形成。雖然以局部氧化隔離製程技術作為絕緣可防止閂鎖效應現象，可是會因元件縮小化面臨小尺寸場氧化層的薄化效應無法將**尺寸** (cell size) 縮小化的瓶頸。因為傳統的局部氧化隔離製程技術有**鳥嘴** (bird's beak) (如圖 4.3 所示) 以及**表面不平坦** (field oxide thinning) 等限制的問題，因此局部氧化隔離結構只能縮小到幾微米，在 0.25 μm 製程以下的元件，無法再使用局部氧化隔離作為元件絕緣。

為了增加半導體 IC 元件集積度，發展出更新的絕緣製程技術是必要的，因此取而代之以先進淺溝槽隔離的絕緣方法，目前晶圓 IC 製程以淺溝槽製程技術為最普遍之技術。在先進的奈米製程，先進電晶體間的隔離通常是以淺溝槽隔離，如同局部氧化隔離一樣為防止此區域因上部電

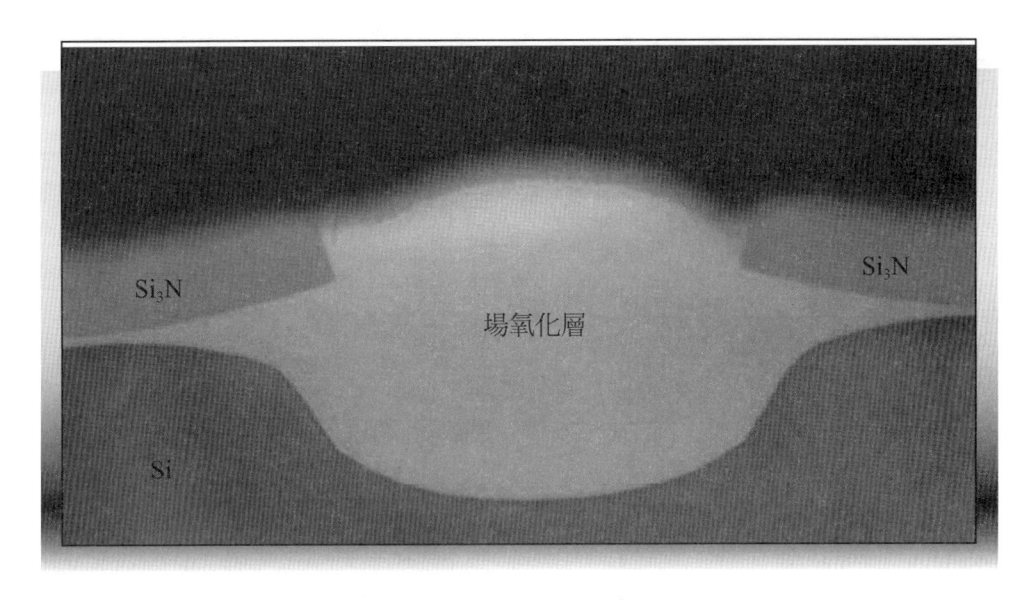

圖 4.3　鳥嘴效應

路導線通過所帶來的電場，或因氧化層中的電荷引起井區表層的導電屬性的反向，而造成電晶體間的漏電流影響電通路，在此矽基材下的 n 型井區 (n-well) 及 p 型井區 (p-well) 濃度，須施以額外的離子佈植植入來增加濃度以增強元件隔離度。

⊙ 4.2.1　局部氧化隔離製造程序

如圖 4.4 所示，在傳統的半導體晶圓製程中，因為 Si_4N_4 本身對矽的附著能力並不理想，且由於 Si_3N_4 與矽之熱膨脹係數 (CTE) 相差較大，所以會在 Si_3N_4 與矽之間加入一層由 SiO_2 所構成的氧化層。因此使用熱爐管，以高溫加熱氧化的方式，在矽晶片的表面形成一氧化層。目前使用 400~600 nm 左右厚度的 SiO_2 層，然後用低壓化學氣相沈積的方式 (LPCVD)，把 Si_3N_4 沈積在剛剛長成的 SiO_2 上，再藉由微影黃光程序製作線路，將光罩的圖案轉移到光阻上面，然後使用**蝕刻** (etching) 技術 (一般是使用正片光阻)，將部分為被光阻遮蔽的 Si_3N_4 層予以去除，如此完成局部氧化隔離之線路。

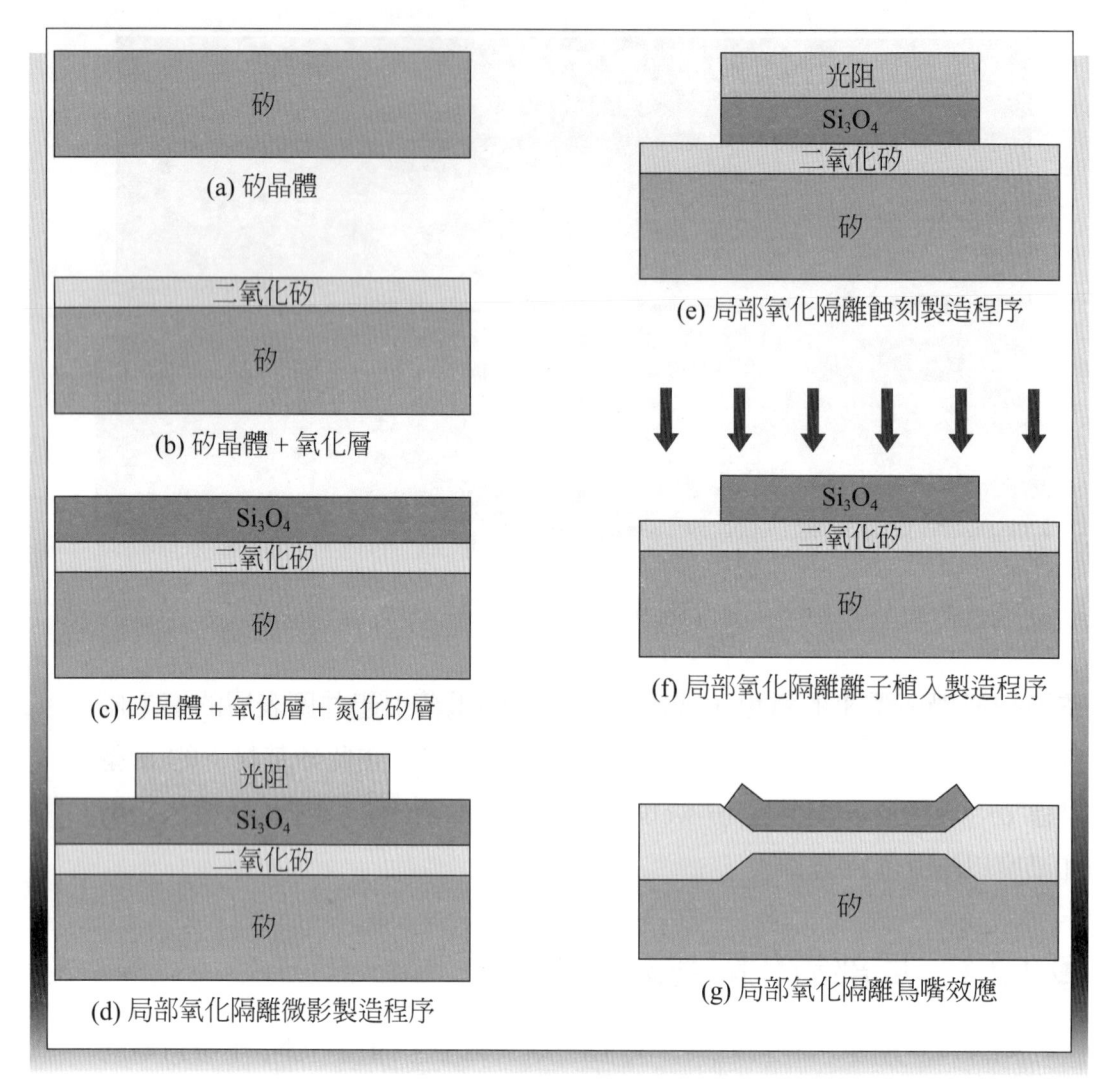

圖 4.4　局部氧化隔離製造流程

　　接下來為離子植入程序，將所需的離子植入，一般的 nMOS 製程是採用 p 型矽晶片，以硼為離子源，將晶片送進氧化爐管內，進行離子的植入。以濕氣氧化法在含有水氣的環境中，進行場氧化層的成長，而剛剛植入的離子藉著高溫 (~1000°C) 擴散而往下趨入。然而，因為水分子與氧對 Si_3N_4 角落尖端的部分，容易有水平方向的擴散，所以有鳥嘴外觀的現象，即如圖 4.4(g) 與圖 4.3 所示，這就是局部氧化隔離製程的特殊現象。

在製程上必須要注意的是鳥嘴的大小和形狀，因為這些物理結構會影響到**元件寬度** (channel width) 以及**飽和電流** (saturation current)，此外鳥嘴也會影響**氧化閘極** (gate oxide) 的品質及可靠度，和元件特性**漏電流** (leakage current) 息息相關。因為局部氧化隔離絕緣結構有鳥嘴效應的問題，當局部氧化隔離結構應用在縮小元件尺寸同時，將會使元件應用在快速資料寫入時變成一項極大的挑戰。

◉ 4.2.2 淺溝槽隔離技術

現今不管邏輯元件或記憶體應用領域上，因為傳統的局部氧化隔離技術存在鳥嘴效應，所以改用**淺溝槽隔離技術** (shallow trench isolation, STI) 來降低元件的尺寸。未來在考慮系統單晶片 (SOC) 內嵌式需求時，淺溝槽製程技術將會成為半導體晶圓生產技術之重要製程技術。就半導體晶圓生產製程技術而言，高性能及高可靠度為兩項最重要的要求。可靠度之目標規格是定義在當元件經過一百萬次寫入/擦拭週期後，需有十年以上的資料保存度；一般基本高性能要求為快速資料存取和低功率消耗，至現今為止，已經發表了多種不同淺溝槽製程技術。

隨著先進邏輯製程技術發展的同時，一項非常重要的遵循規則為克服在淺溝槽隔離邊緣處因局部高電場引發的**扭曲效應** (kink-effect) 問題。在先進淺溝槽快閃記憶元件中，在淺溝槽隔離邊緣局部的高電場不僅會引發周邊電晶體的扭曲效應，也會使產品產生嚴重可靠度問題。這些可靠度問題包含**熱載子陷阱** (hot-carrier trapping)、氧化層的損壞等。因為淺溝槽隔離技術在半導體晶圓製程技術上將會是一項趨勢，因此晶圓廠現今積極研發改善淺溝槽隔離製程，以提升半導體晶圓生產製程技術之可靠度及元件特性問題。近年來淺溝槽隔離技術已經被發表應用並已成熟量產於晶圓製程。在 250 nm 以下的電路製作多已被淺溝槽隔離所取代。

常見的淺溝槽隔離製造流程如圖 4.5 所示。首先，在矽基板上成長一**墊氧化層** (pad oxide) 與一**氮化矽層** (SiN)，在微影製程中，為避免微影程序曝光導致顯影不精準，先成長一層**抗反射層** (anti-reflection coating,

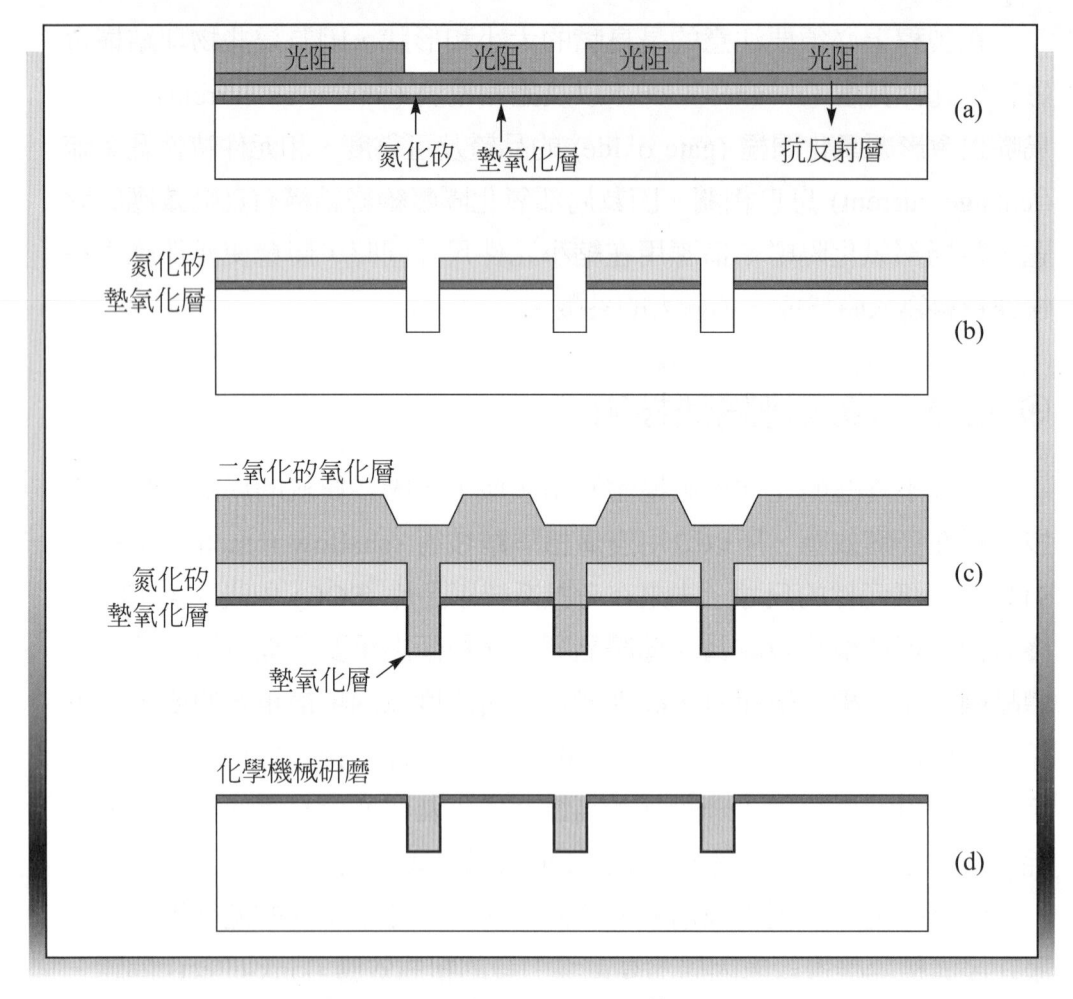

圖 4.5 淺溝槽隔離技術製造流程

ARC)，如圖 4.5(a) 所示。再以微影程序定義隔離區後，依序進行墊氧化層與淺溝槽蝕刻，如圖 4.5(b) 所示。一般溝槽的深度在 400~700 nm 之間。淺溝槽隔離溝槽完成之後，在溝槽的內壁上以熱氧法成長一**氧化層內襯** (liner oxide)，以消除蝕刻所造成的損害。再以**化學氣相沈積** (chemical vapor deposition, CVD) 氧化矽層充填溝槽內，如圖 4.5(c)。接著是**化學機械研磨** (CMP) 平坦化製程，如圖 4.5(d)，將多餘氧化矽層磨平，接著以化學機械研磨拋光技術去除表面多出之材料，並以氮化矽 (SiN) 作為**研磨終止層** (polish stop layer)，留下一平坦的表面。最後再將氮化矽及墊氧化層去除，以進行後續元件之製作。

化學機械研磨製程為目前急迫發展克服先進淺溝槽隔離製程的關鍵。在淺溝槽隔離溝槽化學機械研磨製程中，除製程技術影響外，最重要的是積體電路線路設計，氧化矽磨蝕凹陷其與積體電路線路積集度有相當大的關係。氧化層充填沈積後，一般會加上一高溫退火的**密化 (densify)** 步驟使氧化層較緻密，避免化學機械研磨製程時研磨速率的變異，而且改善充填氧化層的品質。在化學機械研磨平坦化，由於研磨圖案密度的不同，造成圖案密度低區域會有過度拋光所造成的**碟形下陷 (dishing)** 及**磨蝕 (erosion)** 情形。解決方式係在研磨前，於圖案密度低的區域上設計一些**不影響線路的圖案 (dummy patterns)**，來避免較寬淺溝槽隔離溝槽底層的過度拋光，而形成凹陷狀態。但此法需多一道微影程序，增加生產成本。碟形下陷是淺溝槽隔離過程易造成源/汲極接面漏電流的增加，是奈米積體電路製程主要挑戰。

積體電路**前段製程 (front end process)** 調整的目的是提高積體電路密度和改善電晶體的性能，這種調整分成兩部分，即隔離層調整和電晶體調整。淺溝槽隔離技術為先進 IC 奈米晶片製程中的關鍵技術。以化學機械研磨技術進行溝槽隔離，氧化矽之回蝕製程為先進奈米製程重點。針對淺溝槽隔離而言，淺溝槽隔離的技術能進入量產，歸功於化學機械研磨技術的成功，而相關設計法則如表 4.1 所示。由於淺溝槽隔離製程屬於破

表 4.1　淺溝槽隔離設計法則

淺溝槽隔離技術	技術世代	45 nm	65 nm
製程薄膜堆疊	氮化矽 (SiN)	1200 Å	1200 Å
	氧化矽薄層 (OX)	110 Å	110 Å
	光阻	1700 Å	2400 Å
	抗反射層	650 Å	1020 Å
淺溝槽	淺溝槽隔離 CD (溝槽/矽基板)	60/75 nm	80/110 nm
	淺溝槽隔離深度	3000 Å	3500 Å

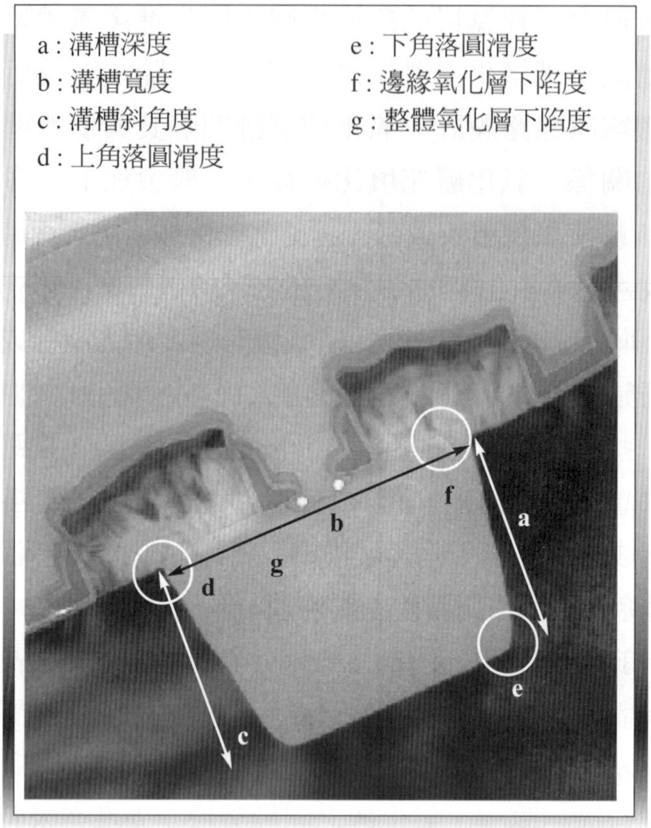

a：溝槽深度　　　　e：下角落圓滑度
b：溝槽寬度　　　　f：邊緣氧化層下陷度
c：溝槽斜角度　　　g：整體氧化層下陷度
d：上角落圓滑度

圖 4.6　淺溝槽製程中需要考慮之問題

壞性製程，因此會產生部分旁生效應使得元件特性受到影響，圖 4.6 為一般淺溝槽絕緣技術製程所製造的剖面圖與會因淺溝槽隔離所造成之可能的旁生效應與注意事項。

　　因為淺溝槽在晶圓的製造技術上包含為化學氣相沈積填充淺溝槽及化學機械研磨淺溝槽，尤其應特別注意線路圖案之積集度，因奈米製程圖案之積集度相對特別密集，並且現今半導體先進製程幾乎皆在十二吋晶圓生產，以增進生產經濟效應。但是面積愈大，製程影響所面臨的挑戰愈大，良率將受影響──因為晶圓愈大其均勻度難以控制，且晶圓本身又容易**彎曲** (bending)，且晶圓廠建製成本過高。十二吋晶圓在製造程序又可能造成晶圓中心與邊緣差異，故其為製造程序須考慮之重點。在淺溝槽隔離製程技術，製程薄膜堆疊與淺溝槽隔離深度須考慮線路圖案寬

4.3 反階梯位井工程

另外，改善閂鎖效應的方法是**反階梯位井工程** (retrograde well engineering) 的製程，傳統的位井製程是利用**擴散** (diffusion) 的方法，圖 4.7 為擴散位井與反階梯位井的比較圖，由圖 4.8 可知擴散的位井**雜質分佈** (dopant profile) 圖樣會隨著位置而衰減，如此則無法控制定點位置的特性濃度，主要原因是擴散雜質一開始集中在晶片表面，就擴散離子植入製程技術，分不同階段及深度與電性摻雜濃度。為了使井區植入離子植入製程濃度均勻，使用約 1000°C 回火來完成位井。但若要定點達到固定雜質濃度，則需改由反階梯位井工程技術來達成。

在先進奈米製程中，一般先完成**淺溝槽隔離** (STI) 結構之製程後再

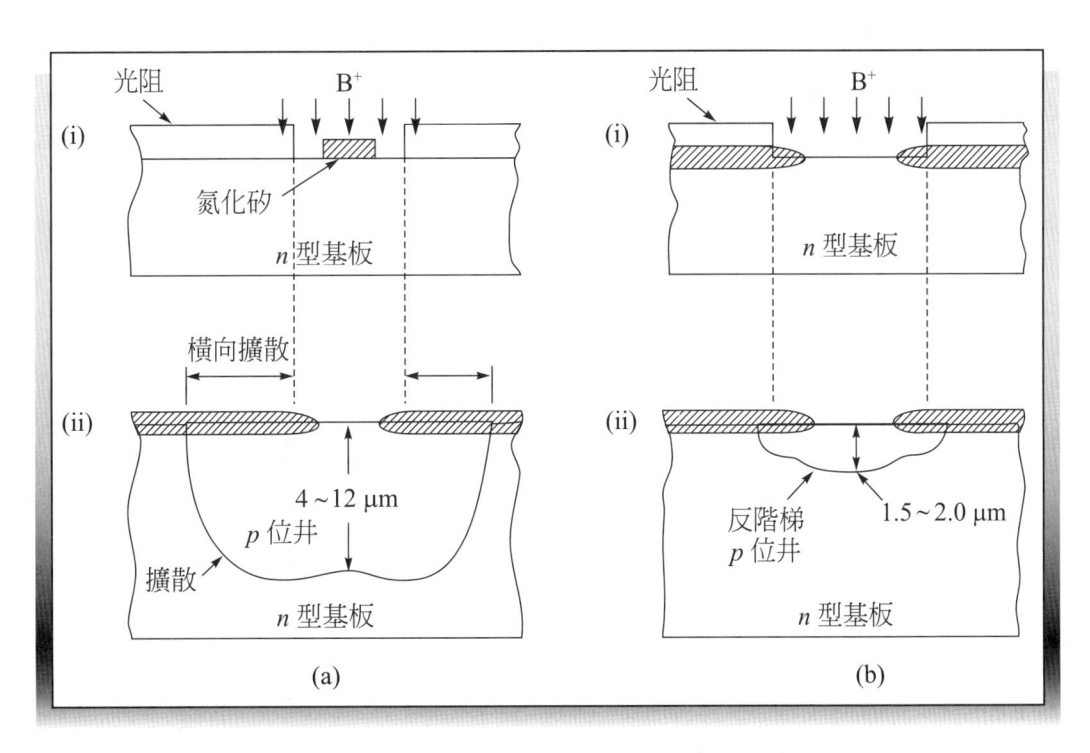

圖 4.7 擴散位井與反階梯位井之比較

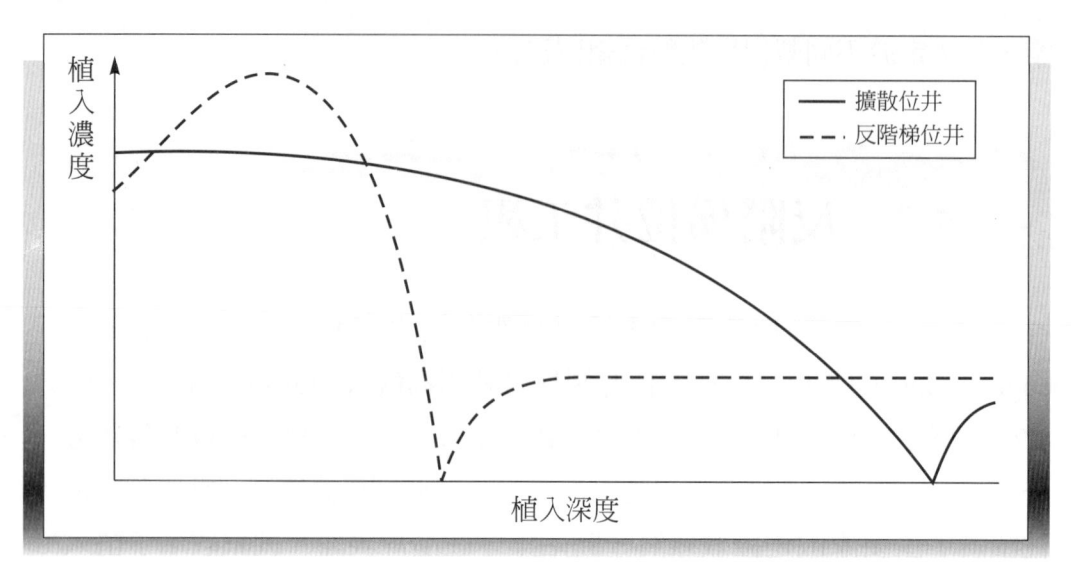

圖 4.8　擴散位井與反階梯位井雜質分佈圖樣比較

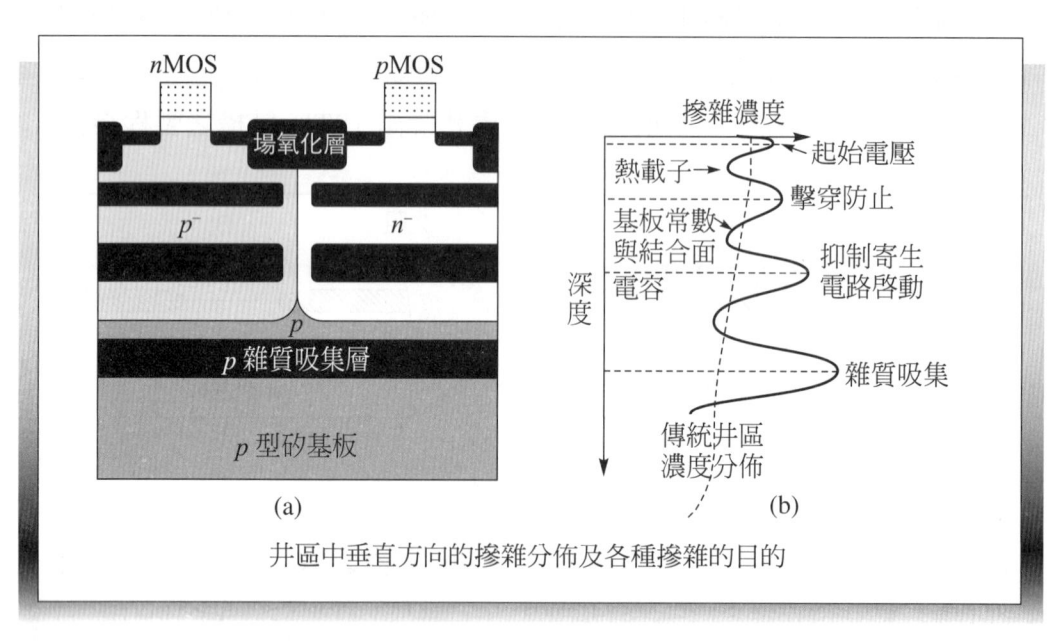

井區中垂直方向的摻雜分佈及各種摻雜的目的

圖 4.9　位井工程

進行 n 型井區及 p 型井區的佈植，如圖 4.9(a) 所示；在井區離子佈植程序中，利用微影製程來定義電路設計定義電路所需的井區。nMOS 及 pMOS，都是座落於與其導電屬性相反的井區內，且和其形成 p-n 接面。n 型及 p 型井區的摻雜濃度，直接影響電晶體元件的特性，如電晶體的

第四章　元件隔離技術

起始電壓，因此依據半導體電子元件設計分別植入井區所需的離子。圖 4.9(b) 所示為不同位置針對不同需求，不同雜質濃度的植入，避免電晶體的漏電。

一個元件特性非常重要的基本參數即所謂起始**臨界電壓** (threshold voltage)，這是加在閘極的電壓，使電晶體導通。而元件特性需要精確控制閘調整矽晶圓的摻雜濃度及均勻度。半導體井區表面濃度、材料特性及閘極氧化層厚度影響，這只有靠擴散離子佈植與植入製程控制，才能達成此要求。就元件設計而言，如何防止**擊穿** (punch-through) 現象為一重要工程 (第九章元件製程設計會詳述)，如圖 4.10 所示可以局部高濃度雜質來完成，而且此雜質不能受到後續高溫製程影響造成**再擴散** (re-diffusion) 現象，另外為避免高濃度增加源/汲極之接面電容，間接造成元件特性 (如 RC 延遲)，因此在源/汲極處需以低濃度作為接面。因此如何在不同位置選用適當之摻質是十分重要的。以 nMOSFET (源/汲極為砷離子植入) 所需 p 型位井為例，銦 (Indium) 雜質質量比硼 (Boron) 雜質為重，因此較易控制，可形成**較陡分佈圖樣** (sharp profile)，如圖 4.11(a) 所示，所以銦作為 nMOSFET 之位井可以具備較好的元件隔離效果與相關元

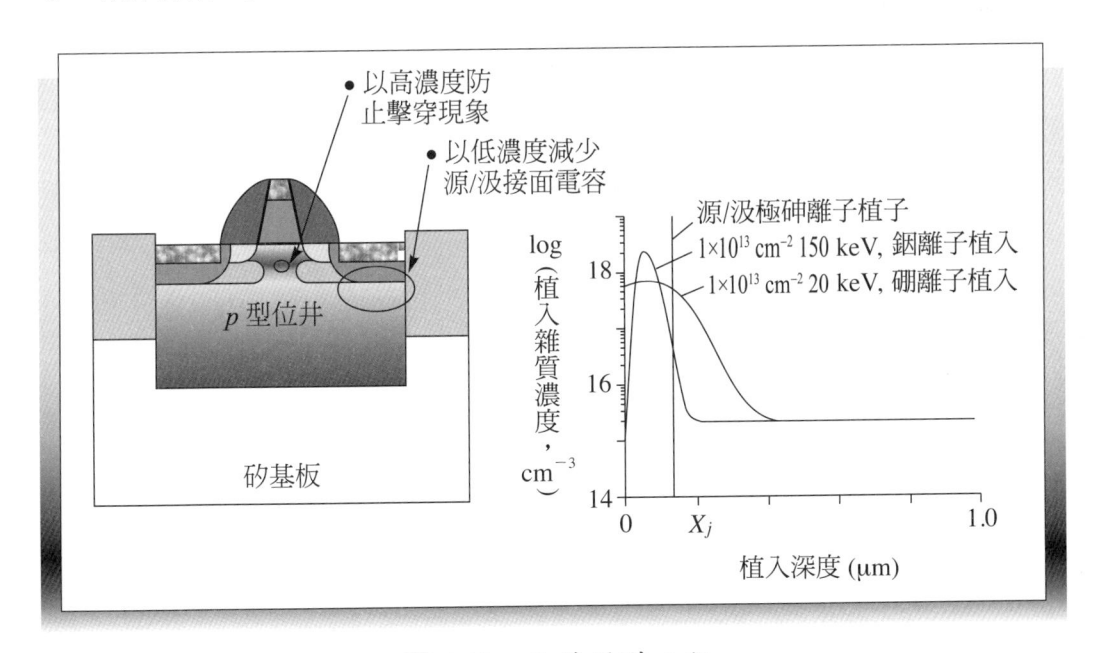

圖 4.10　元件通道工程

件短通道特性，如圖 4.11(b) 所示。

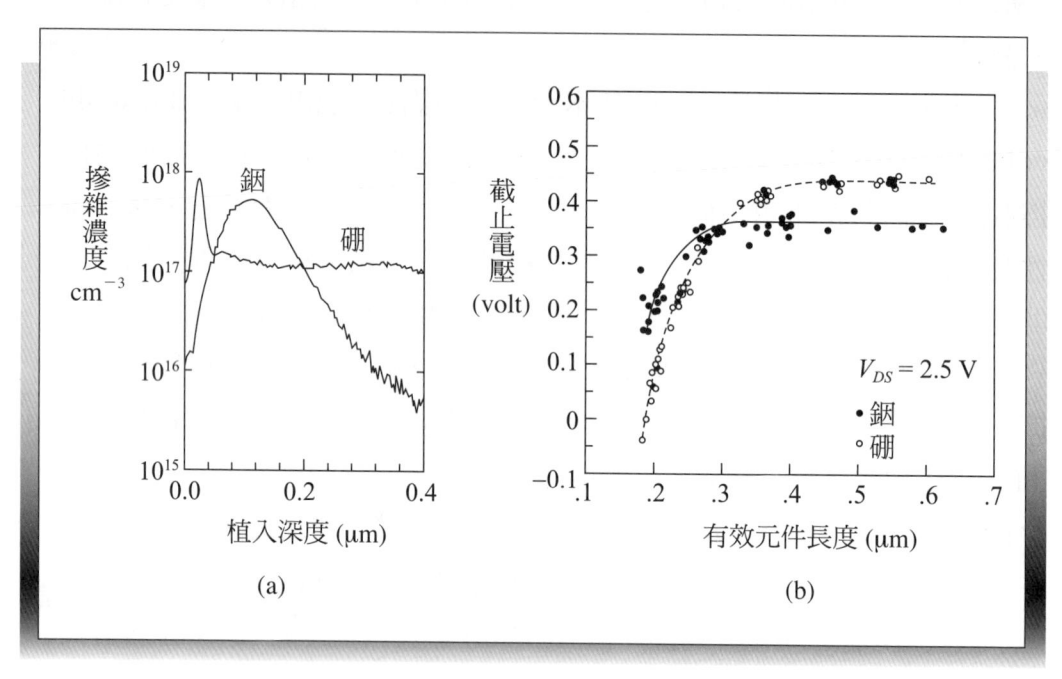

圖 4.11 銦通道與硼通道雜質分佈圖樣與相關元件特性比較

習 題

1. 何謂閂鎖效應？如何避免閂鎖效應？
2. 何謂局部氧化隔離？有何缺點？
3. 請敘述淺溝槽隔離技術與製作流程。
4. 請說明位井與反階梯位井之差異。
5. 請敘述反階梯位井工程之功能。

5

薄膜製程技術

- **5.1** 薄膜沈積機制
- **5.2** 薄膜沈積技術
- **5.3** 氧　化
- **5.4** 導電層間的絕緣

　　本章探討薄膜沈積在半導體製程上所扮演之角色，以及其沈積機制與相關技術之發展。

　　所謂的**薄膜沈積** (thin film deposition) 製程主要是在半導體晶片的基材上沈積介電質、金屬膜、複晶矽層……等。圖 5.1 為各種薄膜在積體電路上的區域位置，材料包含**矽晶層** (silicon layer)、**絕緣層** (insulator layer) 與**金屬層** (metal layer)，介電質層如二氧化矽 (SiO_2) 以及氮化矽 (Si_3N_4)，可做導電層間的絕緣，以及擴散與離子佈植的遮罩，亦可保護元件，圖 5.2 為積體電路中絕緣層的種類及用途。金屬膜與複晶矽可做元件之間的金屬接線與 MOSFET 的閘極電極材料，至於薄膜沈積的區域位置，還必須配合黃光微影技術 (photo-lithography) 的遮罩。

　　依據薄膜在沈積過程中，是否含有化學反應的機制，可以區分為**物理氣相沈積** (physical vapor deposition, PVD) 及**化學氣相沈積** (chemical vapor deposition, CVD)。隨著沈積技術及沈積參數差異，所沈積薄膜的結構可能是**單晶** (single crystal)、**多晶** (poly crystal) 或非結晶 (amorphous)

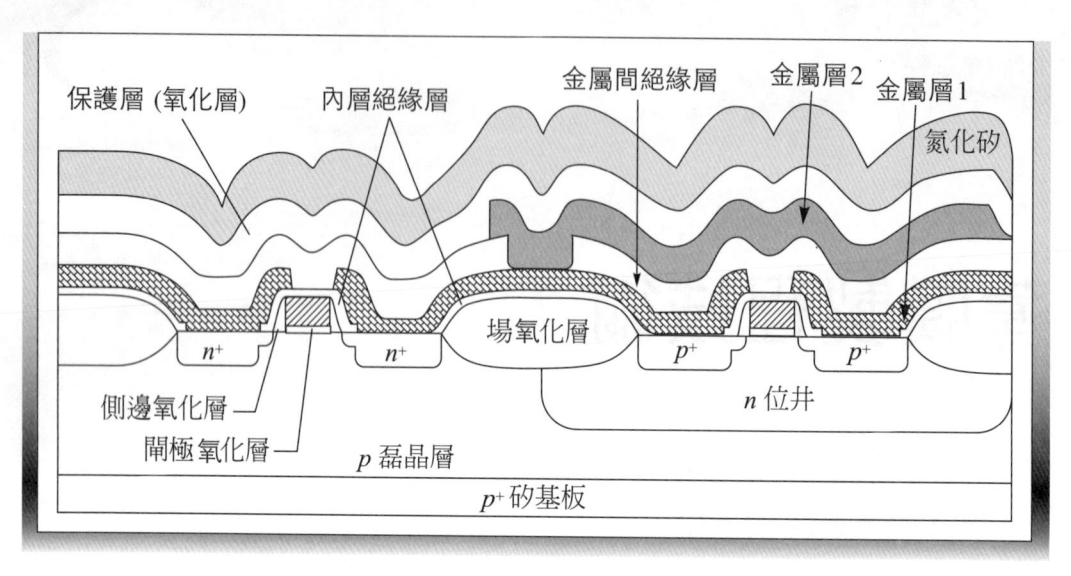

圖 5.1　各種薄膜在積體電路上的區域位置

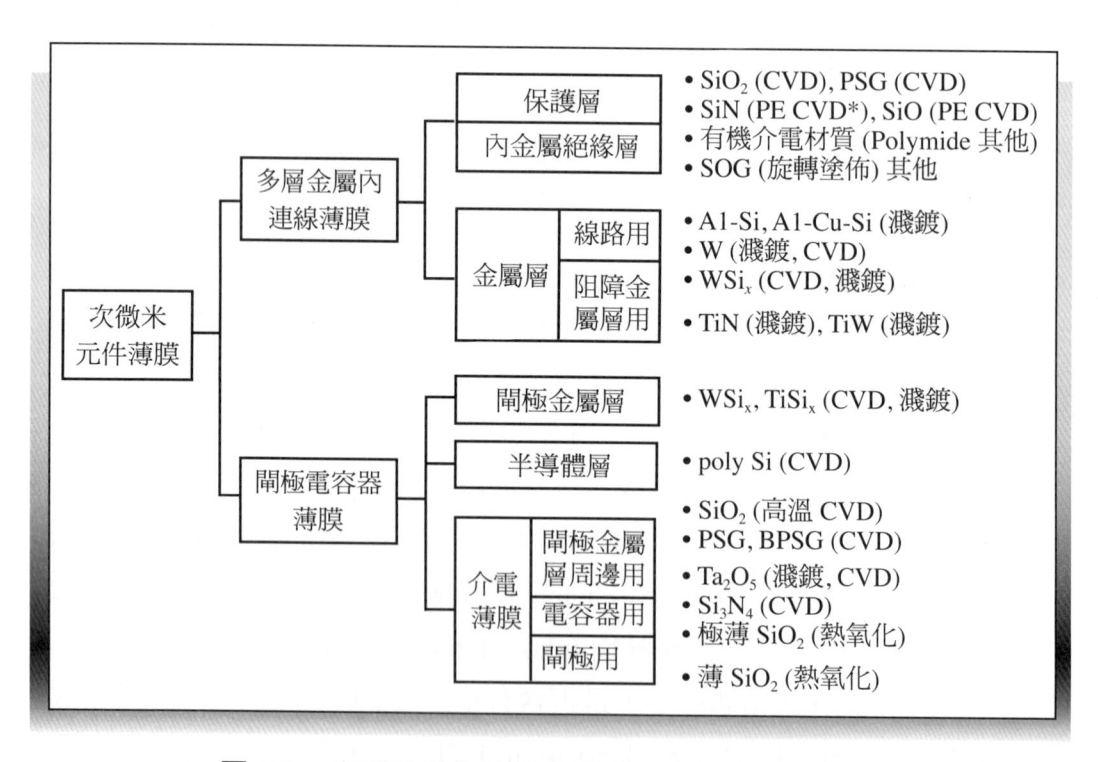

圖 5.2　積體電路中薄膜的種類、用途及沈積方式

的結構。另外針對特定隔離膜形成方式，包含**分子束磊晶** (molecular beam epitaxy, MBE) 與**鑲嵌製程** (damascence) 等方式。物理氣相沈積是今日在半導體製程中，被廣泛運用於金屬鍍膜的技術。以現今之金屬化製程而言，舉凡鈦 (Ti)、鈦化鎢 (TiW) 等所謂的**反擴散層** (barrier layer)，或是**黏合層** (glue layer)、鋁 (Al) 之**栓塞** (plug) 及**導線** (interconnects) 連接，以及高溫金屬如矽化鎢 (WSi)、鎢 (W)、鈷 (Co) 等，都使用物理氣相沈積法來完成。雖然小尺寸的金屬沈積以使用化學氣相沈積法為佳，但物理氣相沈積法在半導體製程上，仍扮演著舉足輕重的角色。

5.1 薄膜沈積機制

薄膜的成長是由一連串複雜的過程所構成，圖 5.3 為薄膜成長機制的說明圖。圖中首先到達基板的原子必須將縱向動量發散，原子才能**吸附** (adsorption) 在基板上。這些原子會在基板表面發生形成薄膜所需的化學反應，構成薄膜的原子會在基板表面作擴散運動，這個現象稱為吸附原子的**表面遷徙** (surface migration)。原子相互碰撞時會結合而形成原子團的過程，稱為**成核** (nucleation)。原子團必須達到一定的大小之後，才能持續不斷穩定

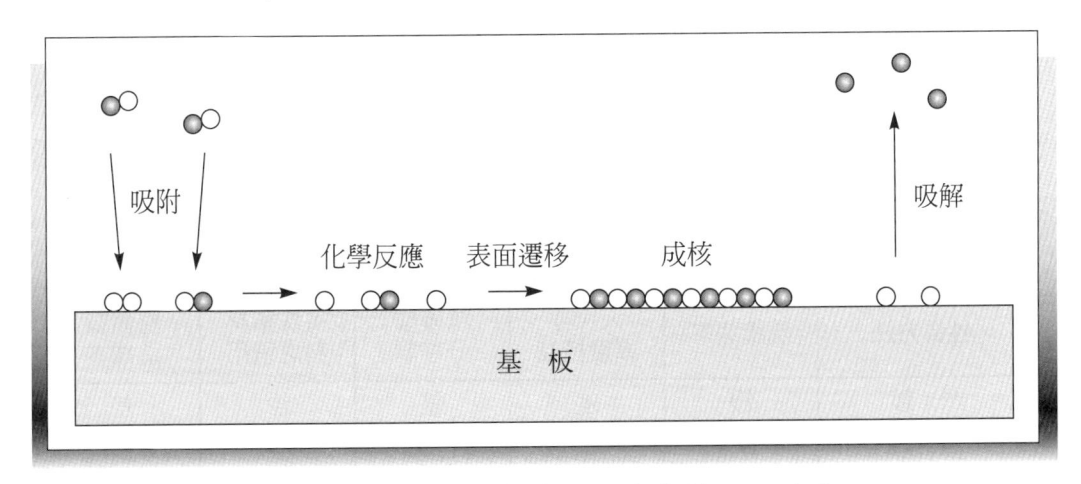

圖 5.3 積體電路中薄膜沈積機制的說明圖

成長。因此小原子團會傾向彼此聚合以形成一較大的原子團，以調降整體能量。原子團的不斷成長會形成**核島** (island)，核島之間的縫隙需要填補原子才能使核島彼此接合而形成整個連續的薄膜。無法與基板鍵結的原子則會經由基板表面脫離而成為自由原子，這個步驟稱為原子的**吸解** (desorption)。

物理氣相沈積與化學氣相沈積的差別在於物理氣相沈積的吸附與吸解是物理性的吸附與吸解作用，而化學氣相沈積的吸附與吸解則是化學性的吸附與吸解反應。

5.2 薄膜沈積技術

⊙ 5.2.1 物理氣相沈積

物理氣相沈積 (physical vapor deposition, PVD) 顧名思義是以物理機制來進行薄膜沈積而不涉及化學反應來進行薄膜沈積的一種製程技術，所謂物理機制是物質的相變化現象，一般來說，物理氣相沈積法可包含下列三種不同之技術：**蒸鍍** (evaporation)、**濺鍍** (sputtering) 與**分子束磊晶** (molecular beam epitaxy, MBE)，表 5.1 為此三種方法之比較。

A. 蒸　鍍

在半導體工業領域，為了對使用的材料賦予某種特性，而在材料表

表 5.1　不同物理氣相沈積法之比較

性質方法	沈積速率	大尺寸厚度控制	精確成分控制	可沈積材料之選用	整體製造成本
蒸　鍍	慢	差	差	少	差
濺　鍍	極慢	差	優秀	少	差
分子束磊晶成長	佳	佳	佳	多	優秀

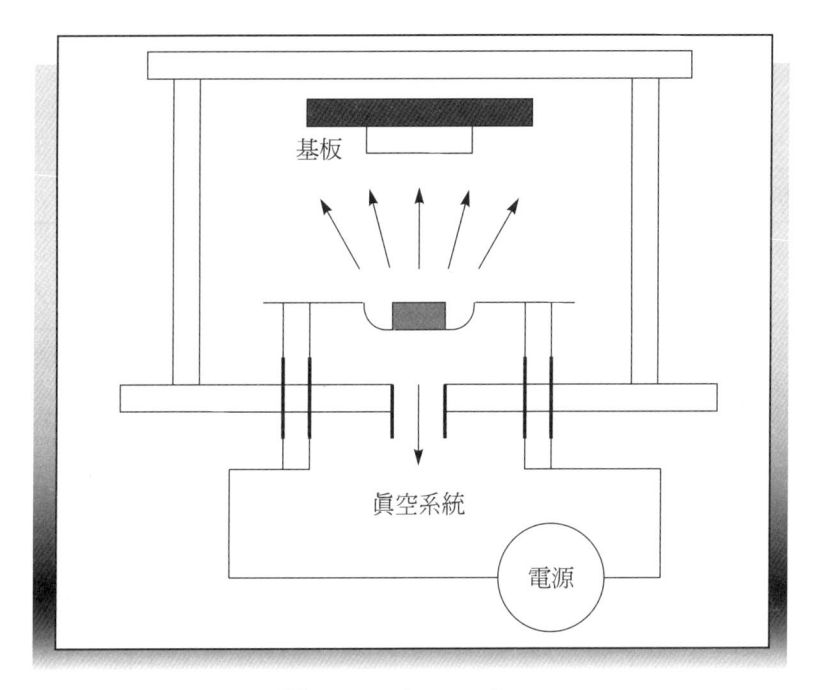

圖 5.4 蒸鍍示意圖

面上以各種方法形成一層薄膜來加以使用，假如此薄膜是經由原子層的過程所形成時，一般將此等薄膜沈積稱為**蒸鍍** (evaporation) 處理。蒸鍍原理是在高溫/壓真空狀況下，將所要蒸鍍的材料利用電阻或電子束加熱達到熔化溫度，使原子蒸發、到達並附著在基板表面上的一種鍍膜技術。

如圖 5.4 所示，在蒸鍍過程中，基板溫度對蒸鍍薄膜的性質有很重要的影響，通常基板也需要適當加熱，使得蒸鍍原子具有足夠的能量，可以在基板表面自由移動，如此才能形成均勻的薄膜。基板加熱至 150°C 以上時，可以使沈積膜與基板間形成良好的鍵結而不致剝落。因此採用蒸鍍處理時，以原子或分子的層次控制蒸鍍粒子使其形成薄膜，能得到以熱平衡狀態無法完成的具有特殊構造及功能的薄膜。蒸鍍源由固態轉化為氣態，可以真空、濺射、離子化或離子束等法使純金屬揮發，與碳化氫、氮氣等氣體作用。

在加熱至 400~600°C (約需 1~3 小時) 的工件表面上，蒸鍍碳化物、氮化物、氧化物、硼化物等 1~10 μm 厚之微細粒狀晶薄膜，因其蒸鍍溫度較低，結合性稍差 (無擴散結合作用)，且背對金屬蒸發源之陰極部會

表 5.2　三種物理氣相沈積蒸鍍法的比較

		真空蒸鍍	濺射蒸鍍	離子蒸鍍
粒子生成機構		熱能	動能	熱能
膜生成速率		可提高 (< 75 μm/min)	純金屬以外很低 (Cu: 1 μm/min)	可提高 (< 25 μm/min)
粒子		原子、離子	原子、離子	原子、離子
蒸鍍均勻性	複雜形狀	若無氣體攪拌就不佳	良好，但膜厚分佈不均	良好，但膜厚分佈不均
	小盲孔	不佳	不佳	不佳
蒸鍍金屬		可	可	可
蒸鍍合金		可	可	可
蒸鍍耐熱化合物		可	可	可
粒子能量		很低，0.1～0.5 eV	可提高 1～100 eV	可提高 1～100 eV
惰性氣體離子衝擊		通常不可以	可，或依形狀不可	可
表面與層間的混合		通常無	可	可
加熱 (外加熱)		可，通常有	通常無	可，或無
蒸鍍速率 (10^{-9} m/sec)		1.67～1250	0.17～16.7	0.50～833

產生蒸鍍不良現象。其優點為蒸鍍溫度較低，適用於經高溫回火之工、模具。若以回火溫度以下之低溫蒸鍍，其變形量極微，可維持高精密度，蒸鍍後不需再加工。表 5.2 為各種蒸鍍法的比較。蒸鍍是較早期之薄膜成長方法。在真空中對蒸鍍物加熱，利用蒸鍍物在高溫的飽和蒸氣壓，進行薄膜沈積，方式乃先用熱阻絲、電子槍或雷射將蒸鍍材料氧化後，再將氧化之蒸鍍材料傳至基板後等其冷卻後凝結。

B. 濺　鍍

　　濺鍍法 (sputtering) 是利用電漿所產生的離子，轟擊濺鍍物體，使電漿的氣相具有濺鍍物原子，最後沈積在鍍膜上。**電漿** (plasma) 是一種遭

受部分**離子化的氣體** (partially ionized gases)。藉著在兩個相對應的金屬**電極板** (electrodes) 上施以電壓，假如電極板間的氣體分子濃度在某一特定的區間，電極板表面因**離子轟擊** (ion bombardment) 所產生的**二次電子** (secondary electrons)，在電極板所提供的電場下，將獲得足夠的能量，而與電極板間的氣體分子因撞擊而進行所謂的**解離** (dissociation)、**離子化** (ionization) 及**激發** (excitation) 等反應，而產生離子、原子、**原子團** (radical) 及更多的電子，以維持電漿內各粒子間的濃度平衡。

圖 5.5 顯示一個 DC 電漿的陰極電板遭受離子轟擊的情形。脫離電漿的帶正電荷離子，在暗區的電場加速下，將獲得極高的能量。當離子與陰電極產生轟擊之後，基於**動量轉換** (momentum transfer) 的原理，離子轟擊除了會產生二次電子以外，還會把電極板表面的原子給打擊出來，這個動作，我們稱之為**濺擊** (sputtering)，這些被擊出的電極板原子將進入電漿裡，然後利用諸如**擴散** (diffusion) 等的方式，最後傳遞到晶片的表面，並因而沈積。這種利用電漿獨特的離子轟擊，以動量轉換的原理，在**氣相** (gas phase) 中製備沈積元素以便進行薄膜沈積的物理氣相沈積技術，稱之為**濺鍍** (sputtering deposition)。圖 5.6 顯示一個 DC 電漿的陰極

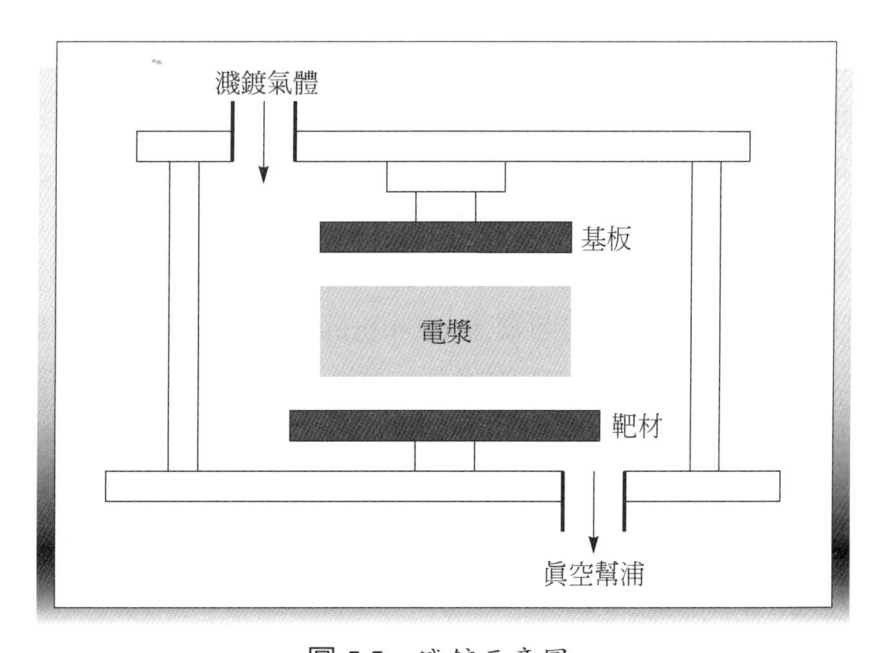

圖 5.5　濺鍍示意圖

> 1. 分子分解 (molecular dissociation)
> $e^- + A_2 \rightarrow A + A + e^-$
> 2. 原子電離 (atomic ionization)
> $e^- + A \rightarrow A^+ + 2e^-$
> 3. 分子電離 (molecular dissociation)
> $e^- + A_2 \rightarrow A_2^+ + 2e^-$
> 4. 原子激發 (atomic excitation)
> $e^- + A \rightarrow A^* + e^-$
> 5. 分子激發 (molecular excitation)
> $e^- + A_2 \rightarrow A_2^* + e^-$

圖 5.6　DC 電漿的陰極電板遭受離子轟擊的情形

電板遭受離子轟擊的情形，基於以上的模型，濺鍍的沈積機制，大致上可以區分為以下幾個步驟，電漿內所產生的部分離子，將脫離電漿並往陰極板移動。經加速的離子將**轟撞** (bombarding) 在陰電極板的表面除產生二次電子外，且因此而擊出電極板原子。被擊出的電極板原子將進入電漿內，且最後傳遞到另一個放置有晶片的電極板的表面。這些被**吸附** (adsorbed) 在晶片表面的**吸附原子** (adatoms)，將進行薄膜的沈積。

　　由於濺鍍可以同時達成極佳的沈積效率、大尺寸的沈積厚度控制、精確的成分控制及較低的製造成本，所以濺鍍是現今矽基半導體工業所採用的方式，而且相信在可預見的將來，濺鍍也不易被取代。至於蒸鍍及分子束磊晶成長之應用，現階段大多集中於實驗室級設備，或是化合物半導體工業中。由於濺鍍本身受到濺射原子多元散射方向的影響，不易得到在接觸洞連續且均勻**覆蓋** (conformal) 的金屬膜，進而影響**填洞** (hole filling) 或**栓塞** (plug-in) 的能力；因此，現在濺鍍技術的重點，莫不著重於改進填洞時之**階梯覆蓋率** (step coverage)，以增加 Ti/TiN 反擴散層/黏合層/**濕潤層** (wetting layer) 等之厚度，或是發展**鋁栓塞** (Al-plug) 及**平坦化製程** (planarization)，以改善元件之電磁特性，並簡化製造流程，降低成本等。此方法容易控制也適合金屬、絕緣層、半導體與合金等材料。膜層覆蓋能力常以**階梯覆蓋** (step coverage) 來定義薄膜的階梯覆蓋

階梯覆蓋 = b/a

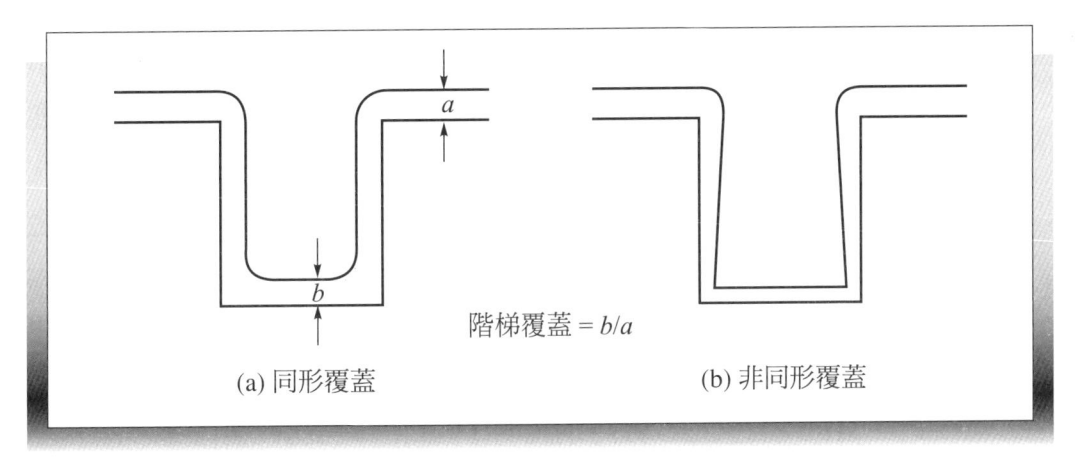

(a) 同形覆蓋　　　　　(b) 非同形覆蓋

圖 5.7　階梯覆蓋定義

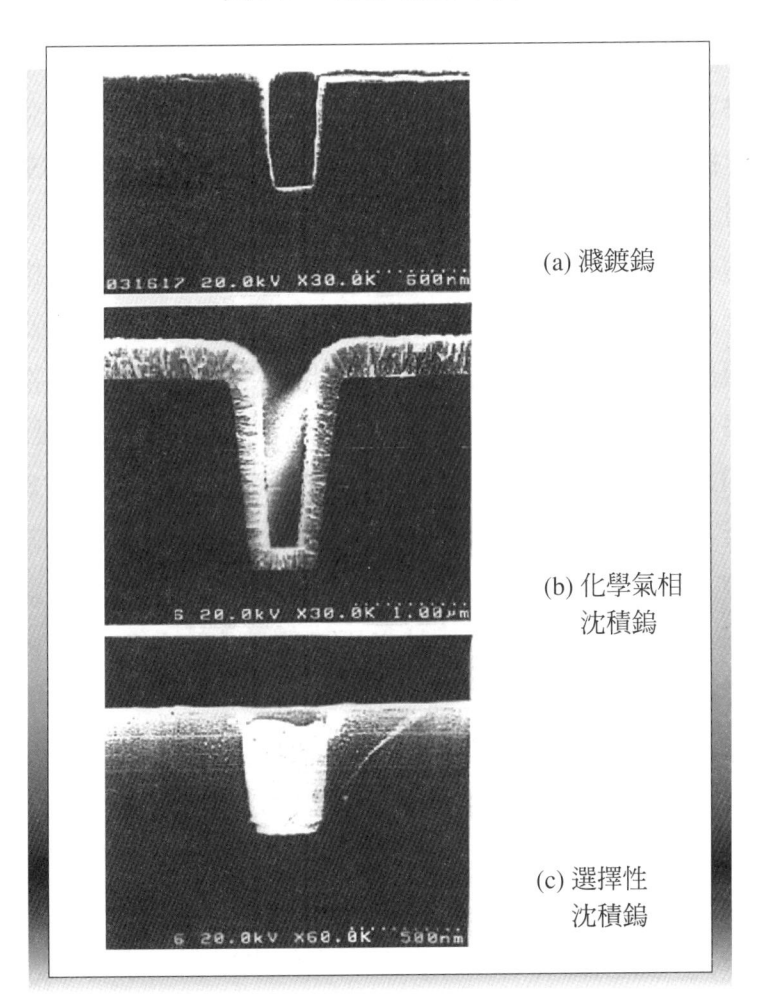

(a) 濺鍍鎢

(b) 化學氣相沈積鎢

(c) 選擇性沈積鎢

圖 5.8　不同製程之階梯覆蓋能力比較

能力，即 $SC = \dfrac{b}{a}$，b 為沈積膜最薄之厚度 (通常位於底部)，a 為正常沈積膜之厚度。如圖 5.7 顯示，階梯覆蓋值愈大代表底部薄膜成長厚度愈大，即形成所謂之**同形覆蓋** (conformal coverage)。圖 5.8 比較不同薄膜沈積之階梯覆蓋能力，由圖可知，雖然這兩種方式都可以製作金屬與非金屬薄膜，但因物理氣相沈積薄膜的階梯覆蓋能力比化學氣相沈積差，因此在目前的積體電路製程上，除金屬層的濺鍍外，大多已改採化學氣相沈積。

另外，MBE 將在 5.2.3 節特別說明。

5.2.2 化學氣相沈積

化學氣相沈積 (chemical vapor deposition, CVD) 是 IC 生產最常用的一種製程技術，可用來成長絕緣層 (SiO_2、Si_3N_4、SiON、FSG 等)、半導體磊晶層 (Si、Ge 等)、金屬層 (W、WSi_2、TiN、Ti、Cu 等)、光電材料和超導體材料等。化學氣相沈積是利用化學反應方式將氣相反應物生成固態反應物，在晶片上沈積薄膜。基本上是讓氣態的反應物進入反應室後，沈積出我們所需的固態薄膜，而伴隨產生的氣態附加物則被排放出去。化學氣相沈積薄膜成長機制受到反應物的種類、反應設備的設計 (例如 LPCVD、PECVD 與 HDP 等)、反應的壓力及溫度等參數影響薄膜的成長及品質。化學氣相沈積可在基板表面，即異質間反應，若選擇在有加熱之基板上發生反應，可沈積出品質較好之薄膜。亦可在氣相間，即同質間反應，但並不希望在有加熱之周遭環境上發生反應，會產生氣相顆粒，造成缺陷發生。

化學氣相沈積反應受到環境的影響很大，包括溫度、壓力、氣體的供給方式、流量、氣體混合比及反應器裝置等等。基本上由氣體傳輸、熱能傳遞及反應進行三方面，亦即反應氣體被導入反應器中，藉擴散方式經過**邊界層** (boundary layer) 到達晶片表面，而由晶片表面提供反應所需的能量，反應氣體就在晶片表面產生化學變化，生成固體生成物，而沈積在晶片表面。圖 5.9 顯示在化學氣相沈積製程所包含的主要機制，

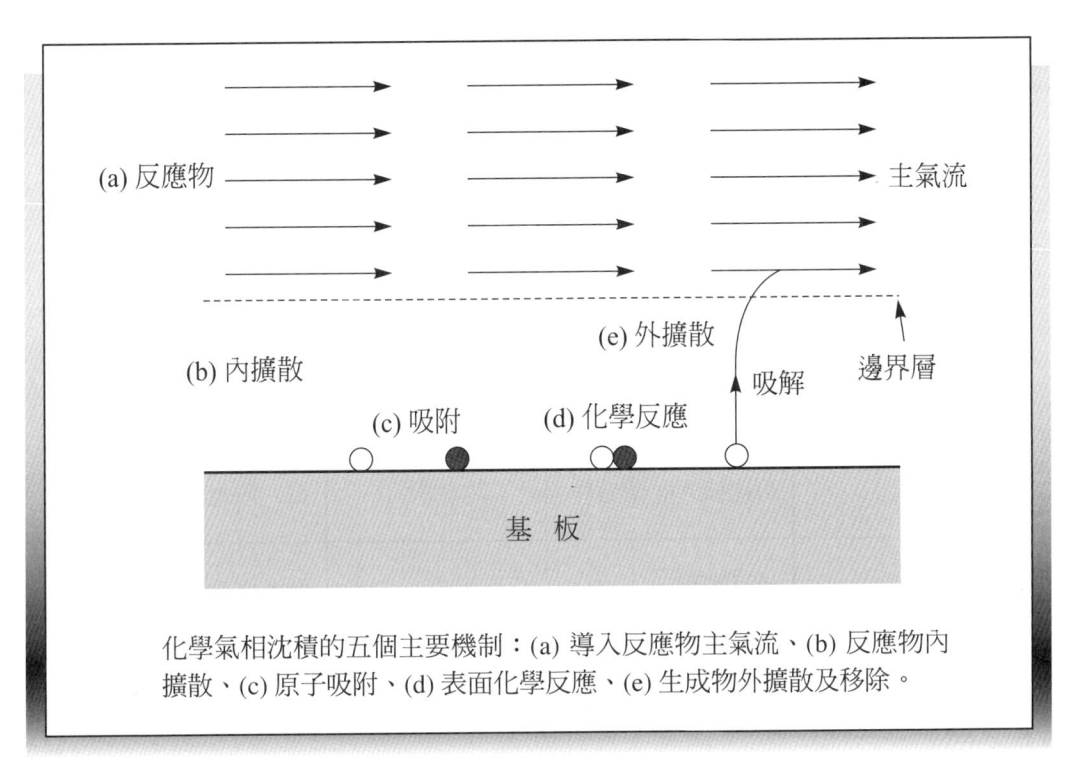

化學氣相沈積的五個主要機制：(a) 導入反應物主氣流、(b) 反應物內擴散、(c) 原子吸附、(d) 表面化學反應、(e) 生成物外擴散及移除。

圖 5.9 化學氣相沈積薄膜成長機制的說明圖

其中可以分為下列五個主要的步驟：(a) 首先在沈積室中導入由反應氣體以及稀釋用的惰性氣體所構成的混合氣體，稱為**主氣流** (main stream)。(b) 主氣流中的反應氣體原子或分子往內擴散移動通過停滯的**邊界層** (boundary layer) 而到達基板表面。(c) 反應氣體原子被**吸附** (adsorbed) 在基板上。(d) **吸附原子** (adatoms) 在基板表面遷徙，並且產生薄膜成長所需的表面化學反應。(e) 表面化學反應所產生的氣體生成物被**吸解** (desorbed)，並且往外擴散通過邊界層而進入主氣流中，並在沈積室中被排除。在積體電路製程中，經常使用的化學氣相沈積技術有：

1. 大氣壓化學氣相沈積 (atmospheric pressure CVD, APCVD) 系統。
2. 低壓化學氣相沈積 (low pressure CVD, LPCVD) 系統。
3. 電漿輔助化學氣相沈積 (plasma enhanced CVD, PECVD) 系統。

在表 5.3 中將上述化學氣相沈積製程間的相對優缺點加以列表比較，

表 5.3　化學氣相沈積製程間之比較及應用

製程	優點	缺點	應用
APCVD	反應器結構簡單 沈積速率 低溫製程	步階覆蓋能力差 粒子污染	低溫氧化物
LPCVD	高純度 步階覆蓋極佳 可沈積大面積晶片	高溫製程 低沈積速率	高溫氧化物 多晶矽 鎢，矽化鎢
PECVD	低溫製程 高沈積速率 步階覆蓋性良好	化學污染 粒子污染	低溫絕緣體 鈍化層

並且就化學氣相沈積製程在積體電路製程中各種可能的應用加以歸納。另外，**有機金屬化學氣相沈積** (metal-organic CVD, MOCVD) 也常被用來成長特殊薄膜。

A. 大氣壓化學氣相沈積 (APCVD)

　　大氣壓化學氣相沈積系統是在近於大氣壓的狀況下進行化學氣相沈積的系統。圖 5.10 為大氣壓化學氣相沈積系統結構示意圖。圖中晶片是經由輸送帶傳送進入沈積室內以進行化學氣相沈積作業，這種作業方式適合晶圓廠的固定製程。氣體注入可分為 (a) 分開注入式與 (b) 整體注入式。圖中工作氣體是由中央導入，而在外圍處的快速氮氣氣流會形成**氣簾** (air curtain) 作用，可藉此氮氣氣流來分隔沈積室內外的氣體，使沈積室內的危險氣體不致外洩。

　　APCVD 系統的主要優點是具有高沈積速率，而連續式生產更是具有相當高的產出數，因此適合積體電路製程；其他優點還有良好的薄膜均勻度，並且可以沈積直徑較大的晶片。然而 APCVD 的缺點與限制則是需

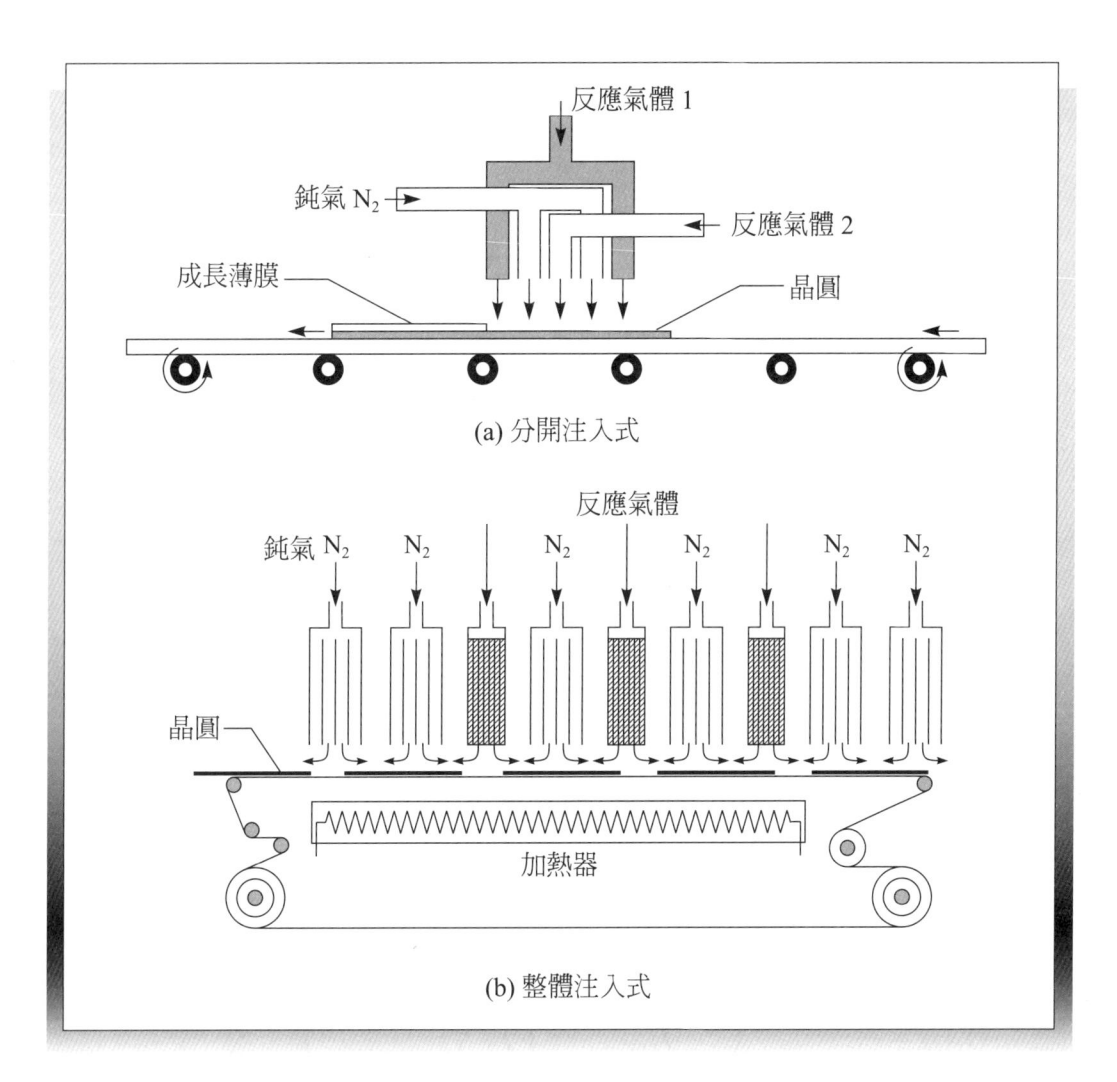

圖 5.10　APCVD 系統結構示意圖

要快速的氣流,而且會有氣相化學反應發生。在大氣壓狀況下,氣體分子彼此碰撞機率很高,因此很容易會發生氣相反應,使得所沈積的薄膜中會包含微粒。通常在積體電路製程中。APCVD 只應用於成長保護鈍化層。此外,粉塵也會卡在沈積室壁上,因此須經常清洗沈積室。

B. 低壓化學氣相沈積 (LPCVD)

　　低壓化學氣相沈積是在低於大氣壓狀況下進行沈積。圖 5.11 是一個典型的低壓化學氣相沈積系統的結構示意圖。在這個系統中,**沈積室**

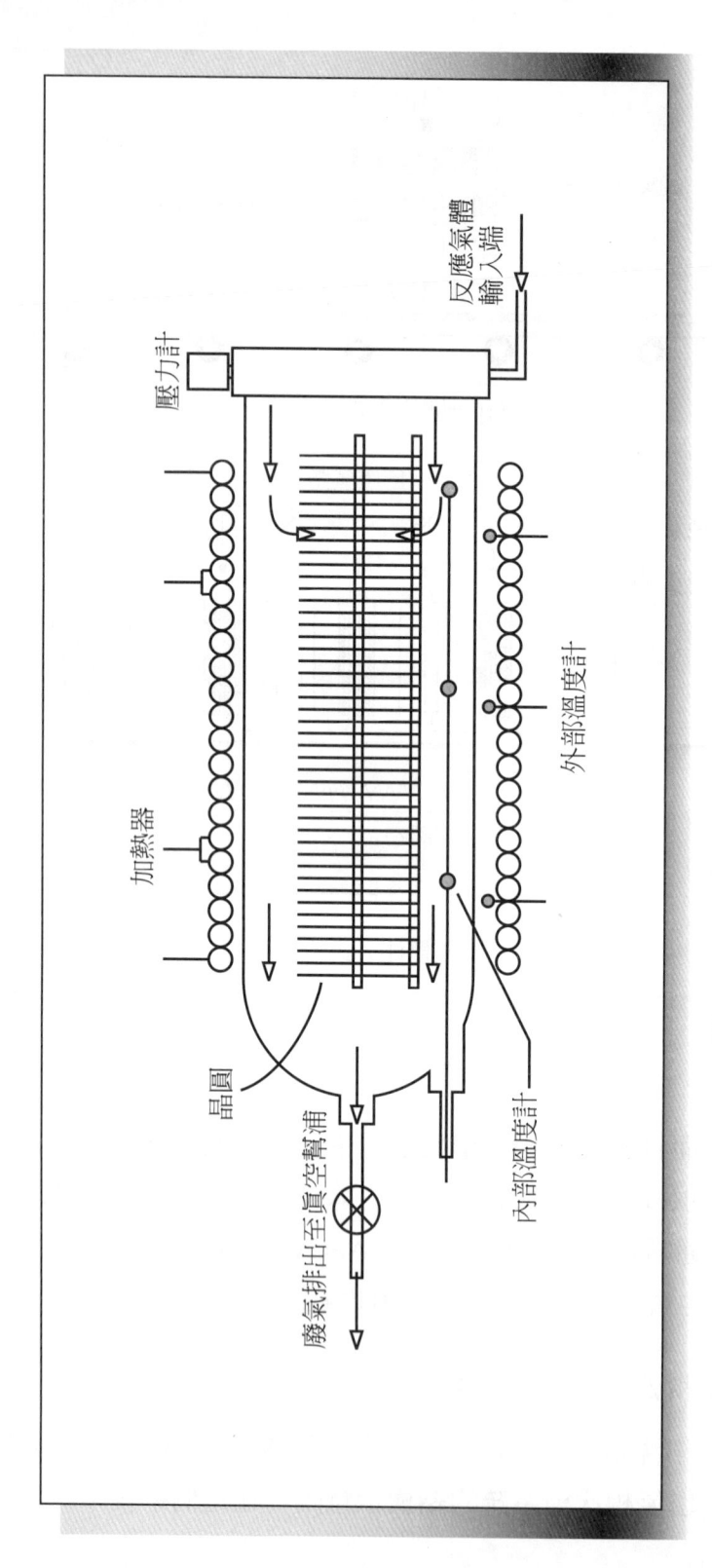

圖 5.11 LPCVD 系統結構示意圖

(deposition chamber) 是由**石英管** (quartz tube) 所構成，而晶片則是豎立於一個特製的固定架上，這是一種**批次型式** (batch-type) 的沈積製程方式。這種系統是一個**熱壁** (hot wall) 系統，加熱裝置是置於石英管外。在 LPCVD 系統中須安裝一個真空幫浦，使沈積室內保持在所設定的低壓狀況，並且使用壓力計來監控製程壓力。在**三區高溫爐** (3-zone furnace) 中，溫度是由氣體入口處往出口處逐漸升高，以彌補由於氣體濃度在下游處降低所可能造成的沈積速率不均勻現象。

與 APCVD 系統比較，LPCVD 系統的主要優點在於具有優異的薄膜均勻度，以及較佳的階梯覆蓋能力，並且可以沈積大面積的晶片；而 LPCVD 的缺點則是沈積速率較低，而且經常使用具有毒性、腐蝕性、可燃性的氣體。由於 LPCVD 所沈積的薄膜具有較優良的性質，因此在積體電路製程中 LPCVD 是用以成長磊晶薄膜及其他品質要求較高的薄膜。

C. 電漿輔助化學氣相沈積 (PECVD)

電漿的定義是一團帶電荷的氣體分子，並且其中的正電荷 (通常為正離子) 和負電荷 (通常為電子) 總數約略相等；換言之，電漿整體呈電中性。通常被激發成電漿態的氣體除了這兩種帶電荷粒子之外，還有若干激動狀態的中性氣體分子，故通常電漿內含有中性氣體分子、離子、電子和激動狀態的中性氣體分子。這幾種族群的成員多寡及各成員所攜帶的動能，端視氣體種類、氣體壓力以及外部有多少能量輸入而定。

產生電漿有好幾種方式，例如對氣體施予足夠強的電場、施予電子束轟擊或施予雷射，都能將氣體激發成電漿狀態。就像固體轉變為液體或液體轉變為氣體一樣，只要持續不斷的供給能量，電漿就會持續不斷的存在。不同氣體壓力下生成的電漿具有不同的特性，當氣體壓力較高時，氣體分子和電子具有相同的動能，電漿中的氣體溫度 (亦即氣體動能) 高於常溫，可運用於材料製造與加工，電弧融煉、電漿融射及感應耦合電漿分光分析儀即利用此種電漿。這種電漿稱為**高壓電漿** (high pressure plasma)，又因為電子溫度和氣體溫度相同，故又稱為**平衡電漿** (equilibrium plasma) 或**等溫電漿** (isothermal plasma)。當氣體壓力降到一定

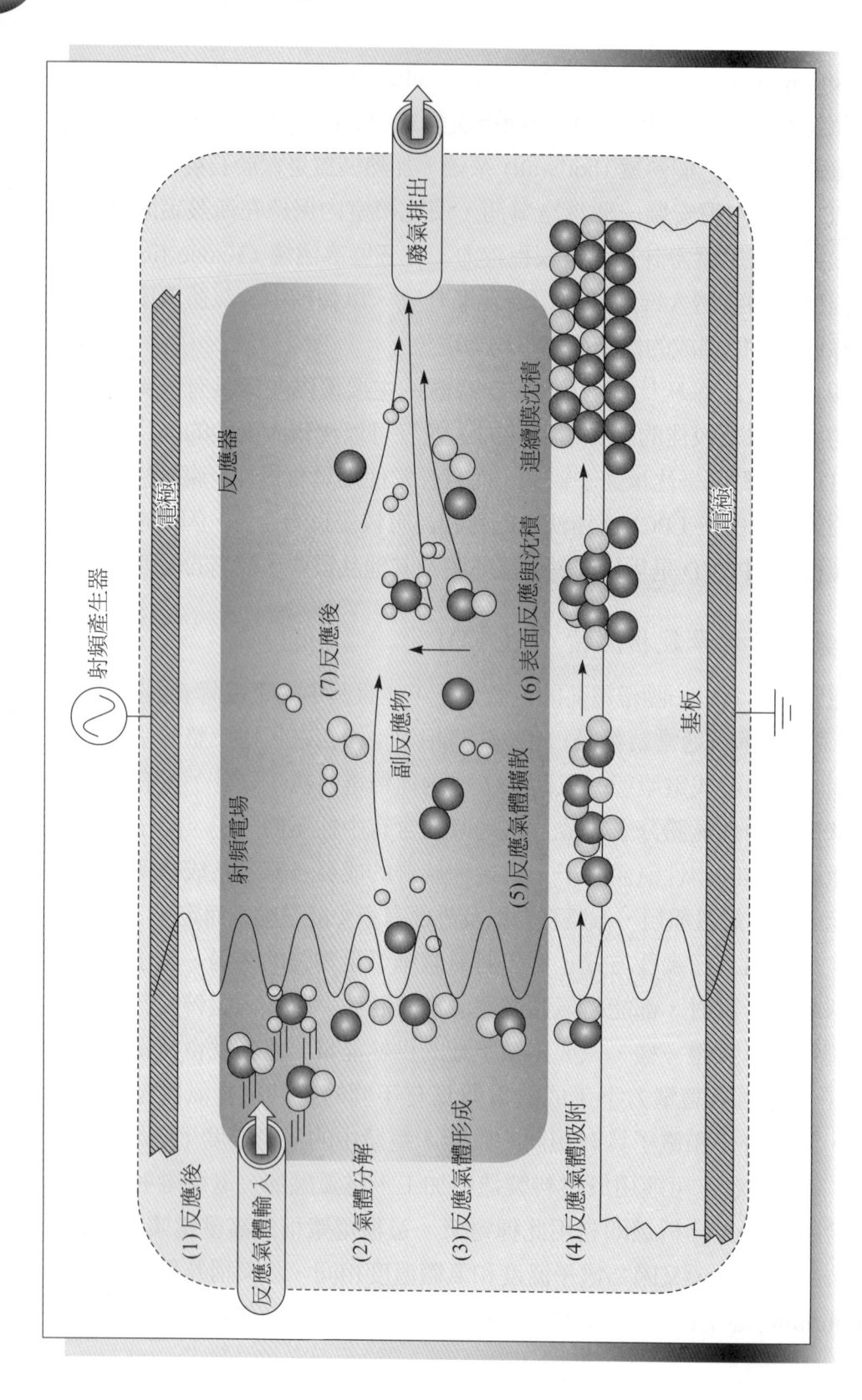

圖 5.12　電漿輔助化學氣相沈積原理

程度時，離子溫度和電子溫度開始分道揚鑣，電子因擁有足夠的平均自由徑且質量遠小於離子，受電場加速的效應十分顯著而提升動能。這樣的高能電子可作用於氣相沈積的輔助工具。濺鍍、電漿輔助物理氣相沈積和電漿輔助化學氣相沈積即利用此種電漿。

若干化學氣相沈積法甚至動用**電子迴旋共振** (electron cyclotron resonance) 來提高電子動能促進電漿中的氣體進行活化反應。低壓氣體生成的電漿稱為**低壓電漿** (low pressure plasma) 或**低溫電漿** (low temperature plasma)，此處低溫所指是針對氣體溫度而言，又因為電子溫度和離子溫度不同，故又稱為**非平衡電漿** (non-equilibrium plasma) 或**非等溫電漿** (non-isothermal plasma)。電漿輔助化學氣相沈積系統使用電漿的輔助能量，使得沈積反應的溫度得以降低。圖 5.12 所示為 PECVD 所包含的主要機制，電漿中的反應物是化學活性較高的離子或自由基，而且基板表面受到離子的撞擊也會使得化學活性提高。這兩項因素都可促進基板表面的化學反應速率，因此 PECVD 在較低的溫度即可沈積薄膜。在 PECVD 中由於電漿的作用而會有光線放射出來，因此又稱為**輝光放射** (glow discharge) 系統。圖 5.13 是一個利用 PECVD 成長 SiO_2 系統的結構示意圖。圖中沈積室通常是由上下的兩片鋁板，以及鋁或玻璃的腔壁所構成的，腔體內有上下兩塊鋁製電極，晶片則是放置於下面的電極基板之上。電極基板則是由電阻絲或燈泡加熱至 100°C 至 400°C 之間的溫度範圍。當在二個電極板間外加一個 13.56 MHz 的**射頻** (radio frequency, RF) 電壓時，在二個電極之間會有輝光放射的現象。工作氣體則是由沈積室外緣處導入，並且作徑向流動通過輝光放射區域，而在沈積室中央處由真空幫浦加以排出。PECVD 的沈積原理與一般的化學氣相沈積之間並沒有太大的差異。在積體電路製程中，PECVD 常用來沈積 SiO_2 與 Si_3N_4 等介電質薄膜。PECVD 的主要優點是具有較低的沈積溫度；缺點則是產量低，容易會有微粒的污染，而且薄膜中常含有大量的氫原子，物理性比化學蒸鍍皮膜之結合性良好。

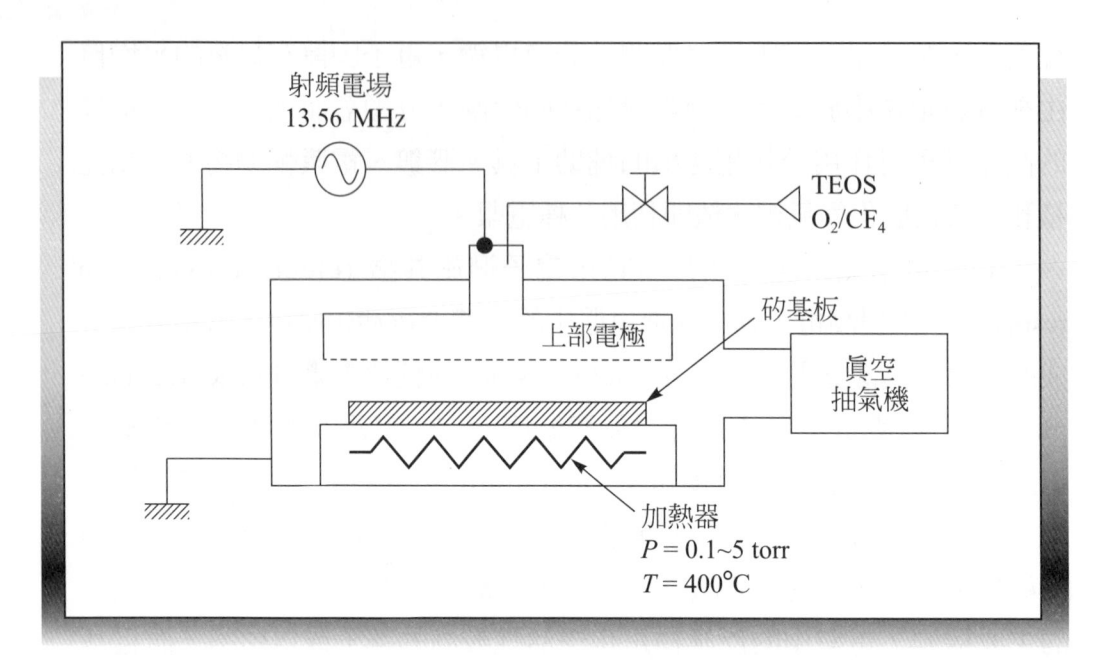

圖 5.13　PECVD 系統結構示意圖

D. 有機金屬化學氣相沈積 (MOCVD)

　　MOCVD 是在基板上成長半導體薄膜的一種方法。其他類似的名稱如：**金屬有機氣相磊晶 (MOVPE)、有機金屬氣相磊晶 (OMVPE) 及有機金屬化學氣相沈積 (OMCVD)** 等等，其中的前兩個字母「MO」或是「OM」，指的是半導體薄膜成長過程中所採用的**反應源 (precursor)** 為**金屬有機物 (metal-organic)** 或是**有機金屬 (organometallic)**。MOCVD 成長薄膜時，主要將**載流氣體 (carrier gas)** 通過有機金屬反應源的容器時，將反應源的飽和蒸氣帶至反應腔中與其他反應氣體混合，然後在被加熱的基板上面發生化學反應促成薄膜的成長。

　　圖 5.14 所示為 MOCVD 所包含的主要反應機制，一般而言，載流氣體通常是氫氣，但是也有些特殊情況下採用氮氣 [例如：成長氮化銦鎵 (InGaN) 薄膜時]。常用的基板為砷化鎵 (GaAs)、磷化鎵 (GaP)、磷化銦 (InP)、矽 (Si)、碳化矽 (SiC) 及藍寶石 (Sapphire, Al_2O_3) 等等。而通常所成長的薄膜材料主要為 III-V 族化合物半導體 [例如：砷化鎵 (GaAs)、砷化鎵鋁 (AlGaAs)、磷化鋁銦鎵 (AlGaInP)、氮化銦鎵 (InGaN)]，或是 II-VI

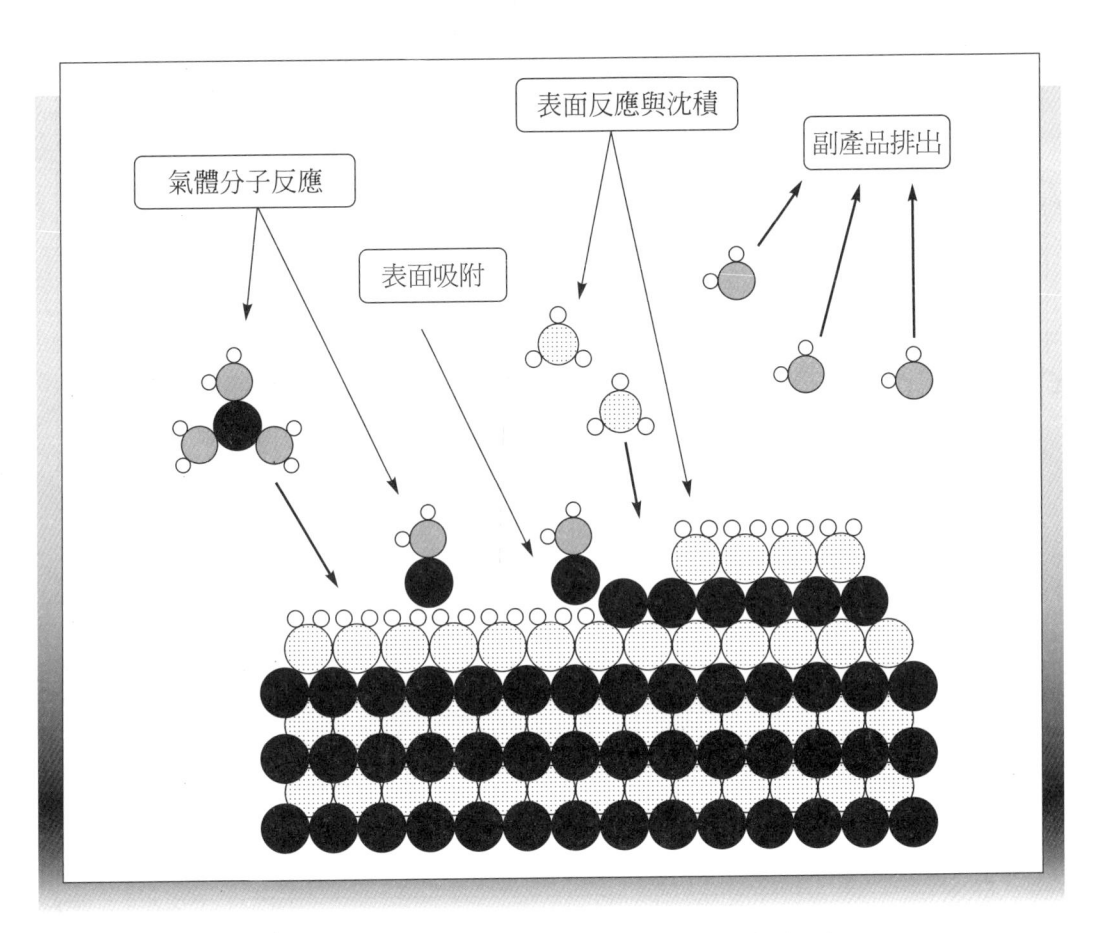

圖 5.14　有機金屬化學氣相沈積反應機制

族化合物半導體，這些半導體薄膜則是應用在光電元件 [例如：**發光二極體 (LED)、雷射二極體 (laser diode) 及太陽能電池**] 及微電子元件 [例如：**異質接面雙載子電晶體 (HBT) 及多晶式高電子遷移率電晶體 (PHEMT)**] 的製作。圖 5.15 是一個 MOCVD 系統的結構示意圖，MOCVD 系統的組件可大致分為反應腔、氣體控制及混合系統、反應源及廢氣處理系統。

◎ 5.2.3　磊　晶

矽磊晶 (epitaxial Si) 層的用途在矽基座 [減少軟錯誤 (soft error) 與避免閂鎖效應 (latch-up) 以及提供局部去疵法 (gettering)]、閘極、HSG 以及 LCD 之基座，圖 5.16 所示矽磊晶在 CMOSFET 之應用，種類包含**單晶矽**

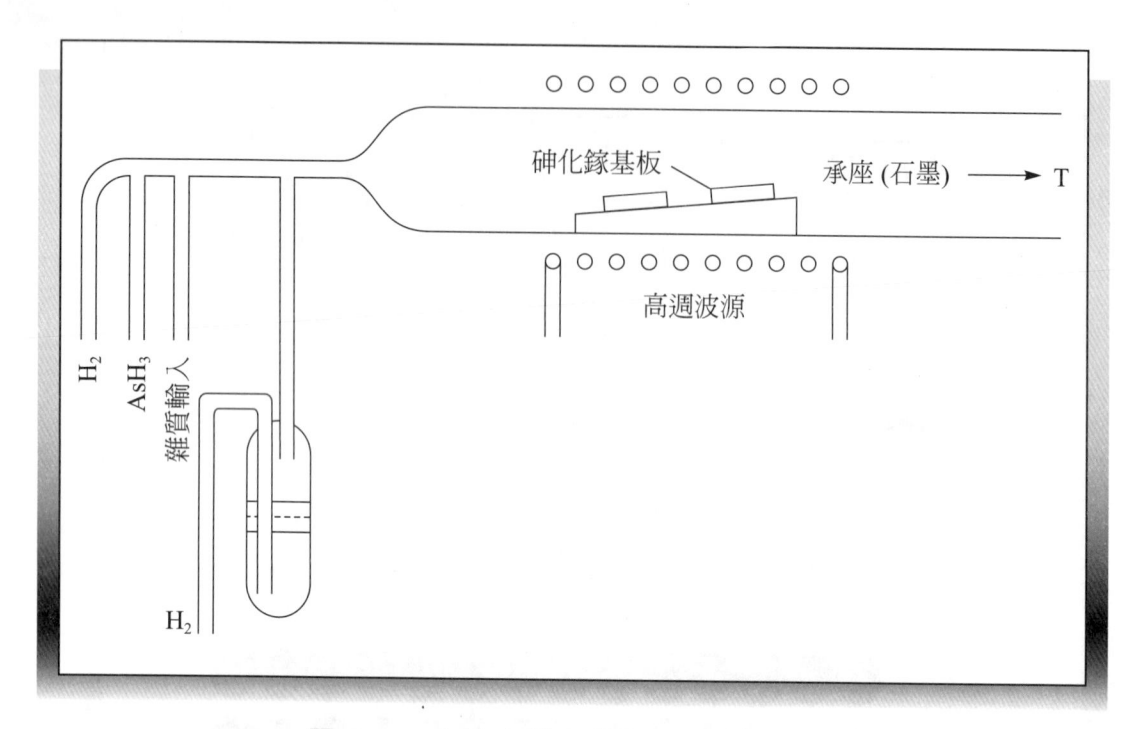

圖 5.15　有機金屬化學氣相沈積反應器

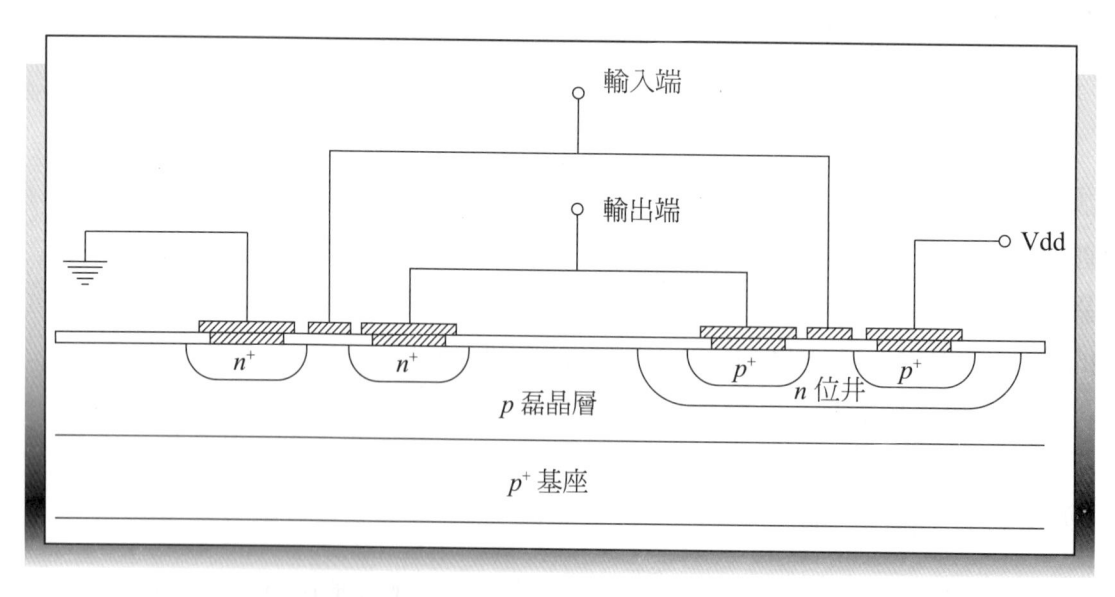

圖 5.16　矽磊晶在 CMOSFET 之應用

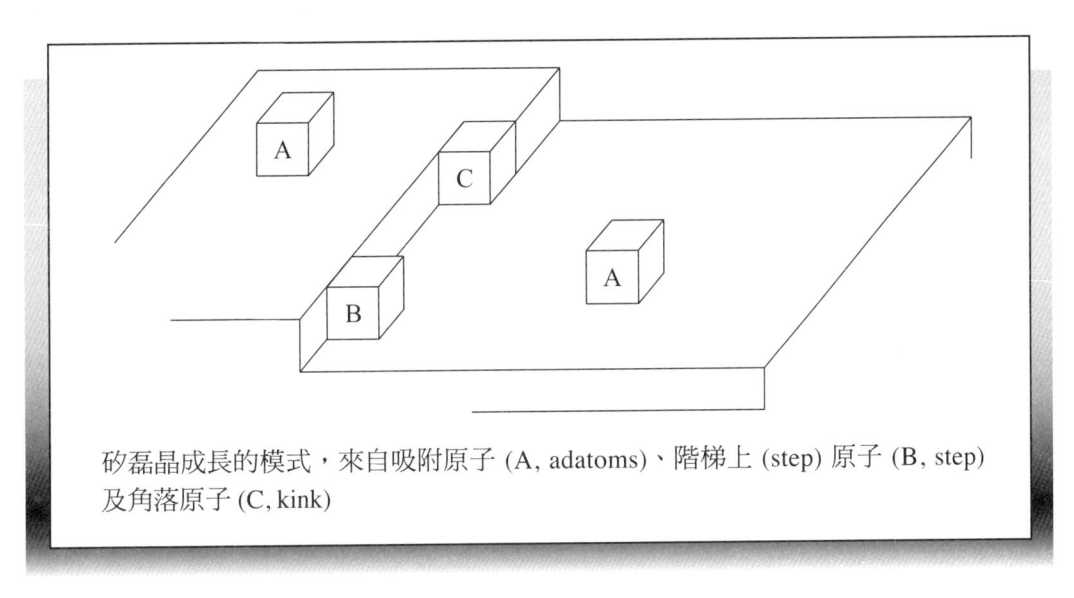

矽磊晶成長的模式，來自吸附原子 (A, adatoms)、階梯上 (step) 原子 (B, step) 及角落原子 (C, kink)

圖 5.17　*矽磊晶成長方法*

(single crystal Si)、**多晶矽** (poly crystal Si)、**非晶矽** (amorphous Si) 三種，單晶薄膜的沈積在積體電路製程中特別重要，如圖 5.17 所示。相較於晶圓基板，磊晶成長的半導體薄膜的優點為可以在沈積過程中直接摻雜施體或受體，因此可以精確控制薄膜中的**摻質分佈** (dopant profile)，而且不包含氧與碳等雜質。磊晶直接在單晶基板上成長單晶半導體薄膜層，稱為**磊晶** (epitaxy)。由於磊晶成長過程中，可精確控制半導體的摻雜濃度，因此可製成性能良好的元件。許多重要的元件，如光電與微波元件，大多使用磊晶成長法。磊晶成長技術主要包括**液相磊晶 (LPE) 成長**、**氣相磊晶 (VPE) 成長**與**分子束磊晶 (MBE) 成長**三大類，分述如下：

A. 液相磊晶

液相磊晶 (liquid phase epitaxy, LPE) 是將磊晶層藉由過飽和的磊晶溶液成長在單晶的基板上。液態磊晶技術的優點為可長出高品質的磊晶層、系統成本低，以及材料性質的再現性相當高。缺點則是表面形態比其他磊晶技術的磊晶表面形態要差，晶格常數的限制，以及異質磊晶成長時有接面漸變現象存在。液相磊晶技術是原子從液態相直接沉積在基

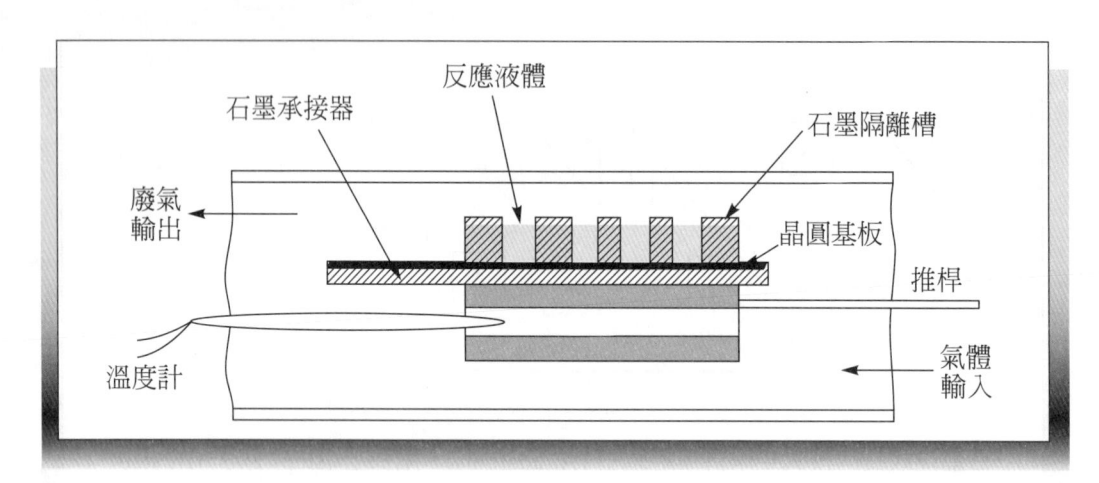

圖 5.18　液相磊晶系統結構示意圖

板上的磊晶方式。由於它具有低磊晶成長速率，因此適合用在薄型的磊晶層，尤其是需要精確控制雜質成分的多層結構，特別有用。例如以 III-V 族化合物材料為主的發光二極體與半導體雷射，都具有複雜的多層結構，因此大多採用液相磊晶製程。

圖 5.18 顯示液相磊晶系統裝置。晶圓是由一**承接器** (holder) 兩端推桿推入反應爐內。承接器由高純度石墨磚製成，上面有數個井狀凹槽，放置熔液。液相磊晶的晶體成長是在基板上將熔融態的液體材料直接和晶片接觸而沈積晶膜，特別適用於化合物半導體組件，尤其是發光組件。液相磊晶優點為產量大，成本較低與成長速度快，缺點為無法精確控制薄膜厚度，無法成長極薄之薄膜，無法成長多樣式不同成分之薄膜，界面分野較不清楚。

B. 氣相磊晶

氣相磊晶 (vapor phase epitaxy, VPE) 技術是使用基板晶圓當作晶種，將氣態的矽化合物 [如四氯化矽 ($SiCl_3$)、二氯化矽 ($SiCl_2$) 或矽烷 (SiH_3)] 經反應，純矽晶在基板上，按晶種結晶方向長成新的矽晶層，這也是以磊晶成長製成矽元件最主要的方法。此外，有些矽元件是在絕緣體上磊晶，以降低接面電容產生的寄生電路。這種方式有 SOS，即**藍寶石上的矽晶** (silicon on sapphire)。氣相磊晶的原理是讓磊晶原材料以氣體或電漿

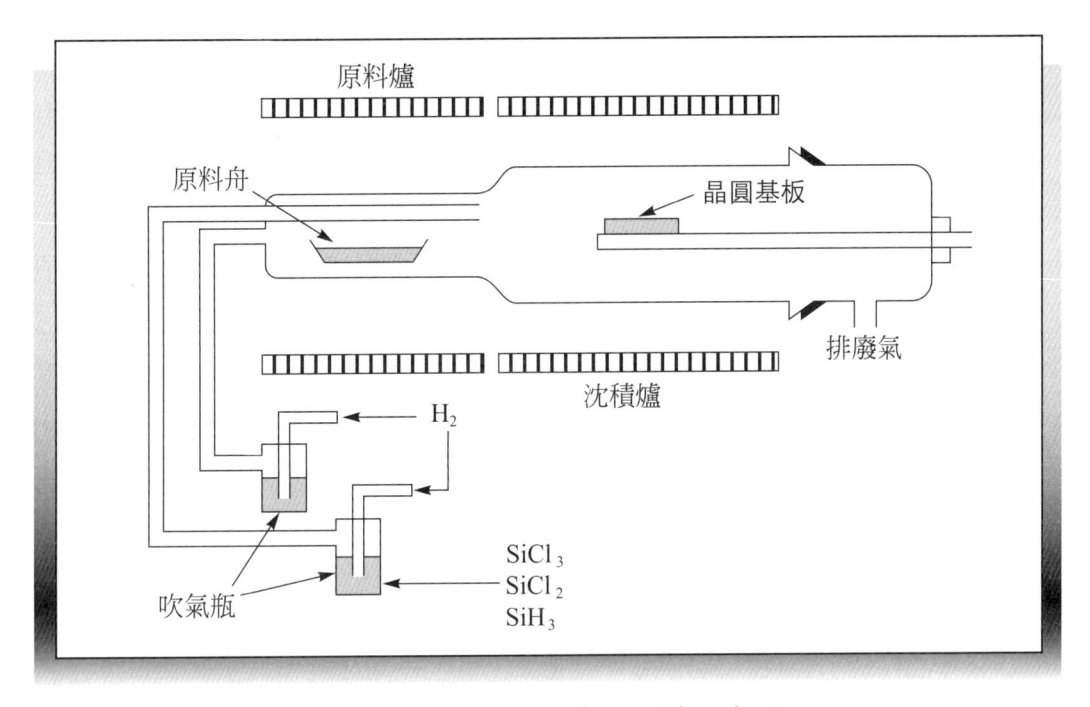

圖 5.19　氣相磊晶系統結構示意圖

粒子的形式傳輸至晶片表面，這些粒子在失去部分的動能後被晶片表面晶格**吸附** (adsorbing)，通常晶片會以熱的形式提供能量給粒子，使其游移至晶格位置而**凝結** (condensation)。在此同時，粒子和晶格表面原子因吸收熱能而脫離晶片表面，稱之為**解吸** (desorb)，因此氣相磊晶的程序其實是粒子的吸附和解離兩種作用的動態平衡結果。氣相磊晶在非熱平衡狀態下成長，材源以氣相方式滯留在基板附近，藉基板之熱源將該材源給予熱解，進而沈積在基板表面。材源可以多樣化，氣體或液體均可。藉由流量控制器控制成長速度，因此薄膜厚度的掌控可以相當精準。然而所使用之氣體，通常含有劇毒，在安全方面的考量須較為慎重。由於薄膜成長速度快、產量大，成為業界的寵兒。基於材源的多樣性，不限於半導體薄膜的成長，各種材料均可適用，圖 5.19 顯示氣相磊晶系統裝置。

C. 分子束磊晶

分子束磊晶 (molecular beam epitaxy, MBE) 是近年來最熱門的磊晶技術，乃利用超高真空環境將高純度材源由固體加熱成氣體，隨即該氣

體成為所謂分子束以熱能為其運動能,移動至基底上形成薄膜。無論是 III-V、II-VI 族化合物半導體、矽或者 Si_xGe_{1-x} 等材料的薄膜特性,為所有磊晶技術中最佳者。分子束磊晶的原理基本上和高溫蒸鍍法相同,但 MBE 技術是在**超高真空** (ultra high vacuum, UHV) 下約 10^{-10} torr 以下,一個或多個熱原子或熱分子在結晶表面作用的製程,因此晶片的裝載必須經過閥門的控制來維持其真空度。雖然 MBE 磊晶的速度非常緩慢,但它能夠很精確控制化學組成與摻雜剖面,甚至可以做到只有幾層原子厚度的單晶多層結構。目前應用在 III-V 族化合物的量子井元件較多。圖 5.20 為分子束磊晶成長系統圖,主要優點低溫 (400~800°C)、可減少**自動摻雜** (autodoping)、**越界擴散** (out-diffusion)、只抽一次真空、可在晶圓表面形成多層的能力。

　　MBE 法沈積膜成長緩慢,每分鐘為 60 至 600 埃,可以單層原子的方式成長 (並和不同原子混合),因此能夠精確的控制化學組成和摻雜剖面,薄膜品質也遠較其他成長方法優良,能在極低之溫度下成長薄膜,同時依舊保有優良品質,在相關儀器的配合下能夠達到動態控制薄膜厚

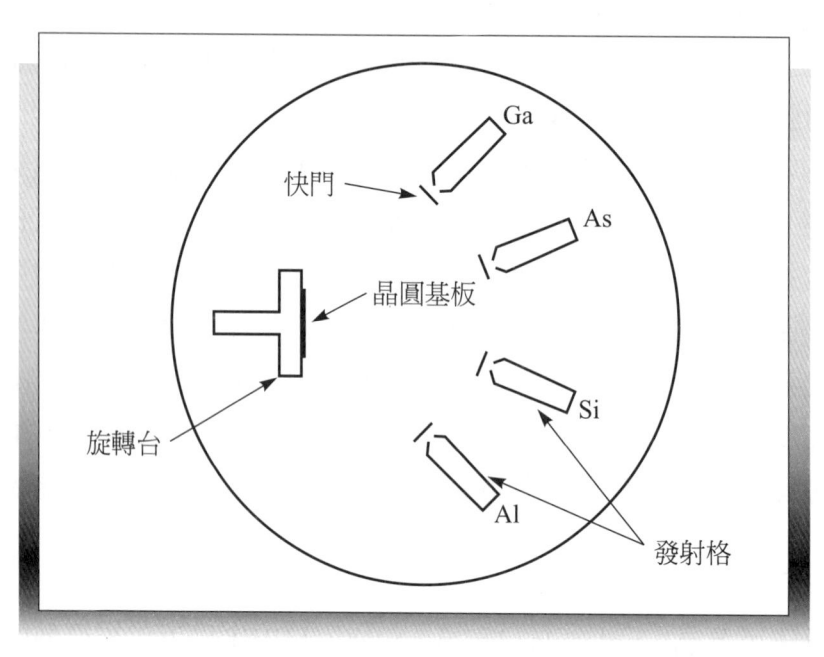

圖 5.20　分子束磊晶成長系統圖

度的控制成長，保有防止其他雜質污染的最大優點；但是分子束磊晶儀器造價昂貴、成長速度慢、量產不易，大多用來成長特殊高附加價值之半導體薄膜，如微波元件及化合物半導體 (砷化鎵)。改良式的儀器可利用液體及氣體之材源，增加該方法的適用範圍。由於在超高真空環境之下，有助於表面科學對於薄膜成長的研究，配合其他真空腔體的結合，容易達到所謂一貫作業的處理系統。

5.3 氧 化

二氧化矽用途在元件隔離 (STI)、閘氧化層、電容、金屬間絕緣層 (IMD) 與內層絕緣層 (ILD)，表 5.4 所示為積體電路絕緣層的種類及用途，可見不同結構需不同製程。圖 5.21 所示為**氧化** (oxidation) 方法，在

表 5.4　積體電路中絕緣層的種類及用途

形成方法	膜種類	反應系統	沈積溫度 (°C)	沈積壓力 (Pa)	用 途
熱 CVD	SiN	SiH_2Cl_2/NH_3	~800	數百	LOCOS
	SiO$_2$	SiH_4/O_2	~450	常壓	第一層金屬下層間絕緣膜
		TEOS	~750	數百~常壓	
	PSG	$SiH_4/PH_3/O_2$	~450	常壓	第一層金屬下層間絕緣膜保護膜
	BPSG	$SiH_4/B_2H_6/PH_3/O_2$	~450	數百~常壓	第一層金屬下層間絕緣膜的平坦化 (再流動)
		$TEOS/TMB/TMP/O_3$	~450	常壓	
電漿 CVD	SiN	SiH_4/NH_3	~350	數百	保護膜
	SiON	SiH_4/N_2O	~400	數百	層間絕緣膜
	SiO$_2$	$TEOS/O_2$	~400	數百	層間絕緣膜
					保護膜
塗佈 SOG	SiO$_2$	有機 SOG	~400 (烘烤溫度)		層間絕緣膜的平坦化
		無機 SOG			
	polyimide				保護膜

TEOS : tetraethylorthosilicate: $Si(OC_2H_3)_4$
TMB : trimethylborate: $(OCH_3)_3$
TMP : trimethylphosphate: $PO(OCH_3)_3$

高溫下通入氧化劑 (O_2、$O_2 + H_2$、N_2O 等) 而使矽原子變成二氧化矽的一種製程，我們可以用二氧化矽充當元件間的絕緣區，或是當作 MOS 元件的閘極氧化層。氧化層的品質和 Si/SiO_2 介面的特性都會影響到元件的特性。氧化是半導體電路製作上的基本熱製程，其目的是在晶片表面形成一層氧化層，以保護晶片免於受到化學作用和作為介電層 (絕緣材料)。

在半導體元件的 MOS 結構中，介於汲極與源極上方的是**閘極氧化層** (gate oxide)，以及隔離個別元件之間的絕緣**場氧化層** (field oxide)。氧化層的產生方式有熱氧化、陽極處理氧化以及電漿反應法。對於目前主要半導體基板的矽而言，熱氧化法是最重要的製程方式。熱氧化法就是利用高溫將基板矽氧化，形成二氧化矽氧化膜，氣體源可分乾氧與濕氧，化學反應如圖 5.22 所示，氧化會消耗部分矽。

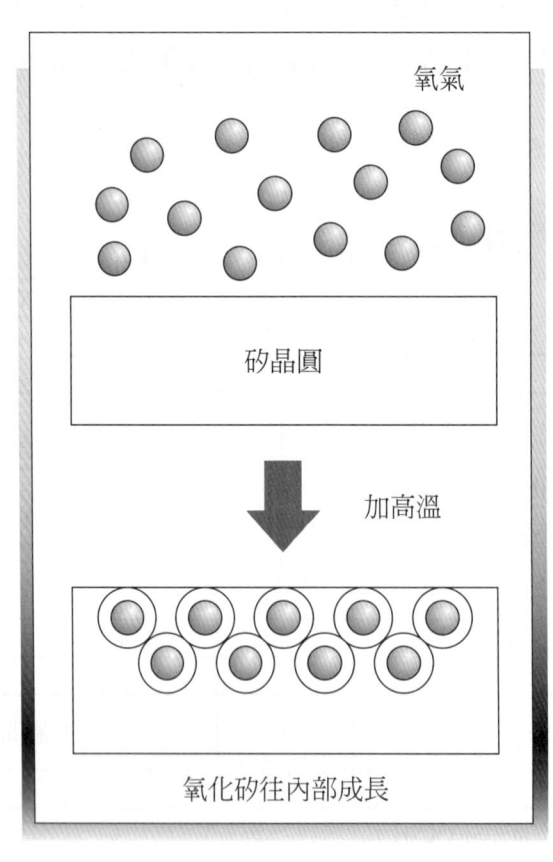

圖 5.21　氧化方法

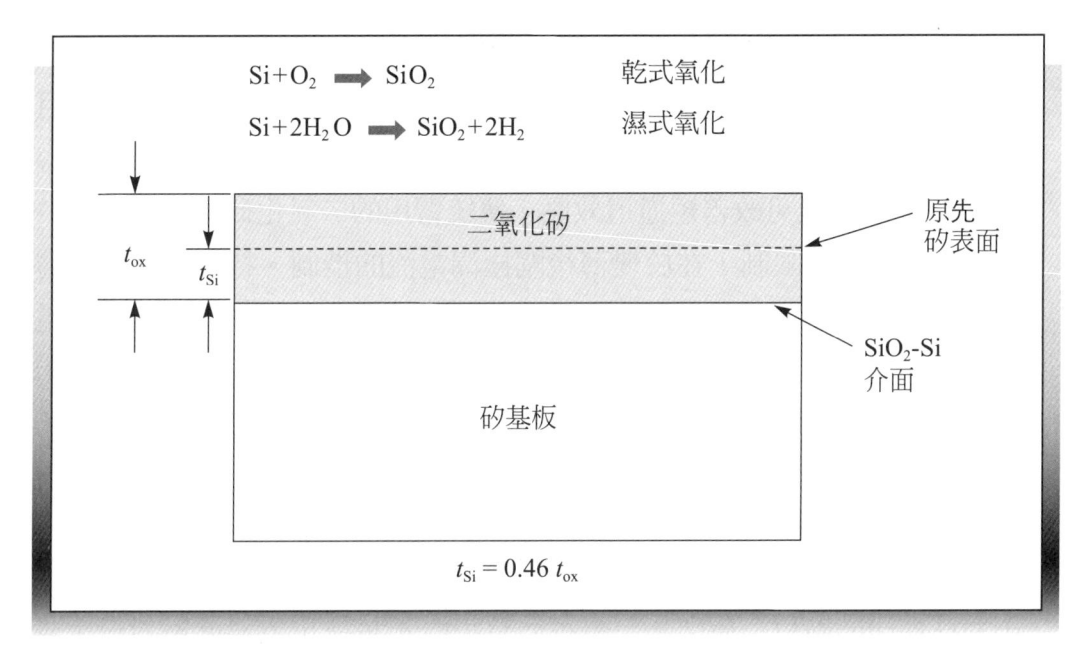

```
Si+O₂  ⟹  SiO₂           乾式氧化
Si+2H₂O ⟹ SiO₂+2H₂       濕式氧化
```

圖 5.22　氧化過程中矽之消耗與二氧化矽厚度之關係

⦿ 5.3.1　閘極介電層特性需求

作為一 MOSFET 閘極絕緣層有以下四個基本需求：

1. 它必須可以隨著元件尺寸縮小而減少厚度，在元件設計上，原則上我們會儘量保持元件的**截止電壓** (threshold voltage) V_T 不變，而 V_T 會因雜質位井植入而升高，因此為了保持 V_T 不變，氧化層厚度必須不斷地縮小。
2. 絕緣層必須符合 MOSFET 設計之需求，極絕緣層與晶圓表面必須十分平整無缺陷，且氧化層與矽接面必須十分平坦且穩定，及減少 Q_f、Q_{it}、Q_o^+ 與 Q_m 等。
3. 絕緣層之漏電流需夠小，崩潰電壓需夠大 (> 10 MV/μm)。
4. 絕緣層在正常電壓操作下，需有穩定的**生命週期** (life time) 與高的抗**熱載子效應** (hot-carrier effect) 能力。

快速、高密度兩項要求一直是半導體技術發展的驅動力，目的是除了可以降低成本外，最重要的還是滿足消費者的需求。因而電晶體的特

徵尺寸 (包含閘極介電層) 幾乎隨著莫爾定律的預測，快速地以每兩、三年一個世代的腳步持續縮小 (scaling)。而閘極介電層厚度縮小主要的目的，在於提高元件驅動能力 (因為汲極輸出電流大小與閘極介電層的電容成正比)，同時也可改善短通道效應。傳統習用的二氧化矽材料，應用於奈米元件的主要限制，在於變薄後閘極漏電流的控制。特別是當氧化層小於 2 nm 時，由於**直接穿隧** (direct tunneling) 機率的增強，引起閘極電流急遽的增加。對一個金氧半電晶體的操作而言，閘極電流正比於通道長寬乘積 $L \times W$ (即薄氧化層區面積)，而汲極輸出電流則正比於 W/L，所以兩值之比例和 L^2 有關。如果通道長度夠小的話 (< 100 nm)，閘極電流的值將遠小於汲極輸出電流。雖然氧化層薄至 1.5 nm 左右的厚度，元件仍可維持切換的特性，但因閘極電流所造成整體的功率消耗將限制電路中元件積成的數目。傳統的二氧化矽氧化層在薄到 1 奈米時會有以下幾個問題：

1. **直接穿透漏電流的問題**：薄氧化層已不是一個良好絕緣體，漏電流的機制將由**佛洛-諾罕穿隧** (F-N tunneling) 轉變為**直接穿隧** (direct tunneling)，使得漏電流的大小隨厚度減少呈現級數增加。第九章會有更詳細之說明。
2. **通道電子漏失的問題**：太大的漏電流使得電子無法在通道中累積，降低元件電流的驅動力。
3. **載子遷移率下降的問題**：氧化層厚度的減少使得垂直於通道的電場快速增加，因此表面散射的效應增強，導致通道中的載子遷移率下降。

為避免閘極絕緣層因厚度降低所造成之**穿隧電流** (tunneling current) 太大而造成元件漏電流，如此一來會限制閘極絕緣層的厚度，一旦厚度無法繼續向下減少，新的**高介電常數** (high-k dieletric) 材料就必須使用來取代二氧化矽。圖 5.23 所示為使用高介電常數絕緣材料之目的。由圖可知在 90 奈米製程下，使用高介電常數材料可提高厚度由 1.2 nm 二氧化矽增加到 3 nm 之厚度，因此可讓閘極漏電流減少 100 倍，同時閘極電容可增加 1.6 倍。

閘極			閘極
1.2 nm 二氧化矽			3 nm 高介電常數材料
矽基板			矽基板

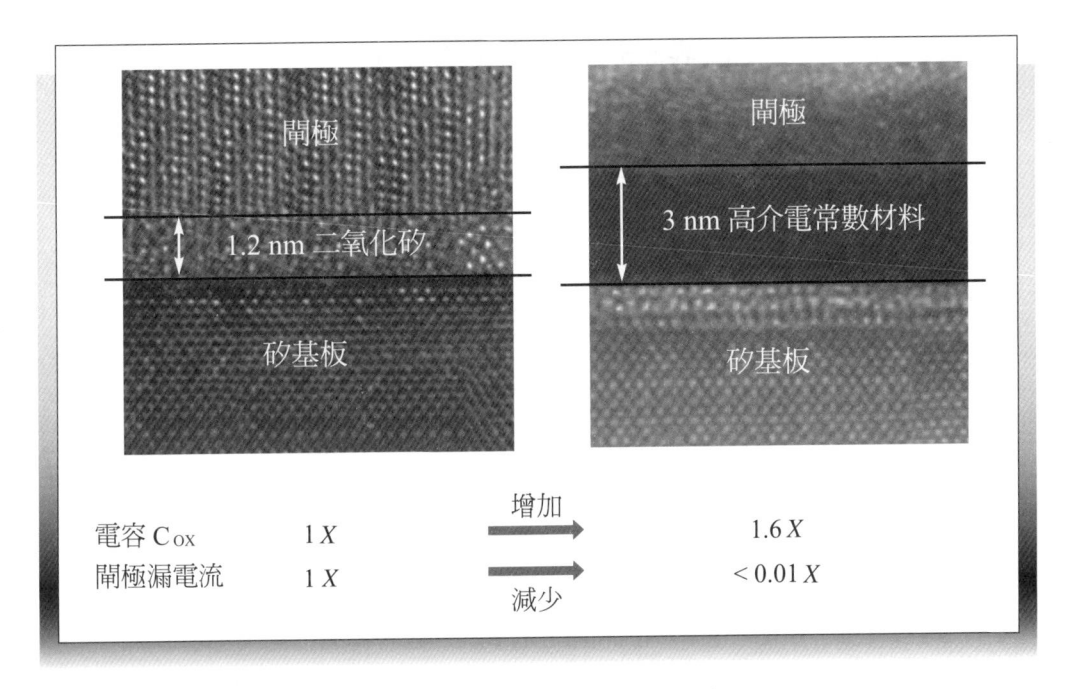

電容 C_{ox}　　1 X　　增加 →　　1.6 X
閘極漏電流　　1 X　　減少 →　　< 0.01 X

圖 5.23　使用高介電常數絕緣材料之目的

⦿ 5.3.2　高介電常數絕緣材料

高介電常數材料 (high dielectric constant material) 之等效氧化層厚度 (equivalent oxide thickness, EOT) 在 1.5 奈米以下,而閘極漏電流要低於 2 mA/cm²。材料選擇的原則主要的考慮是介電常數與矽晶面直接接觸的熱穩定性。週期表元素中去除氣態及液態氧化物,其實所剩的元素種類不多,其中以**二氧化鉿** (HfO_2) 較受矚目。表 5.5 比較許多常見的高介電薄膜的介電常數的大小值。第九章會有更詳細說明。

⦿ 5.3.3　閘　極

另外一個可以尋求改善的地方是**閘極電極** (gate electrode)。

A. 複晶矽閘極

複晶矽閘極 (poly-Si gate) 電極在介電層介面處於**反轉態** (inversion) 的條件下,會發生**多晶矽空乏** (poly depletion) 現象,使得有效電容厚度增

表 5.5　高介質絕緣材料

材　料	介電常數
氧化氮	5~6
Al_2O_3 氧化鋁	8~9
$HfSi_xO_y$	10~15
$HfAl_xO_y$	10~15
$HfSi_xO_yN_z$	10~15
ZrO_2, HfO_2	20~30
La_2O_3 氧化鑭	15~30

加，間接造成較低的有效電容值。在最佳化的條件下，複晶矽的空乏效應能被降低至 4 埃厚，但無法再降低了。其中一個方法是將所有可利用的**摻雜原子** (dopant atoms) 完全活化，以提高介面中的載子密度。雷射回火已被研究用來作為複晶矽閘極摻雜的活化。雷射能夠在非常接近矽的熔解溫度下將晶圓回火。在這些溫度下，載子濃度將會比利用傳統快速熱回火 (RTA) 高約 2 倍。

B. 金屬閘

如果利用**金屬閘** (metal gate) 來取代複晶矽以作為閘極電極，因為金屬具有高得多的電流載子密度，將會消除全部的複晶矽空乏效應，但是它們也有其本身的問題。最重要的是電極的**功函數** (work function) 必須與元件型式互相匹配。以**塊體** (bulk) CMOS 來說，pMOS 需要高功函數的金屬，而 nMOS 則需要低功函數的金屬。最好選擇閘極材料 [例如具備中間能階之金屬)] 可同時解決 nMOS 與 pMOS 功函數的需求。第九章會有詳細之說明。

5.4 導電層間的絕緣

依據圖 5.1 所示,導電層間的絕緣可分為金屬間絕緣層 (IMD) 與多晶矽閘極金屬間絕緣層,即**內層絕緣層** (inter-layer dielectric layer, ILD),此絕緣層最重要為**平坦化** (planarization)。

◉ 5.4.1 矽石玻璃

矽石玻璃 (Silicon-on-Glass, SOG) 為半導體製程上主要的局部性平坦化技術。矽石玻璃是將含有介電材料的液態溶劑以**旋轉塗佈** (spin coating) 方式,均勻地塗佈在晶圓表面,以填補沈積介電層凹陷的孔洞。之後,

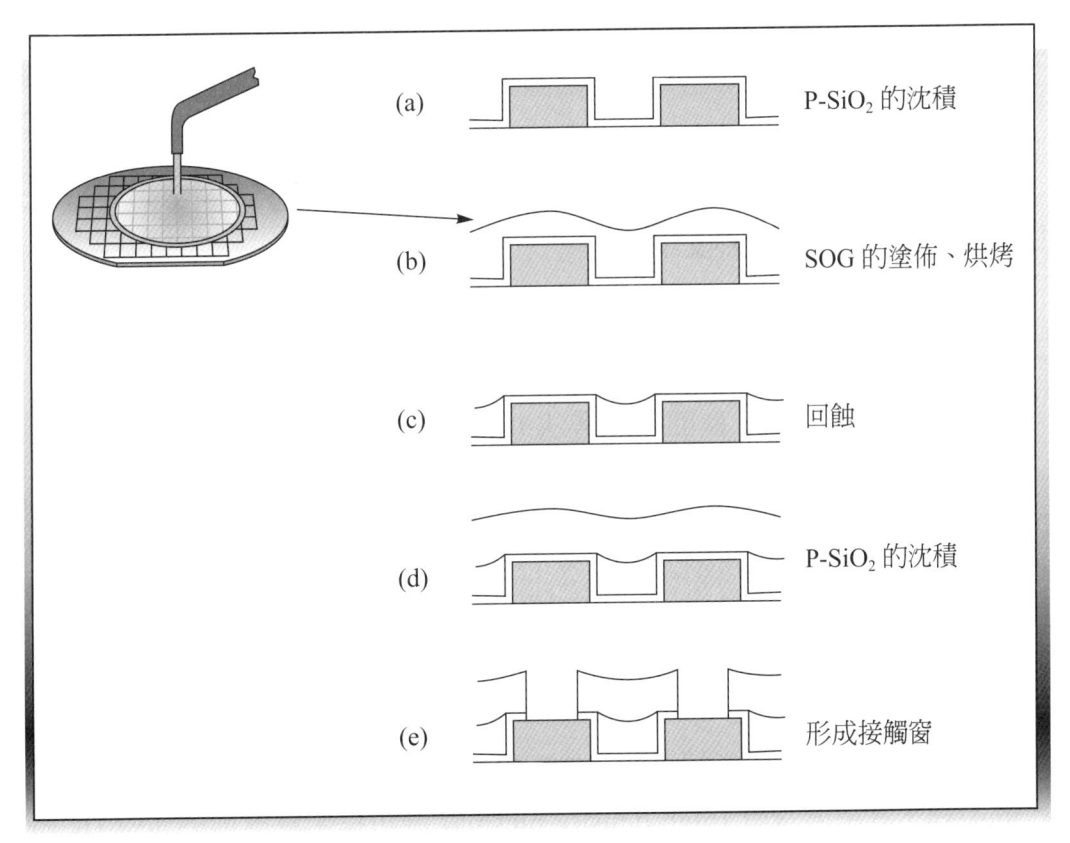

(a) P-SiO$_2$ 的沈積

(b) SOG 的塗佈、烘烤

(c) 回蝕

(d) P-SiO$_2$ 的沈積

(e) 形成接觸窗

圖 5.24 含矽石玻璃之平坦化製造流程

積體電路製程技術與品質管理

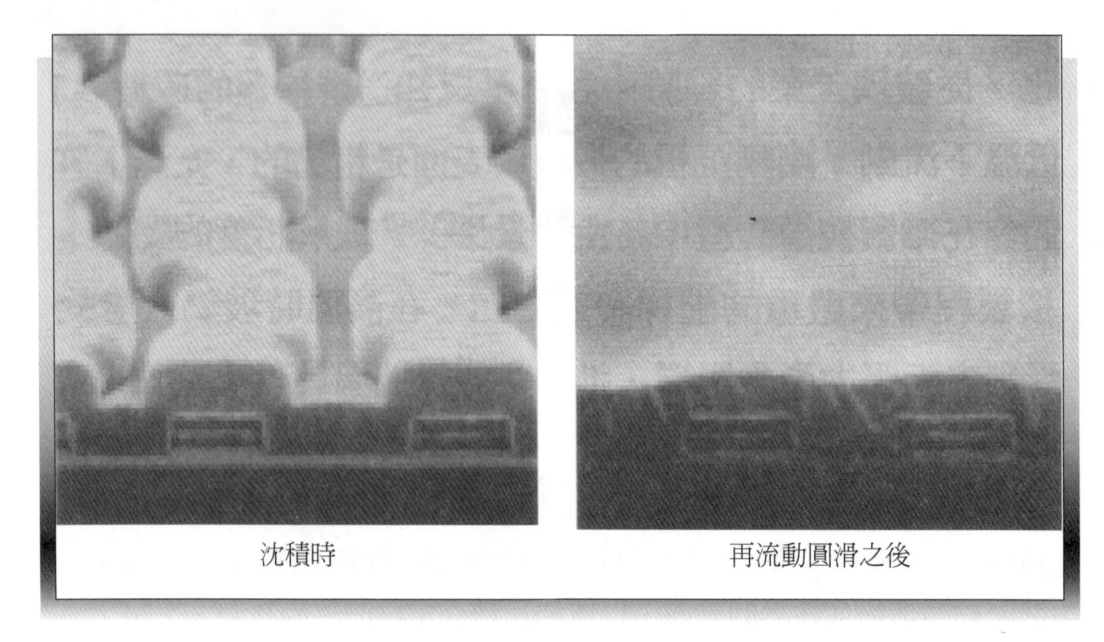

沈積時　　　　　　　　　　再流動圓滑之後

圖 5.25　硼磷矽玻璃製造流程

再經過熱處理，可去除溶劑，在晶圓表片上留下**固化** (curing) 後近似二氧化矽的介電材料，圖 5.24 所示為矽石玻璃製造流程。

◎ 5.4.2　硼磷矽玻璃

　　平坦化製程是硼磷矽玻璃 (BPSG) 之製程，其製程品質將影響微影技術達到微小圖形的高解析度；由於平坦化製程是需要硼磷矽玻璃**化學氣相沈積** (CVD)、**熱回流圓滑法** (glass thermal flow)、**化學機械研磨** (chemical mechanical polishing) 三段不同的製程站點所完成，圖 5.25 所示為硼磷矽玻璃製造流程。本來非平坦之薄膜，經過再熱回流 (reflow) 變得十分平坦。

◎ 5.4.3　高密度電漿

　　高密度電漿化學氣相沈積 (HDP CVD) 製程常被應用於內連線介電層的製程。**高密度電漿** (high density plasma) 源可採用感應線圈電漿 (ICP) 式設計，具備了對氣體源的高解離率與相較一般電漿輔助化學氣相沈

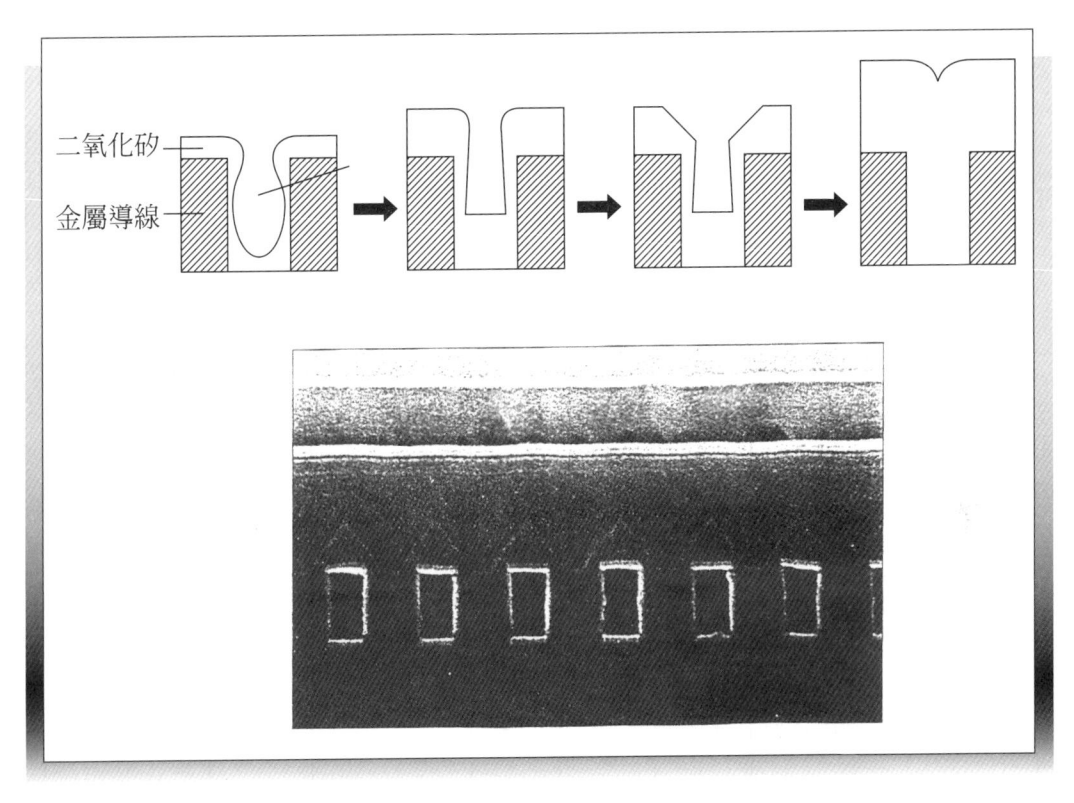

圖 5.26 沈積/蝕刻/沈積製造流程

積 (PECVD) 系統較低的沈積壓力,使其能在基板溫度低於 400°C 下完成鍍膜,且薄膜成分的氫含量降低。在積體電路的**後段製程** (backend process),降低沈積介電值的介電常數,可以達到降低寄生電容、提升電路速度的目的。以介電層技術而言,先進介電值沈積技術為開發高密度電漿化學氣相沈積,應用於高速元件傳遞延遲、功率消耗及干擾。現今半導體界所用的導線材料以鋁矽銅及銅為主,但是因為鋁銅的熔點低,且在進行內連線介電層的製作時,第一層鋁矽銅的製作已完成,為不使位於介電層下方的導線結構遭破壞,沈積內連線介電層的製程,必須在溫度低於 500°C 以下的環境進行。因此介電層以**高密度電漿化學氣相沈積系統** (high density plasma chemical vapor deposition, HDP CVD) 製程,其目的是高密度電漿化學氣相沈積系統具備了對氣體源的高解離率與相較一般電漿輔助化學氣相沈積 (PECVD) 系統較低的沈積壓力,使其能在基

表 5.6　積體電路金屬與絕緣層里程碑

產品推出年代	1999	2001	2003	2006	2009	2012	2015
技術世代 (DRAM 線寬) (nm)	180	150	130	100	70	50	35
微處理器閘極線寬 (nm)	140	120	100	70	50	35	22
相當氧化層厚度 (nm)	3~4	2~3	2~3	1.5~2	<1.5	<1.0	<1.0
側壁襯隔層厚度 (nm)	72~144	60~120	52~104	20~20	7.5~15	5~10	4~7
汲極結構	目前汲極結構			墊高源/汲極	墊高汲極		
金屬接觸接面深度 (nm)	70~140	60~120	50~100	40~80	15~30	10~20	8~15
通道接面深度 (nm)	36~72	30~60	26~52	20~40	15~30	10~20	8~15
金屬矽化物厚度 (nm)	55	45	40	45~70	新結構		
DRAM 金屬接觸縱寬比	6.3	7.0	7.5	9	10.5	12	14
邏輯晶片金屬連線層數	6~7	7	7	7~8	8~9	9	>10
金屬連線有效電阻率 ($\mu\Omega$-cm)	2.2	2.2	2.2	2.2	<1.8	<1.8	<1.5
障礙層厚度 (nm)	23	20	16	11	8	6	5
金屬連線間絕緣層有效介電係數	2.5~3.0	2.0~2.5	1.5~2.0	1.5~2.0	≤1.5	≤1.5	<1.5

板較低溫下完成鍍膜，且薄膜成分的氫含量降低。此外可藉由**螺旋感應線圈電漿** (inductively-coupled plasma, ICP) 的調降，來控制離子對沈積薄膜的**轟擊** (bombardment)，使薄膜的拉伸應力調降來控制薄膜內的殘留應力。針對更窄的間隙，HDP 提供一能同時沈積和濺射蝕刻的解決之道，即利用**沈積/蝕刻/沈積** (dep-etch-dep) 的循環製程來填充間隙，圖 5.26 所示為沈積/蝕刻/沈積 BPSG 製造流程。隨著積體電路技術的進步，元件運算速度有逐漸提升的需求。在電路運算中，RC 乘積值是造成電路延遲的主要原因，因此如何降低電路的 RC 值也是積體電路製程技術的主要

課題，故金屬與絕緣層的尺寸與 RC 需符合未來線路需求。表 5.6 所示為 ULSI 金屬與**絕緣層** (roadmap) 規格要求。另外有關低 k 絕緣層、**化學機械研磨** (CMP) 與**鑲嵌** (damascence) 等平坦化製程將在後段製程章節說明。

習題

1. 薄膜沈積在半導體晶片製作上之目的為何？
2. 何謂物理氣相沈積？包含哪些技術？
3. 何謂化學氣相沈積？主要機制為何？包含哪些技術？
4. 薄膜製程沈積速率與何種因素有關？
5. 何謂磊晶主要機制？包含哪些技術？
6. 閘極介電層特性需求為何？
7. 閘極介電層厚度為何要縮小？厚度縮小有何副作用？
8. 如何避免閘極絕緣層因厚度降低所造成之漏電流？
9. 何謂高介質絕緣材料？
10. 為何要使用金屬閘極？

6 摻雜製程技術

6.1 摻　雜
6.2 基板摻雜
6.3 源／汲極摻雜與汲極工程

本章針對摻雜技術在半導體製程中扮演之角色,以及目前所面臨之困境與解決方式,做一系列探討。

6.1 摻　雜

所謂**摻雜** (doping) 即對矽加入特定的雜質,可以改變矽材料的導電性。圖 6.1 所示為摻雜之機制,大致可分為加入**替代性** (replacement) 雜質與**晶隙性** (interstitial) 雜質兩種摻雜方式。

目前利用摻雜在設計 MOSFET 時有四種主要功能:

1. 利用**反階梯位井** (retrograde well) 完成**雙位井** (twin well) 製程。
2. 產生**超陡反階梯** (super-steep retrograde, SSR) 通道摻雜。
3. 完成**汲極工程** (drain engineering) 的技術。
4. 達到**防止元件崩潰** (anti-punch through) 的控制工程。

(a) 替代性雜質　　　　　　(b) 晶隙性雜質

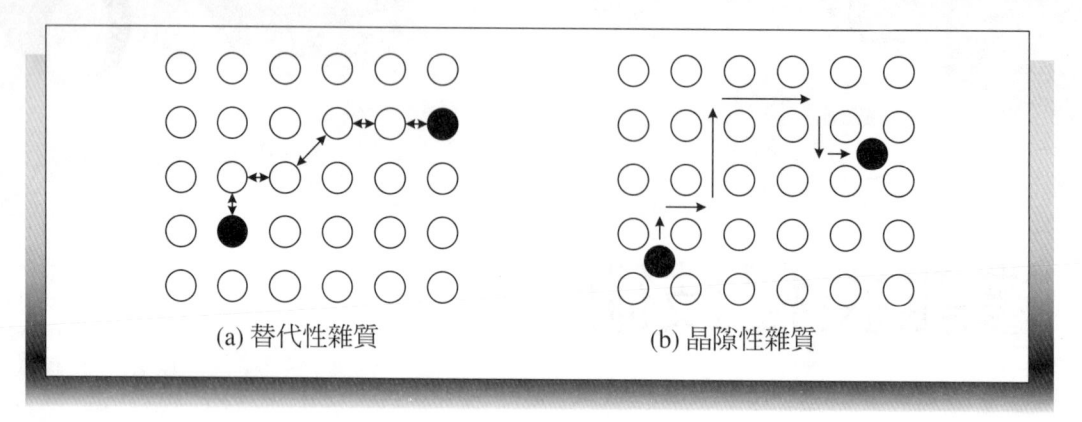

圖 6.1　摻雜，(a) 替代性雜質及 (b) 晶隙性雜質在半導體中擴散運動的示意圖

　　要形成一個有用的半導體元件，單靠一種型式 (n 型或 p 型) 的半導體材料是不夠的，因為它不過就好像一個電阻罷了。通常要得到一個有用的半導體元件，我們需要把兩種不同型式的半導體，或半導體與金屬或半導體與絕緣體結合形成介面才行。p 型半導體中因為自由電洞較多，費米能階接近價帶。n 型半導體中因為自由電子較多，費米能階比較接近導帶。結合後因**多數載子** (majority carrier) 流動形成**內建電位** (built-in potential) 而達成平衡，此時的元件才具備整流功能之 p-n 二極體，其製程所需摻雜佈植需 2~3 次。至於要完成一般的互補型–金氧半場效電晶體 (CMOSFET) 的製造上，使用摻雜佈植至少需十次。

　　圖 6.2 所示為 CMOSFET 所需摻雜之區域，可知 nMOS、pMOS 都是座落於與其導電屬性相反的井區內，且和井區形成 p-n 接合面。井區的摻雜濃度，會直接影響電晶體的特性。例如電晶體的**臨界電壓** (threshold voltage)，受井區表面濃度、閘極材質及閘極氧化層厚度影響。此井區表面濃度，也會影響電晶體的速度 (載子遷移速率及與源/汲極間的接合面電容) 與元件間 (場隔離) 的漏電。而井區底部的濃度，則會影響電晶體的**擊穿** (punch through) 及寄生**雙極性電晶體** (bipolar transister) 電路的啟動現象。早期井區的形成，通常是在井區佈植後，再經高溫長時間的驅入擴散，來達成較深的井區與基板的接合面，目前則以固定能量將摻雜離子打到定位形成位井。圖 6.3 所示為不同元件所需摻雜佈植其能量與劑量範圍。

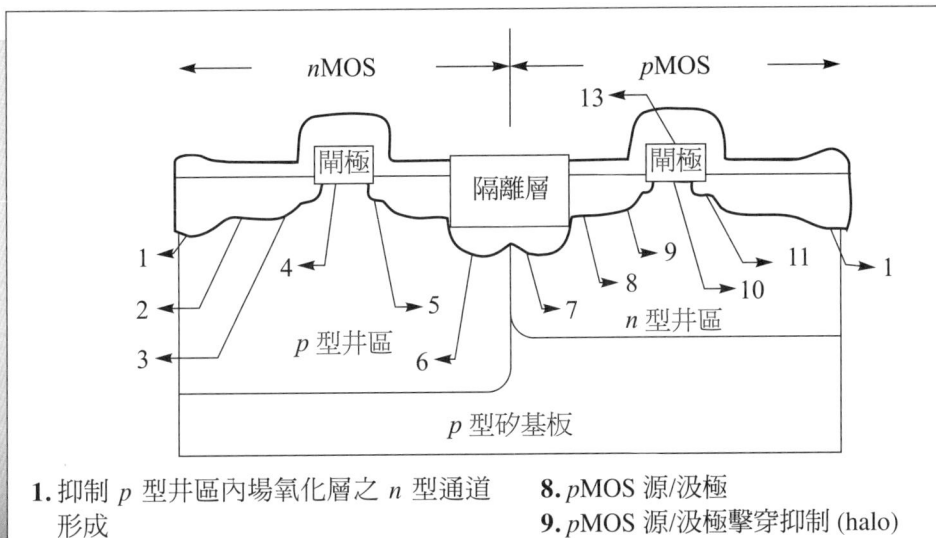

第六章　摻雜製程技術

1. 抑制 p 型井區內場氧化層之 n 型通道形成
2. nMOS 源/汲極
3. nMOS 源/汲極擊穿抑制 (halo)
4. nMOS 啟始臨界電壓調整
5. nMOS 淡摻雜汲極 (LDD)
6. 抑制 p 型井區間之 n 型通道形成
7. 抑制 n 型井區間之 p 型通道形成
8. pMOS 源/汲極
9. pMOS 源/汲極擊穿抑制 (halo)
10. pMOS 埋層通道的啟使臨界電壓調整
11. pMOS 淡摻雜汲極
12. 抑制 n 型井區內場氧化層之 p 型通道形成
13. 改善複晶矽閘極之電導

圖 6.2　MOSFET 雜質植入的區域

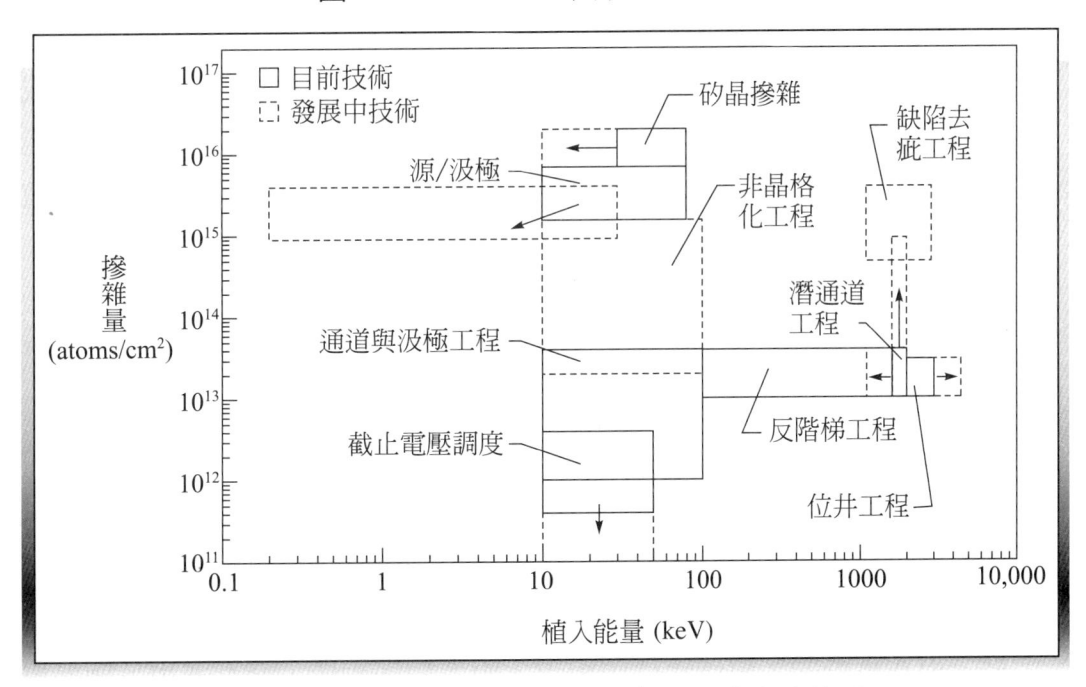

圖 6.3　MOSFET 所需摻雜之濃度雜質佈植範圍

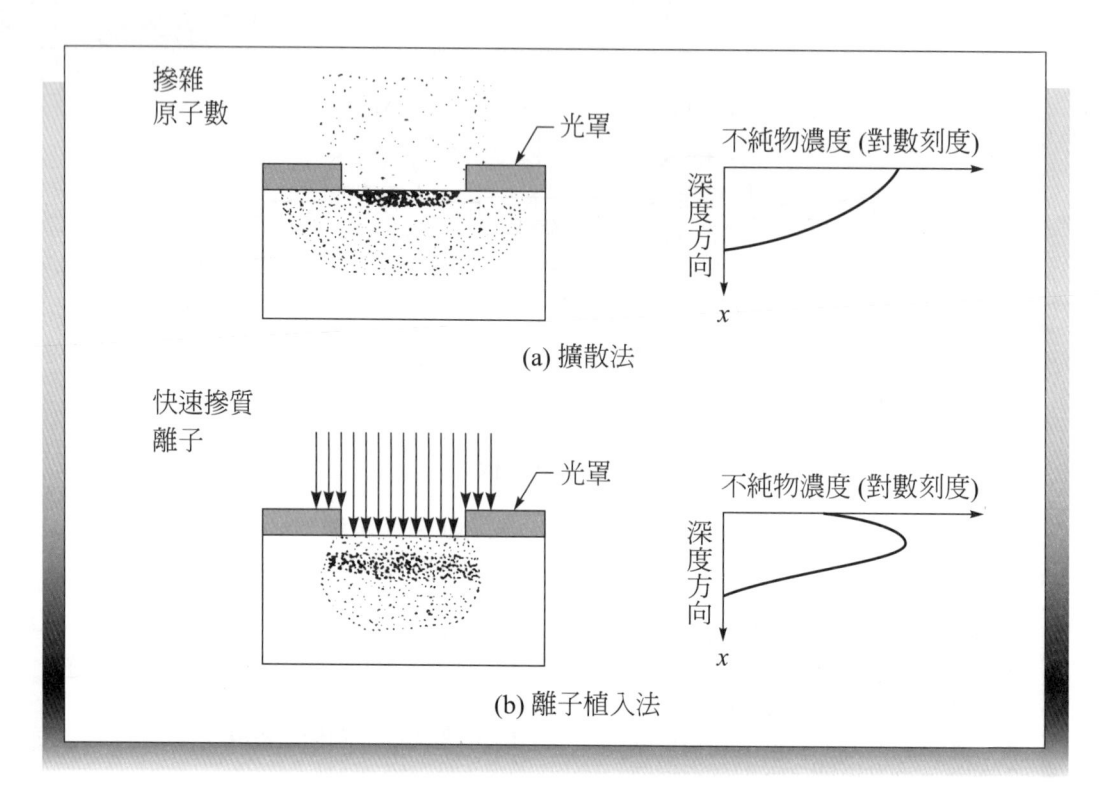

圖 6.4　擴散與離子植入製程的比較

　　現今半導體所採用摻雜之方法，主要有擴散法與離子佈植兩種。**擴散 (diffusion)** 與**離子佈植 (ion implantation)** 的製程步驟，是將三價或五價的雜質原子摻雜入半導體內，以形成 p 型區或 n 型區。半導體元件中，最重要的 p-n 接合面的製程，就是透過多階段的擴散或離子佈植達成。圖 6.4 顯示此擴散與離子佈植兩種製程的比較。半導體的摻雜工作，早期是以高溫將雜質原子擴散到半導體內部。雜質的分佈，主要取決於溫度與擴散時間的控制，雜質之擴散**分佈圖 (profile)** 會隨溫度而減少，如圖 6.4(a) 所示，因此精確度較差。所以自 1940 年代，半導體摻雜工作大多逐漸改用更精確的離子佈植。此過程是將雜質原子離子化，以高能量離子束植入半導體內部，如圖 6.4(b) 所示。雜質分佈的剖面圖，主要取決於離子的質量與能量。離子佈植的優點是摻雜量與雜質分佈可以精確控制，再現性高，而且不需高溫操作。雖然離子佈植製程優於擴散，但在實際的半導體元件製程上，兩者相輔相成、交互運用。例如擴

散可用在較深接面 (如 CMOS 的位井區)，離子佈植則用在形成淺接合面 (MOSFET 的源/汲極接合面)。以下我們將分別介紹這兩種製程方式。

◉ 6.1.1　擴　散

擴散 (diffusion) 是半導體電路製作上的基本熱製程，其目的是藉由外來的雜質使原本單純的半導體材料的鍵結型態和能隙產生變化，進而改變它的導電性。擴散是 IC 工業常用的一種高溫摻雜製程，主要是把三價的原子 (硼) 或五價的原子 (磷、砷、銻) 擴散到矽晶片中，以改變矽晶片的局部**極性** (polarity)，由於這些原子在矽晶片中的擴散係數很小，所以需要在高溫的環境下才能達到明顯的擴散效果。事實上擴散的現象在生活上無所不在，像是墨水滴到清水中就會明顯地擴散開來，而香水在空氣中散發出香味都是一些擴散的過程。擴散的製程步驟是將半導體置於**爐管** (furnace) 中，通入摻有雜質的惰性氣體 (如 N_2)，控制爐管溫度與氣體流量。由於擴散受溫度影響很大，且爐管升降溫時間很長 (> 30 分鐘)，因此較不易控制位井與接面深度。

◉ 6.1.2　離子佈植

所謂離子佈植，就是將摻雜原子或分子，變為帶電離子並經由一加速過程，獲得某一能量而射入矽晶片中，並停留在離晶體表面的某一深度內。離子佈植的製程步驟是，在離子源處將雜質原子離子化 (如 B^+、As^+)，然後將選取的離子引入**加速管** (acceleration tube) 加速到高能量 (約 10~300 keV)，透過垂直與水平掃描器控制，植入半導體基板上，如圖 6.5 所示。離子射入矽層內後，會與矽原子產生碰撞而喪失能量 (傳給矽原子)，直到達一定深度後停止。如果能量大於矽之鍵結能會使矽產生位移，形成新的入射粒子，產生連鎖效應，即不斷形成矽移動。離子植入所產生之連續碰撞事件可分為**移位** (displacement)、**空洞** (vacancy)、**取代** (replacement)、**間隙原子** (interstitial) 等。離子停止的位置形成一特定分佈的剖面圖。我們以 R 表示離子行走的距離，在三度空間裡，此距離 R 在

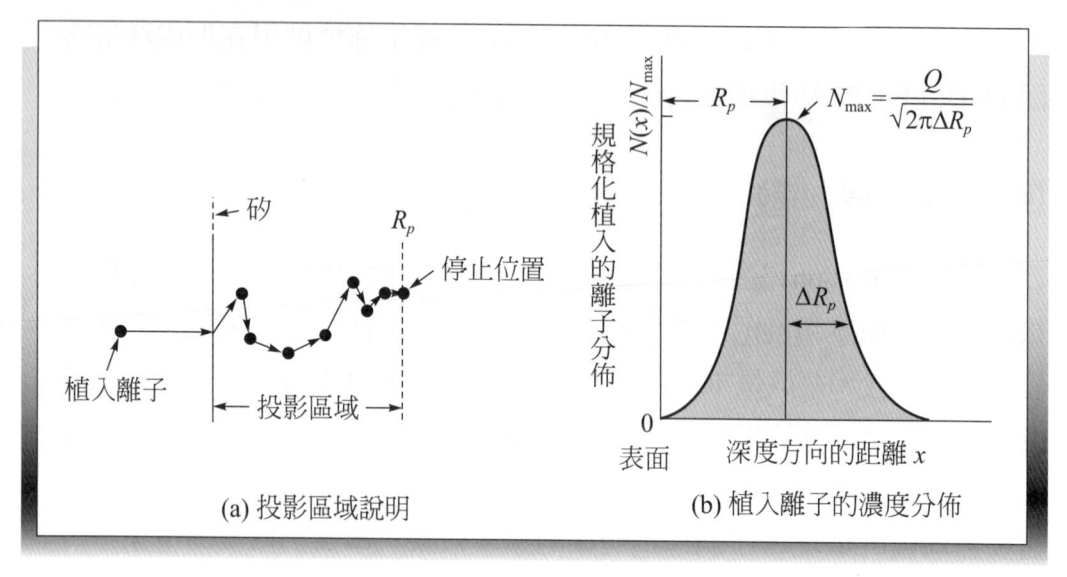

圖 6.5　離子佈植機制

入射軸上的投影量稱為**投影範圍** (project range) R_p。選取的離子的輕重也會影響 R 值，如圖 6.6 所示，由於輕離子會經由晶格間穿透至晶圓深處造成**離子穿隧效應** (ion channeling) 現象，此深度較無法控制。離子佈植在現今的積體電路製造上，扮演著相當重要的角色。主要應用為：

1. 改變主要導電載子種類，以形成 p-n 接合面：如形成井區及源/汲極。
2. 改變主要導電載子數量，以調整元件工作條件：如調整電晶體啟始**臨界電壓** (threshold voltage)，防止接合面**擊穿** (punch through)，或是調整複晶矽之導電率。表 6.1 所示為 MOSFET 所需摻雜之種類、濃度及佈植範圍。
3. 改變基材結構：如形成**非晶矽** (amorphous silicon) 以增進摻雜離子的**活化率** (activation rate)，或減少離子穿隧效應，或改善金屬矽化物的反應與熱穩定性。
4. 合成化合物：如高劑量的氧佈植，以形成埋層之二氧化矽。

改變矽晶片的佈局極性是 IC 元件製作的必要過程，以往大多是以高溫擴散為主，但是摻雜物的濃度及**接面深度** (junction depth) 卻很難獨立控制，所以後來就採用電磁場加速離子的觀念發展出離子佈植的技術。

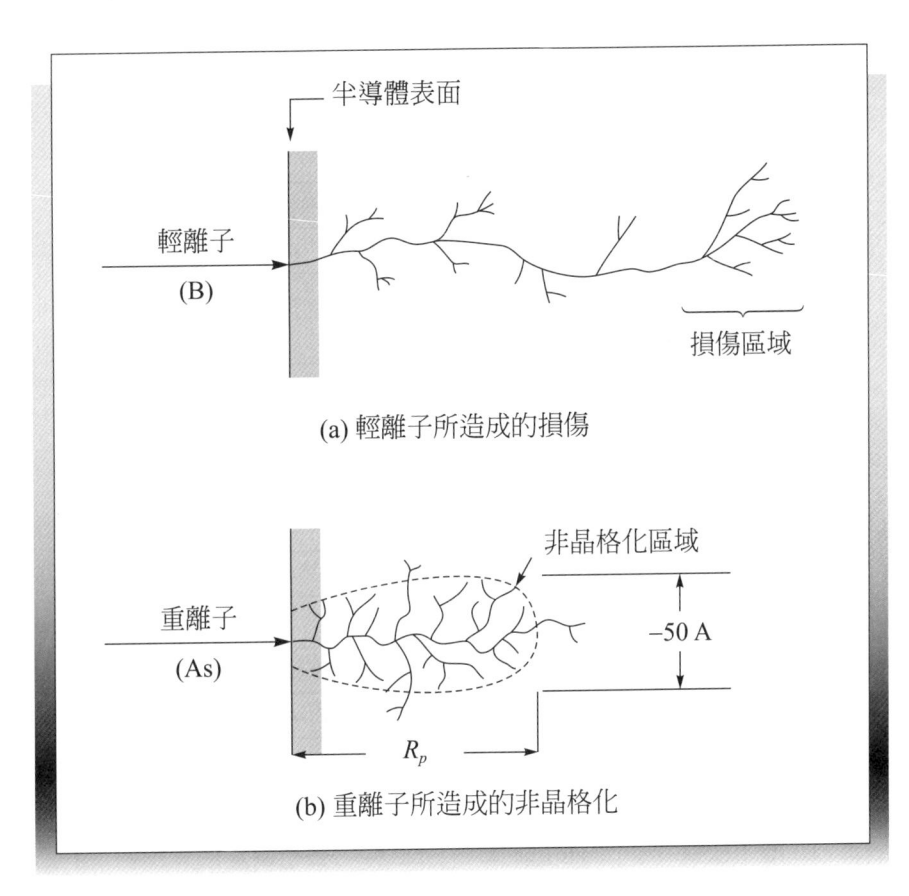

圖 6.6　不同雜質植入所造成之損害

首先是把所需的離子 (BF_2^+、B^+、As^+、P^+、Sb^+、Si^+、Ge^+ 等等) 萃取出來，經過線性加速達到所需的能量後就注入晶片之中以形成所需的接面，這是一種常溫快速的摻雜製程，目前已成為 IC 產業的主要摻雜技術。圖 6.7 為離子佈植裝置系統，離子佈植與槍枝擊發子彈的方式十分相似，彈頭就是我們所選用的離子，火藥量的多寡就是我們所決定的加速電壓，而槍管就是我們的線性加速器，當摻質被離子化後，經由質量分析器與計算離子濃度，再進入加速器加速植入矽晶圓達到摻雜的目的。

表 6.1　MOSFET 所需摻雜之種類、濃度及佈植範圍

調整低電晶體起始電壓

離子種類	佈植能量	佈植劑量
B	20 ~ 50 keV	$4\times10^{11} \sim 6\times10^{12}/cm^2$
P	40 ~ 100 keV	$4\times10^{11} \sim 6\times10^{12}/cm^2$
As	40 ~ 150 keV	$4\times10^{11} \sim 6\times10^{12}/cm^2$
BF_2	20 ~ 50 keV	$4\times10^{11} \sim 6\times10^{12}/cm^2$

形成 *p-n* 型井區

離子種類	佈植能量	佈植劑量
B	100 ~ 200 keV	$2\times10^{12} \sim 2\times10^{13}/cm^2$
As	100 ~ 200 keV	$2\times10^{12} \sim 2\times10^{13}/cm^2$

電晶體隔離

離子種類	佈植能量	佈植劑量
B	40 ~ 150 keV	$5\times10^{12} \sim 5\times10^{13}/cm^2$
As	40 ~ 150 keV	$5\times10^{12} \sim 5\times10^{13}/cm^2$

形成電晶體源/汲極

離子種類	佈植能量	佈植劑量
B	5 ~ 40 keV	$2\times10^{15} \sim 8\times10^{15}/cm^2$
BF_2	20 ~ 100 keV	$2\times10^{15} \sim 8\times10^{15}/cm^2$
As	40 ~ 80 keV	$2\times10^{15} \sim 8\times10^{15}/cm^2$

抑制電晶體源/汲極間之擊穿

離子種類	佈植能量	佈植劑量
B	40 ~ 100 keV	$1\times10^{12} \sim 8\times10^{12}/cm^2$
P	80 ~ 150 keV	$1\times10^{12} \sim 8\times10^{12}/cm^2$

摻雜複晶矽閘

離子種類	佈植能量	佈植劑量
B	10 ~ 25 keV	$2\times10^{15} \sim 2\times10^{16}/cm^2$
BF_2	23 ~ 100 keV	$2\times10^{15} \sim 2\times10^{16}/cm^2$
P	20 ~ 60 keV	$2\times10^{15} \sim 2\times10^{16}/cm^2$
As	40 ~ 80 keV	$2\times10^{15} \sim 2\times10^{16}/cm^2$

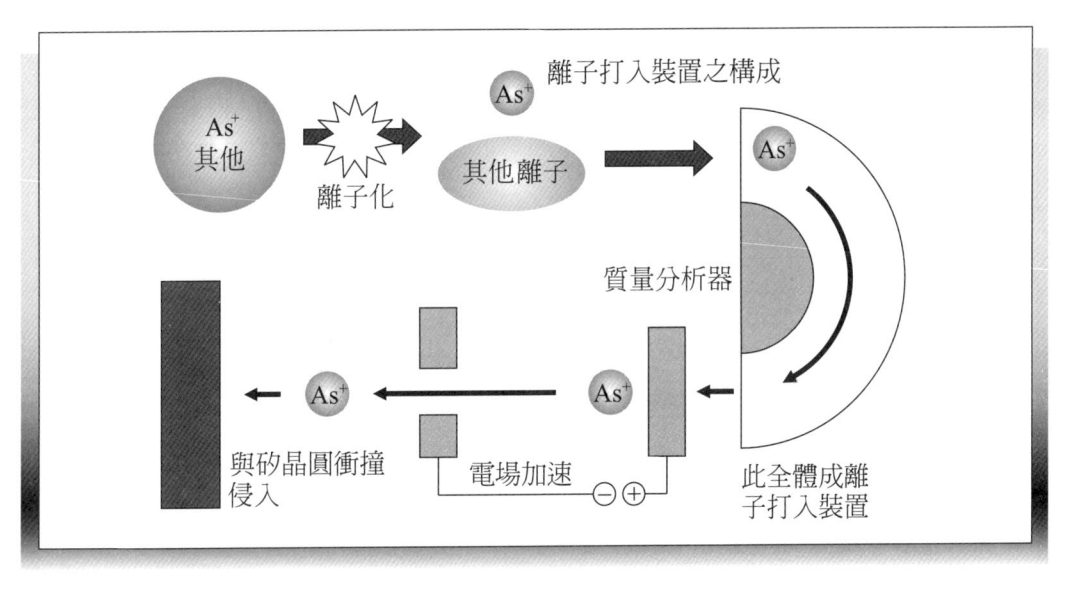

圖 6.7　離子佈植系統

6.2　基板摻雜

6.2.1　位井的形成

目前**雙位井** (twin well) 已經是 CMOS 技術的主要製程之一，目的在分隔不同元件之區域 (如 *n*MOSFET 與 *p*MOSFET)。目前形成位井的方法有兩種，一為**擴散法** (diffusion)，即利用物理中由高濃度向低濃度擴散之特性來完成，過程中須加高溫 (> 1000°C) 來加速雜質的擴散速度，因此位井雜質分佈會隨著位井之深度增加而遞減，如圖 6.8(a) 所示。因此無法在有效深度下達到足夠濃度的雜質分佈。為了在特定深度下達到特定的雜質濃度，則是採用**離子佈植** (ion implantation) 之方法在垂直通道方向形成一低一高一低濃度的摻雜分佈，完成所謂的**反階梯位井** (retrograde well)，如圖 6.8(b) 所示，如此一來，我們可以在特定位置達到所需要的低電阻值 (高濃度)，幫助我們在元件設計時所需要的隔離度，另外此方式重點為其中靠近表面的通道區具有較低的濃度可提升載子的**遷移率** (mobility)。

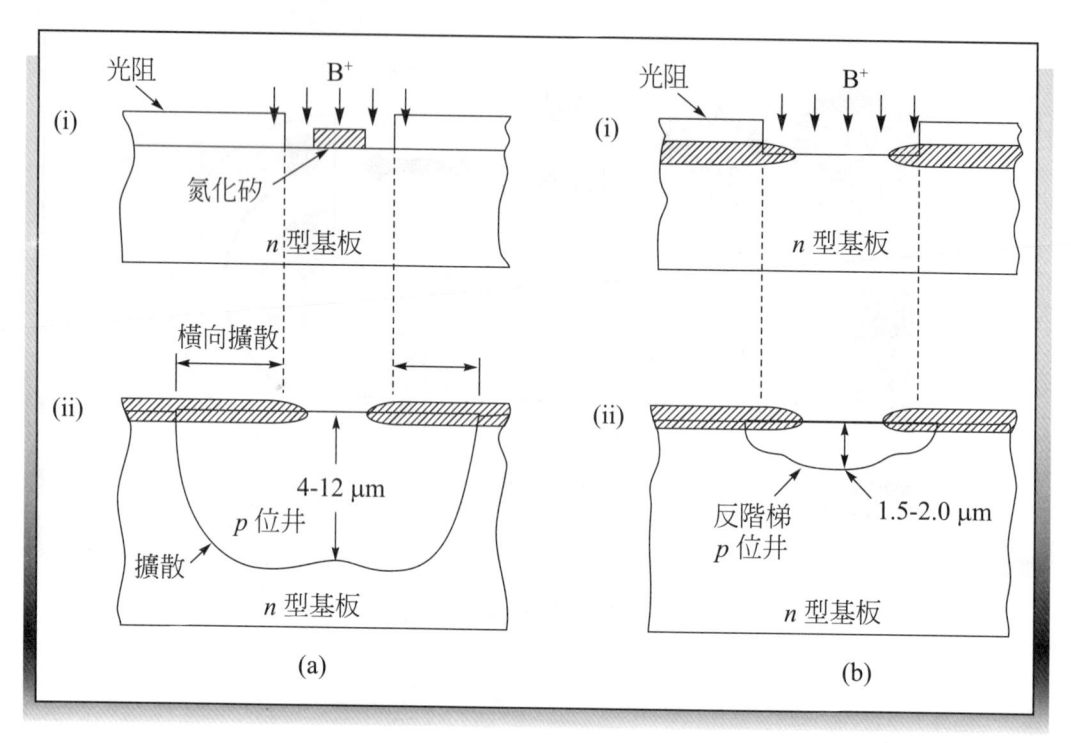

圖 6.8 各階梯位井與擴散位井

◎ 6.2.2 通道的形成

為了利用 MOSFET 作為**邏輯開關** (logic switch) 之元件，通道的形成是必要的，即如第三章圖 3.16 所示 n 通道之形成，圖 6.9 為 nMOSFET 通道之雜質分佈。由於元件尺寸進入深次微米後，短通道效應愈來愈明顯，因此為了有效控制元件操作，避免元件崩潰現象發生，通道濃度的控制就十分重要。一般在基板中控制短通道效應的對策，可分為 (通道)**側向與縱向非均勻摻雜** (lateral and vertical nonuniform doping) 技術兩大類。第一種做法，是在源/汲極延伸區的下方，形成一和井中摻雜類型相同，但濃度較高的區域，我們發展**大斜角度植入** (large-angle-tilt implanted punch through stopper, LATIP) 方法來完成，此方法乃將重的雜質植入在 S/D 外圍，例如銦 (indium) 打在 n 型 S/D 外圍就像口袋一樣，所以又稱做**口袋植入** (pocket implant)，或**暈型植入** (halo implantation)，如圖 6.10 所示。各個方法在程序上有差異，但形成的結構類似。此高濃度區對源/汲

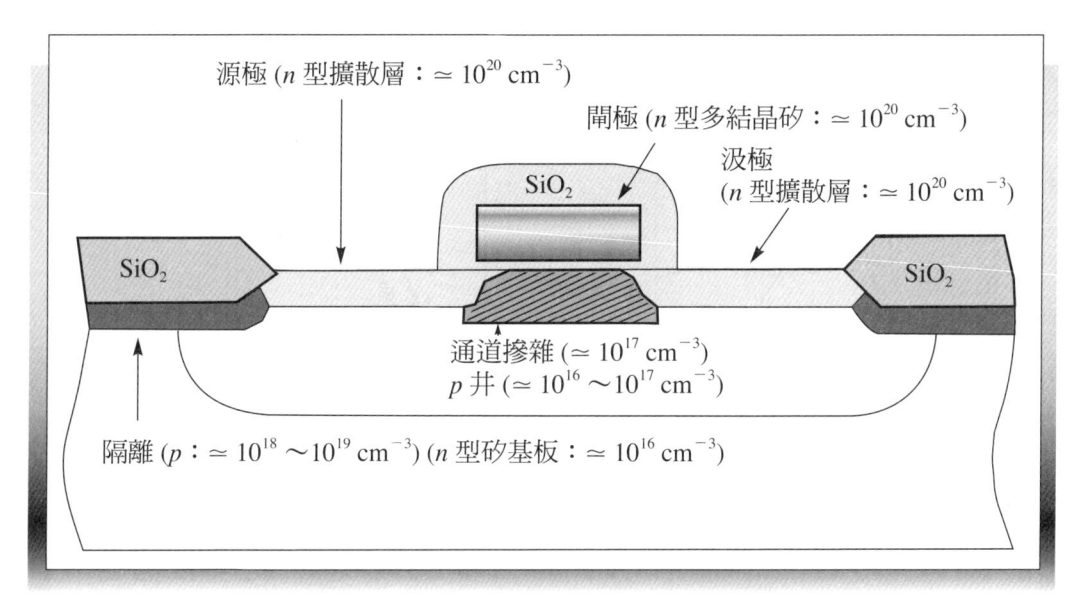

圖 6.9 nMOSFET 通道之雜質分佈

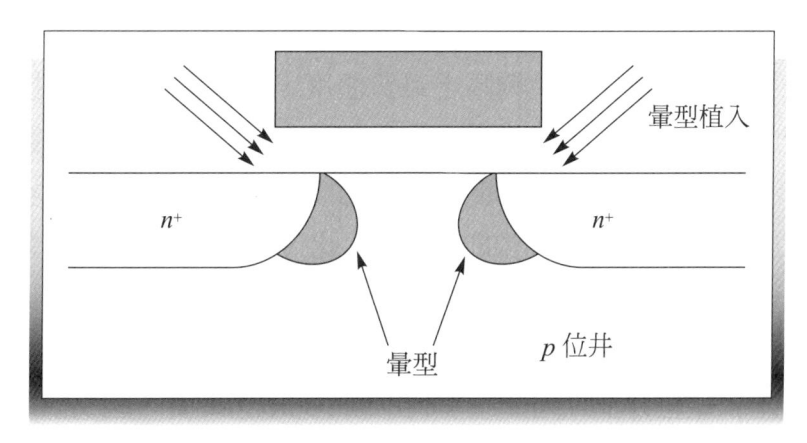

圖 6.10 銦與硼離子佈植雜質分佈的剖面圖

極的電場有遮蔽的效果，使之不易穿透至基板內以改善短通道效應，同時也因只提高局部濃度，不會增加源/汲極與基板之接面濃度，因此不會增加太多的寄生電容。而縱向非均勻摻雜即當表面的低摻雜區，以一極陡峭的濃度變化切換至厚度薄但極高濃度的摻雜區，此類結構稱為**超陡反階梯位井** (super-steep-retrograde well)，如第四章圖 4.9 所示。SSR 所在元件位井雜質分佈位置，其中所謂**擊穿防止** (anti-punch through) 植入

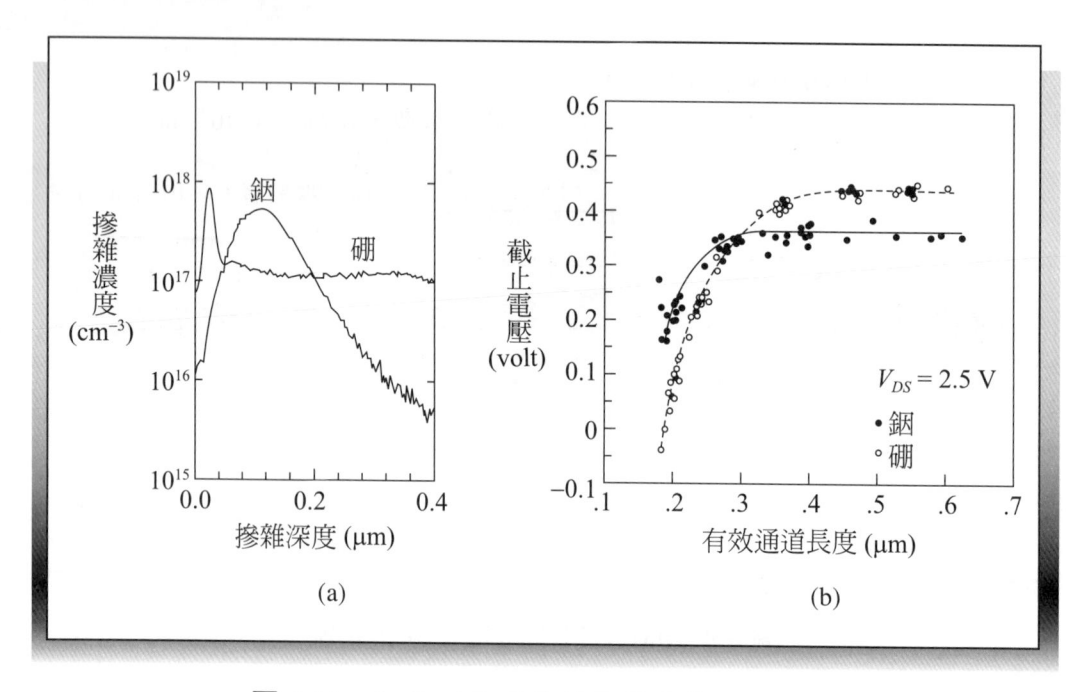

圖 6.11 銦與硼離子佈植雜質分佈的剖面圖

主要是希望通道位置具足夠高之雜質濃度，而且需避免升高接面區域濃度，造成接面電容的增加。SSR 元件能幾乎完全將通道內的電場侷限在表面低濃度區，可以有效降低元件的 V_{th} 值，卻不會增加通道空乏區的寬度，對於特性的提升有相當的助益。因此 SSR 雜質分佈須有效地落在固定位置才能滿足以上之需求，為了達到**突陡分佈** (sharp distribution) 的要求，雜質須特別要求較重質量的離子，就 n 型通道 nMOSFET 而言，通道是落在 p 型位井上，因此原本利用硼 (Boron) 雜質，因為硼離子太輕，雜質分佈容易受到後續製程溫度影響而平緩，因此需替換用較重的離子如銦 (Indium) 來取代硼，如圖 6.11(a) 所示為銦與硼離子佈植雜質分佈的剖面圖，銦與硼之分佈不同，銦的分佈較陡，也較不易受到溫度的影響而發生**再擴散** (out-diffusion) 現象，因此元件短通道效應較能控制，如圖 6.11(b) 所示。在奈米元件製作時，須強調低溫製程以免造成量型或 SSR 摻雜物過份擴散，破壞元件特性。因此有些應用中，就採用擴散係數低的重離子 [如 p 型的銦 (In)、鎵 (Ga) 與 n 型的銻 (Sb)] 植入來形成量型或 SSR。除了重離子佈植外，尚可運用**斜角度植入** (titled implantation)、**磊**

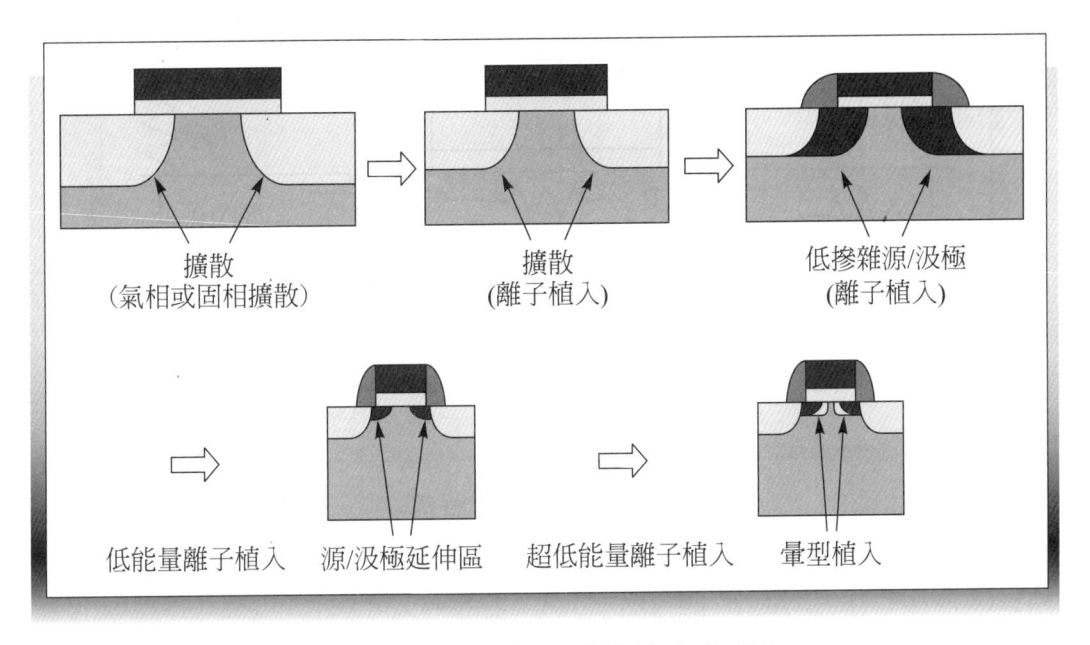

圖 6.12　源/汲極通道結構演進過程

晶 (epitaxy)、**穿透閘極植入** (through-the-gate implant) 等多種技巧得到適當的結果。圖 6.12 說明源/汲間通道結構的演進過程，埋在通道下的高摻雜區則和暈型植入類似，具有遮蔽電場的效用，因此能改善短通道效應。

6.3　源/汲極摻雜與汲極工程

為了提升元件的速度，除了降低元件尺寸之外，減少降低元件源/汲極間之區域電阻是一可行的方法，由元件結構來看源極和汲極是對稱性結構，因此可以簡單由電阻來分析，如圖 6.13 所示，由源極至通道間，包含接觸電阻且介於金屬與源極/汲極間之接觸阻抗 (R_{co})，源/汲極之本質串聯電阻 (R_{sh})、通道阻抗 (R_{ch}) 與源/汲極延伸區電阻 R_{SDE}，則源/汲間之總電阻 $R_{S/D} = (R_{co} + R_{sh} + R_{SDE}) \times 2 + R_{ch}$。但若仔細考慮元件實際操作現象即如圖 6.14 所示，需加入因電流**密度累積** (current density accumulation) 造成之阻抗

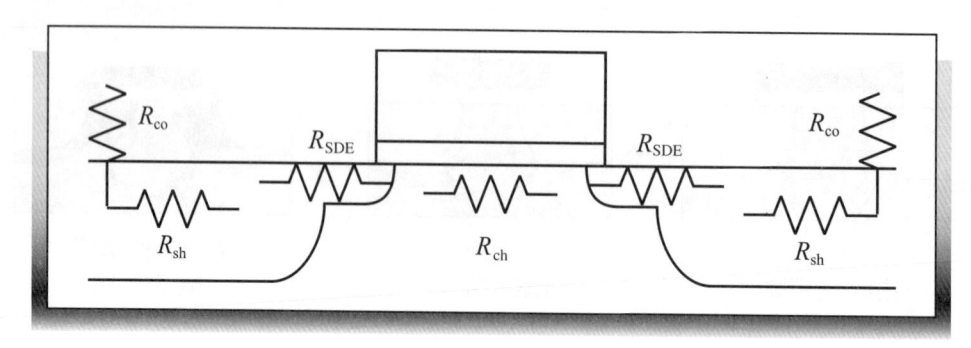

圖 6.13　MOSFET 源/汲極間之區域電阻 (1)

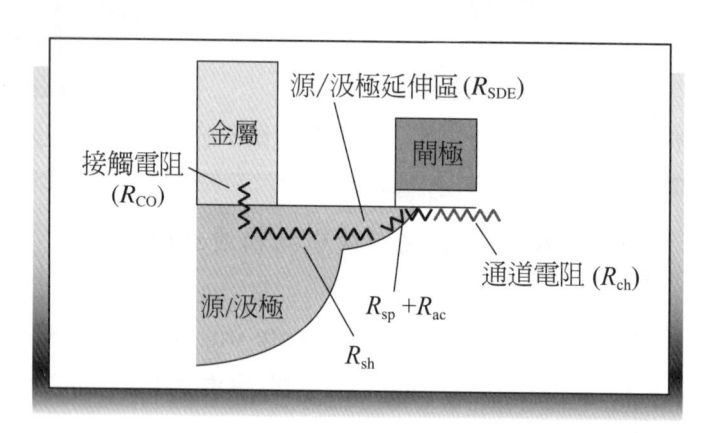

圖 6.14　MOSFET 源/汲極間之區域電阻 (2)

電流 R_{ac} 與因阻塞效應 (crowding effect) 所造成累增電阻 R_{sp}，因此源/汲間之總電阻將變更為 $R_{S/D}=(R_{co}+R_{sh}+R_{sp}+R_{ac})\times 2+R_{ch}$，其中 R_{sh} 會隨著製程變化而改變，若採用淺源/汲極延伸 (S/D extension) 結構，則部分 R_{sh} 改為 R_{SDE}，而元件在開通時 $R_{ch} \sim 0$，因為 $I_{D\_sat}=V_{DD}/R_{S/D\_sat}$ (飽和狀況下之總電阻)，所以降低 R_{S/D_sat} 可有效增加元件速度，如此降低 $R_{S/D}$ 可分別降低各項電阻值若干，根據文獻所示，隨著尺寸縮小，R_{ac} 因所佔位置太短，故可忽略不計，而相關電阻可表示如下：

$$R_{S/D\_sat}=V_{DD}\, t_{ox}/W\,(0.343\, u_{sat}\, \varepsilon_{ox})$$

$$R_{sp} \sim (2\rho/\pi W)/\ln(\beta X_j/X_c)$$

$$R_{SDE} \sim \rho l_{SDE}/(WX_j)$$

可見 R_{sp} 與 R_{SDE} 受到接面深度 X_j 之影響，為了降低此二項電阻，需有效

增加 X_j，至於接觸電阻 R_{co}，由於受到接觸窗之材料影響很大，所以選擇低電阻係數之接觸窗材料十分重要，常用**金屬矽化物** (metal silicide) (後段製程章節會說明) 來形成接觸窗材料，簡單的模型可以此公式表之 $R_{co}W \geq \rho_c/2A_{co}$，且滿足此條件，其中 ρ_c 為矽對矽化物介面的電阻係數值 (Ω-cm^2)，所以選擇低 ρ_c 之材料是十分重要的。而減少 $R_{S/D}$ 之方法有下列：(1) 源/汲極區域提高工程；(2) 淺接面工程；(3) 後續熱退火。

⊙ 6.3.1 源/汲極區域提高工程

為了兼顧降低區域電阻及短通道效應的要求，**提高源/汲極** (elevated S/D) 區域被視為一個良好的方式，製程如圖 6.15(a) 所示。實際上它是將傳統結構的接觸區反轉，使其表面高度在通道區之上，如圖 6.15(b) 所示，如此可降低寄生電阻 ($R_{S/D}$) 與寄生電容 (Cgd)，改善短通道效應，同時也可減少金屬矽化製程時，接面漏電流增加的風險，同時閘極會因而

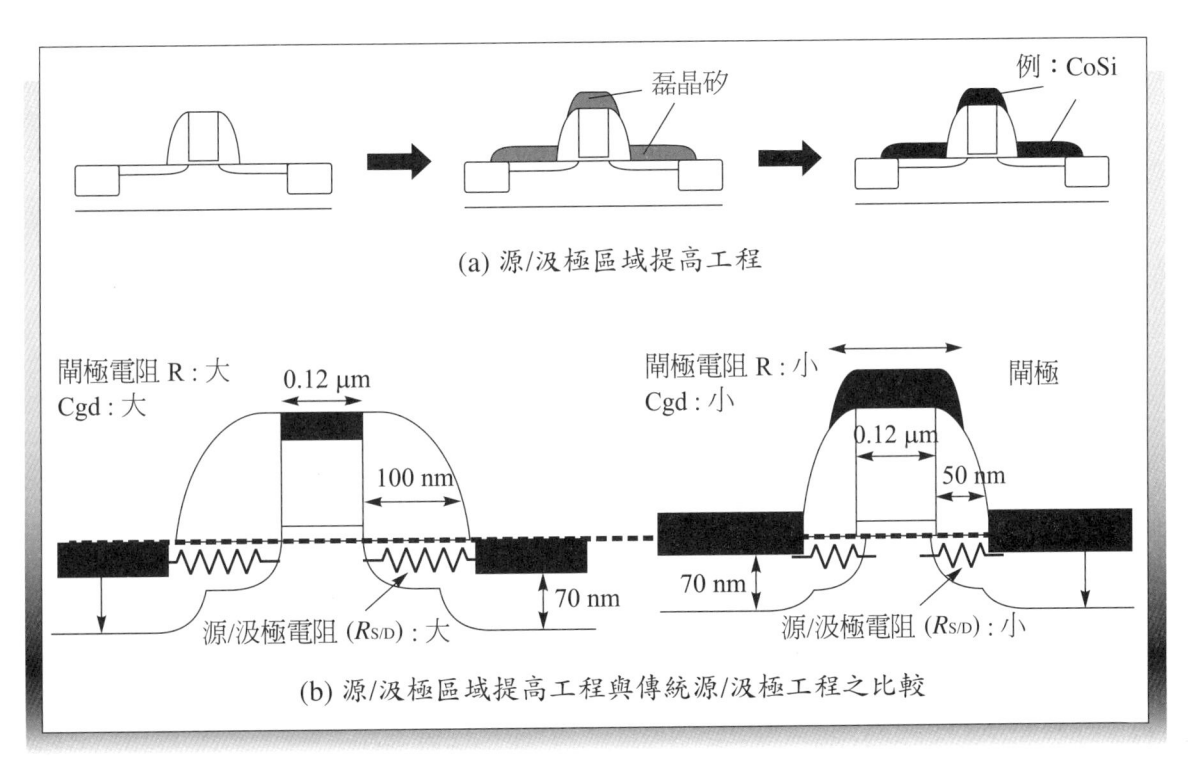

圖 6.15 源/汲極提高工程

增加厚度，增加**矽化** (silicidation) **製程空間** (process window)。一般作法是利用**選擇性磊晶成長** (selective epitaxial growth, SEG) 技術，形成升起式源/汲極。

◉ 6.3.2 淺接面工程

源/汲極區的淺接面形成，對於短通道效應的控制及元件驅動特性極為重要。MOSFET 的結構可分為**延伸區源/汲極** (extension S/D) 與**接觸區源/汲極** (contact S/D) 兩部分。接觸區為金屬電性接觸所在，須具有一定的深度，減少寄生電阻；另外，在金屬矽化製程的應用中，也可避免金屬矽化物形成時，矽層消耗所造成的接面漏電流增加。在製程控制上，接觸區接面的形成較不是問題。和通道相接的延伸區淺接面 (縱向) 其深度較接觸區為淺，主要是考量短通道效應的控制，因此片電阻較高。傳統接面的形成是以離子佈植方式進行，其離子植入深度和離子質量及加速能量有很密切的關聯，如圖 6.16 所示片電阻 (R_s) 與接面深度 (X_j) 之關係圖，可見彼此為互斥的。因此要同時達到低電阻與淺接面是十分困難的。90 年代初期的佈植機其加速能量由於電流密度及穩定性的限制，多需在 10 keV 以上。這對於奈米元件的發展是很大的障礙，特別是對於質量輕的硼元素 (原子序 11) 更是困擾 (由於固態溶解度的限制，目前似乎沒有其它元素可取代硼作為源/汲極區摻雜物)。因此，當時有多項相關的替代技術被提出與發展，例如**電漿摻雜** (plasma doping)、**雷射摻雜** (laser doping)、**固相源擴散** (solid phase diffusion)、**快速氣相摻雜** (rapid vapor doping, RVD) 等。近來由於低能量 (0.1 ~ 5 keV) 佈植技術有突破性的進展，所以預期未來離子佈植仍將是製作奈米元件接面的主要技術。圖 6.17 所示為不同摻雜技術對電阻與接面之情形。雖然低能量佈植不再是瓶頸，但後續回火過程所衍生的問題仍須妥善地解決，在佈植過程中，植入的離子會撞擊矽晶格而產生大量的**間隙** (interstitial) 型與**空位** (vacancy) 型缺陷。在高溫活化時，摻雜物會以缺陷處作為路徑，增加擴散的速度，一般認為，p 型的硼元素擴散和間隙有關，n 型的砷與磷元素

第六章 摻雜製程技術

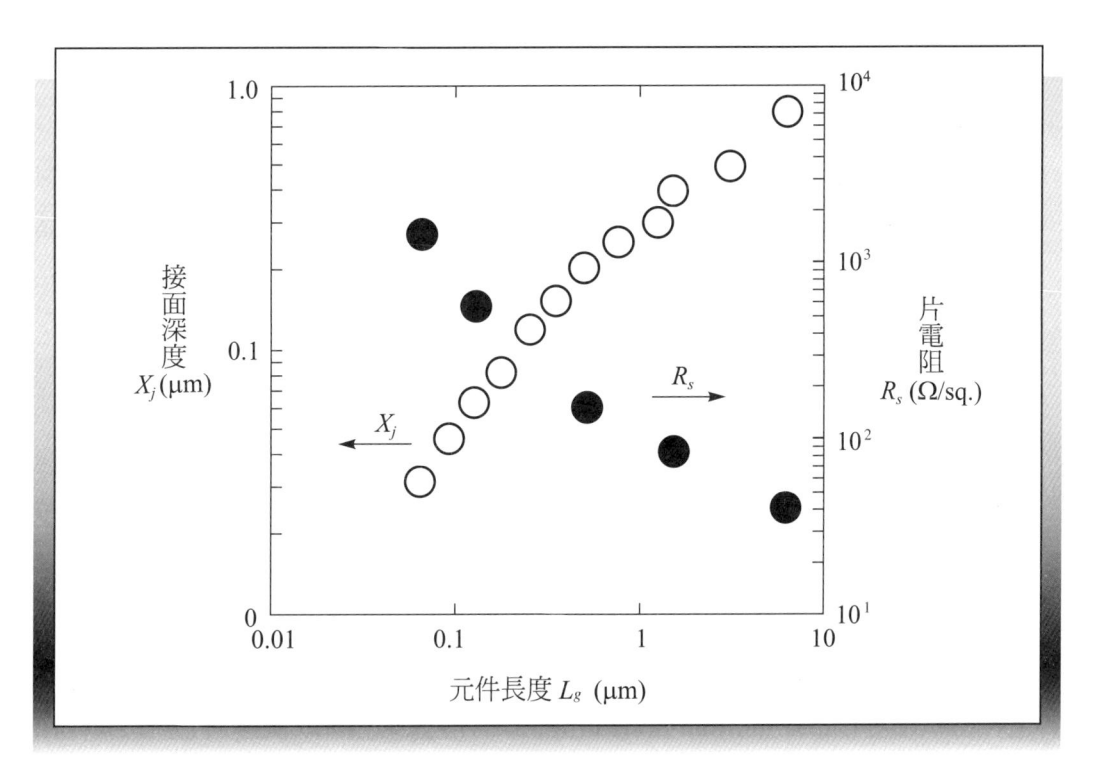

圖 6.16　R_s 與 X_j 之關係圖

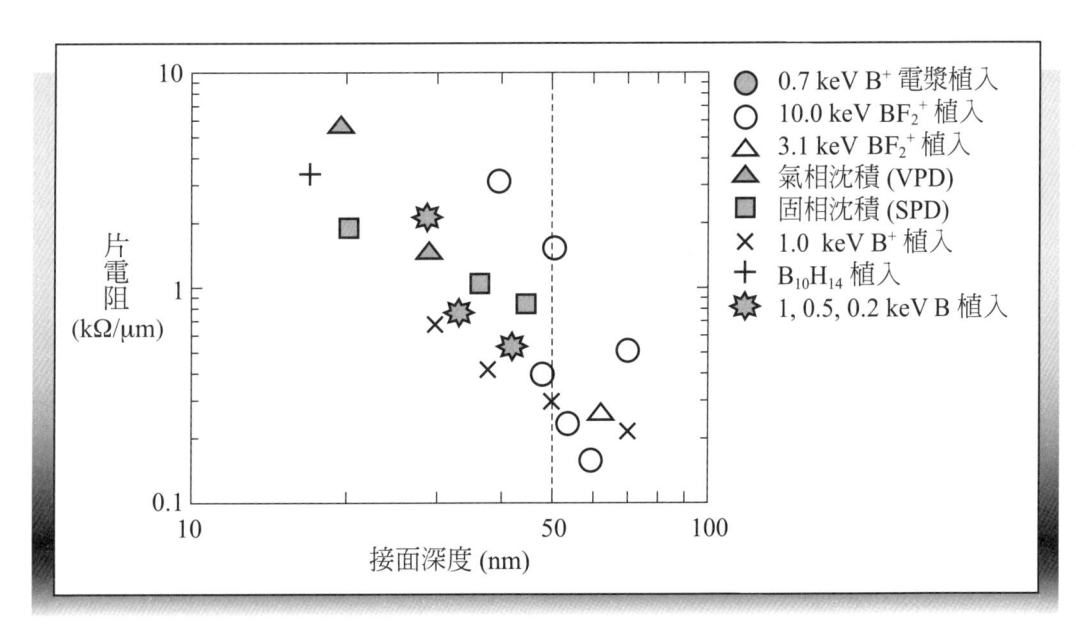

圖 6.17　不同摻雜技術對電阻與接面之情形

則與空位有關,所以必須特別加以控制。根據各研究分析發現,低能量佈植形成的淺接面過程和傳統技術 (加速能量~10 keV) 有許多不同之處。由於單晶基板的**直通** (channeling) 現象會造成接面深度的增加,傳統技術習慣以 (1) 斜角植入,(2) 在佈植區的表面上成長一薄氧化層,及 (3) **非晶化表面** (amorphization) 等三種處理方式來避免。

6.3.3　後續熱退火

由於植入的離子會撞擊矽晶格而產生大量的間隙與空位缺陷,需**後續熱退火** (post-annealing) 加以活化才能使雜質完成**鍵結** (bonding),傳統後續熱退火以**爐管** (furnace annealing, FA) 方式為主,但為因應未來半導體元件所需淺源/汲極延伸 (shallow source/drain extension) 的需求,有必要發展超淺接面技術 (ultra-shallow junction, USJ) 以符合這些需要,因此**快速熱退火** (rapid thermal annealing, RTA) 技術,即以快速升溫 (> 100°C/sec) 方式,在高溫 (> 800°C) 但短時間 (≤ 60 sec) 條件下,進行瞬間活化的熱處理因此發展出來,如圖 6.18 比較 RTA 與爐管 (FA) 方式。除此之外,

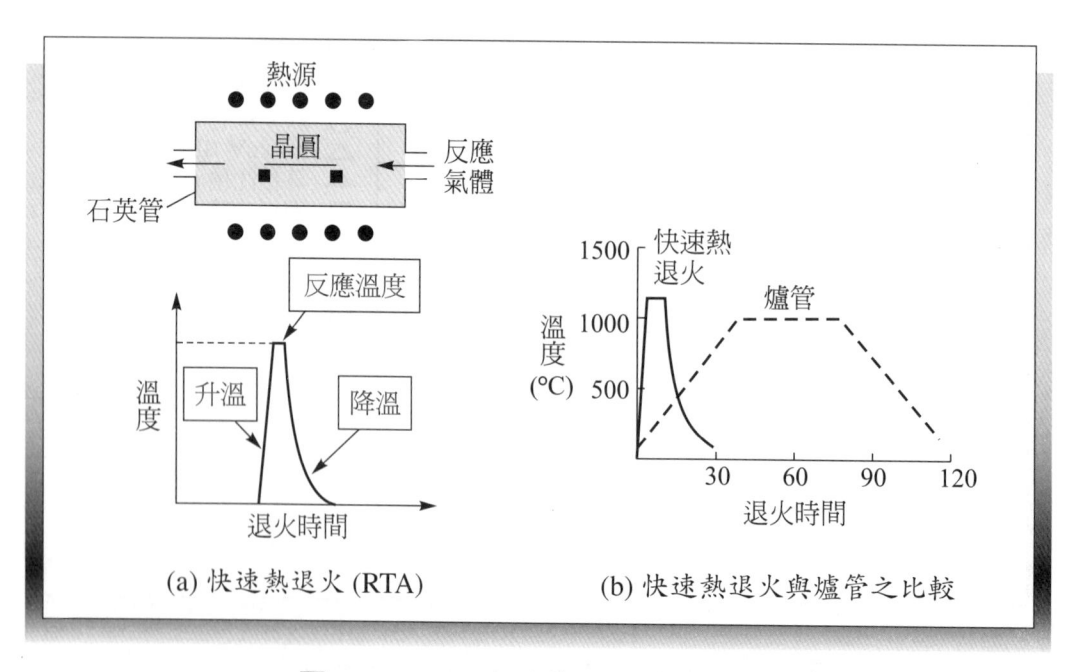

圖 6.18　RTA 與爐管 (FA) 製程比較

第六章　摻雜製程技術

適當的 RTA 顯示會減少**重疊電容** (overlap capacitance)，與更淺的**接面深度** (junction depth) 和減少的**橫向擴散** (lateral diffusion)，而且改進摻雜物活化作用，可減少串聯電阻和改進 I_{on} 值。另外有人提出以更快速升溫方式，在高溫 (> 1000°C) 但短時間 (≤ 1 sec) 條件下，進行瞬間活化的熱處理也被發展出來，此程序一般也稱之為**瞬間退火** (spike annealing)。

我們比較 B^+/1 KeV/1 E^{15} 在 RTP 950°C 10 sec 及 RTP 1050°C 0 sec 之**瞬間退火** (spike annealing) 熱處理條件下，硼原子濃度分佈的差異，由圖 6.19 中可看出，在 RTP 1050°C 10 sec 的條件下，結果對硼的擴散速率有明顯的抑制作用，其接面深度 (定義於雜質濃度為 $10^{19}/cm^3$ 處) 大約減少了 10 nm (50 nm > 40 nm)，但串聯電阻相對會由 R_s = 270 sq. 升至 R_s = 463 sq.。因此，如何利用後續熱退火達到所需之接面深度與電阻是一大

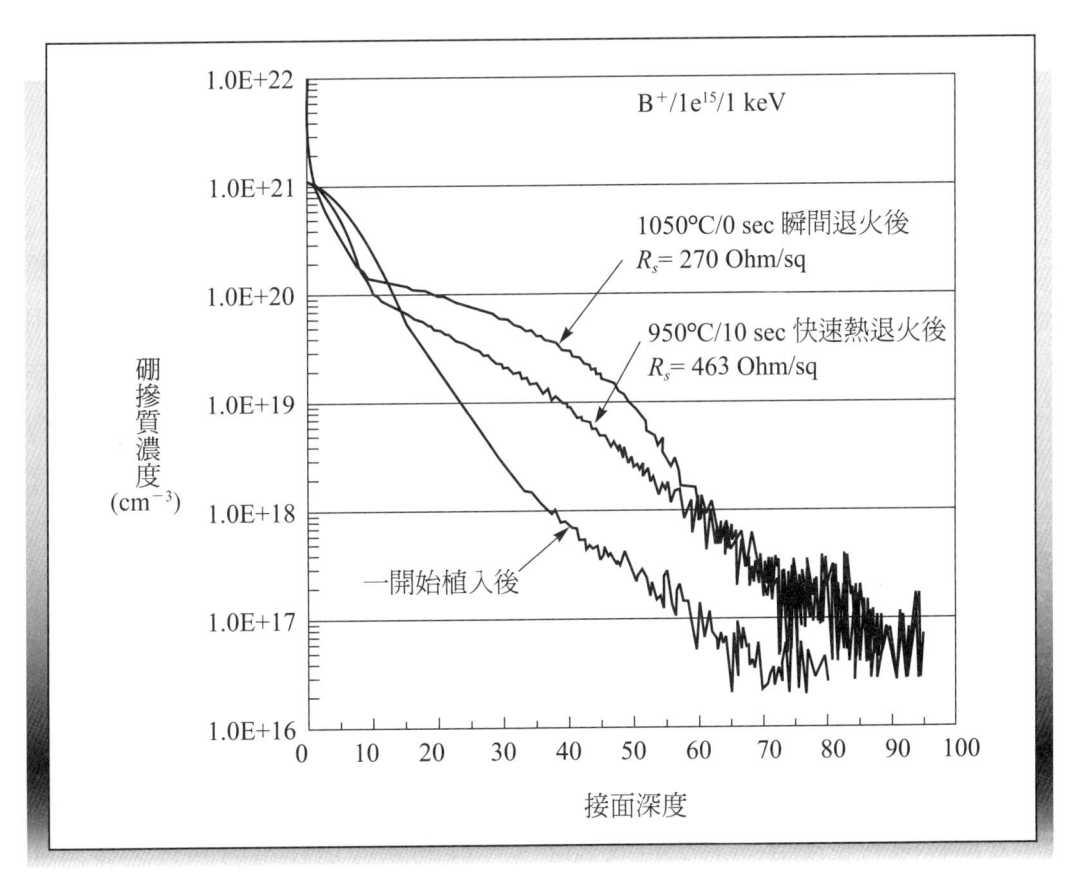

圖 6.19　後續熱退火對接面深度之影響

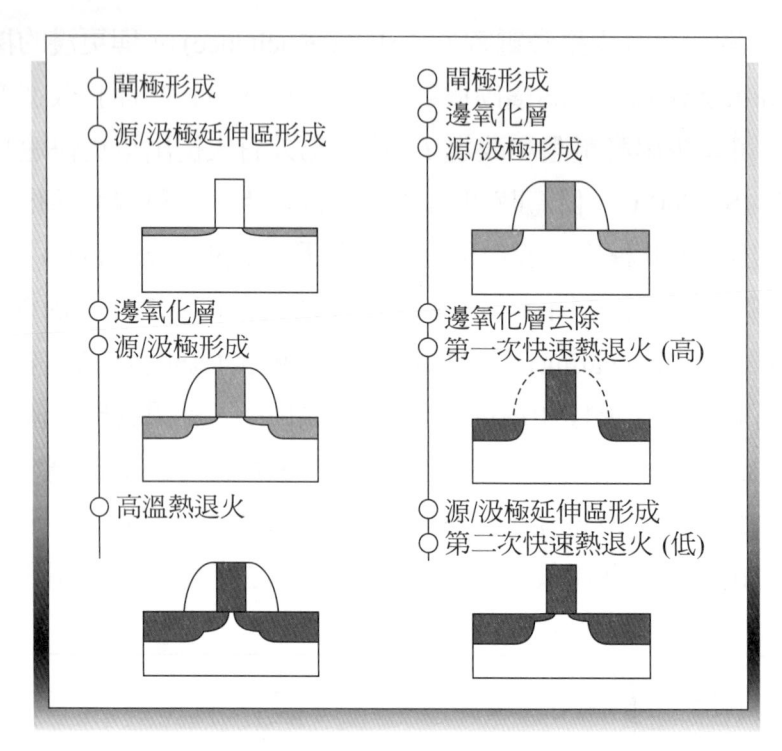

圖 6.20　兩段式後續熱退火

挑戰。當元件尺寸小於 0.1 微米後，瞬間退火似乎也難以符合更嚴苛的要求，因此有**雷射退火** (laser annealing) 的技術被提出。此種退火系統使用 308 nm 波長脈衝式**準分子雷射** (excimer laser) 光源，脈衝長度為數十奈秒，典型的功率則為 0.2~0.4 J/cm^2。在此條件下，表面淺接面高摻雜區會在數十奈秒時間內被加溫至近熔化狀態後，再急劇地降溫。因此，在高溫下被活化的摻雜物在極短時間內就被「凍」住在晶格位置上。實驗發現活化的載子濃度竟高達將近 10^{21} cm^{-3}，遠高於固態溶解度，此種現象稱之為**非平衡摻雜效應** (non-equilibrium doping effect)。也因此，矽化物和 S/D 之間的**接觸電阻** (contact resistance) 可降低。此技術的另一優點為陡峭的接面摻雜物分佈。應用上較大的問題在於漏電流的控制，這是由於雷射能量僅由表面極淺的部分所吸收，對於佈植時所造成的缺陷，如分佈較深的差排等，無法有效去除。一般的處理是在雷射回火之後再加一較低溫的 RTA 步驟來降低漏電流。雷射回火技術概念在於利用雷射的

高功率密度可大幅縮短晶片回火製程時間，晶片回火製程時間可由瞬間回火的秒等級進化為雷射的毫秒或微秒等級，此迅速升降溫特性對於硼在回火時的瞬間擴散效應有極大的抑制作用。

另外，針對後續熱退火造成淺源/汲極延伸加深問題，可利用**兩段式後續熱退火** (two step activation anneal) 來解決，圖 6.20 顯示先完成較高溫之**源/汲極接觸窗區域** (contact S/D) 熱退火，再完成較低溫之源/汲極延伸，如此一來即可避免源/汲極延伸受到兩次熱退火，可減少源/汲極延伸接面深度。

習題

1. 何謂摻雜？摻雜在設計 MOSFET 時有何目的？
2. 何謂離子佈植？在設計 MOSFET 時有何目的？
3. 摻雜之方法為何？請比較之。
4. 半導體離子佈植製程中，何者影響製程的好壞？
5. 如何減少降低元件源/汲極間之區域電阻？
6. 為何要實現淺接面工程？有何困難？如何完成？

微影製程技術

7.1 微　　影
7.2 光　　阻
7.3 解析度與景深
7.4 光　　源
7.5 光　　罩
7.6 光學機台
7.7 新型微影製程技術

　　本章目的在介紹微影技術之原理以及微影工程在半導體製程上之應用，以及所面臨到之問題與改善工程。

7.1 微　　影

　　微影工程 (photo-lithography engineering) 是半導體製程重要的步驟之一，主要的目的是將微小的積體電路圖型 (pattern) 精確地轉印到晶圓上。所謂微影技術 (photo-lithography)，簡單的說即是以光子束經由圖罩，或電子束不經由圖罩，對晶圓上之光阻劑照射，使光阻劑 (photo resistance) 產生極性變化、組鏈與斷鏈等化學作用，再經由顯影後將圖罩

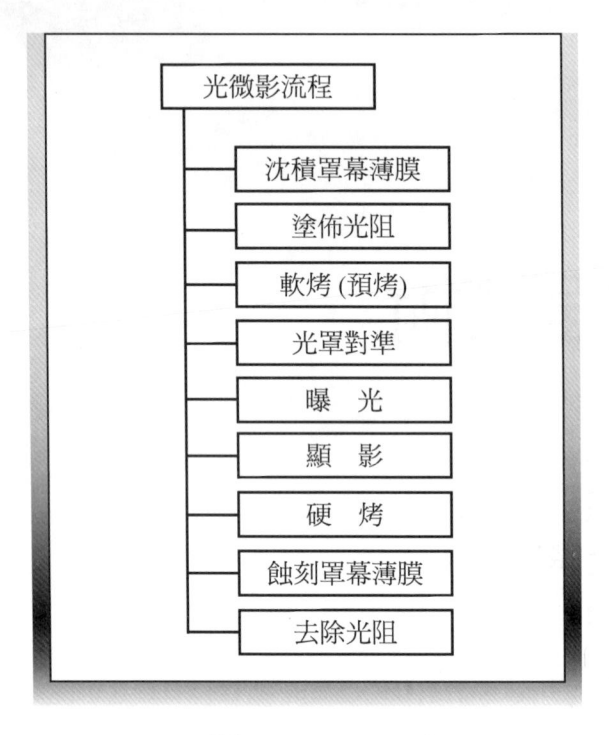

```
                ┌─────────────┐
                │  光微影流程  │
                └──────┬──────┘
                       ├──┬─────────────┐
                       │  │ 沈積罩幕薄膜 │
                       │  └─────────────┘
                       ├──┬─────────────┐
                       │  │   塗佈光阻   │
                       │  └─────────────┘
                       ├──┬─────────────┐
                       │  │  軟烤(預烤)  │
                       │  └─────────────┘
                       ├──┬─────────────┐
                       │  │   光罩對準   │
                       │  └─────────────┘
                       ├──┬─────────────┐
                       │  │    曝  光    │
                       │  └─────────────┘
                       ├──┬─────────────┐
                       │  │    顯  影    │
                       │  └─────────────┘
                       ├──┬─────────────┐
                       │  │    硬  烤    │
                       │  └─────────────┘
                       ├──┬─────────────┐
                       │  │ 蝕刻罩幕薄膜 │
                       │  └─────────────┘
                       └──┬─────────────┐
                          │   去除光阻   │
                          └─────────────┘
```

圖 7.1　光微影流程

之特定圖形轉移至晶圓。以光子束而言，乃將事先轉印到光罩上的積體電路圖案，利用光線透過光罩照射在感光材料上，再以溶劑浸泡將感光材料受光照射到的部分加以溶解或保留，如此所形成的光阻圖案會和光罩完全相同或呈互補。一層層的光罩圖樣，配合氧化、膜沈積擴散、離子佈植與蝕刻等步驟，重複不斷的疊層製造出複雜的半導體線路。

　　圖 7.1 為光微影製程之步驟，主要的原理很類似沖洗相片，首先在晶片塗抹上類似底片功能的光阻劑，上面放置具有電路圖樣的光罩，利用紫外光束照在光罩透空的部位，通過光罩及透鏡使其**曝光** (exposure) 與光阻劑產生反應，而感光後的光阻就像暗房中被曝光的軟片一樣，再以化學藥劑去除 (或保留) 曝光的區域，稱為**顯影** (development)，即可將光罩上的圖形完整地轉移到晶片上，然後接續其他的製程。因此在光微影技術中，光罩、光阻劑、光阻塗佈顯影設備、對準曝光系統等，皆是在不同的製程中。由於微影製程的環境是採用**黃光** (yellow light) 照明主要原因是黃光波長較大，能量較低，不易影響光阻劑特性，而非一般攝影暗

房的紅光,所以這一部分的製程常被簡稱為黃光製程,而微影製程的環境即被稱為黃光室。整個微影製程包含了以下九個細部動作:

1. **表面清洗**:由於晶片表面通常都含有氧化物、雜質、油脂和水分子,因此在進行光阻覆蓋之前,必須將它先利用化學溶劑 (甲醇或丙酮) 去除雜質和油脂,再以氫氟酸蝕刻晶片表面的氧化物,經過去離子純水沖洗後,置於加溫的環境下數分鐘,以便將這些水分子從晶片表面蒸發,而此步驟則稱為**去水烘烤** (dehydration bake),一般去水烘烤的溫度是設定在 100~200°C 之間進行。

2. **塗底**:用來增加光阻與晶片表面的附著力,它是在經表面清洗後的晶片表面上塗上一層化合物,英文全名為 Hexamethyldisilizane (HMDS)。HMDS 塗佈的方式主要有兩種,一是以**旋轉塗佈** (spin coating),一是以**氣相塗蓋** (vapor coating)。前者是將 HMDS 以液態的型式,滴灑在高速旋轉的晶片表面,利用旋轉時的離心力,促使 HMDS 均勻塗滿整個晶片表面;至於後者則是將 HMDS 以氣態的型式,輸入放有晶片的容器中,然後噴灑在晶片表面完成 HMDS 的塗佈。

3. **光阻覆蓋**:光阻塗佈也是以旋轉塗蓋或氣相塗蓋兩種方式來進行,亦即將光阻滴灑在高速旋轉的晶片表面,利用旋轉時的離心力作用,促使光阻往晶片外圍移動,最後形成一層厚度均勻的光阻層;或者是以氣相的型式均勻地噴灑在晶片的表面。

4. **軟烤** (soft bake):軟烤也稱為**曝光前預烤** (pre-exposure bake)。在曝光之前,晶片上的光阻必須先經過烘烤,以便將光阻層中的溶劑去除,使光阻由原先的液態轉變成固態的薄膜,並使光阻層對晶片表面的附著力增強。一般軟烤的溫度是設定在 80~150°C 之間進行。

5. **曝光**:利用光源透過光罩圖案照射在光阻上,以執行圖案的轉移。

6. **顯影**:將曝光後的光阻層以顯影劑將光阻層所轉移的圖案顯示出來。

7. **硬烤**:將顯影製程後光阻內所殘餘的溶劑加熱蒸發而減到最低,其目的也是為了加強光阻的附著力,以利後續的製程。一般硬烤的溫度是設定在 150~200°C 之間進行。

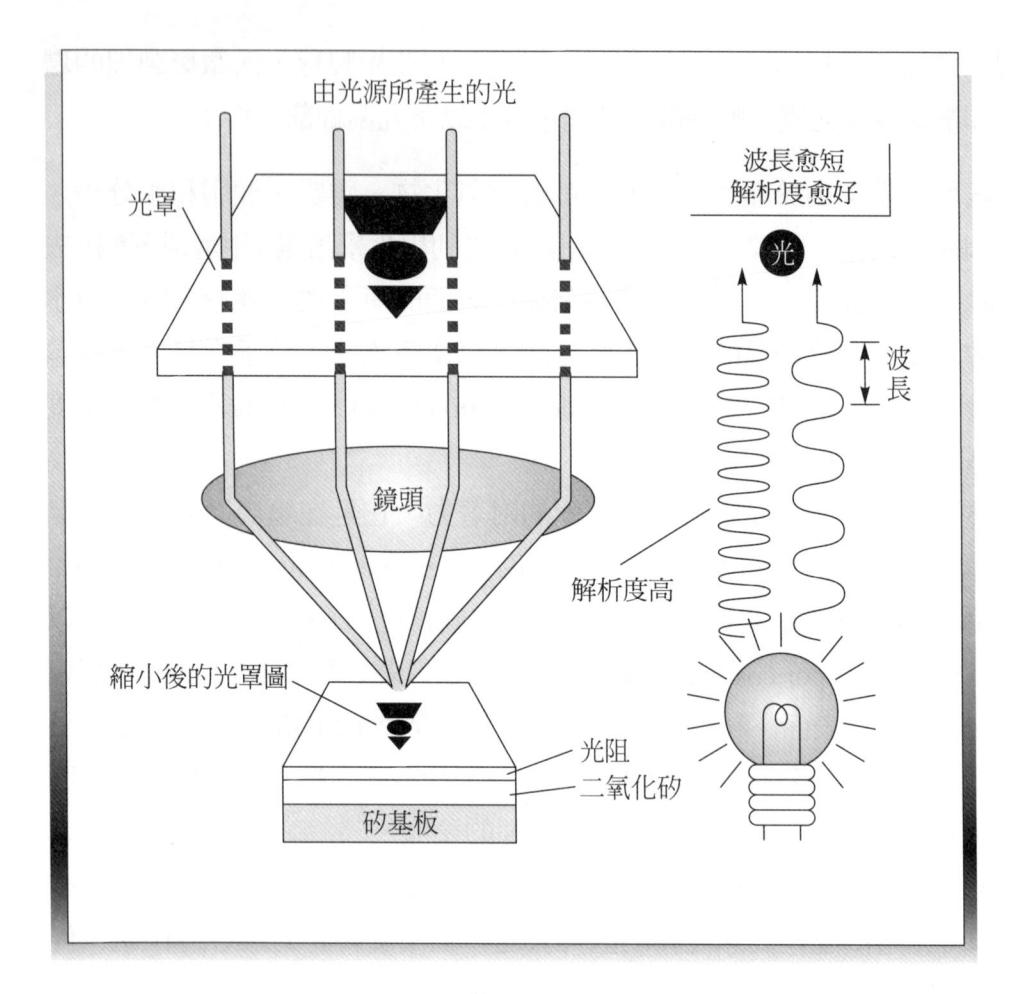

圖 7.2　曝光工程原理

8. 薄膜蝕刻：將因顯影而曝露出來之薄膜，利用蝕刻技術將它去除，留下所需之圖案。

9. 光阻去除：將剩下之光阻，利用溶劑或電漿將它去除乾淨。

微影製程受到光阻與光學系統 (含光罩) 二大因素影響，因此我們就以此二大部分來分別說明。圖 7.2 所示為曝光工程之原理，半導體廠商首先需將設計好的圖形製作成光罩，應用光學成像的原理，將圖形投影至晶圓上。由光源發出的光 (光波長 λ 是一重要參數)，只有經過光罩透明區域的部分可以繼續通過透鏡 [解析度 (R) 與景深 (DOF) 是二大重要參

數] 才能將圖形成像在晶圓表面。隨著科技的進步，微電子工業的製造技術一日千里，而微影製程在 IC 製造中一直扮演著舉足輕重的角色，主要原因由於最小線寬的技術瓶頸決定在光微影術能力，因此隨著 IC 產品技術需求的提升，微影技術也需不斷地提高解析度以製作更微小的特徵尺寸，亦即在單位面積上有更高密度容納更多的電晶體。一般來說，IC 的密度愈高，操作速度愈快、平均成本也愈低，因此半導體廠商無不絞盡腦汁要將半導體的線寬縮小，以便在晶圓上塞入更多電晶體。

7.2 光　阻

光阻主要是由**樹脂** (resin)、**感光劑** (sensitizer) 以及**溶劑** (solvent) 等成分混合而成，而用來感光之光阻可分為正光阻與負光阻二種。光阻是一種暫時塗佈在晶圓上的感光材料，和底片感光材料相似，受照射後產生化學反應，可將光罩上之光學圖案轉印到晶圓表面上。表 7.1 為半導體

表 7.1　半導體用之光阻劑彙總表

光阻類型		說　　明
非化學放大型	正光阻	能達到微米圖形尺寸所要求的解析度，為多數半導體廠商使用，其聚合物成分為酚醛或環氧樹脂，常用醋酸鹽類的溶劑。
	負光阻	最普遍的負光阻聚合物為聚異戊二烯橡膠，可溶於顯影液中。其解析度較差，但熱安定性及抗蝕刻性比正光阻好，常使用二甲苯為溶劑。
	雙型光阻	依顯影液不同而有不同效果之光阻稱為雙型光阻；如以鹼性之顯影劑溶解時，照射區之圖案消失，留下未照射區；若改以有機溶劑為顯影液，則可產生負光阻劑之效果。
化學放大型	光酸催化型	目前化學放大型光阻劑以光酸來進行催化化學反應，但易與空氣、基材中鹼性化合物作用，因而破壞成像輪廓。
	光鹼催化型	在發展階段，其催化反應與光酸相似，光鹼不受鹼性化合物之影響，較易溶於有機溶劑中。

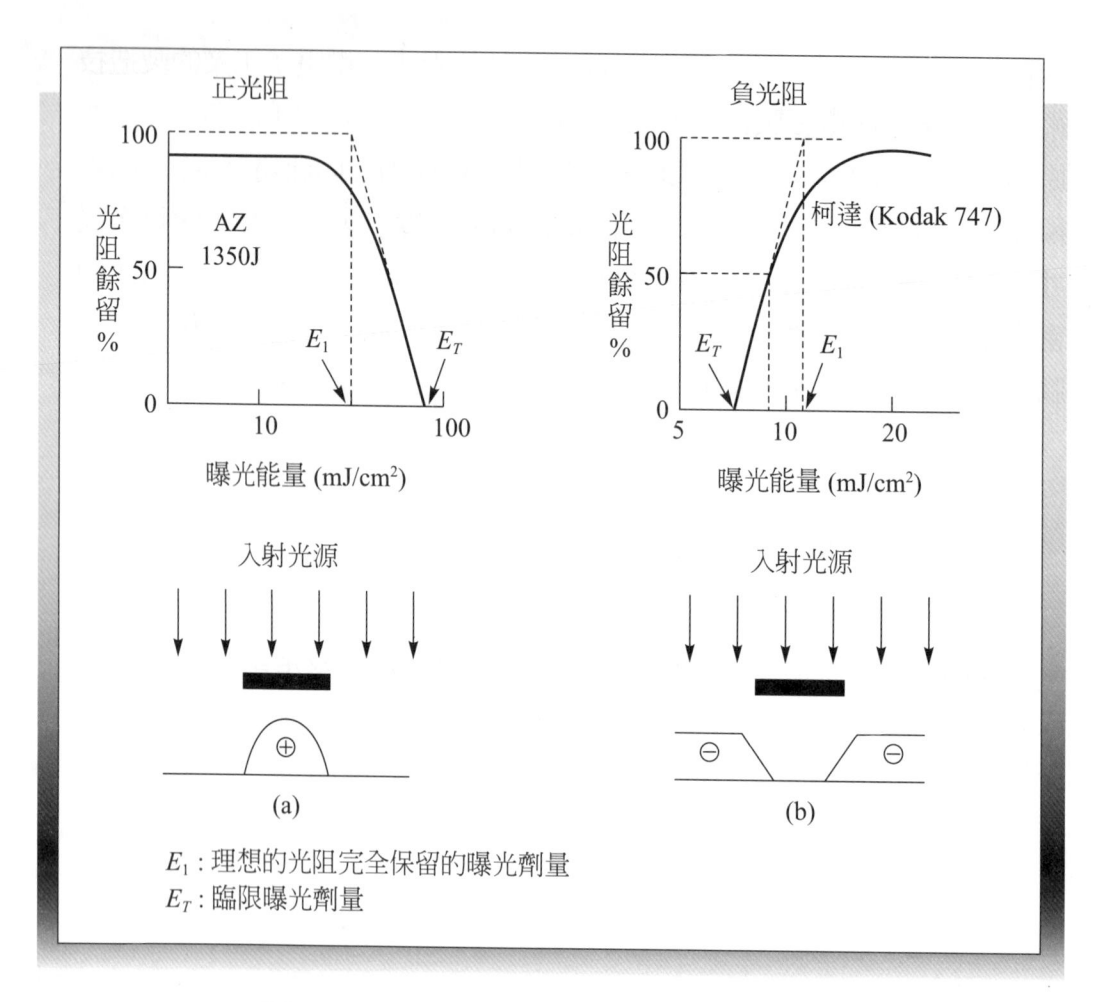

图 7.3 (a) 正光阻和 (b) 負光阻成像的比較

用之光阻劑彙總表。光阻主要可分為正型、負型或雙型光阻，亦可分為**非化學放大** (non-chemically amplified) 型或**化學放大** (chemically amplified) 型光阻，圖 7.3 為正、負光阻成像的比較，光阻化合物對輻射具有敏感性，但不同光阻所造成之結果不同，正光阻之曝光區可以化學物質 (光阻劑或顯影液) 溶解除去，而負光阻之曝光區情形正好相反，如果經由曝光而使圖案轉印在光阻上與原來光罩上之圖案相同時，此光阻稱之為正光阻；反之，若圖案呈現互補圖形，則此光阻稱之為負光阻。

　　由於目前大部分的半導體製造廠都使用正光阻劑，因而**酚醛樹脂** (phenol formaldehyde) 或**環氧樹酯** (novolac) 為在半導體用光阻劑最主要

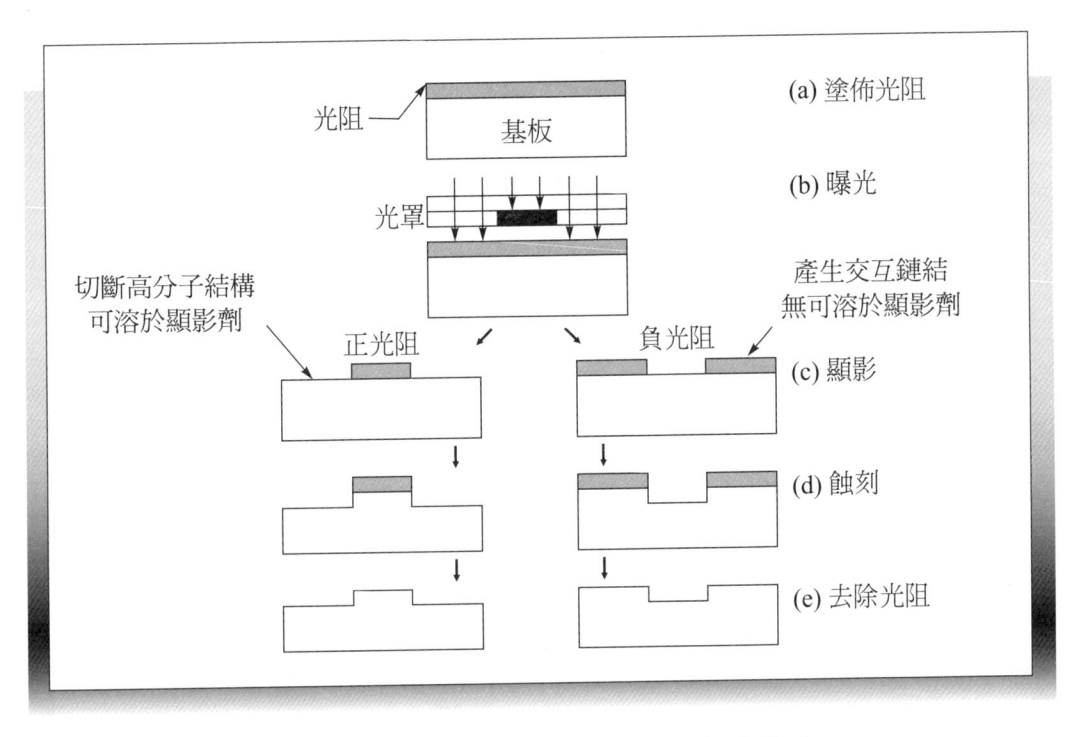

圖 7.4 光微影的一般流程(光阻扮演角色)

運用的樹脂。正光阻的組成有三,包含對光敏感之活性化合物、樹脂及有機溶劑。負光阻是含光敏感組成的高分子,最普遍為聚異戊二烯(polyisoprene)。圖 7.4 為光阻在微影過程所扮演之角色。正光阻在紫外光照射後,其鍵結被打斷,在顯影時即被溶掉,未曝光部分則存留,形成耐酸性腐蝕之保護膜。負光阻則相反,受紫外光照射後期鏈結才形成,顯影時則被保留,未曝光部分則被溶掉。

圖 7.5 為正光阻劑之**光活性化合物** (photoactive compound, PAC) 之化學式,由過程可發現它經由曝光後,其結構會重新排列而成為烯酮,並放出氮氣 (N_2),此時烯酮會容易**水解** (hydrolosis) 成羧酸 (carboxylic acid) 含有 OH 鍵,由於羧酸對鹼性溶液溶解度高,因此我們可以利用此光阻曝光前後對鹼性溶劑之**差別溶解度** (differential solubility),來進行光罩的**圖形轉印** (pattern transfer)。

圖 7.6 為負光阻劑之化學結構,聚異戊二烯 (polyisoprene) C_5H_8 一

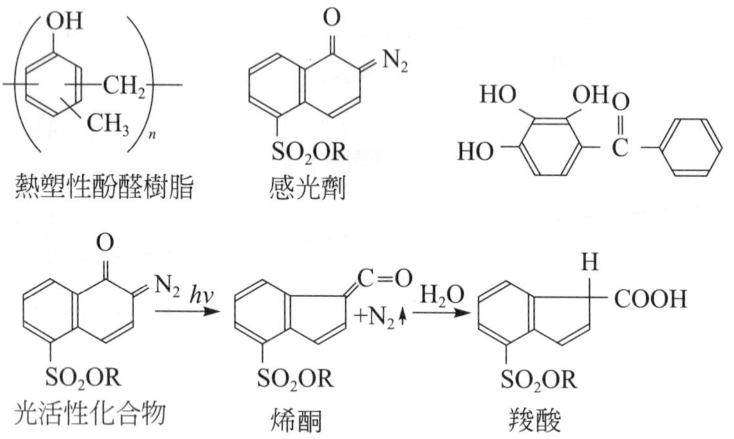

圖 7.5 正光阻劑之光活性化合物

(a) 正光阻液進行感光、水解的化學反應式

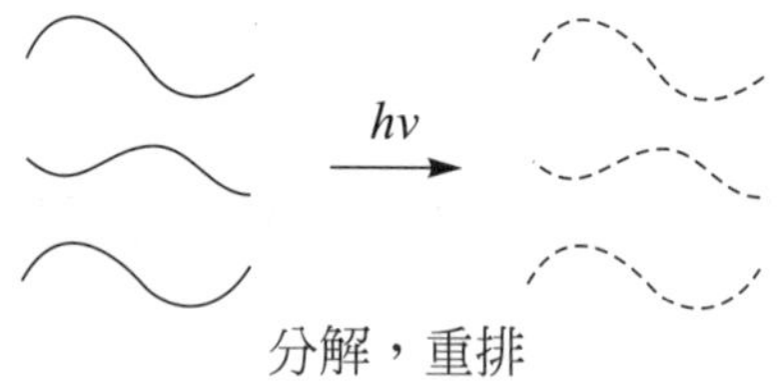

(b) 光化學反應下光阻材料化學結構的變化

且受熱或光即產生聚合反應使光阻變硬，不易溶解於顯影液。正光阻的顯影液為乙二醇 (ethoxyethyl acetate) 或 2 井氧乙基乙醇 (2-methoxyethyl)，而負光阻的顯影液為芳香族 6 碳環苯 (aromatic) 之二甲苯 (xylene) $C_6H_4((CH_3)_2)$。表 7.2 為正、負光阻材料比較。正光阻具有較佳之**解析度** (resolution) 及較明顯的**對比** (contrast)，因而可得到較細的**線寬** (line width) 而常為業界所用，但需要在相對濕度為 30%~33% 之環境下才能獲得良好之**黏附性** (adhesion)，否則就容易剝落。反之，負光阻就不會如此嬌弱，在濕度較高的環境下仍能使用，故為一般學校或學術單位所採用。

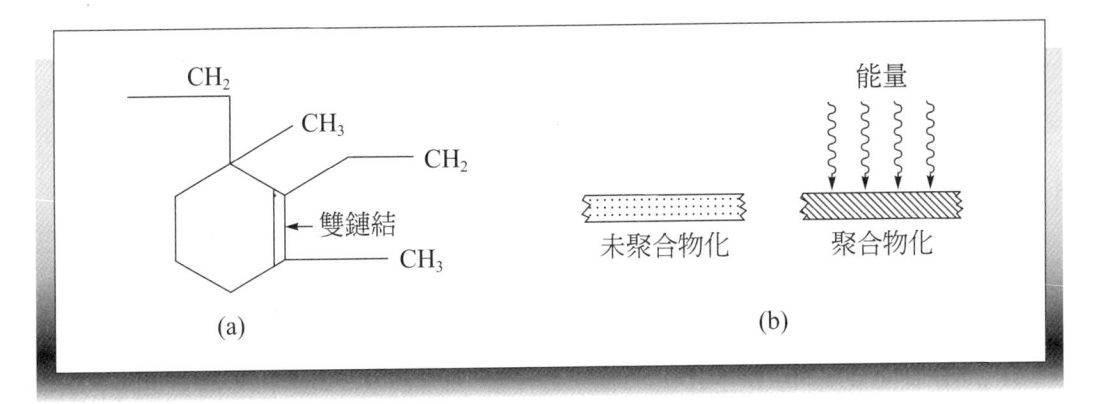

圖 7.6　負光阻的化學結構

表 7.2　正、負光阻材料比較

特　性	正光阻	負光阻
對矽的附著	普通	極佳
對比	較高 (如 2.2)	較低 (如 1.5)
價格	較貴	便宜
顯影劑	水溶液 (對生態較好)	有機溶劑
影像寬對阻厚	1：1	3：1
氧的影響	無	有
離起 (lift-off)	是	否
極小特徵	0.5 μm 及以下	±2 μm
不透明污物在光罩上	不很敏感	會造成針孔
照像速度	慢	快
電漿蝕刻阻抗	很好	不很好
梯階覆蓋	較好	較差
去除光阻在氧化物上	酸	酸
去除光阻在金屬上	簡單溶劑	含氯的溶劑化合物
熱安定性	好	普通
濕化學阻抗	普通	極好

7.3 解析度與景深

前已述及微影製程技術中光阻所扮演之角色，除了光阻之外，光學系統為另一重要因素，而光學系統主要是需解決**解析度** (resolution) 與**景深** (depth of focus, DOF)，簡單的說所謂解析度即為光學系統所能夠分辨出二個物體之最近距離 (最小寬度)，解析度基本上可根據雷利準則 (Rayleigh criterion)：

$$R\,(解析度) \propto \frac{k_1 \lambda}{NA} \tag{7.1}$$

k_1 為係數與光阻製程、曝光機台及光罩技術有關，λ 為曝光波長，而 NA 為透鏡之**數值孔徑** (numerical aperture)。根據這個關係式，與光的波長 (λ) 成正比，而與數值孔徑 (NA) 成反比，若使用較短波長的曝光源 (於下章節說明)，或是數值孔徑 (NA) 較大的透鏡，理論上可以提高解析能力，換言之可以獲得較小的線寬，這就是所謂的**繞射極限** (diffraction limit)。理論上為使微影製程所得之圖案解析度更佳，可使用短波長之光源或數值孔徑較大的光學系統，可以提高解析能力，換言之可以獲得較小的線寬。但前者面臨曝光機器之價格數倍增加或量產型機器尚未上市的問題。後者會導致聚焦深度，即所謂景深 (DOF) (於後續說明) 太小，造成製程的穩定度不易控制。

另一方面，景深因素也必須納入考量，簡單的說，所謂景深即為看清楚物體前後之最長深度，它影響到光源能量是否可到達光阻之最深處，關係到圖案轉印至光阻上之精確度，根據雷利準則的另一關係式：

$$DOF\,(景深) \propto \frac{k_2 \lambda}{NA^2} \tag{7.2}$$

k_2 為係數與光阻製程、曝光機台及光罩技術有關，我們發現不論使用波

長較短的光源,或數值孔徑較大的透鏡,都會使得聚焦深度變小。不幸的是,通常景深愈大,愈適合量產,因為光阻厚度可較有**製程空間** (process window),所以如何妥善搭配光源與透鏡,既使線寬縮小,又能維持產量,向來是半導體業者最大的挑戰。受限於景深之條件我們不能一味地減少波長,因此限制了波長的靈活度,只好利用光學系統 (下章節說明) 之改進來提升景深。另一方面,也可以改進光阻,使用較薄之光阻劑來進行曝光之過程以增加景深的製程空間。一般來說,半導體業者會先嘗試調整 NA 來改善解析度,待景深無法符合量產條件時,才會想要轉換波長更短的光源。這是因為每換一種曝光源,相關的設備如曝光機台、光阻劑等皆需做相應的調整,會牽涉到大量的人力、物力及時間,困難度很高。有鑑於此,在進入更小線寬的微影技術領域前,如何善用目前的微影技術 (含設備及材料),又能進入奈米尺度,成為一個相當重要的議題。

另一方面,為同時得到較佳解析度與景深,在維持景深下 (即不減少光的波長與增加數值孔徑下),有必要改善 k 值來加以解決。圖 7.7 所

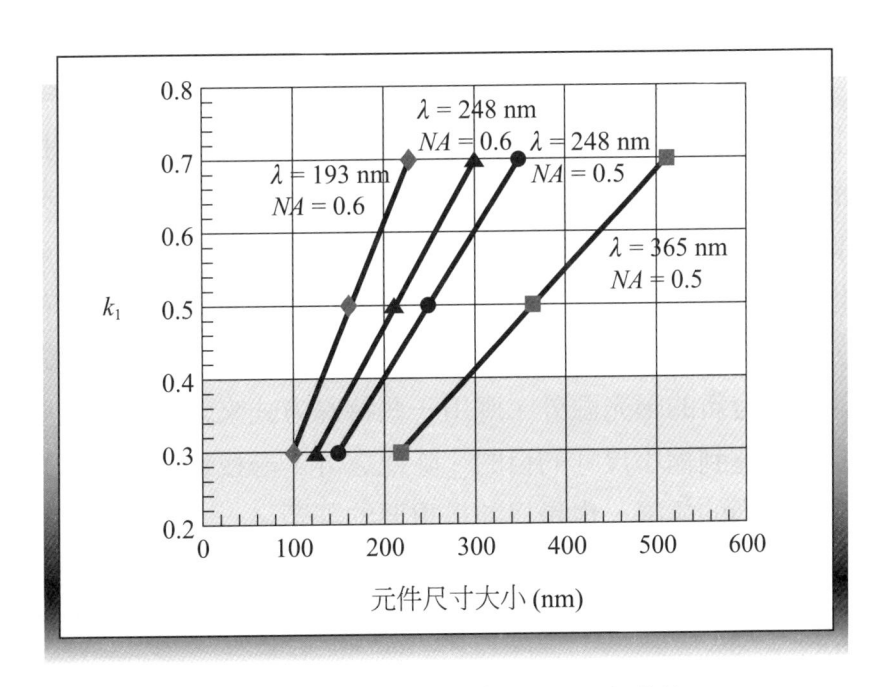

圖 7.7 曝光源與 k_1/NA 的關係

示為曝光源與 k_1/NA 的關係,可見若想在固定光的波長與增加數值孔徑下,唯有降低 k_1 值來得到低解析度。對於 k_1 值之降低,一般可由光阻製程、曝光機台及光罩技術等三個方向來進行,即所謂**解析度改善技術** (resolution enhancement technology, RET) (於後續說明)。

7.4 光　源

前已述曝光波長影響解析度與景深很大,一般來說,IC 的密度愈高、操作速度愈快,平均成本也愈低,因此半導體廠商無不絞盡腦汁要將半導體的線寬縮小,以便在晶圓上塞入更多電晶體。然而,光微影術所能製作的最小線寬與光源的波長成正比,因此要得到更小的線寬,半導體製程不得不改採用波長更短的光源。圖 7.8 為光源之發展里程碑與進入電子束 (於之後章節說明) 之時程。如圖 7.9 所示,隨著光源波段的不同、曝光機台的演進,使得光微影製程技術已經由 G-line (334 nm)、I-line (343 nm) 的 0.33 ~ 0.3 微米,進展到目前的 KrF (238 nm)、ArF (193 nm) 的 0.25 ~ 0.09 微米及 F_2 (157 nm) 的 90 奈米以下的製程技術,隨著光源波段的不同,因此要得到更小的線寬,半導體製程不得不改採波長更短的 X 光源,雖然原則上可以製造出更微小的電子元件,但伴隨而來的是成本的增加及製程上的困難,然而元件尺寸的微縮是目前半導體產的趨勢。因此,隨著元件尺寸持續縮小,光微影技術已成為半導體製程的最大瓶頸,若是光源無法加以突破,半導體工業的發展勢將受到阻礙。所以業者除了開發新的曝光源外,應用一些特殊方式來輔助原有的製程,亦可相當程度達到縮小尺寸的目的。除此之外,尋找新穎的微影技術,以突破光微影術的極限,也是目前最重要的課題之一,例如電子束微影術即是眾所矚目的替代方法之一。不過,在相關的技術細節、成本、時效等因素的考量之下,我們可以預見在最近的未來,光微影術仍然是半導體業者「雖不滿意,但能接受」的主要選擇。如何善用目前的微影技

第七章　微影製程技術　149

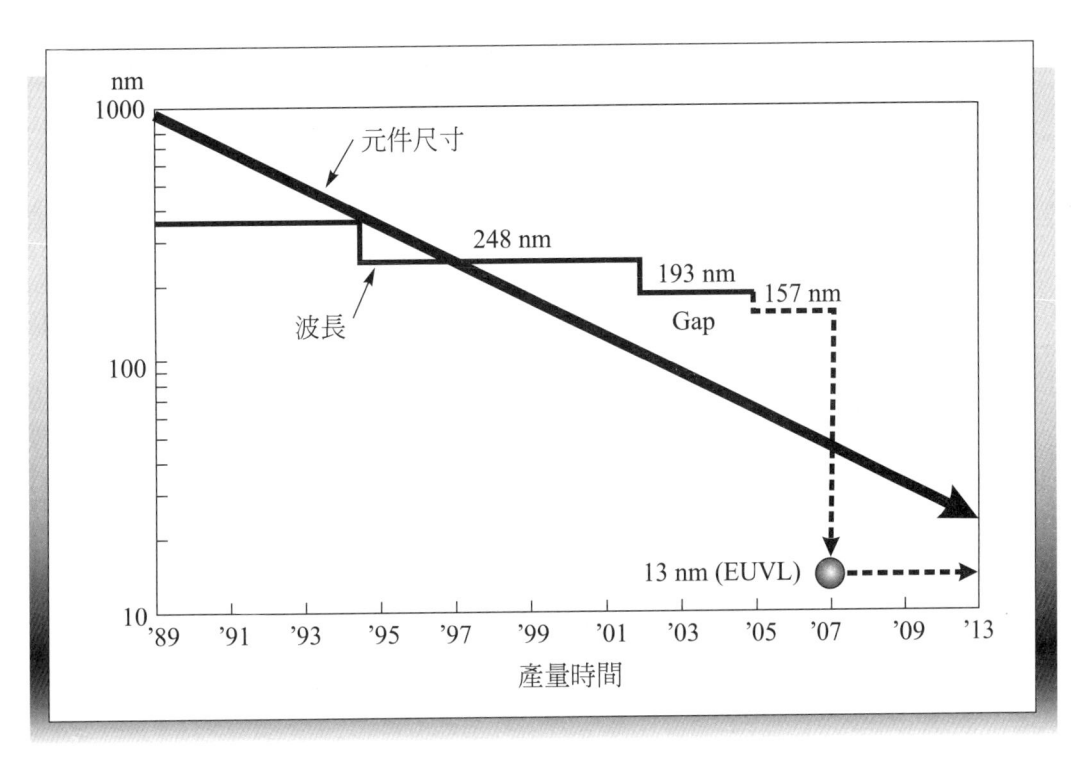

圖 7.8　光源之發展里程碑

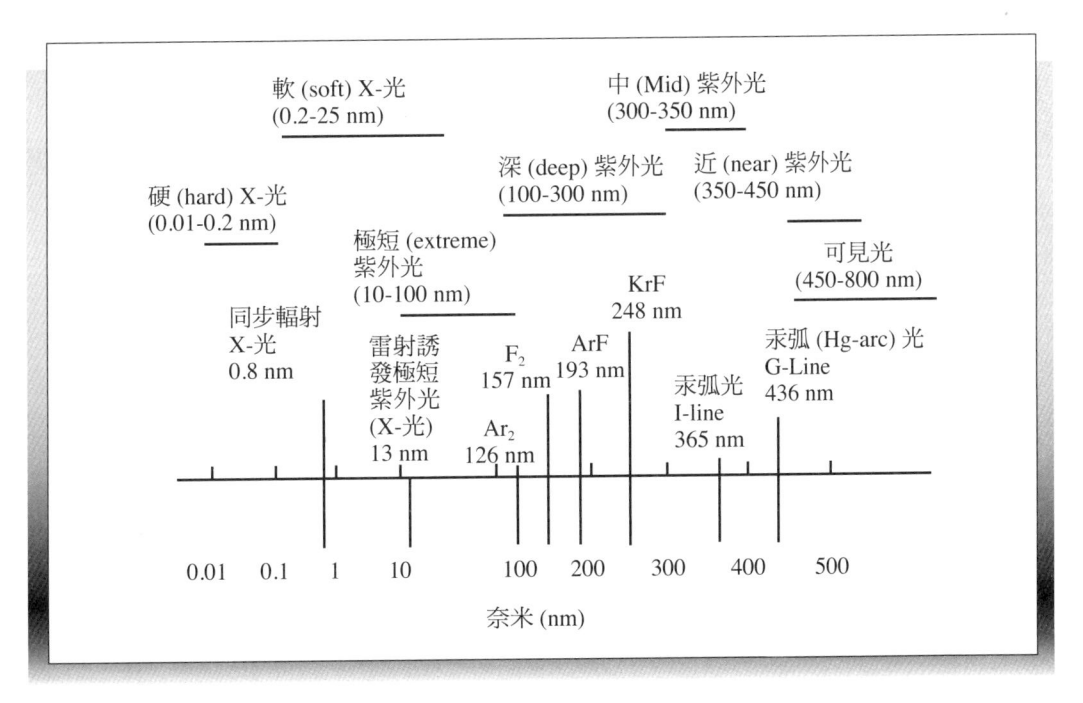

圖 7.9　微影工程所需之光源

術 (含設備及材料)，又能進入奈米尺度，成為一個相當重要的議題。在一般的光學系統中，光學解析能力扮演一個相當重要的角色，尤其是在進入奈米等級的各項微光電及微製造技術需要非常高的光學解析能力，只有尋求更短波長，如紫外光及深紫外光的光學系統。此時光學鍍膜在此將扮演不可或缺的重要角色，例如**抗反射層** (anti-reflection coating, ARC)、高反射膜、光濾光片、帶通片等等，抗反射膜是為了增加產能與消除鬼影，高反射膜則是針對光束的操縱目的。為了達到 45 nm 線寬，甚至推展到 28、22 nm 的光學微影技術時，適合極短紫外光與 X-光的鍍膜技術就顯而易見其重要性。

7.5 光　罩

光罩 (photo mask) 的構造是由透明之石英玻璃鍍上一層鉻 (Cr) 膜所構成，如圖 7.10 所示，線路之圖案則刻印在此鉻膜上，為了避免曝光時因光反射，在鉻膜上會加上一二氧化鉻 (CrO_2) 膜，由於 IC 線路十分精細，因此大都利用**電子束** (electron beam) 來進行光罩線路圖案之製作。另外需注意的是，由於半導體製程常需不同光罩接續曝光過程，因此需

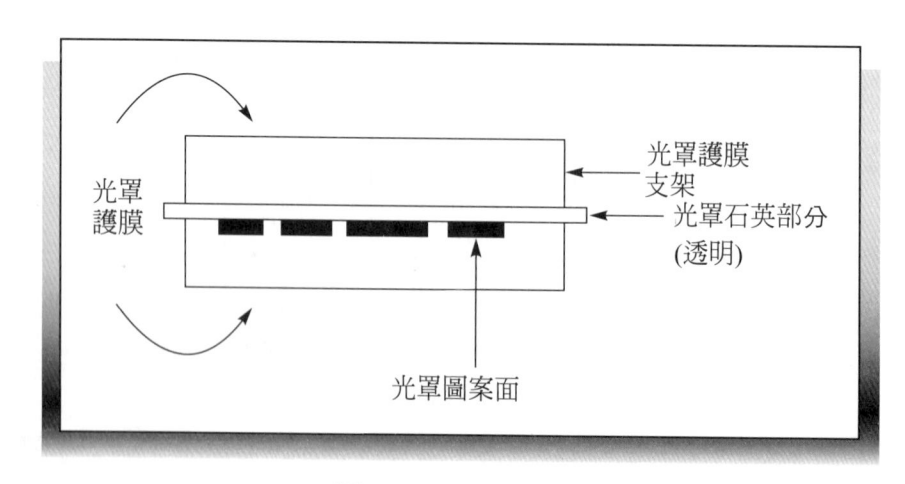

圖 **7.10**　光罩護膜

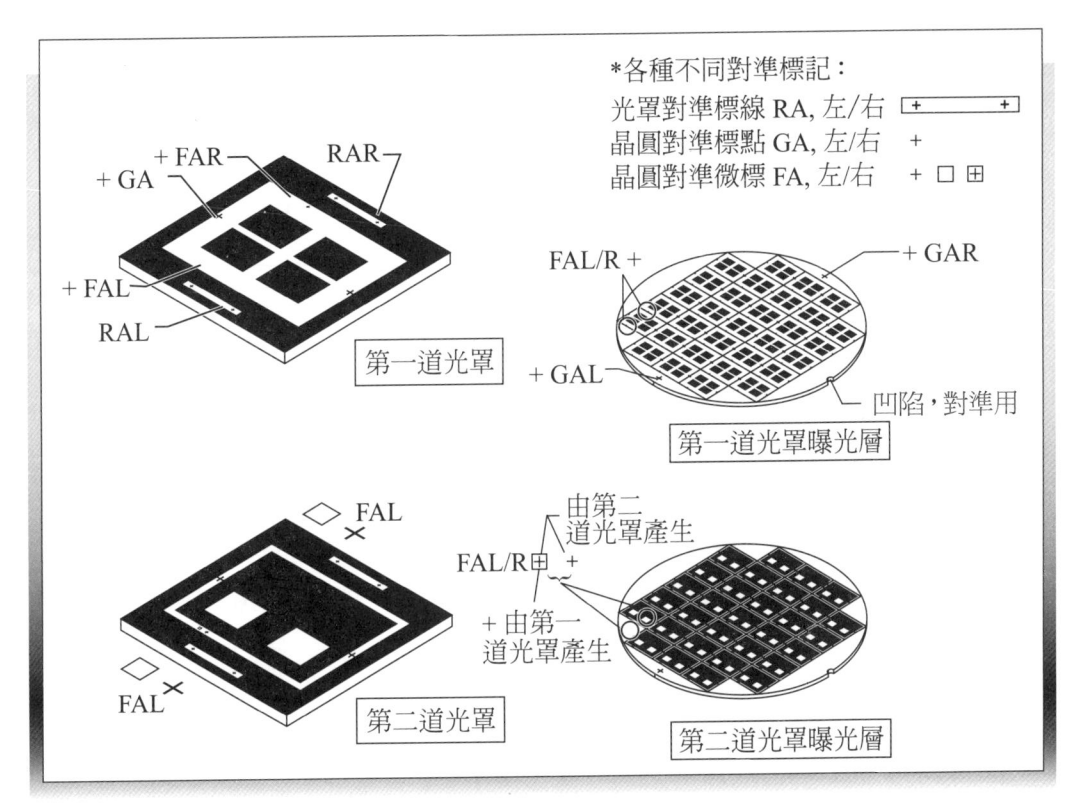

圖 7.11　對準標記

要使用**對準標記** (alignement mark)，依半導體元件製造工程，將規定**光罩** (photo mask) 加以重疊時，在所有光罩特定點上設法加上去對準標記以方便後續光罩可以輕易對準。圖 7.11 所示為對準標記的圖案。

7.6　光學機台

光學機台之發展可追溯至 1970 開始傳統之接觸式 (contact) 曝光、近接式 (proximity) 曝光、投影式 (projecter) 曝光，至近年常用之**步進機** (stepper) 與**掃描機** (scanner)。圖 7.12 所示為傳統光學機台，圖 (a) 顯示一個接觸式曝光法的概念圖。這種方式的曝光機在對晶片曝光時，光罩與晶片表面是彼此接觸的。因此曝光後，晶片上所轉移的潛在圖案，將與

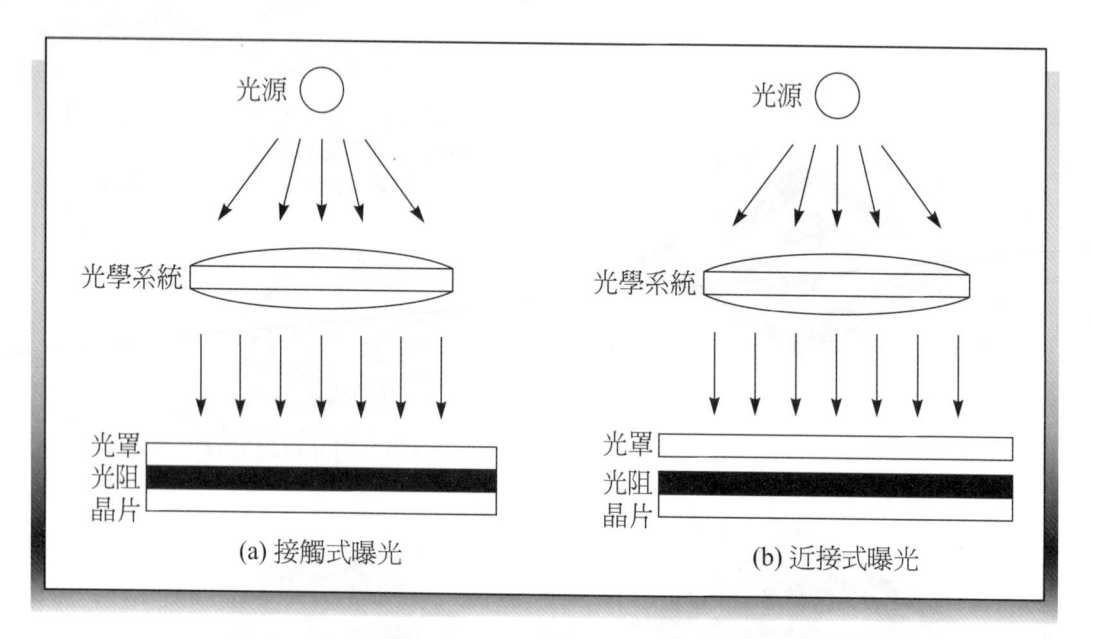

圖 7.12　傳統光學系統

（左：(a) 接觸式曝光；右：(b) 近接式曝光）

光罩上的圖案完全相同，尺寸比例為 1：1，且解析度非常好。但是由於曝光時光罩與晶片相接觸，光罩表面將隨著曝光次數的增加而陸續沾上微粒，影響後續轉移圖案的品質，因此已不再為商業上所使用。至於近接式曝光法與接觸式的原理相同，如圖 7.12(b) 所示，只是光罩並不與晶片的表面相接觸，所以也免除了接觸式曝光的缺點，但也因此使得圖案轉移的解析度較接觸式為差，所以也不適合現在高積集度半導體製程的需要。

圖 7.13 顯示投影式曝光法的曝光基本方塊圖。其與接觸式或近接式不同的是在於光罩並沒有與晶片接觸或接近，而是以類似投影機將投影片上的文字或圖形，投射到牆上的方式來進行光罩圖案的轉移。投影式曝光法的優點是不會損害光罩上的圖案，而圖案轉移後的解析度極佳。現在更將這種投影式曝光法，演進到新一代的**重複且步進** (step and repeat) 的方式，來進一步提升曝光的解析度。其曝光原理與接觸式或近接式曝光法的方式相類似，只不過所使用的光罩與以往所使用的不同。

以接觸式與近接式曝光法為例，光阻經曝光後所轉移的潛在圖案與

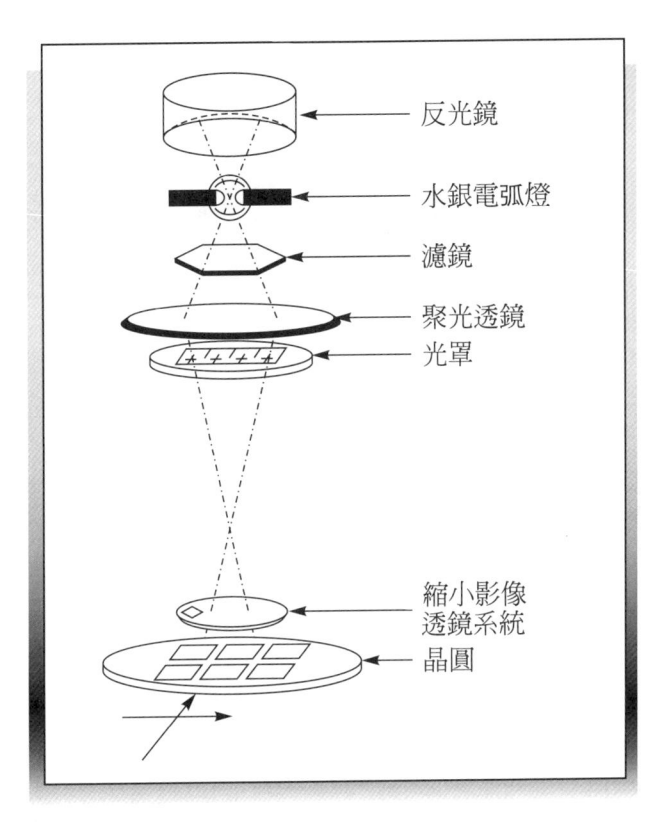

圖 7.13　投影式曝光法光學系統

光罩上所提供的完全相同，彼此的比例大小為 1：1。但重複且步進的投影式曝光法所使用的光罩，其圖案的比例將比所要轉移的圖案還大，通常有 5 倍及 10 倍這兩種設計，如圖 7.14 所示。也就是說，光罩上面的圖案是經過放大的，因此在進行曝光時，經過光罩的投射光，將依適當的比例縮小之後，才照射在「部分的」晶片位置上，所以整片晶片的曝光將無法像其他的方法般一次完成，而必須經過數十次重複性且一步一步來曝光，才能將整片晶片所需要的曝光步驟完成，所以執行這種曝光法的曝光機便稱為**步進機** (stepper)。後來更改進至**掃描機** (scanner)，圖 7.15 比較步進機 (圖 a) 與掃描機 (圖 b) 之差異點，簡單的說，步進機為晶片動但光源不動，所以，光強度較強、可一次完成、易控制、但需較大透鏡以及有聚焦深度受限等問題。掃描機為光源與晶圓同時動，透鏡較小、成本低、適合大晶圓，但光強度較弱且需較長時間照射與對準較難。

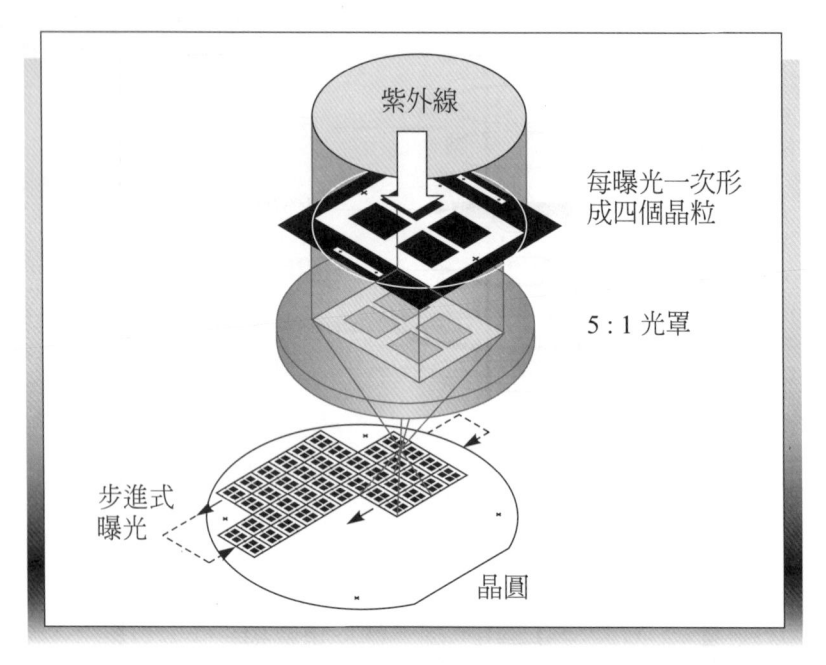

圖 7.14　曝光機台 (步進機)

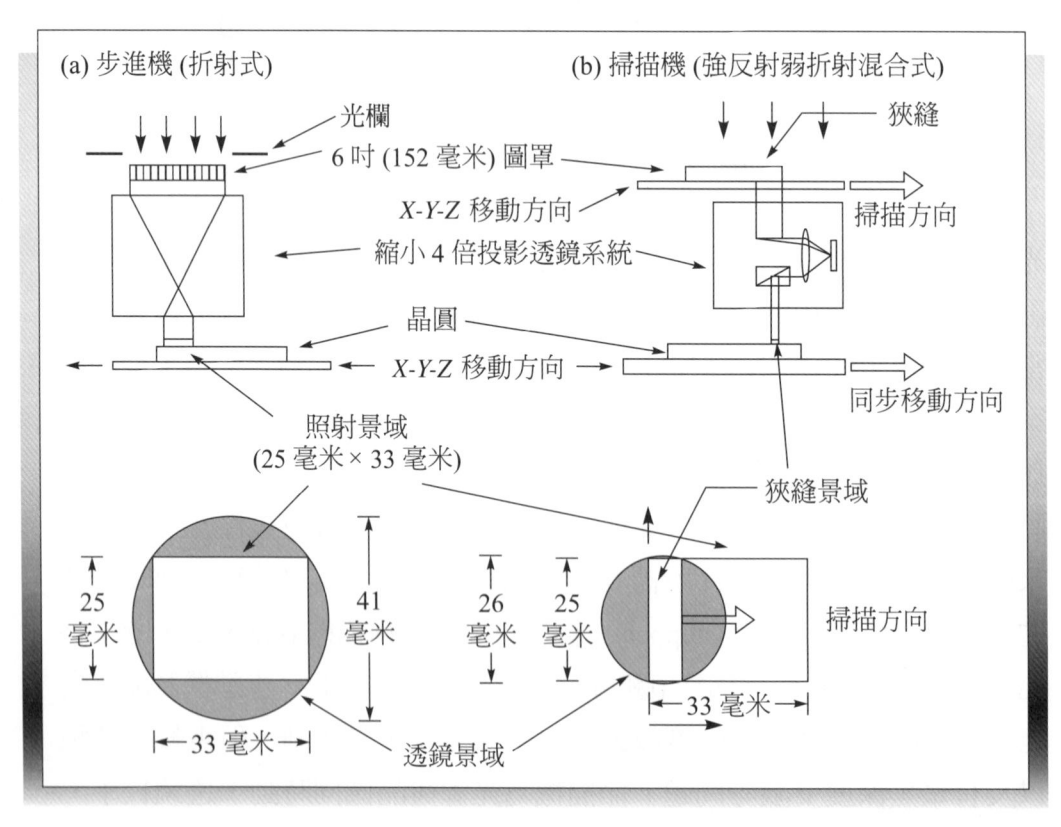

圖 7.15　步進機與掃描機曝光機台比較

7.7 新型微影製程技術

由表 7.3 的國際半導體技術藍圖來看，**微影製程技術** (lithography technology) 將朝向更小的特徵尺寸和更嚴謹的容忍度發展。因此，顯而易見的，整個半導體工業正在逼近光學微影製程的物理極限。在沒有套用特別設計的光學微影製程技術時，我們將需要使用到像是**極短紫外光微影技術 (EUV)** 或是**電子束投影微影 (EPL)** 等下一代微影技術 (於之後章節說明)，以便將製程藍圖延伸到 45 奈米技術節點以下。ITRS 已經將下一代微影技術所需要的光罩規格包含在製程藍圖中，而其他像是光阻敏感度和所需厚度等規格需求，也都會被更新，以符合當前最先進的微影技術版本。

然而目前 ITRS 在微影章節部分所定義出的製程規格，還是遠落後

表 7.3　國際半導體微影技術藍圖

年　代	1999	2002	2005	2008	2011	2014
最小尺寸 (nm) (密集線條)	180	130	90	65	45	28
最小尺寸 (nm) (單一線條)	140	90	65	45	30	22
閘極最小線寬 (nm)	13	8	6	4	3	2
覆蓋程度 (nm) (mean + 3 sigma)	65	45	35	25	20	15
最小曝光尺寸 (nm)	22×22	22×22	22×22	22×22	22×22	22×22
光罩尺寸 (nm)	152	152	152/200	152/200	152/200	200
缺陷密度 (defects per layer/m^2 @ nm)	80 @ 60 nm	60 @ 40 nm	50 @ 30 nm	40 @ 20 nm	30 @ 15 nm	20 @ 10 nm

於我們所認知的技術發展。以目前所使用的光學微影製程技術而言，就當前狀況看來，距離被淘汰的日子還有一段非常長的時間；就技術面來說，光學微影技術在下一代微影技術發展成熟前尚有許多進步空間。這將可以讓電晶體的尺寸延伸到更短的波長範圍，但需要更多的機台、光罩與材料相配合，在 157 奈米波長範圍內，透明的新石英材料將可以被用來當成光罩基板使用。此外，在 193 奈米與 157 奈米製程中，我們仍需發展新型化學放大型光阻材料。另一方面，由於不論是在光學微影或是下一代微影製造，都會面臨到光罩製造的挑戰；所以，使用無光罩製程的微影技術將被認為是未來技術節點中一個有潛力的解決方案。但是，即使是使用無光罩微影製程技術，我們還是必須符合在成本導向下的量產需求。目前無光罩微影製程技術中所謂**直寫** (direct writing) 機台的產量每小時大約只能生產幾片晶圓，但在相同製程條件下，直寫機台的產量將會隨著縮小特徵尺寸而減少，所以直寫機台技術能否取代目前之光學技術，便是要能夠在未來的技術節點下，依然維持著當前的產量水準。當然直寫機台未來的競爭優勢還是需要符合以後的製程產量需求。所以，無論使用哪種微影技術──光學微影或是下一代微影技術，其解決方案都有可能更複雜與更昂貴。

◉ 7.7.1　先進光阻

由於阻劑與曝光系統的效能是相輔相成的，唯有兩者適當的搭配，方能使微影技術發揮最大的功效。因此在新一代光學系統發展出來前，先進的**光阻劑** (advanced photoresist) 必須同時發展，良好阻劑需擁有高解析度、高感度、優良的**抗乾式蝕刻能力** (dry etching resistance)、**高製程條件容許度** (process latitude)。傳統所使用的阻劑為多 2-甲基丙烯酸甲酯 (polymethyl methacrylate, PMMA)，這類阻劑因具有小於 0.1 微米的圖案定義能力，故非常適用於高解析度的圖案製作，但因感度過低，需要極大的曝光劑量才能使阻劑反應，所以產能非常低。再者，其抗乾式蝕刻的能力極差，不適用於現今大量使用乾式蝕刻的元件製程。有鑑於此，

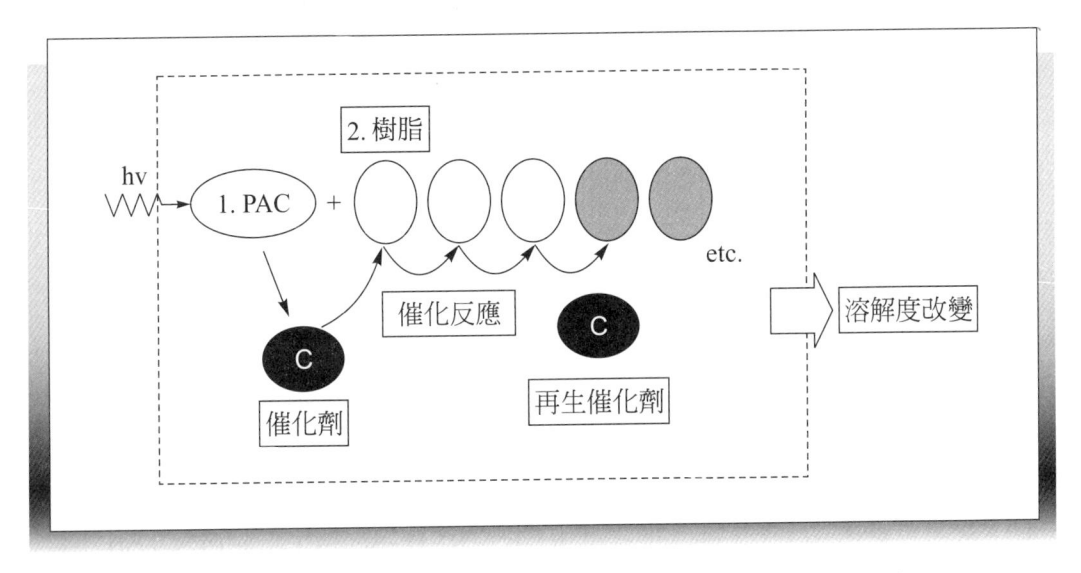

圖 7.16　化學增幅型光阻藉由化學反應增幅放大之示意

許多的研究著力於阻劑的開發，使其擁有各種較佳的效能。

在多類型的阻劑中，最適合於現今半導體製程的阻劑為**化學倍增式阻劑** (chemically amplified resist, CAR)，它具有高解析度、極佳的感度、優良的抗蝕刻性，以及不錯的製程條件容許度之特性。化學倍增式阻劑的反應原理乃透過帶能量的光源或粒子，與阻劑中光酸產生結構形成**光酸** (photoacid)，再透過曝光後烘烤的程序，利用熱能產生**催化** (catalysis) 反應以形成阻劑結構，最後經由顯影步驟得到阻劑圖案。因此，只要有適當的能量產生光酸，就可以使用化學倍增式阻劑，例如以現今光學微影技術而言，在使用深紫外光光源時，所採用的即為化學倍增式光阻劑，圖 7.16 為化學增幅型光阻藉由化學反應增幅放大之示意圖，圖 7.17 為一般常見的光酸產生劑及其曝光後產生之酸，對於電子束微影技術方面，此類型阻劑也被證明擁有極佳的特性，尤其在產能及抗蝕刻性方面的表現最受青睞；在其他曝光源部分，如 X 光及離子束等也可使用該型阻劑，應用範圍非常廣泛。

光酸產生劑	酸	光酸產生劑	酸
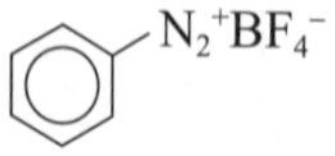 C₆H₅-N₂⁺BF₄⁻	BF_2	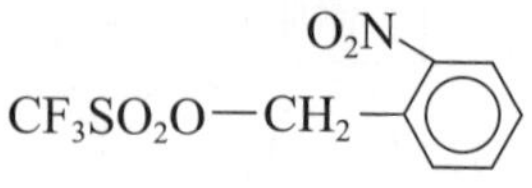 O_2N-C₆H₄-CH₂-OSO₂CF₃	RSO_2OH
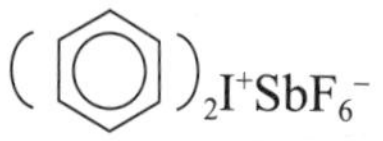 (C₆H₅)₂I⁺SbF₆⁻	$HSbF_6$	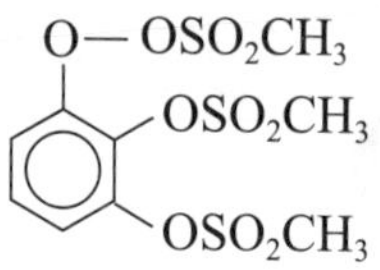 苯環三OSO₂CH₃	CH_3SO_2OH
(C₆H₅)₃S⁺SbF₆⁻	$HSbF_6$	苯并二氧唑-N-O-SO₂-CF₃	CF_3SO_2OH
三嗪(CCl₃)₃	HCl		
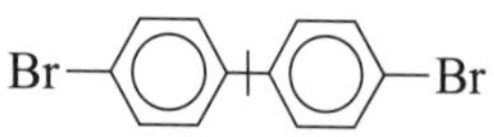 Br-C₆H₄-CH-C₆H₄-Br	HBr		

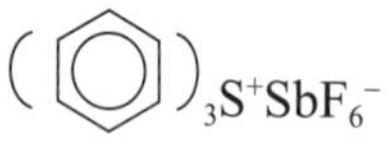

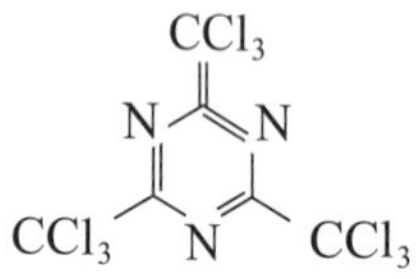

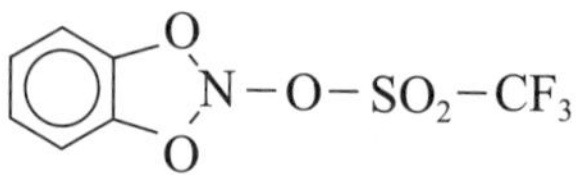

圖 7.17 一般常見的光酸產生劑及其曝光後產生之酸

7.7.2 解析度改善技術

為了成本上的考量，在不欲添購價格昂貴的短波長設備前提下，降低方程式 (7.1) 中 k_1 值是極佳的選擇。降低 k_1 值的方法除了對設備本身的設計進行改良外，各項**解析度改善技術** (resolution enhancement technology, RET) 也可提供良好的效能，使得解析度得以提升，而運用性可推進一至數個世代產品，常用之解析度改善技術，例如**偏軸式曝光** (off-axis illumination, OAI)、**相轉變光罩** (phase-shift mask, PSM) 或**光學投射校正技術** (optical proximity correction, OPC) 等。由於降低 k_1 值的技術涉及的知識又涵蓋物理、化學、材料、化工及機械等領域，此處我們簡單介紹離軸照明、相偏移光罩以及鄰近效應修正。

7.7.3 離軸照明

圖 7.18(a) 為使用傳統光罩的三光束成像系統；圖 (b) 為利用環形光罩產生的**離軸照明** (off-axis illumination, OAI)。經由光罩而散射出來的光束，繞射角度相當大，透鏡的數值孔徑必須夠大，才能充分收集這些帶有光罩圖型資料的光束，然而根據方程式 (7.2)，數值孔徑增加會使景深減少，反而不利於量產。如果我們能適當地安排使入射光與光罩平面夾一角度，第零階繞射光不再垂直入射，聚焦深度便可增加，相當於在相同的數值孔徑下提高解析度。

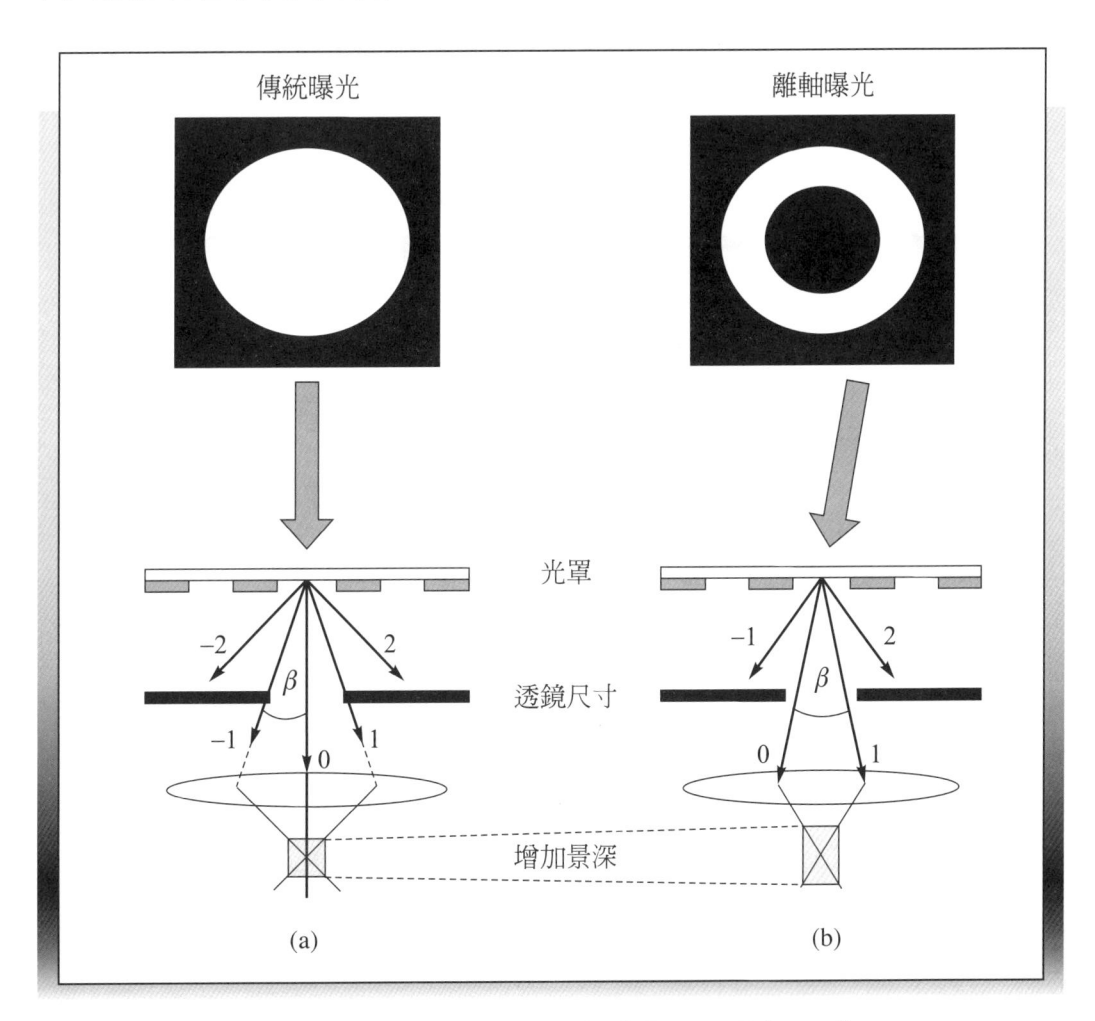

圖 7.18 離軸照明 (環形光罩產生的離軸照明)

7.7.4 相偏移光罩

相偏移光罩 (phase shift mask) 主要由 IBM 的 M. D. Levenson 等人在 1982 年提出,特色是只需稍微修改一般的光罩,就能使曝光圖形的線寬縮小。其概念很簡單,就是在傳統光罩的圖形上,選擇性地在透光區加上透明但能使光束相位反轉 180 度的反向層,用此光罩來進行微影製程,可使曝光系統之解析能力大增,由於光是電磁波的一種,我們觀察到的光強度變化,其實是電場的平方。若能利用某種透明且可使光的相位改變 180 度的特殊物質,將它選擇性置於透光區中,則如圖 7.19 右側所示,疊加後的電場在正負號變化處為零,這些零電場點亦為零強度點,如此強度的相對變化加大,解析度因而提高。當線寬太小時,電場

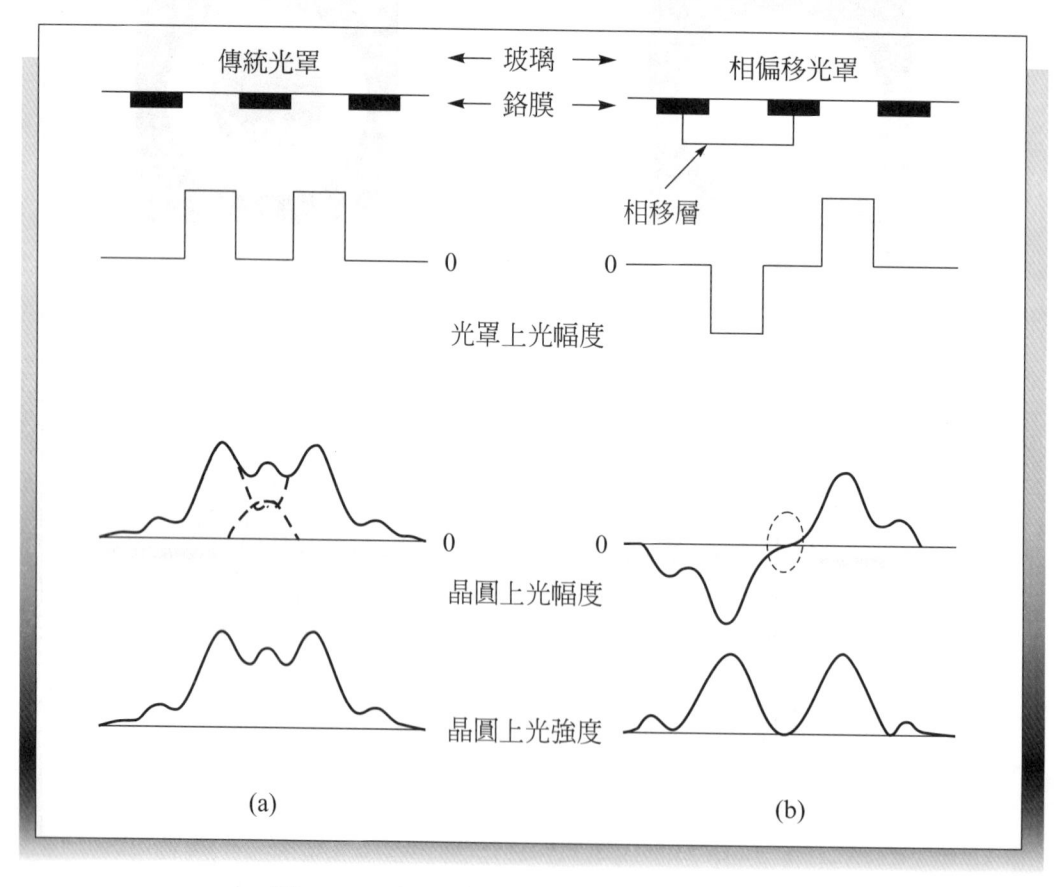

圖 7.19 解析度改善技術 (相轉變光罩)

強度將無法分辨。右側為使用相偏移光罩，電場強度變得清晰可辨。

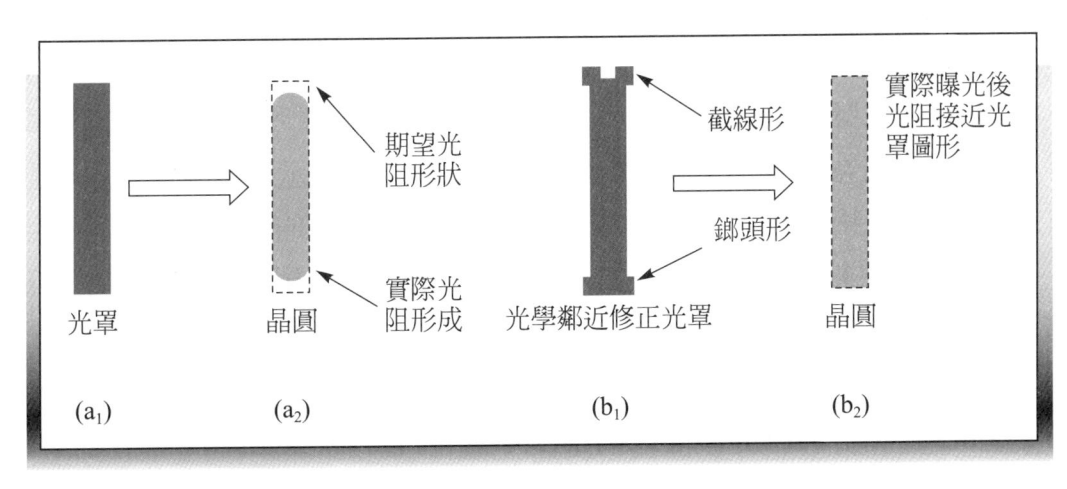

7.7.5　光學鄰近修正術

所謂光學鄰近修正術 (optical proximity correction, OPC) 的方法，即希望將現有的光源應用在更小線寬的製程上。當線寬尺寸逼近光波長時，光線穿過光罩後會產生繞射，這些繞射光疊加的結果會與光罩上的圖形相去甚遠，曝光後的圖形因而嚴重失真。光學鄰近修正術便是將繞射的效應考慮進去，為了補償曝光後圖形的失真，藉由修改光罩上的圖形，使產生的繞射光在疊加後能得到符合實際要求的圖形與線寬。如圖 7.20 所示，欲在晶圓上製造長方形圖案 (圖 a_1)，光罩上對應的圖形不再是相同的長方形 (圖 a_2)，而必須在稜角處做一些變化 (圖 b_1)，以消除繞射造成稜角鈍化的現象 (圖 b_2)。

圖 7.21 為利用光學鄰近修正術所製造的光罩，可補償繞射造成的失真。由於元件尺寸的微縮是目前半導體產業的趨勢，除了開發新的曝光源外，應用一些特殊方式來輔助原有的製程，亦可相當程度達到縮小尺寸的目的。除此之外，尋找新穎的微影技術，以突破光微影術的極限，也是目前最重要的課題之一，因此科學家研發出許多不同的製程技術，希望可以繼續縮小線寬，其中包括 CaF_2 (134 nm) 光微影術、雷射誘

圖 7.20　光學鄰近修正術

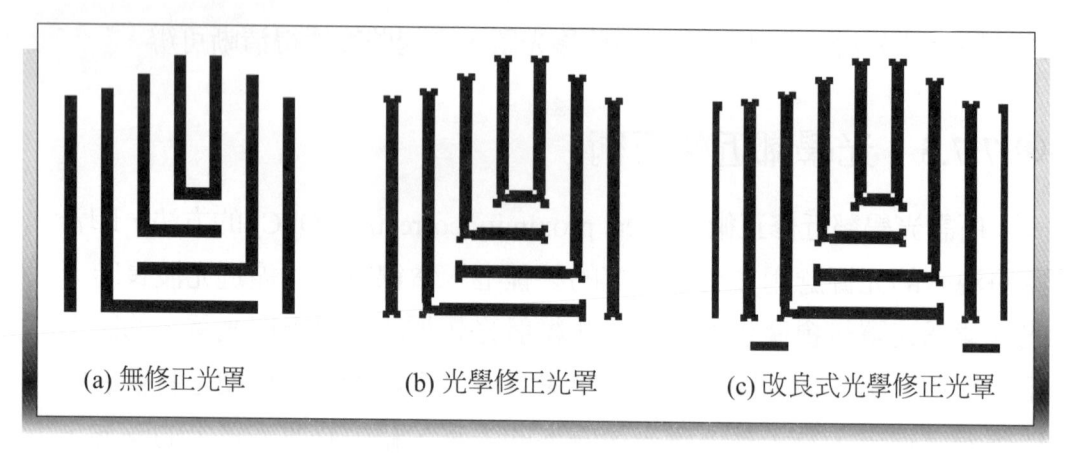

(a) 無修正光罩　　　(b) 光學修正光罩　　　(c) 改良式光學修正光罩

圖 7.21　光學鄰近修正術

發電漿極紫外線 (extreme ultra violet, EUV) 技術、投射式電子束微影術 (electron beam projection lithography, EPL)、近接 X 射線微影術 (proximity X-ray lithography, PXL) 等所謂次世代微影術，但這類製程的成本很高，並不適合工業上量產，目前仍處於研發階段。以下我們介紹的是目前學術研發上廣泛使用的製程技術──**電子束微影術** (e-beam lithography, EBL)，其不但在製程上較為簡便，且可以輕易的將圖樣縮小至奈米尺度。

◉ 7.7.6　浸潤式微影

浸潤式微影是一種改良式之微影技術，如圖 7.22 所示即在透鏡與晶圓間插入一層水，藉此介層 (介質常數 $n=1.44$) 來減少光反射。至於浸潤式微影技術為何可以改善曝光解析度，可從圖 7.23 示意圖得到解答，這項技術源自物理學家阿米西 (Giovanni Battista Amici) 的創意，阿米西在義大利佛羅倫斯的實驗室裡，把一滴液體加在標本上方，藉此改善顯微鏡的成像品質。研究發現水對於波長 193 奈米的雷射光來說是透明的，光較不易反射。但微影過程不可有氣泡發生，因此在透鏡與晶圓之間加入事先去除氣體的純水來預防氣泡生成，即可有效減少光反射進而達到微影規格的要求。由於浸潤式微影中之水可讓微影技術機台保有較大的**數**

第七章 微影製程技術

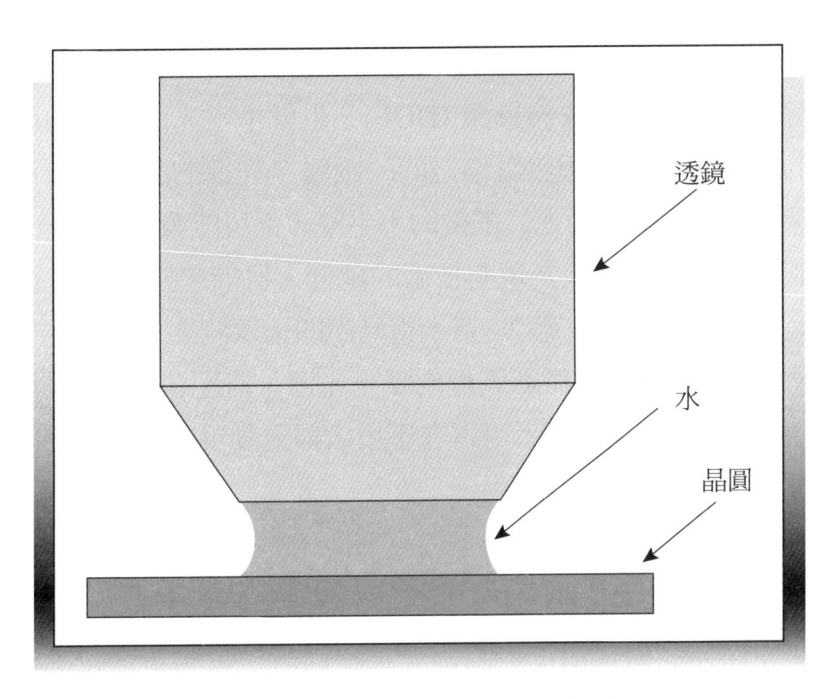

圖 7.22 浸潤式微影技術示意圖

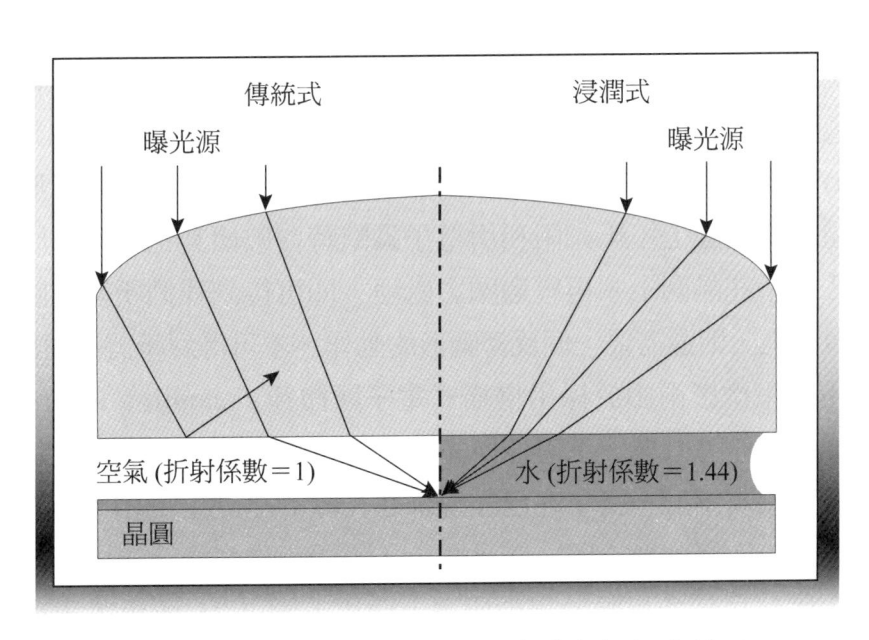

圖 7.23 浸潤式微影技術改善曝光解析度原理

值孔徑 (numerical aperture, NA)，這是區別細部影像的關鍵因素，因此可提高解析度。水也能改善景深 (DOF)，也就是當光阻劑上的影像具有可接受的清晰度時，鏡頭與影像之間的距離。先進的晶片製造過程特別注重景深，因為晶圓表面上最細微的不平整，都可能會破壞成像。193 奈米的浸潤式微影技術已成為現有技術的延伸。目前包括台積電 (tsmc) 在內多家廠商已經量產的線寬 28 奈米電晶體即是以波長 193 奈米的深紫外光 (Deep UV, DUV) 作為微影製程的曝光光源，搭配藉由水 (浸潤式掃描機台) 的協助，讓半導體業者可以在不用大幅更動現有製造機台的情況下，可以製造出更小、更快的晶片。

● 7.7.7　電子束微影

電子束微影與光學微影製程的步驟類似，目的都是將所需的圖形縮小複製到晶片上，差別在於光微影術是利用「光線」來刻劃圖形，電子束微影則是利用能量為數萬電子伏特 (eV) 的「電子束」作為曝光源。圖 7.24 所示電子束微影製程，由於電子的波長比一般光微影製程所使用的光源波長更小，因此能提供更高的解析度。電子束微影中亦有所謂的正、負光阻劑 [此處我們將用來曝光或曝電子源的化學藥劑統稱為**光阻劑** (resist)]，光阻劑是一種易受電子束影響的化學材料，在定義圖形前要先均勻塗抹在晶圓上。正光阻利用電子轟擊時會破壞其化學鍵的原理，將圖形「寫」在晶圓上，再經過顯影處理，即可得到我們所需的圖形；若使用負光阻，則還需要一個反轉圖形的動作，才可得到所需的圖形。

電子束微影術由於採用**掃描式電子顯微鏡** (scanning electron microscope) 運作的原理，不需任何光罩就可以用來定義圖形，也就是利用電子束直接將圖形「寫」在已經塗佈過光阻的晶圓上。相較於光微影術透過光罩一次將圖形「印」在晶圓上，電子束微影術定義圖形的速度慢得多，因此目前多只限於學術研發上使用。圖 7.25 所示電子束微影系統，一般的電子束微影術系統包括以下幾個部分：**電子槍** (electron gun) (可用來提供電子源)，**電磁透鏡** (condenser lens) (用來控制電子束的形

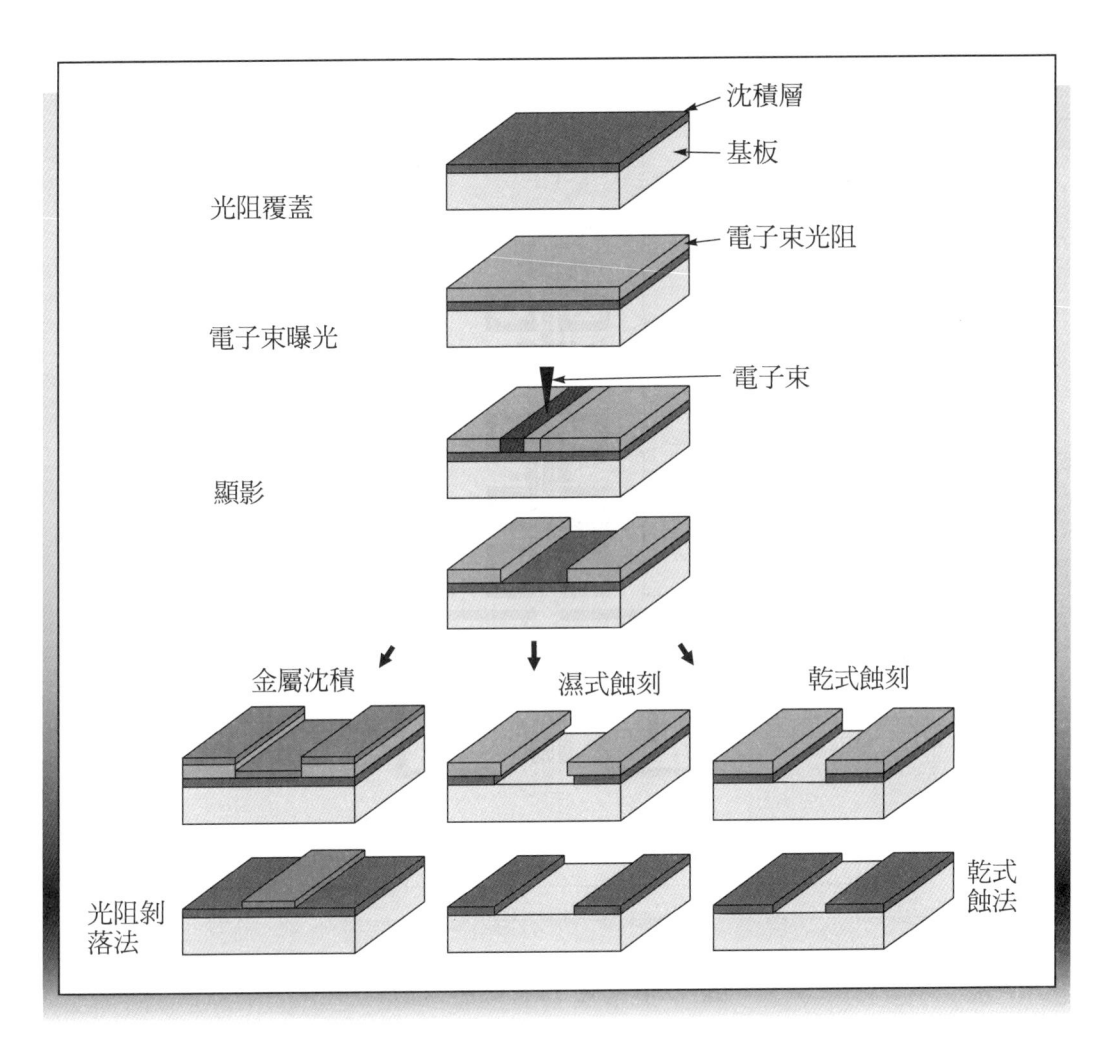

圖 7.24　結合電子束微影之相關製程

狀及聚焦程度)，以及電腦介面控制軟體。光微影術由於光源波長接近半導體線寬，光的繞射行為成為製程上的一大阻礙；相形之下，電子的波長遠小於目前的線寬，因此沒有這方面的困擾。不過，還有其他因素會影響電子束微影術的解析度，例如電子在光阻內的散射，以及**球面像差** (spherical aberration)、**像散像差** (astigmatism) 及**色像差** (chromatic aberration) 等各種像差。

電子束微影可輕易達成數百至數奈米尺寸的線寬，除了可以用來製作光微影所需的**光罩** (mask) 外，它還有一獨特的優點：**直寫** (direct

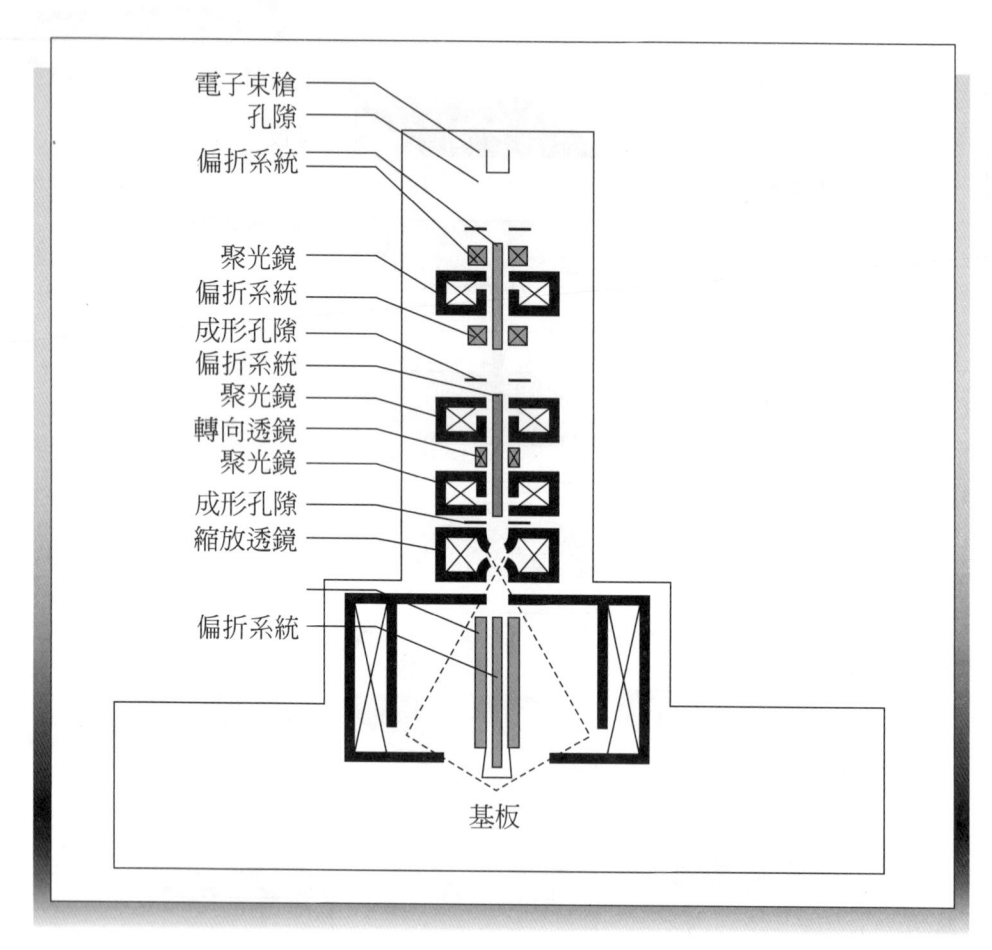

圖 7.25　電子束微影系統

writing)，即不需要光罩就能定義圖形，可輕易畫出不同的設計，方便研究上用，目前許多新穎的量子元件如量子點、量子線等，大部分都是利用電子束微影製作而成。雖然電子束微影術有許多的優點，但是它仍有一些問題需要克服，例如電子槍所發射的電子束會有擴散的效應或是**鄰近效應** (proximity effect) 等，都會影響到線寬的大小；此外，在工業量產的考量下，電子束微影是否能提供一解決方案，也是一個問題。但無論如何，在邁入奈米時代之際，對於發展新穎電子元件的工業界或是從事基礎科學研究的學術界，電子束微影術確實提供了一項研發上的利器。

習 題

1. 何謂微影？
2. 請敘述光微影製程。
3. 請說明光阻組成、感光原理與分類。
4. 請說明**解析度** (resolution) 與**景深** (depth of focus)。
5. 請說明光罩的構造。
6. 請說明相偏移光罩原理。
7. 請說明電子束微影。

蝕刻製程技術

8.1 蝕刻製程
8.2 濕式蝕刻的應用──不同蝕刻材料
8.3 乾式蝕刻的應用──不同蝕刻材料
8.4 蝕刻工程
8.5 特殊結構
8.6 製程導致損害

本章目的在介紹蝕刻技術之原理,以及蝕刻工程在半導體製程上之應用,對不同材料所使用之蝕刻方法,以及所產生出來之寄生效應。

8.1 蝕刻製程

所謂蝕刻定義為將材料使用化學反應或物理撞擊作用,忠實地將微影後所產生之光阻上圖案轉印至光阻下之材質上,因此微影需加上蝕刻之動作,才能真正完成 IC 線路轉移至晶片之最終目的。在積體電路製造過程中,常需要在晶圓上定義出極細微尺寸的圖案,而這些積體電路的複雜架構圖案主要的形成方式,乃是藉由蝕刻技術,因此蝕刻技術在半導體製造過程中佔有極重要的地位。蝕刻技術可以分為**濕式蝕刻**

(wet etching) 及**乾式蝕刻** (dry etching) 兩類。在濕式蝕刻中是使用化學溶液，經由化學反應以達到蝕刻的目的，而乾式蝕刻通常是一種**電漿蝕刻** (plasma etching)，電漿蝕刻中的蝕刻作用，可能是電漿中離子撞擊晶片表面的物理作用，或者可能是電漿中活性**自由基** (radical) 與晶片表面原子間的化學反應，甚至也可能是這兩者的複合作用。廣義而言，所謂的蝕刻技術，包含了將材質整面均勻移除及圖案選擇性部分去除的技術。

在本章中，將針對半導體製程中所採用的蝕刻技術加以說明，其中內容包括了濕式蝕刻與乾式蝕刻的原理，以及其在各種材質上的應用。乾式蝕刻涵蓋的內容包括電漿產生的原理、電漿蝕刻中基本的物理與化學現象、電漿蝕刻的機制、電漿蝕刻製程參數、電漿蝕刻設備與型態、終點偵測、各種物質 (導體、半導體、絕緣體) 蝕刻的介紹、微負載效應及電漿導致損壞等。不同的蝕刻機制將對於蝕刻後的**輪廓** (profile) 產生直接的影響。

◉ 8.1.1　濕式蝕刻

濕式蝕刻 (wet etching) 是將晶片浸沒於適當的化學溶液中，或將化學溶液噴灑至晶片上，經由溶液與被蝕刻物間的化學反應，將待蝕刻薄膜未被光阻覆蓋的部分分解，並轉成可溶於此溶液的化合物後加以排除，以達到蝕刻的目的。早期半導體製程中所採用的蝕刻方式多為濕式蝕刻，過程中常會用到化學溶液。濕式蝕刻法進行薄膜蝕刻時，蝕刻溶液 (即反應物) 與薄膜所進行的反應機制步驟為擴散→反應→擴散出，如圖 8.1 所示。濕式蝕刻進行時，溶液中的反應物首先經由擴散通過停滯的**邊界層** (boundary layer)，方能到達晶片的表面，並且發生化學反應與產生各種生成物。蝕刻的化學反應的生成物為液相或氣相的生成物，這些生成物再藉由擴散通過邊界層，而溶入主溶液中。由於濕式蝕刻的進行主要是藉由溶液與待蝕刻材質間的化學反應，因此可藉由調配與選取適當的化學溶液，得到所需的**蝕刻速率** (etching rate)。

另外就濕式蝕刻作用而言，對一種特定被蝕刻材料，通常可以找到

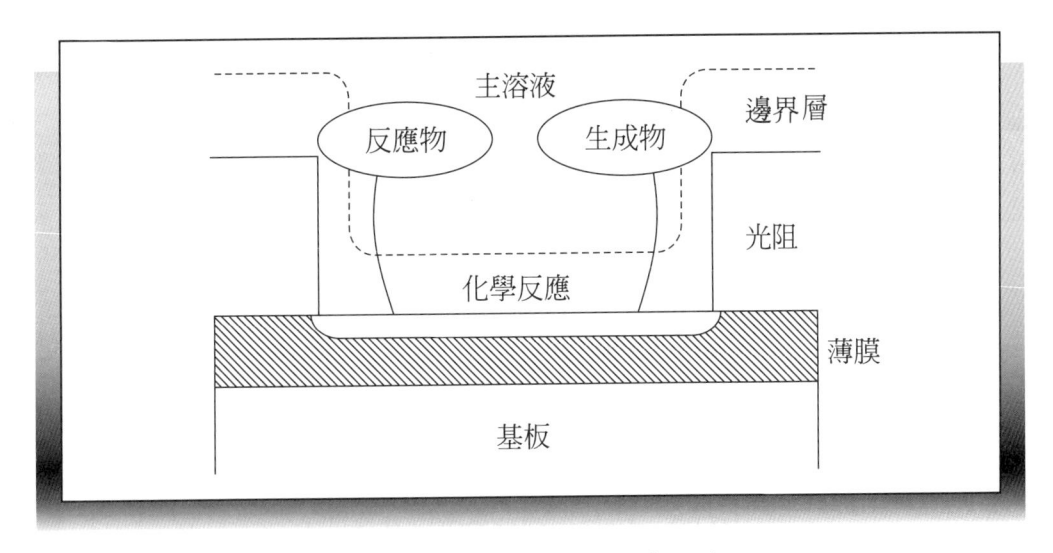

図 8.1　濕式蝕刻反應機制步驟

一種可快速有效蝕刻，而且不致蝕刻其他材料的**蝕刻劑** (etchant)，表 8.1 為濕式蝕刻與乾式蝕刻所需之反應藥品與氣體。因此，通常濕式蝕刻對不同待蝕刻材料與光阻及下層材質具有良好的蝕刻**選擇比** (selectivity)。選擇比即為不同物質間蝕刻速率的差異值。其中又可分為對遮罩光阻的選擇比及對待蝕刻物質下層物質的選擇比。由於化學反應並不會對特定方向有任何的偏好，純粹的化學蝕刻通常沒有方向選擇性，因此濕式蝕刻本質上屬於一種**等向性蝕刻** (isotropic etching)。等向性蝕刻通常對下層物質具有很好的選擇比，但線寬定義不易控制。

圖 8.2 比較濕式蝕刻與乾式蝕刻之情形，可見濕式蝕刻後將形成圓弧的輪廓，並在遮罩光阻下形成**底切** (under cut)。然而，隨著積體電路中的元件尺寸愈做愈小，此時，當蝕刻溶液做縱向蝕刻時，側向的蝕刻將同時發生，導致圖案線寬失真。因此濕式蝕刻在次微米元件的製程中已漸漸被乾式蝕刻所取代。

◉ 8.1.2　乾式蝕刻

乾式蝕刻 (dry etching) 主要是利用電漿離子來轟擊晶片表面原子或是電漿離子與表面原子產生化合反應來達到移除薄膜的目的，通常指利用

表 8.1　濕式蝕刻與乾式蝕刻製程所需之藥品與氣體

用途	被蝕刻的底材	濕式蝕刻 蝕刻藥品	乾式蝕刻 蝕刻氣體
圖案形成用	Si	(1) $HF+HNO_3$ $(+CH_3COOH)$ (2) KOH* (3) N_2H_4 $(+CH_3CHOHCH_3)$* (4) $NH_2(CH_2)_2NH_2+C_6H_4(OH)_2$*	(1) CF_4 $(+O_2)$ (2) CCl_4 $(+O_2)$* (3) SF_6 $(+O_2$ 或 $+H_2)$ (4) C_2ClF_5 $(+O_2)$* (5) $SF_6+C_2ClF_5$*
	SiO_2	緩衝 HF ($HF+NH_4F$)	(1) C_2F_6, C_3F_8, CHF_3 (2) CF_4+H_2
	Al	$H_3PO_4+HNO_3+CH_3COOH+H_2O$	(1) CCl_4 $(+He)$ (2) BCl_3+Cl_2 $(+CF_4)$ (3) $SiCl_4$ $(+Cl_2)$
	Si_3N_4	hot H_3PO_4	(1) CF_4 $(+O_2)$
	M_0, W	$H_3PO_4+HNO_3$	(1) CF_4+O_2 (2) SF_6
	Pt	HNO_3+HCl	(1) CF_4+O_2 (2) $CClF_3$, $CClF_4$
	PIQ (聚亞醯胺)	$(NH_2)_2$	O_2
清洗用	Si (SiO_2)	$HF+HNO_3$ $HF+H_2O$ $H_2O_2+NH_4OH$ H_2O_2+HCl	

*非等向性蝕刻

輝光放電 (glow discharge) 方式，產生包含離子、電子等帶電粒子及具有高度化學活性的中性原子與分子及自由基的電漿來進行**圖案轉印** (pattern transfer) 的蝕刻技術。乾式蝕刻乃是藉助具有方向性離子撞擊，造成特定方向的蝕刻，而蝕刻後形成垂直的輪廓，即如圖 8.2 所示，因此屬於**非等向性** (anisotropic) 蝕刻，具有很好的方向性，可定義較細微的線寬。由於乾式蝕刻常是一種**電漿蝕刻** (plasma etching)，針對蝕刻作用的不同，以及電漿中離子的**物理性轟擊** (physical bombard)、**活性自由基** (active radical)

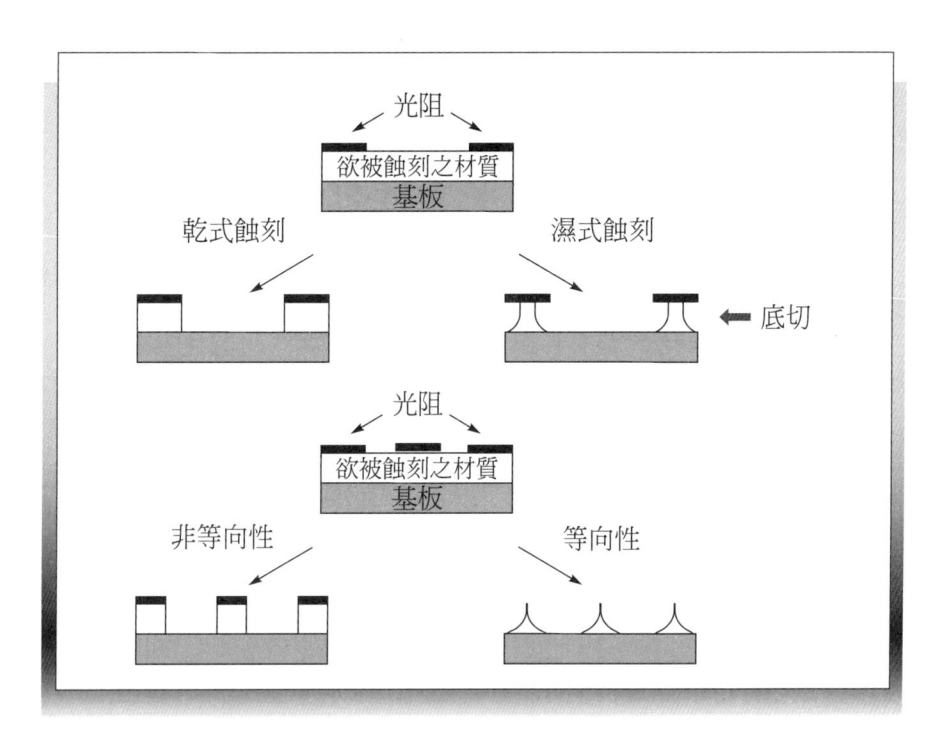

圖 8.2　濕式蝕刻與乾式蝕刻輪廓之情形

與元件 (晶片) 表面原子內的**化學反應** (chemical reaction)，或是兩者的複合作用。

乾式蝕刻可分為三大類，(1) 物理性蝕刻：包含 (a) **濺擊蝕刻** (sputter etching) 與 (b) **離子束蝕刻** (ion beam etching)；(2) 化學性蝕刻：**電漿蝕刻** (plasma etching)；以及 (3) 物理、化學複合蝕刻：**反應性離子蝕刻** (reactive ion etching, RIE) 與**電子迴旋共振式離子反應電漿蝕刻** (ECR plasma etching)。圖 8.3 比較常用乾式蝕刻之機制 (8.4 節有詳細說明)，基本上它是 CVD 薄膜沈積的逆反應。透過微影步驟在光阻上形成圖案後，再藉著蝕刻步驟就可以把裸露的薄膜區域移除掉，而被光阻覆蓋的薄膜則毫髮無傷，於是光阻上的圖案就被順利地轉移到薄膜上了。當元件的線寬愈來愈小時，要忠實地把光阻上的圖案轉移到薄膜上則是一項極具挑戰的任務。然而，乾式蝕刻的選擇性卻比濕式蝕刻來得低，這是因為乾式蝕刻的蝕刻機制基本上是一種物理交互作用，因此離子的撞擊不但可以移除被蝕刻的薄膜，也同時會移除光阻罩幕。

		電漿蝕刻	RIE	電子迴旋共振式離子反應電漿蝕刻
設備截面圖		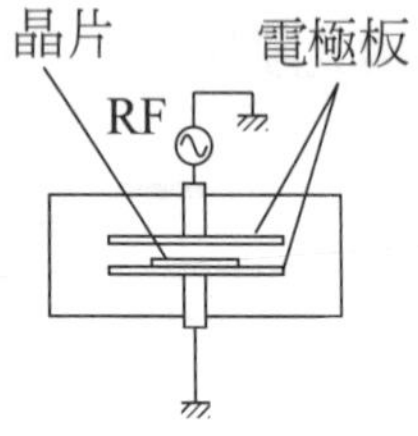 晶片 電極板 RF	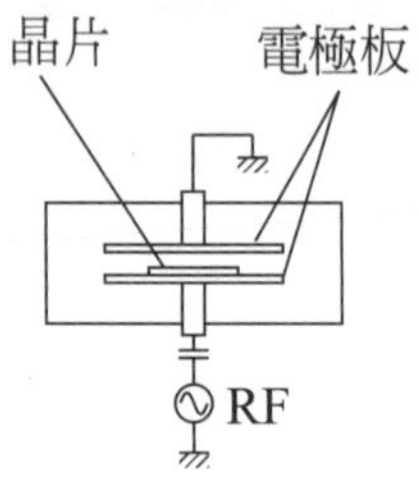 晶片 電極板 RF	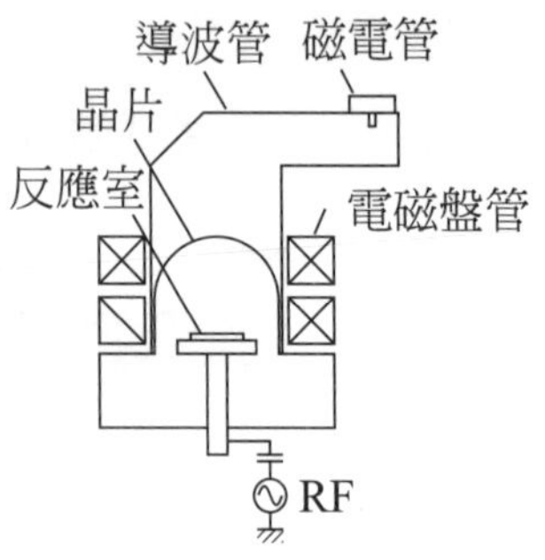 導波管 磁電管 晶片 反應室 電磁盤管 RF
放電方式		RF 放電	RF 放電	ECR (電子迴旋共振) 放電
動作壓力		$10\sim10^3$ Pa	$1\sim10$ Pa	$10^1\sim1$ Pa
離子能源		小	大	可變
特性	加工精度	△ 劣	○ 佳	◎ 優
特性	基板損傷、污染	○ 佳	△ 劣	◎ 優
特性	產能	○ 佳	△ 劣	○ 佳

圖 8.3　乾式蝕刻之機制比較

8.2　濕式蝕刻的應用──不同蝕刻材料

本章節我們針對不同材料常用之濕式蝕刻方法來說明。可參考表 8.1 為濕式蝕刻所需之反應氣體與藥品。

8.2.1　矽的濕式蝕刻

在半導體製程中，單晶矽與複晶矽的蝕刻通常利用硝酸 (HNO_3) 與氫氟酸 (HF) 的混合液來進行。此反應是利用硝酸將矽表面氧化成二氧化矽，再利用氫氟酸將形成的二氧化矽溶解去除，反應式如下：

$$Si + HNO_3 + 6HF \rightarrow H_2SiF_6 + HNO_2 + H_2 + H_2O$$

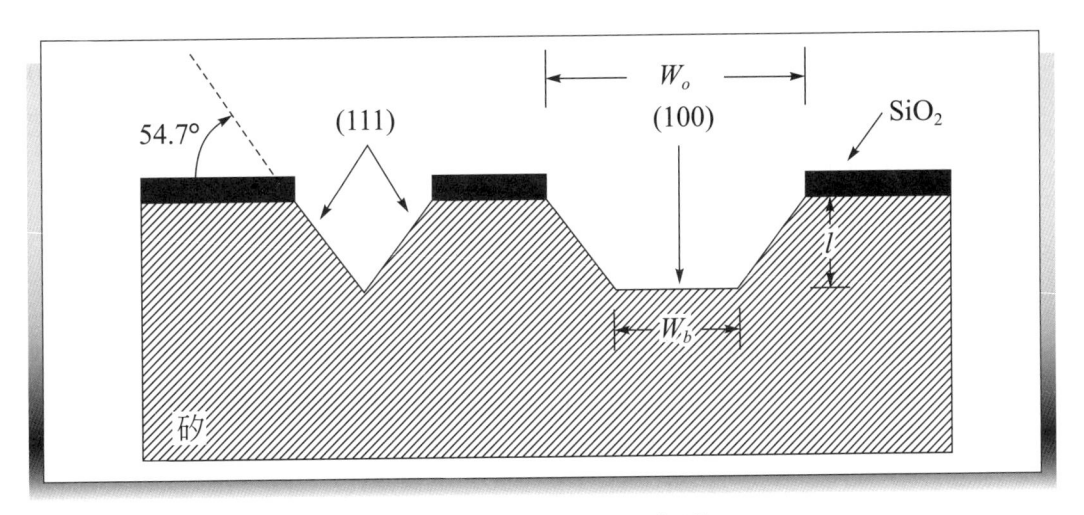

圖 8.4　矽蝕刻之方向性

上述的反應中可添加醋酸作為**緩衝劑** (buffer agent)，以抑制硝酸的解離。而蝕刻速率的調整可藉由改變硝酸與氫氟酸的比例，並配合醋酸添加與水的稀釋加以控制。在某些應用中，常利用蝕刻溶液對於不同矽晶面的不同蝕刻速率加以進行。例如使用氫氧化鉀與異丙醇的混合溶液進行矽的蝕刻。這種溶液對矽的 (100) 面的蝕刻速率遠較 (111) 面快了許多，因此在 (100) 平面方向的晶圓上，蝕刻後的輪廓將形成 V 型的溝渠，如圖 8.4 所示。而此種蝕刻方式常見於微機械元件的製作上。

◉ 8.2.2　二氧化矽的濕式蝕刻

在微電子元件製作應用中，二氧化矽的濕式蝕刻通常採用氫氟酸溶液加以進行。而二氧化矽可與室溫的氫氟酸溶液進行反應，但卻不會蝕刻矽基材及複晶矽。反應式如下：

$$SiO_2 + 6HF \rightarrow H_2 + SiF_6 + 2H_2O$$

由於氫氟酸對二氧化矽的蝕刻速率相當高，在製程上很難控制，因此在實際應用上都是使用稀釋後的氫氟酸溶液，或是添加氟化銨 (NH$_4$F) 作為緩衝劑的混合液，來進行二氧化矽的蝕刻。氟化銨的加入可避免氟化物離子的消耗，以保持穩定的蝕刻速率。而無添加緩衝劑氫氟酸蝕刻溶液

常造成光阻的剝離。典型的**緩衝氧化矽蝕刻液** (buffer oxide etcher, BOE) [體積比 6：1 之氟化銨 (40%) 與氫氟酸 (49%)] 對於高溫成長氧化層的蝕刻速率約為 1000 Å/min。

◉ 8.2.3　氮化矽的濕式蝕刻

氮化矽可利用加熱至 180°C 的磷酸溶液 (85%) 來進行蝕刻。其蝕刻速率與氮化矽的成長方式有關，以電漿輔助化學氣相沈積方式形成之氮化矽，由於組成結構較以高溫低壓化學氣相沈積方式形成之氮化矽為鬆散，因此在高溫熱磷酸溶液中光阻易剝落，因此在作氮化矽圖案蝕刻時，通常利用二氧化矽作為遮罩。一般來說，氮化矽的濕式蝕刻大多應用於整面氮化矽的剝除。對於有圖案的氮化矽蝕刻，最好還是採用乾式蝕刻為宜。

◉ 8.2.4　鋁的濕式蝕刻

鋁或鋁合金的濕式蝕刻主要是利用加熱的磷酸、硝酸、醋酸及水的混合溶液加以進行。典型的比例為 80% 的磷酸、5% 的硝酸、5% 的醋酸及 10% 的水。而一般加熱的溫度約在 35°C～45°C 左右，溫度愈高，蝕刻速率愈快。一般而言，蝕刻速率約為 1000～3000 Å /min，而溶液的組成比例、不同的溫度及蝕刻過程中攪拌與否都會影響到蝕刻的速率。蝕刻反應的機制是藉由硝酸將鋁氧化成為氧化鋁，接著再利用磷酸將氧化鋁予以溶解去除，如此反覆進行以達蝕刻的效果。在濕式蝕刻鋁的同時會有氫氣泡的產生，這些氣泡會附著在鋁的表面，而局部地抑制蝕刻的進行，造成蝕刻的不均勻性，可在蝕刻過程中予於攪動或添加催化劑降低表面張力以避免這種問題發生。

8.3 乾式蝕刻的應用——不同蝕刻材料

本節我們針對不同材料常用之乾式蝕刻方法來說明，電漿蝕刻主要應用於積體電路製程中線路圖案的定義，通常需搭配光阻的使用及微影技術，其中包括了：

1. **氮化矽** (nitride) 蝕刻：應用於定義主動區；
2. **複晶矽化物/複晶矽** (polycide/poly) 蝕刻：應用於定義閘極寬度/長度；
3. **複晶矽** (poly) 蝕刻：應用於定義複晶矽電容及負載用之複晶矽；
4. **間隙壁** (spacer) 蝕刻：應用於定義 LDD 寬度；
5. **接觸窗** (contact) 及**引洞** (via) 蝕刻：應用於定義接觸窗及引洞之尺寸大小；
6. **鎢回蝕刻** (etch back)：應用於**鎢栓塞** (W-plug) 之形成；
7. **塗佈玻璃** (SOG) 回蝕刻：應用於平坦化製程；
8. **金屬蝕刻**：應用於定義金屬線寬及線長；
9. **接腳** (bonding pad) 蝕刻等。

而影響電漿蝕刻特性好壞的因素包括了：

1. 電漿蝕刻系統的型態；
2. 電漿蝕刻的參數；
3. 前製程相關參數，如光阻、待蝕刻薄膜之沈積參數條件、待蝕刻薄膜下層薄膜的型態及表面的平整度等。

隨著高性能 IC 元件特徵尺寸的趨向微小，及**縱深比** (aspect ratio) 與堆積層數之提高，發展新型的**孔** (hole) 及**槽** (trench) 製程技術、內連接導線系統與**平坦化** (planarization) 處理已日漸迫切。

⊙ 8.3.1 絕緣層的乾式蝕刻

表 8.2 所示為積體電路常用之絕緣層區域與基板材料，而**絕緣層蝕刻** (insulator film etching) 的應用主要可分為以下幾項：

1. **間隙壁** (spacer) 的蝕刻，如圖 8.5 所示，主要為定義 LDD 的寬度以降低熱載子效應；
2. **接觸窗** (contact) 蝕刻，用以定義接觸窗尺寸大小以達成金屬與複晶矽或矽間的連結，如圖 8.6 所示，通常需要做一些等向性蝕刻使得金屬在接觸窗邊緣能有好的**階梯覆蓋** (step coverage)；
3. **塗佈玻璃** (spin-on-glass, SOG) **回蝕刻** (etching back)，主要用來減低平緩階梯之起伏，以增進表面之平坦化，可參見於圖 8.7 之圖例；
4. **引洞** (via) 蝕刻，用以定義金屬與金屬間連結接觸窗的大小；
5. **腳位** (pad) 蝕刻，用以定義封裝時所需的接線腳位。

表 8.2　積體電路常用之絕緣層區域與基板材料

蝕刻名稱	硬式遮蔽層	接觸窗	金屬層接觸窗孔	連接墊片
材　料	Si_3N_4 或 SiO_2	PSG 或 BPSG	USG 或 FSG	氮化物或氧化物
蝕刻劑	CF_4, CHF_3, ...	CF_4, CHF_3, ...	CF_4, CHF_3, ...	CF_4, CHF_3, ...
基　板	Si, Cu	多晶矽或金屬矽化物	金屬	金屬
終點偵測元素	CN、N 或 O	P、O 和 F	O、Al 和 F	O、Al 和 F

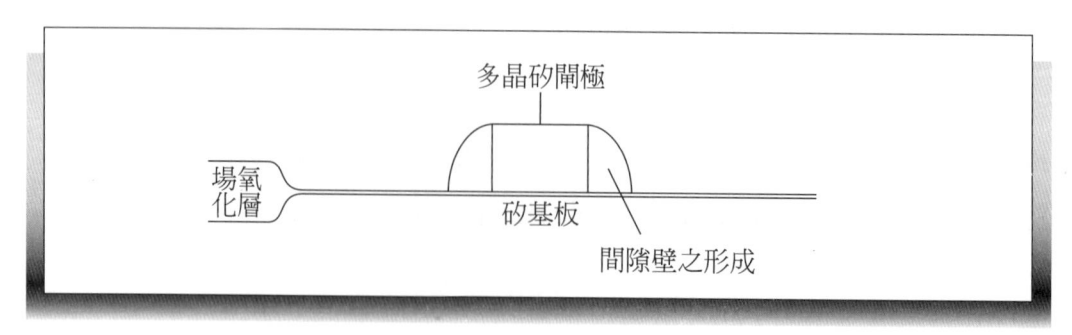

圖 8.5　間隙壁的蝕刻

第八章　蝕刻製程技術

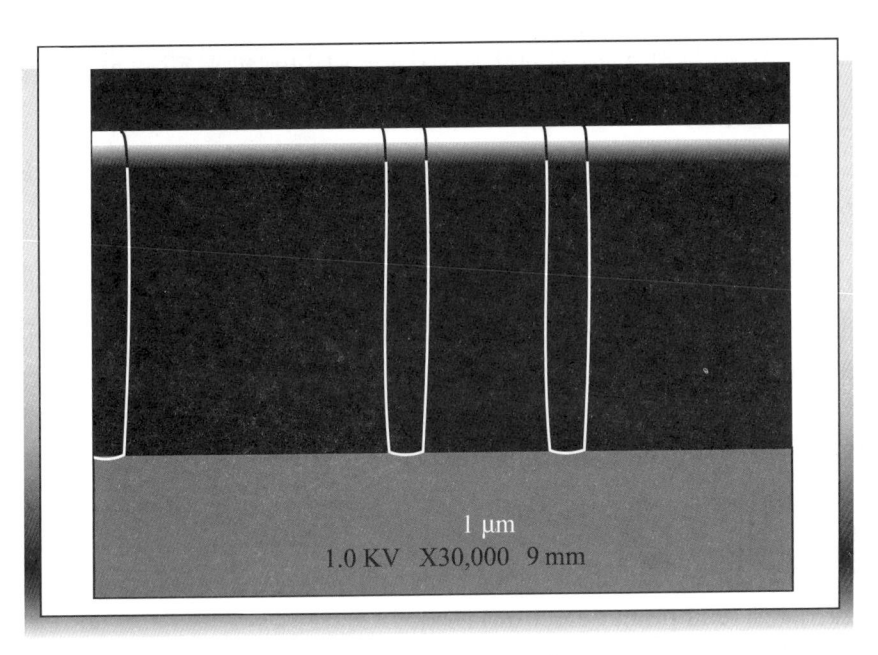

圖 8.6　接觸窗蝕刻

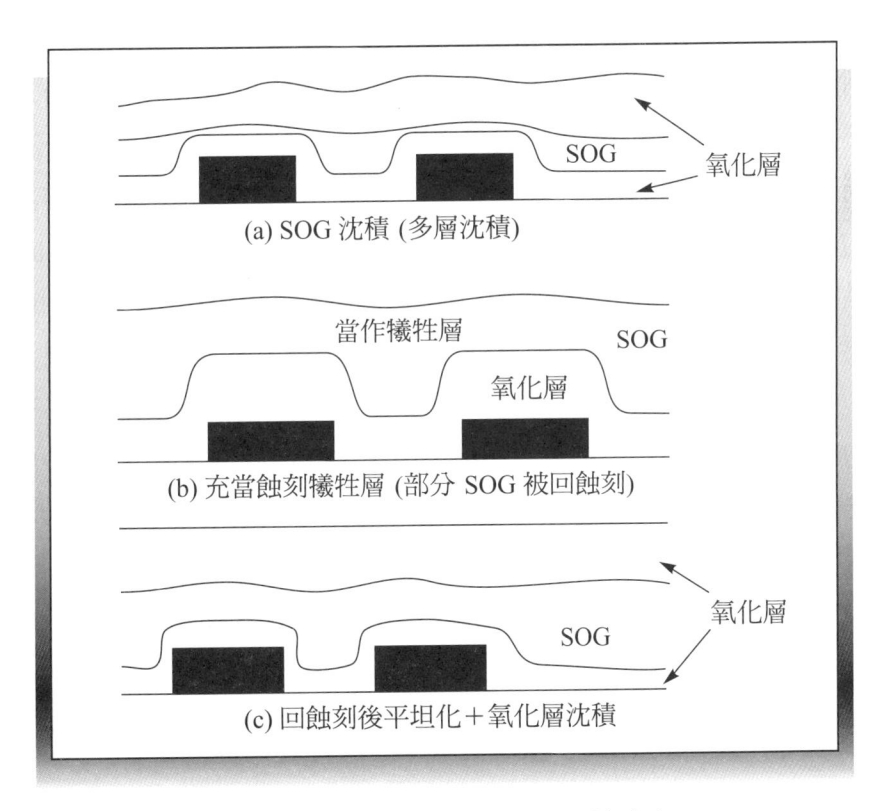

圖 8.7　塗佈玻璃 (SOG) 回蝕刻流程

以氧化層為例，蝕刻氧化層中所常見的蝕刻氣體通常含有 CH_xF_y、BH_xCl_y、CH_xCl_y 及 F 等化學成分。其中 CH_xF_y 及 CH_xCl_y 中所含之碳可以幫助去除氧化層中的氧而產生 CO 及 CO_2 之副產物。而由於氟原子蝕刻矽的速率很快，若要增加對矽的蝕刻選擇比，則必須降低氟原子的濃度。再者由於 Si-O 鍵結甚強，因此在做氧化層的蝕刻時，必須配合離子的撞擊，以破壞 Si-O 鍵結，加速蝕刻的速率。絕緣層蝕刻中可能遭遇到的問題則包括了：

1. **微觀負載效應** (micro loading effect)；
2. **側壁條痕** (sidewall striation)；
3. **蝕刻選擇比** (etching selectivity) 的控制；
4. **終點偵測** (end point detection) 困難；
5. **電漿損害** (plasma damage)。

乾式蝕刻之應用須注意蝕刻速率、均勻度、選擇比及蝕刻輪廓等。蝕刻速率愈快，則設備產能愈快，有助於降低成本及提升競爭力。蝕刻速率通常可藉由氣體種類、流量、電漿源及偏壓功率所控制，在其他因素尚可接受的條件下，愈快愈好。均勻度是晶片上不同位置的蝕刻率差異的一個指標，較佳的均勻度意味著晶圓將有較佳的**良率** (yield)，尤其當晶圓從 3 吋、4 吋，一直到 12 吋，面積愈大，均勻度的控制就更顯得重要。另外，選擇比是蝕刻材料的蝕刻速率對遮罩或底層蝕刻速率的比值，控制選擇比通常與氣體種類與比例、電漿或偏壓功率、甚至反應溫度均有關係。至於蝕刻輪廓，一般而言愈接近 90° 愈佳，除了少數特例，如**接觸窗** (contact) 或**管洞** (via hole) ，如圖 8.8 所示為接觸窗蝕刻時可能遭遇之問題，為了使後續金屬濺鍍能有較佳的階梯覆蓋能力，而故意使其蝕刻輪廓小於 90°。通常控制蝕刻輪廓可從氣體種類、比例及偏壓功率來進行。以接觸窗為例，在高／寬比之情形下，常會有聚合物產生、形狀變尖、基板傷害以及矽晶格缺陷產生之問題發生，需要盡量避免之。

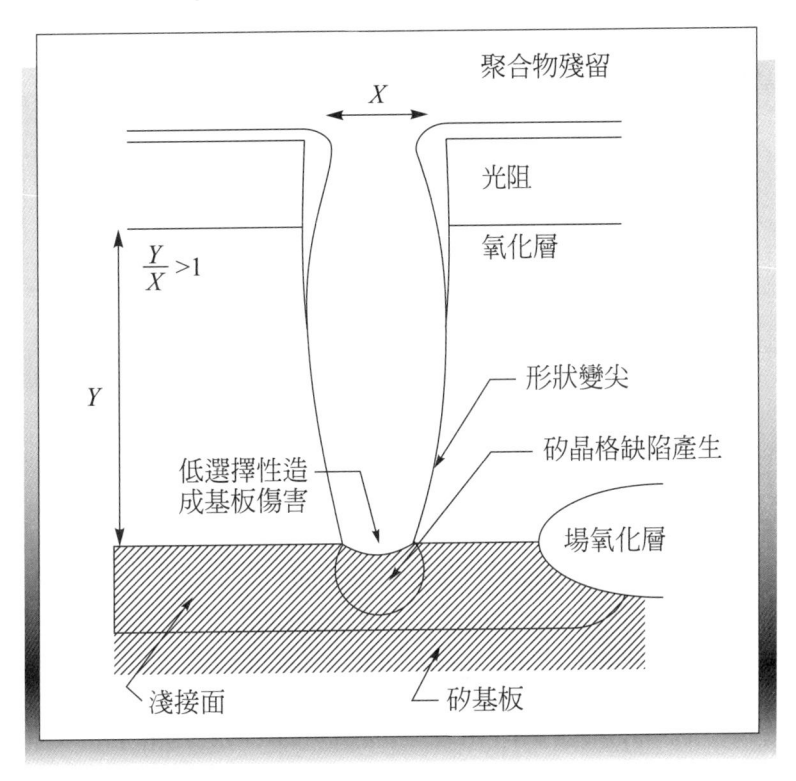

圖 8.8　接觸窗蝕刻時可能遭遇之問題

◉ 8.3.2　複晶矽的乾式蝕刻

在金氧半 (MOS) 元件的應用中，閘極線寬必須嚴格的控制，如圖 8.9(a) 所示，因為它代表著 MOS 元件通道的長度，而與元件特性有很大的關係。因此當複晶矽作為閘極材料時，複晶矽的蝕刻必須要能夠忠實地將光罩上的尺寸轉移到複晶矽上。因此，在複晶矽的蝕刻中必須具備高度的線寬控制及均勻性。再者，高度的非等向性蝕刻亦是十分重要的，假如因為閘極複晶矽蝕刻後，側壁有所傾斜，此時閘極之厚度將不足以抵擋源、汲極的離子佈植，將造成雜質濃度分佈不均，通道長度將隨傾斜程度而改變。

另外，複晶矽對二氧化矽的蝕刻選擇比也要很高。其原因有二：一為在非等向性蝕刻中，會形成所謂的階梯殘留 (stringer)。為了去除階梯殘留，必須作過蝕刻 (overetch) 的動作，以避免線路發生短路。二是因為

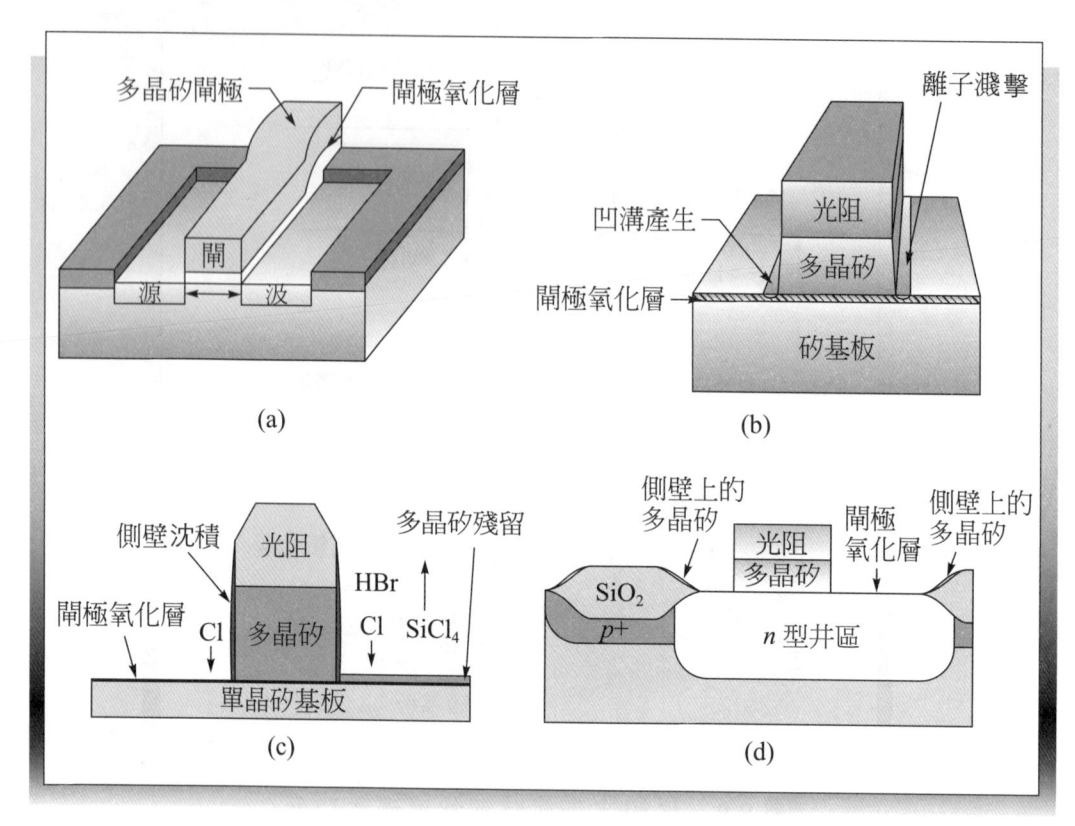

圖 8.9　多晶矽蝕刻注意事項

複晶矽覆蓋在很薄的閘極氧化層上，如果閘極氧化層被吃穿，則氧化層下的源、汲極矽將會被快速的蝕刻掉。由圖 8.9(b) 所示，由於採用 CF_4、SF_6 等氟原子為主的電漿氣體時，其選擇比不足，將對元件造成傷害，因此不適用於閘極複晶矽的蝕刻。再者，這些電漿氣體在蝕刻複晶矽時較具等向性，因而容易產生**負載效應** (loading effect)。若改用 Cl 原子為主的電漿氣體時，蝕刻速率會較慢，但卻有很好的選擇比 (Si/SiO_2)，且非等向性亦會增加，此乃由於 Cl 與光阻反應，產生聚合物，並沈積於閘極側壁上或場氧化層側壁上，如圖 8.9(c) 與 (d) 所示，保護側壁不受電漿的侵蝕所致。為了兼顧蝕刻速率與選擇比，可在 SF_6 或 CF_4 中添加含 Cl 原子的電漿氣體如 CCl_4 與 $CHCl_3$，當 SF_6/CF_4 比例愈高時，蝕刻速率愈快；當 CCl_4、$CHCl_3$ 比例愈高時，對 SiO_2 選擇比愈高，蝕刻亦愈趨於非等向性。除了含氯及氟的氣體外，在深次微米的元件製程中，由於閘極氧化

層小於 100 Å，所以需要更高的選擇比 (Si/SiO$_2$)，而溴化氫 (HBr) 為一常用的氣體，因為其複晶矽對氧化層的選擇比高於以 Cl 原子為主的電漿。

◉ 8.3.3 金屬線：鋁及鋁合金的乾式蝕刻

鋁是半導體製程中最主要的導線材料。它具有低電阻、易於沈積及蝕刻等優點而廣被所採用。在先進積體電路中，由於元件的密度受限於導線所佔據之面積，加上金屬層的非等向性蝕刻可使得金屬導線間的間距縮小，藉以增加導線之接線能力，因此鋁及鋁合金的乾式蝕刻在積體電路製程中是一個非常重要的步驟。氟化物氣體所產生的電漿並不適用於鋁的蝕刻，此乃因為反應產物 AlF$_3$ 的蒸氣壓很低不易揮發，很難脫離被蝕刻物表面而被真空設備所抽離。相反的，鋁的氯化物 (如 AlCl$_3$) 則具有足夠高的蒸氣壓，因此能夠容易地脫離被蝕刻物表面而被真空設備所抽離，所以氯化物氣體所產生的電漿常被利用作為鋁合金的乾式蝕刻源。一般而言，鋁的蝕刻溫度較室溫稍高，如此 AlCl$_3$ 的揮發性更佳，可減少殘留物的發生。在鋁的蝕刻中，化學反應主導著蝕刻的進行，增加氯化物的含量則可增加蝕刻速率，但蝕刻速率卻與離子轟擊程度無關。而鋁的蝕刻屬放熱反應，對於殘留物及保持光阻的完整性而言，表面溫度的控制就顯得很重要。由於鋁在常溫下表面極易氧化成氧化鋁 (Al$_2$O$_3$)，而氧化鋁會與氯分子或原子發生反應，因此在鋁的蝕刻製程中常會添加 BCl$_3$ 等氣體來去除這層寄生氧化層。再者 BCl$_3$ 極易與水氣及氧氣反應，故可吸收腔體內的水氣及氧氣，以減低氧化鋁的再形成。由於水氣及氧氣嚴重影響鋁的蝕刻速率，因此降低腔體內水氣及氧氣的含量便顯得十分重要。

在鋁的乾式蝕刻中，增進非等向性蝕刻的方法為添加某些氣體，如 SiCl$_4$、CCl$_4$、CHF$_3$、CHCl$_3$ 等。這些氣體的氯或氟原子與光阻中的碳或矽原子反應形成聚合物，沈積於金屬側壁上，如圖 8.10(a) 所示，以避免遭受離子的轟擊。因此在鋁的乾式蝕刻中，光阻的存在是不可或缺的。另外，為了增強光阻的抗蝕性，製程中也會加入些使光阻強化的步驟。

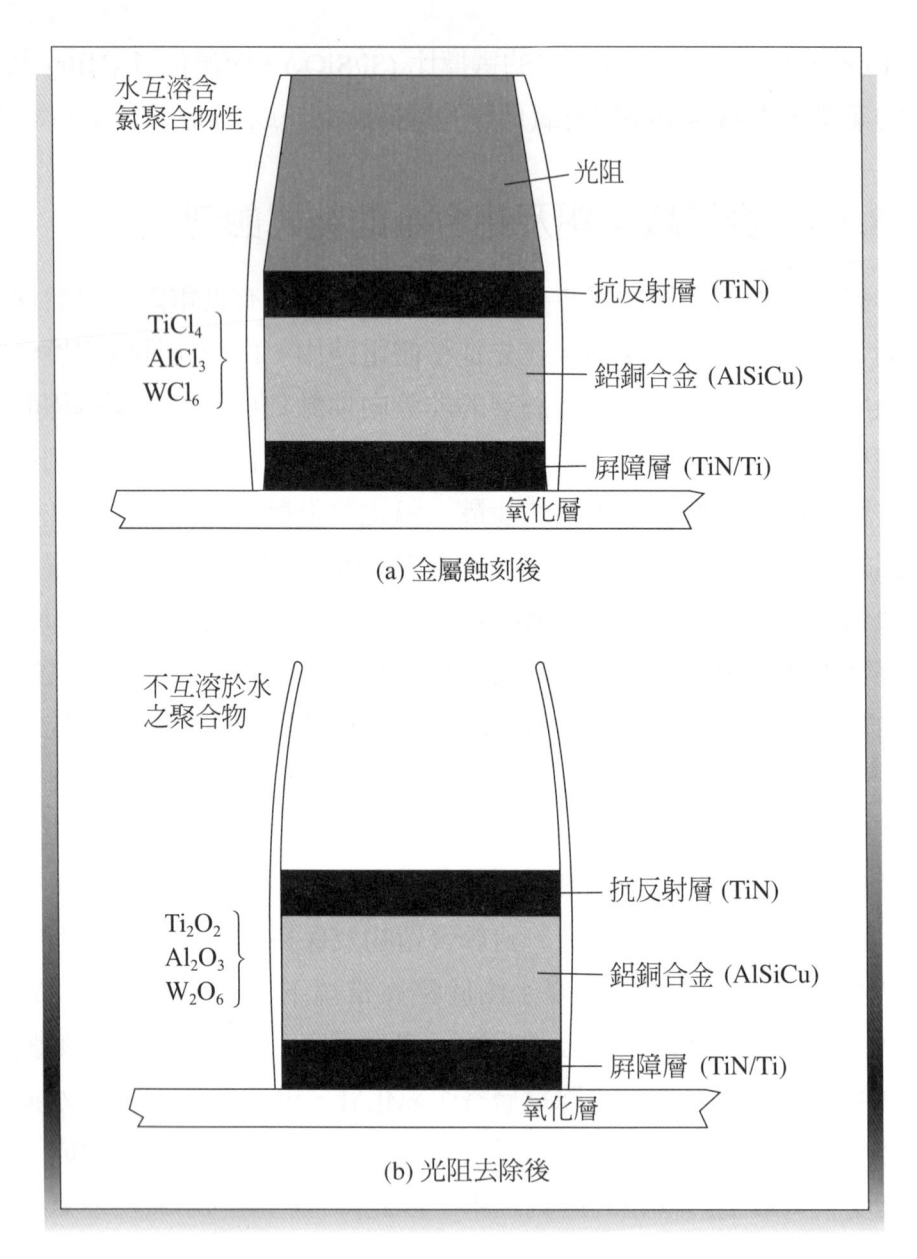

184　積體電路製程技術與品質管理

圖 8.10(a) 金屬蝕刻後
- 水互溶含氯聚合物性
- 光阻
- 抗反射層 (TiN)
- TiCl$_4$, AlCl$_3$, WCl$_6$
- 鋁銅合金 (AlSiCu)
- 屏障層 (TiN/Ti)
- 氧化層

圖 8.10(b) 光阻去除後
- 不互溶於水之聚合物
- 抗反射層 (TiN)
- Ti$_2$O$_2$, Al$_2$O$_3$, W$_2$O$_6$
- 鋁銅合金 (AlSiCu)
- 屏障層 (TiN/Ti)
- 氧化層

圖 8.10　金屬蝕刻之注意事項

　　圖 8.10(b) 說明了鋁蝕刻時，生成物會與光阻產生無法溶於水之化合物 (如 Al$_2$O$_3$)，即使經過臭氧清除後仍然無法去除。另外在蝕刻鋁及鋁合金時所遭遇到的另一問題為蝕刻後鋁的腐蝕，原因為鋁合金在氯氣電漿蝕刻後，含氯的殘留物仍遺留在合金表面、側壁及光阻上。一旦晶圓離

開真空腔體後，這些成分將會和空氣中的水氣反應形成氯化氫 (HCl)，進一步侵蝕鋁合金並產生 $AlCl_3$，若提供的水氣足夠，反應將持續進行，鋁合金將不斷地被腐蝕，如下面反應式中所示 $2Al + 6H_2O \rightarrow 2Al(OH)_3 + 3H_2$。在含銅的鋁合金中，這種現象將更為嚴重。若要減低蝕刻後鋁合金的腐蝕，則可採用下列幾種方法：

1. 在晶片從腔體中取出後，施以大量的**去離子水** (deionized water) 沖洗；
2. 在蝕刻後，晶片尚在真空狀態下時，以氧氣電漿將光阻去除，並在鋁合金表面形成氧化鋁來保護鋁合金；
3. 在晶片移出腔體之前，以氟化物 (如 CF_4、CHF_3) 電漿作表面處理，將殘留的氯置換為氟，形成 AlF_3，在鋁合金表面形成一層聚合物，以隔離鋁合金與氯的接觸。

　　頂部的 TiN 是用來作為**抗反射層**(anti-reflection layer)，因為鋁的反射率太高，易造成曝光的不正確；或是用來抑制**突起** (hillocks)。Al-Si-Cu 合金中，矽的作用為避免**接面尖峰** (junction spiking) 的發生，而銅則是用來抑制**電子遷移** (electron migration) 現象。底層的 TiN 則是為避免鋁的**尖峰** (spiking) 現象及增進**階梯覆蓋** (step coverage)。而最底層的 Ti 則可減低與源、汲極的**接觸電阻** (contact resistance) 或是增進階梯覆蓋。

　　用來蝕刻鋁的的氯氣電漿與 Ti 反應產生 $TiCl_4$，其揮發性並不高，所以蝕刻速率並不快，以 TiN 為例，其蝕刻速率約為鋁蝕刻速率的 1/3～1/4。覆蓋在鋁合金上的 TiN，通常使用與鋁相同的蝕刻參數即可。至於當蝕刻鋁合金下之 TiN、Ti 乃至於 $TiSi_2$ 時，因蝕刻時間較長，容易造成鋁合金的側向蝕刻。解決的方法為在蝕刻此階段時，改變蝕刻條件，如增加離子撞擊能量，以加速 TiN、Ti 的蝕刻速率，或是降低氯的含量，以降低對鋁的蝕刻速率。對於銅的去除就比較困難了，因為 $CuCl_2$ 的蒸氣壓很低、揮發性不佳，所以銅的去除無法以化學反應方式達成，必須以高能量的離子撞擊來將銅原子去除；另外，提高溫度亦可以幫助 $CuCl_2$ 揮發。

8.3.4 耐火金屬及其矽化物的乾式蝕刻

在積體電路中,耐火金屬常應用於**金屬間連結洞插栓** (intermetal-via-hole plug) (如 W) 及**擴散防止層** (diffusion barrier) (如 TiN、TiW) 中,而其矽化物則廣為應用於複晶矽閘極上方之區域連接線。因此其相關蝕刻機制亦有需要在此探討。要了解耐火金屬及其矽化物的乾式蝕刻機制,首先必須了解其化合物的揮發性。鎢 (W) 及鉬 (Mo) 可形成和矽一樣的高揮發性鹵化物,因此它們的蝕刻機制也與矽類似。在 CF_4-O_2 的系統中,WF_6 的揮發速率快於 W 與 F 之反應速率,所以 W 與 F 之反應速率主宰了蝕刻速率,故 W 的蝕刻速率隨氟原子的增加而變快。而鎢矽化物 (WSi_2) 的蝕刻速率則介於鎢和矽之間。TiF_4 的揮發性不佳,因此揮發速率主導著蝕刻速率,故適當提高溫度則有助於蝕刻速率的提高。

耐火金屬的矽化物大多可用以氟為主的電漿氣體蝕刻,但對**複晶矽金屬矽化物** (polycide) 而言並不合適。因為採用高濃度的氟原子作蝕刻時,氟原子亦會對下層之複晶矽進行側向蝕刻,造成**底切** (under cut) 的現象。若改採低濃度的氟原子作蝕刻時,雖可形成非等向性蝕刻,但此時複晶矽化物對氧化層的選擇比將小於 1。針對金屬矽化物而言,使用氯氣 (Cl_2) 為主的電漿來蝕刻金屬矽化物不但對氧化層有很好的選擇比,而且可以很容易的達成非等向性蝕刻。但一般而言,這些金屬的氯化物揮發性都較差,因此蝕刻速率也較差。改善的方法可採用含氟與氯的混合氣體,如 SF_6+Cl_2。

8.4 蝕刻工程

基於乾式蝕刻在半導體製程中與日俱增的重要地位,因此本節將以乾式蝕刻作為描述**蝕刻工程** (etching engineering) 的重點。

8.4.1 電漿

電漿 (plasma) 是一種由正電荷 (離子)、負電荷 (電子) 及中性自由基 (radical) 所構成的部分解離氣體 (partially ionized gas)。當氣體受強電場作用時，氣體可能會崩潰。一開始電子是由於光解離 (photoionization) 或場放射 (field emission) 的作用而被釋放出來。這個電子由於電場的作用力而被加速，動能也會因而提高。電子在氣體中行進時，會經由撞擊而將能量轉移給其他的電子。電子與氣體分子的碰撞是彈性碰撞。然而隨著電子能量的增加，最終將具有足夠的能量可以將電子激發，並且使氣體分子解離，此時電子與氣體分子的碰撞則是非彈性碰撞。

最重要的非彈性碰撞稱為解離碰撞 (ionization collision)，解離碰撞可以釋放出電子。而被解離產生的正離子則會被電場作用往陰極移動，而正離子與陰極撞擊之後並可以再產生二次電子。如此的過程不斷連鎖反覆發生，解離的氣體分子以及自由電子的數量將會快速增加。一旦電場超過氣體的崩潰電場，氣體就會快速的解離。這些氣體分子中被激發的電子回復至基態時會釋放出光子，因此氣體的光線放射主要是由於電子激發所造成。電漿即由部分解離之氣體與等量之帶正負電粒子所組成，此具高度活性氣體乃經由外加電場的驅動而形成，並可產生輝光放電。而電漿中之電子來源可藉由直流 (DC) 偏壓造成分子或離子解離，或利用交流 (AC) 射頻 (RF) 造成離子撞擊電極產生之二次電子形成。而高密度電漿來源有電子迴旋共振 (ECR)、螺旋波、螺旋共振、感應耦合 (ICP)、表面波激發與磁場活化活性離子蝕刻 (MERIE) 等。

8.4.2 濺擊蝕刻

將惰性的氣體分子如氬氣施以電壓，利用衍生的二次電子將氣體分子解離或激發成各種不同的粒子，包括分子、原子團 (radical)、電子、正離子等，正離子被電極板間的電場加速，即濺擊蝕刻 (sputter etching)，具有非常好的方向性 (垂直方向)，較差的選擇性，因光阻亦可能被蝕刻，

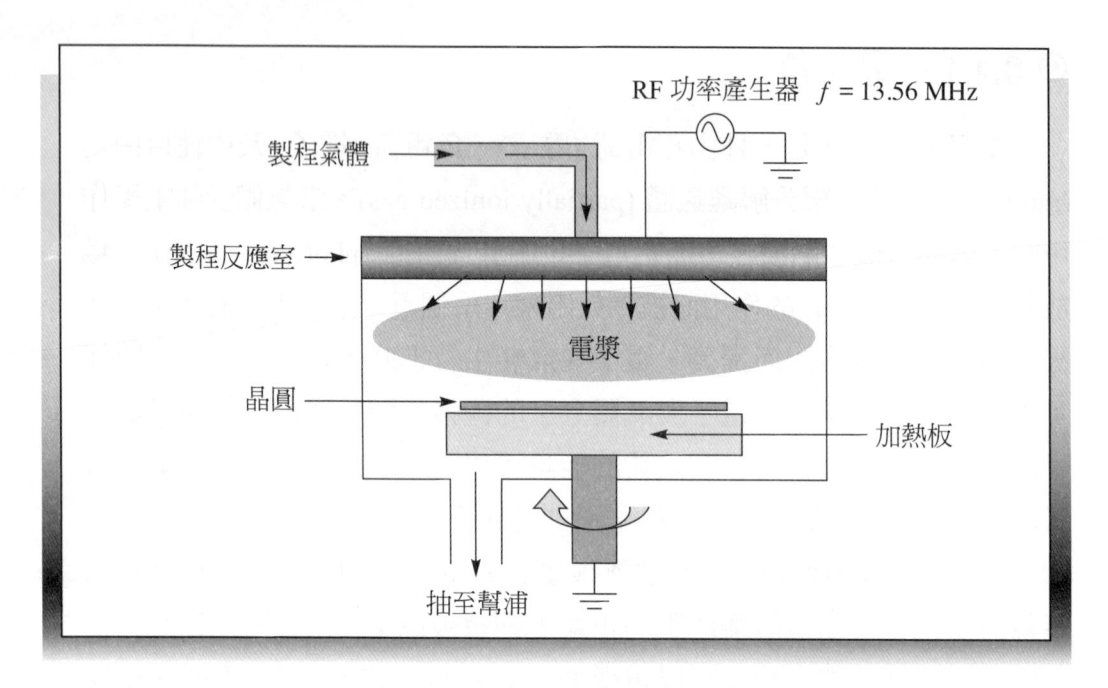

圖 8.11　電漿蝕刻系統

被擊出之物質為非揮發性，又沈積在表面，因此在 VLSI 中很少使用。

⦿ 8.4.3　電漿蝕刻

利用**電漿蝕刻** (plasma etching) 氣體解離產生帶電離子、分子、電子以及反應性很強 (即高活性) 的原子團 [**中性基** (radical)]，此原子團與薄膜表面反應形成揮發性產物，被真空幫浦抽走。電漿蝕刻類似濕式蝕刻，利用化學反應，具有等向性和覆蓋層下薄膜的**底切** (under cut) 現象，由於電漿離子和晶片表面的有效接觸面積比濕式蝕刻溶液分子還大，因此蝕刻效率較佳。圖 8.11 顯示電漿蝕刻系統設備示意圖，其中 RF 電源為 13.56 MHz 之**交流射頻電源** (radio frequency)。

⦿ 8.4.4　反應性離子蝕刻

結合物理性蝕刻與化學**反應性離子蝕刻** (reactive ion etching, RIE)，兼具非等向性與高選擇性。蝕刻進行主要靠化學反應來達成，以獲得高

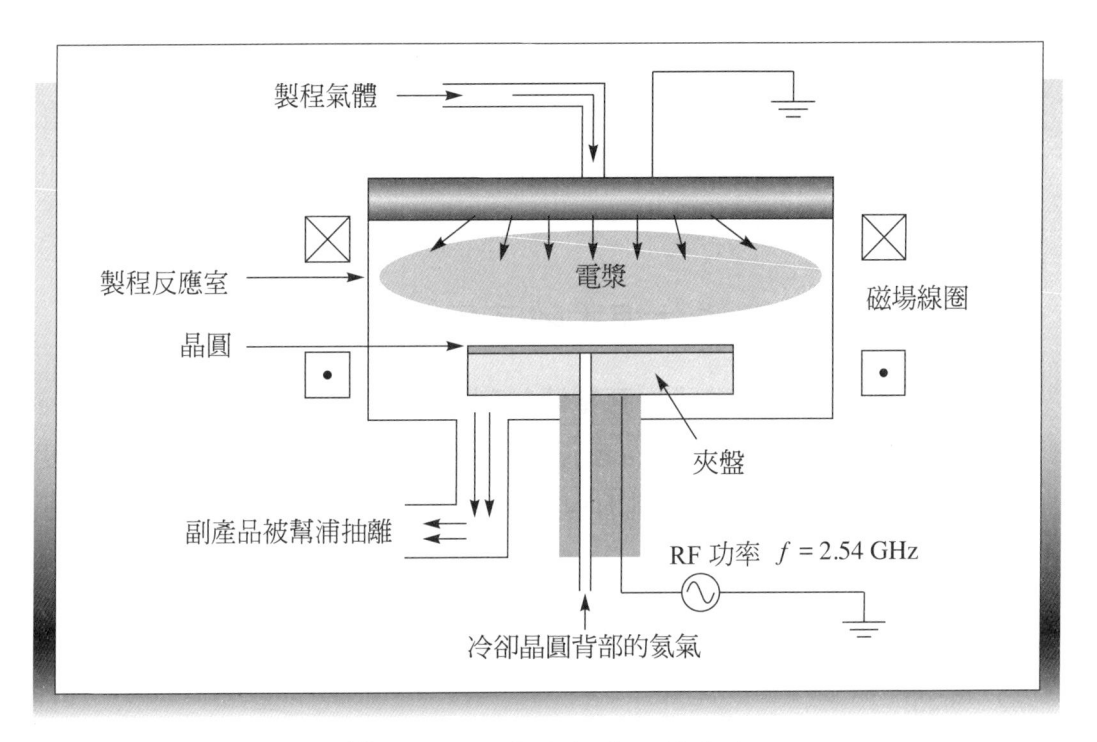

圖 8.12 反應性離子蝕刻系統

選擇性。非等向性蝕刻則靠再沈積的產物將側壁保護下來避免被蝕刻，包含化學反應 (等向性)、離子輔助蝕刻 (具方向性)、保護層形成與生成物殘留排除。各種反應器最廣泛使用的方法，便是結合物理性的離子轟擊與化學反應的蝕刻。此種方式兼具非等向性與高蝕刻選擇比等雙重優點，蝕刻的進行主要靠化學反應來達成，以獲得高選擇比。圖 8.12 顯示反應性離子蝕刻系統設備示意圖，加入離子轟擊的作用有二：一是將被蝕刻材質表面的原子鍵結破壞，以加速反應速率。二是將再沈積於被蝕刻表面的產物或**聚合物** (polymer) 打掉，以使被蝕刻表面能再與蝕刻氣體接觸。而非等向性蝕刻的達成，則是靠再沈積的產物或聚合物，沈積在蝕刻圖形上，在表面的沈積物可為離子打掉，故蝕刻可繼續進行，而在側壁上的沈積物，因未受離子轟擊而保留下來，阻隔了蝕刻表面與反應氣體的接觸，使得側壁不受蝕刻，而獲得非等向性蝕刻。電漿離子的濃度和能量是決定蝕刻速率的兩大要素，為了增加離子的濃度，在乾式蝕刻系統設計了兩種輔助設備：(1) **電子迴轉加速器** (electron cyclotron)，(2)

磁圈 (magnet coil)。前者是利用 2.54 GHz 的微波來增加電子與氣體分子的碰撞機率；而後者則是在真空腔旁加入一個與二次電子運動方向垂直的磁場，使得電子以螺旋狀的行徑來增加與氣體分子的碰撞機率。以下分別針對此二電漿蝕刻作一說明。

8.4.5 電子迴旋共振式離子反應電漿蝕刻

電子迴旋共振式離子反應電漿蝕刻 (electron cyclotron resonance plasma etching, ECR plasma etching) 乃利用微波及外加磁場來產生高密度電漿。電子迴旋頻率可以下列方程式表示：

$$\omega_e = V_e/r \tag{8.1}$$

其中 V_e 是電子速度，r 是電子迴旋半徑。另外電子迴旋是靠勞倫茲力所達成，亦即

$$F = eV_eB = M_eV_e^2/r \tag{8.2}$$

其中，e 是電子電荷，M_e 為電子質量，B 是外加磁場，可得

$$r = M_eV_e/eB \tag{8.3}$$

將 (8.3) 式代入 (8.1) 式可得電子迴旋頻率

$$\omega_e = eB/M_e$$

當此頻率 ω_e 等於所加的微波頻率時，外加電場與電子能量，發生共振耦合，因而產生高的密度電漿。圖 8.13 顯示反應性離子蝕刻系統設備示意圖，蝕刻系統共有二個腔，一個是電漿產生腔，另一個是擴散腔。微波藉由微波導管，穿越石英或氧化鋁做成的窗進入電漿產生腔中，另外磁場隨著與磁場線圈距離增大而縮小，電子便隨著此不同的磁場變化而向晶片移動，正離子則是靠濃度不同而向晶片擴散，通常在晶片上也會施加一個 RF 或直流偏壓，用來加速離子，提供離子撞擊晶片的能量，藉此達到非等向性蝕刻的效果。

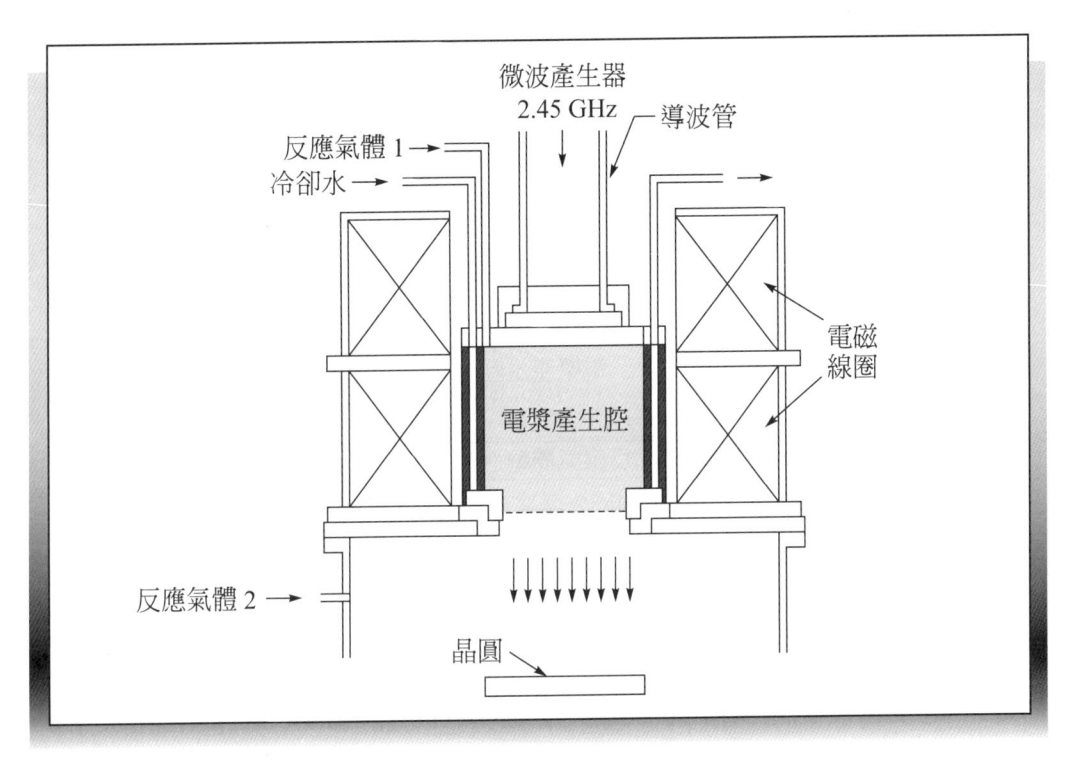

圖 8.13　電子迴旋共振蝕刻系統

◉ 8.4.6　磁場強化反應性離子蝕刻

利用微波即外加磁場來產生高密度電漿。當 $f_{電子迴旋微波}=f_{外加微波}$，外加電場與電子的移動將發生共振耦合產生高密度電漿。圖 8.14 顯示**磁場強化反應性離子蝕刻** (magnetic enhanced RIE, MERIE) 系統設備示意圖，MERIE 是在傳統的 RIE 中，加上永久磁鐵或線圈，產生與晶片平行的磁場，而此磁場與電場垂直，因為**自生電壓** (self bias) 垂直於晶片。電子在此磁場下，將以螺旋方式移動，如此一來，將會減少電子撞擊腔壁，並增加電子與離子碰撞的機會，而產生較高密度的電漿。然而因為磁場的存在，將使離子與電子偏折方向不同而分離，造成不均勻及天線效應的發生。因此，磁場常設計為旋轉磁場。MERIE 的操作壓力，與 RIE 相似，約在 0.01~1 torr 之間，當蝕刻尺寸小於 0.5 μm 時，須以較低的氣體壓力以提供離子較長的自由路徑，確保蝕刻的垂直度，因氣體壓力較

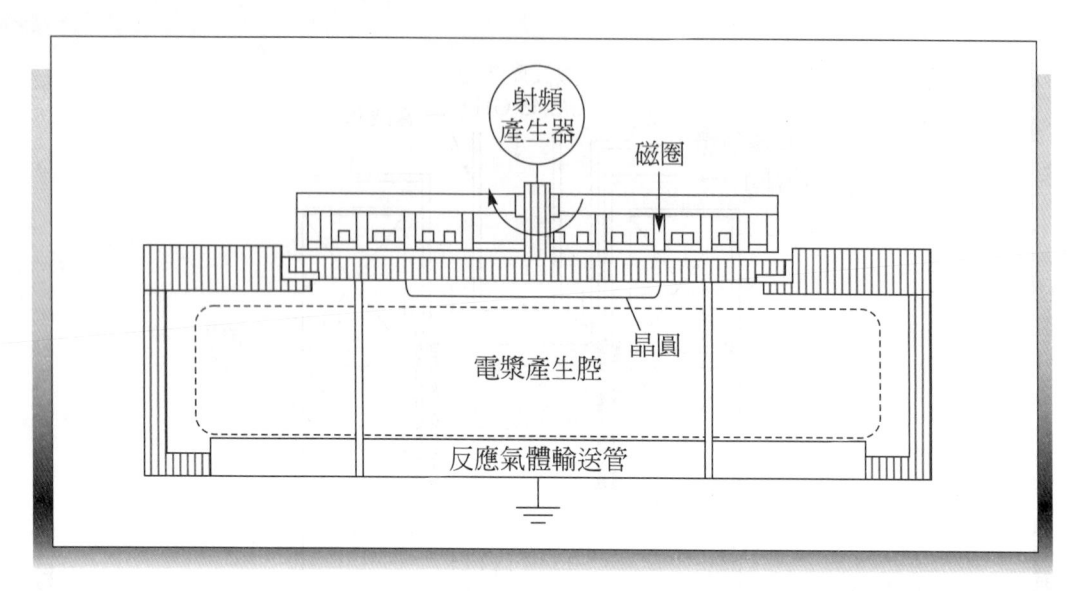

圖 8.14 磁場強化反應性離子蝕刻

低，電漿密度也隨著降低，因而蝕刻效率較差。所以較不適合用於小於 0.5 μm 的蝕刻。

8.4.7 光阻乾式去除

在半導體製程中，常以**電漿** (plasma) 來將晶片表面之光阻加以去除，因為半導體產品經過離子植入或電漿蝕刻後，表面之光阻或發生碳化或石墨化等化學作用，整個表面之光阻均已變質，若以硫酸來去除光阻，無法將表面已變質之光阻加以去除，故均必須先以電漿**光阻去除** (photo-resist stripping) 之方式來做。電漿光阻去除之機制如下：

$$O_2 \rightarrow O+O$$
$$H_2O \rightarrow 2H+O$$
$$H+Cl \rightarrow HCl$$
$$O+PR \rightarrow H_2O+CO+CO_2$$

圖 8.15 顯示電漿光阻去除系統設備示意圖，電漿光阻的產生速率通常較酸液光阻去除為慢。

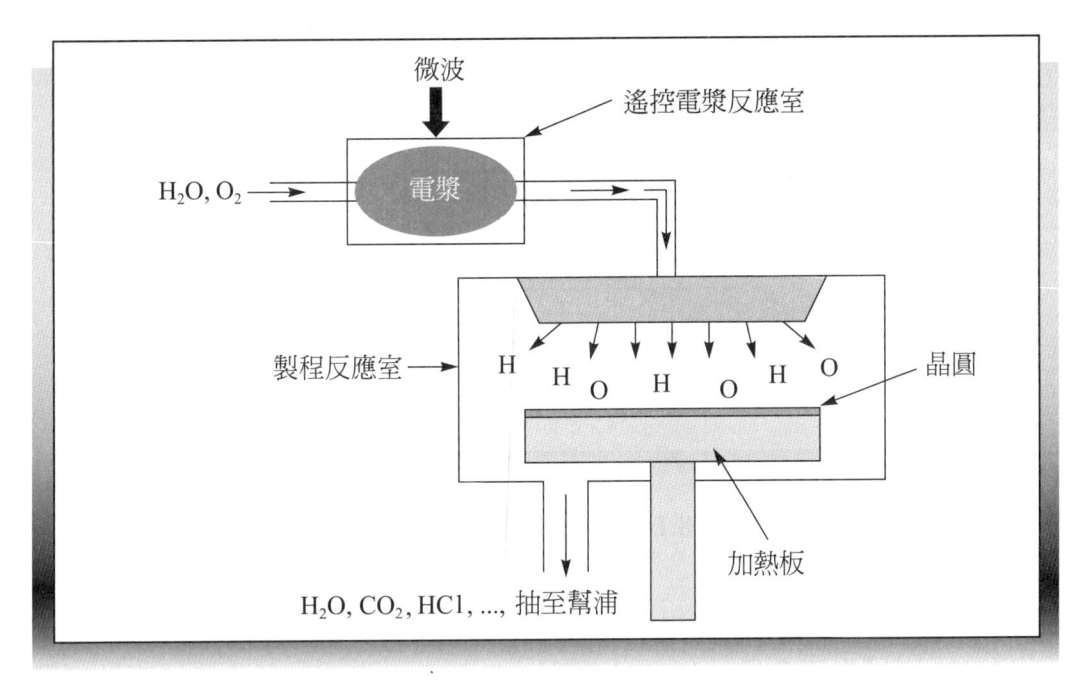

圖 8.15　電漿光阻去除系統示意圖

8.5　特殊結構

當半導體元件愈做愈小時,為了要滿足線路設計法則 (design rule),必須犧牲部分區域以滿足製程空間 (process margin),因此會浪費晶片面積,因此有些特殊結構被發展出來改善此問題。

◉ 8.5.1　無邊界接觸窗

在 MOSFET 結構中,接觸窗與 STI 需保持一最小距離 (minimum rule) 以防止接觸窗蝕刻過程時會侵犯到 STI-SiO$_2$ 造成其氧化層**過度蝕刻** (over-etching) 現象,間接造成元件漏電流發生,因此為減少最小距離與防止過度蝕刻現象發生,**無邊界接觸窗** (borderless contact) 被提出,如圖 8.16 所示,我們可先在元件 (含 STI) 上加覆蓋一層 SiN 薄膜之後再覆上

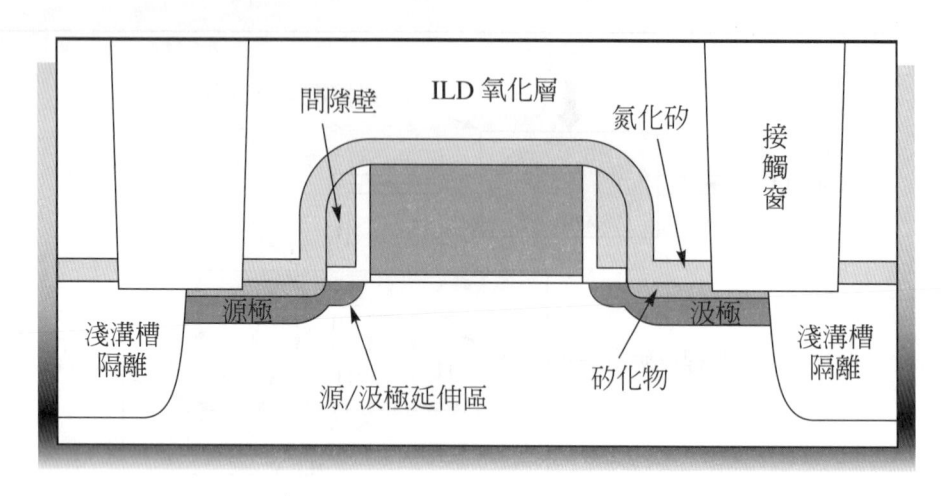

圖 8.16　無邊界接觸窗結構

氧化層作為 ILD 層，如此一來蝕刻 ILD 氧化層形成接觸窗時，即使侵犯到 STI 區域也不會侵蝕到 SiN 底下 STI-SiO$_2$，造成其氧化層過度蝕刻現象，因此可減少半導體元件所需之線路設計法則。

⦿ 8.5.2　無對準管洞

與無邊界接觸窗意義相似，在半導體製程中，上層需保持一最小寬度，以提供管洞蝕刻時能維持**最小口徑 (minimum size)** 使後續金屬製程能填入，然而當半導體元件愈做愈小時 ($L < 0.1$ μm)，金屬寬度必須相對縮小許多，此時很容易會發生管洞與金屬間之**對準不良 (misalignment)** 問題，再經過後續蝕刻製程，常常會造成**氧化層 (IMD)** 過度蝕刻現象，由於此過度蝕刻現象很難避免，因此發展**無對準管洞 (unlanded via)** 來解決，如圖 8.17 所示，我們可在設計管洞時允許比其下層金屬寬度較大的口徑，或對準時刻意給部分**位準位移 (alignment shift)**，因此管洞蝕刻時造成某些氧化層過度蝕刻，由於蝕刻時可修正蝕刻條件避免嚴重過度蝕刻，如此一來可增加管洞接觸面積，提供後續金屬製程更容易填入，避免受到半導體元件最小線路設計法則之限制。

第八章　蝕刻製程技術　195

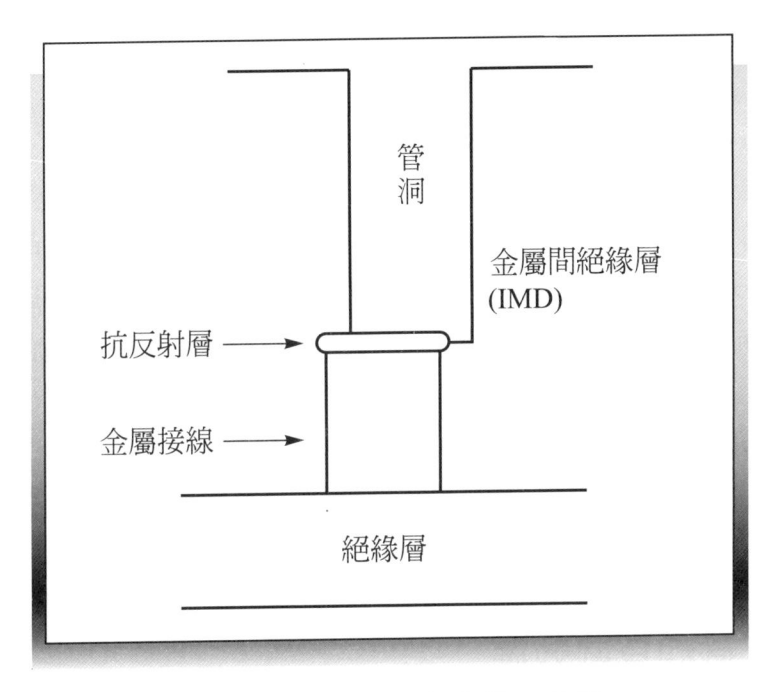

圖 8.17　無對準管洞結構

8.6　製程導致損害

　　當元件愈做愈小 (< 0.18 μm)，而晶圓尺寸愈來愈大 (> 8 吋) 時，蝕刻選擇比與均勻度就變得很重要。傳統活性離子蝕刻系統因為操作壓力高，無法達到垂直側壁蝕刻，以及在大尺寸晶圓上不易維持良好的均勻度，將不再適用，取而代之的是高電漿密度電漿系統。這類電漿系統不但能在極低壓下產生高密度電漿，並且能分別控制電漿密度與離子能量，減少離子轟擊損壞與減少直流偏壓之使用，因而可降低或消除電漿所導致的元件損傷，而蝕刻速率也因離子密度的增加而增加，產能也可因而提高，在大尺寸晶圓上亦能保持良好的均勻性，提高生產良率。然而，即使使用高電漿密度電漿系統，在電漿圖案化蝕刻製程中，定義的蝕刻圖案會影響到蝕刻速率和蝕刻輪廓，這就叫作**負載效應** (loading effect)，一般負載效應有兩種，包含**巨觀負載效應** (macro loading effect)

和微觀負載效應 (micro loading effect)。

8.6.1 巨觀負載效應

帶有較大開口面積的晶圓蝕刻速率與具有較小開口面積的晶圓蝕刻速率不同，這種晶圓對晶圓的蝕刻速率差異就是所謂的**巨觀負載效應** (macro loading effect)。所以當被蝕刻材質裸露在反應氣體電漿或溶液時，由於反應物質在面積較大的區域中被消耗掉的程度較為嚴重，導致反應物質濃度變低，而蝕刻速率卻又與反應物質濃度成正比關係，因此面積較大者蝕刻速率較面積較小者為慢的情形，大部分的等向性蝕刻都有這種現象，它主要會影響批量蝕刻製程，但對單片晶圓製程影響不大。

8.6.2 微觀負載效應

圖形間距愈小或氧化層接觸窗的面積愈小，蝕刻系統中的反應物或帶能量的離子無法穿過較小的窗孔到達接觸底部，且蝕刻的**副產品** (by-product) 也較難擴散順利排出接觸窗外，使得蝕刻速率降低，而面積愈小，此現象愈嚴重，即所謂的**微觀負載效應** (micro loading effect)，圖 8.18(a) 為其示意圖，可發現較小窗孔的蝕刻速率會比大的窗孔來得慢。我們可減少製程的壓力來降低微觀負載效應，或利用平均自由路徑較長之蝕刻劑使其較易穿過微小的窗孔到要被蝕刻的薄膜，如此也比較容易從微小的窗孔中把蝕刻副產品移除出來。另一方面，如圖 8.18(b) 所示，對乾式蝕刻製程而言，由於光阻會濺鍍沈積在側壁上，因此隔離圖案區域的蝕刻圖案輪廓會比密集區域的來得寬，這是因為隔離的圖案區域缺少由鄰近圖案之散射離子所造成的側壁離子轟擊。因為半導體元件尺寸日益縮小，使得蝕刻圖形高的**高寬比** (aspect ratio) 增加，再加上光阻的厚度增加都將使得蝕刻更加困難，例如 0.25 μm 寬的鋁線，厚度大約 0.5 μm，而光阻厚約 0.5～1 μm，整個高寬比將高達 4～6，因此高寬比的增加將使得蝕刻速率變慢的現象，進而造成蝕刻的不均勻性。造成微觀負載效應的原因可歸類為以下幾點：

第八章 蝕刻製程技術　197

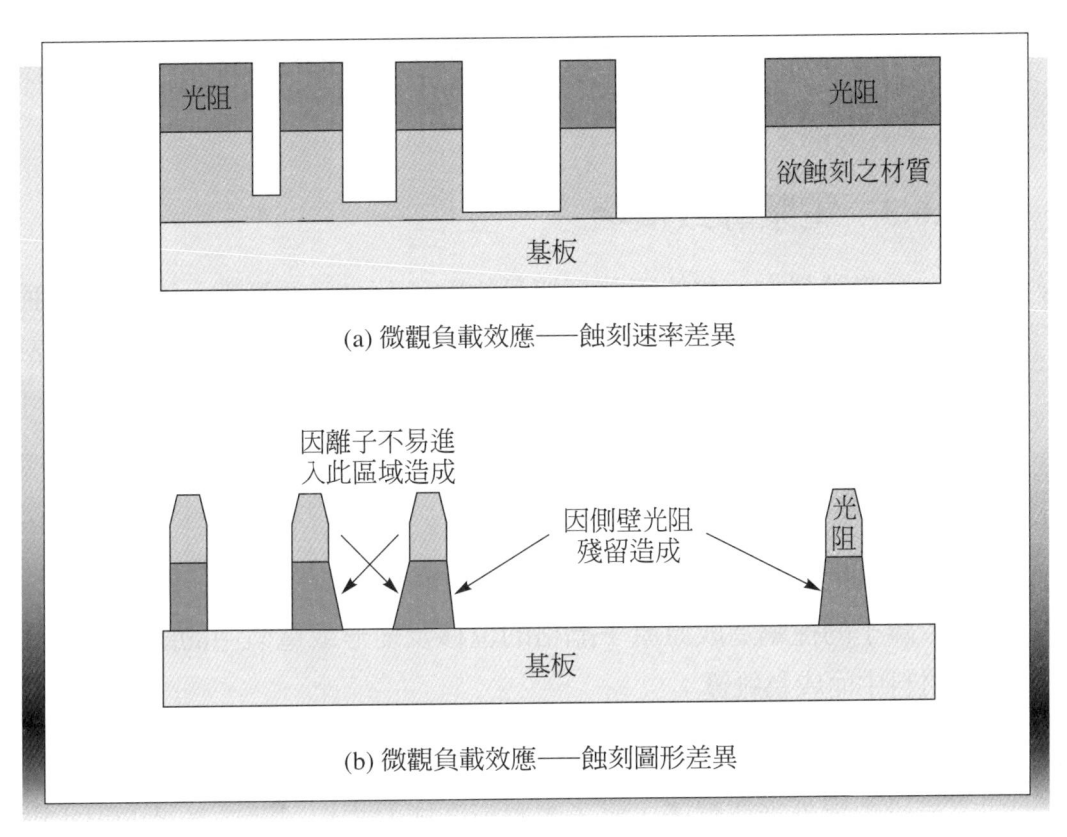

(a) 微觀負載效應——蝕刻速率差異

(b) 微觀負載效應——蝕刻圖形差異

圖 8.18　蝕刻微觀負載效應

1. 離子的撞擊加速了密集區域中聚合物或光阻的再沈積；
2. 光阻累積電荷效應，由於光阻為絕緣體，因此當負電荷 (電子或負離子) 累積在光阻上時將使得正電荷軌道偏離。當高寬比增加時，電荷累積及軌道偏離的現象就愈嚴重；
3. 副產物再沈積。而沈積速率將視副產物蒸氣壓及晶圓溫度而定。

　　降低微觀負載效應基本方式為減低開闊區域的蝕刻速率並增加密集區域的蝕刻速率，實際可採用的方法為：

1. 加入蝕刻抑制物，如氮、氧；
2. 採用**硬質遮罩** (hard mask) 以減低高寬比；
3. 提高晶圓溫度。

除此之外，使用多腔設計可以避免相互污染，並可增進生產速率，而使

用靜電吸附夾具可以降低粒子污染。另外，增進晶片冷卻效率也可減少電漿導致損壞，以提高元件的可靠度。

8.6.3　電漿導致損壞

在電漿蝕刻中，常伴隨著高能量的粒子及光子的轟擊，而這些輻射包含了離子、電子、紫外光及微弱的 X 射線，當高能輻射撞擊到晶圓表面時將會對元件特性造成傷害，而可回復性及不可回復性的傷害都有可能發生。一般而言，隨著粒子能量的增加，造成的傷害愈嚴重。這些傷害包括了：

1. 在閘極氧化層中產生電子缺陷；
2. 由於離子的撞擊造成原原子晶格的位移及變形或電漿中的離子植入某種材料中而成為雜質；
3. 在某些情況下甚至能將閘極氧化層摧毀。

一般由紫外光或離子、電子轟擊所造成的損傷可藉由後續的退火處理後而回復，但在某些情形下則可能無法回復。一個常見無法回復的損傷即為電漿電荷累積所造成的靜電崩潰現象。電漿電荷累積損壞，或稱之為**天線效應** (antenna effect)，此乃電漿中由於局部電荷不均勻，造成電荷累積在面積很大或邊長很長的導體上，而這些電荷將在很薄的閘極氧化層上產生電場。當電荷收集夠多時，跨在閘極氧化層上的電場將導致電流貫穿閘極氧化層，造成損傷。此損傷通常發生在過度蝕刻時，因蝕刻完成前，導體仍為連續，局部不均勻的電荷將相互中和，最後仍能維持電中性。蝕刻完成後，導體不再相連，過度蝕刻時不均勻的電荷將繼續累積，最後對閘極氧化層造成損壞。當電荷累積至足以產生讓閘極氧化層崩潰的電場時，閘極氧化層將發生靜電崩潰現象，造成無法回復的損傷。

我們可設計一不同主動區域面積結構，如圖 8.19(a) 所示，導體與閘極氧化層的面積或邊長比稱之為**天線比** (antenna ratio＝A_g/A_f)，一般而

言，天線比愈大，造成的損傷愈大，圖 8.19(b) 所示為電荷累積所造成的靜電崩潰現象。此乃因導體的面積或邊長愈大，所收集的電荷也愈多，相對於施加於閘極氧化層的電場愈大。再者，過度蝕刻的時間愈長，損傷也愈大，因電流貫穿閘極氧化層的的時間較長，產生的缺陷較多。

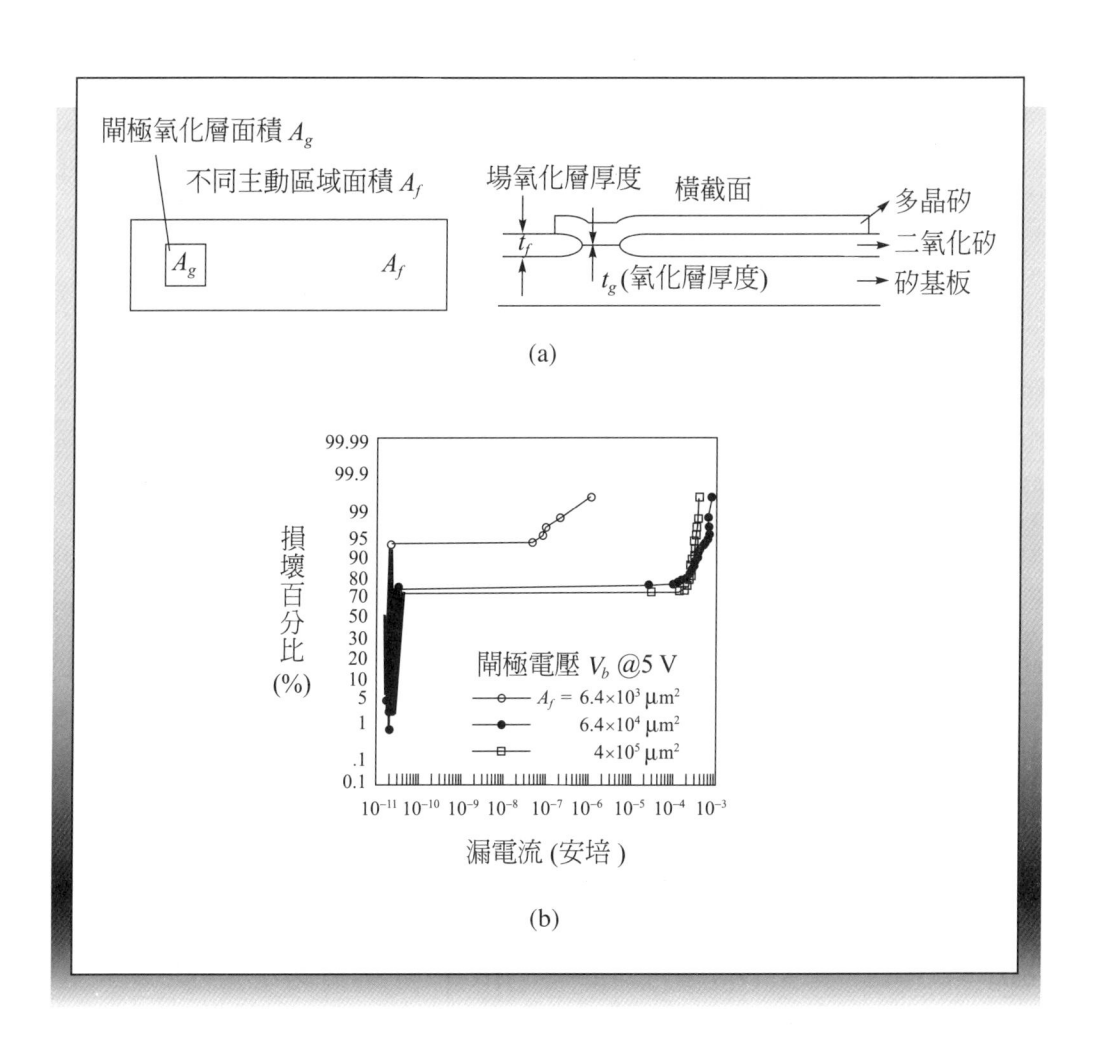

圖 8.19 天線效應

習題

1. 何謂蝕刻？蝕刻技術如何分類？
2. 比較濕式蝕刻與乾式蝕刻之情形。
3. 乾式蝕刻分為幾類？
4. 複晶矽蝕刻所面臨之問題為何？如何解決？
5. 金屬線蝕刻所面臨之問題為何？如何解決？
6. 何謂電漿？
7. 何謂無邊界接觸窗？
8. 何謂無對準管洞？
9. 何謂巨觀負載效應？
10. 何謂微觀負載效應？
11. 何謂電漿導致損壞？如何偵測？

9

元件製程設計

9.1 元件的設計法則
9.2 臨界電壓
9.3 短通道效應
9.4 深次微米元件設計

　　本章我們針對 MOSFET 之設計做一有系統之說明，由於元件為**積體電路** (IC) 的心臟，若元件無法設計與製造驗證成功，製造工廠就無法提供正確的**模型** (model) 給積體電路設計業者來設計相關產品，所以在 IC 產業食物鏈中，半導體製造工廠，尤其是**代工廠** (foundry) 在元件設計必須比產品設計者更早開發下一代產品所需之元件。由於快速與高密度兩項要求一直是半導體技術發展的驅動力，除了可以降低成本外，最重要的目的還是滿足消費者的需求。因而電晶體的特徵尺寸幾乎隨著**莫爾定律** (Moore's law) 的預測，快速地以每兩、三年一個世代的腳步持續縮小 (每世代縮小 0.7 倍)。

　　隨著持續將微電子元件縮小 (scaling)，MOSFET 在結構不變之前提下，早期元件設計者大多僅以尺寸縮小為主要設計法則，因此，隨著世代變遷的只有元件尺寸 (長、寬、閘極氧化層厚度) 不斷地縮小，再配合替換部分材料與製程技術改善，如圖 9.1 所示為國際半導體技術藍圖制定會 (International Technology Roadmap for Semiconductor, ITRS) 所顯示

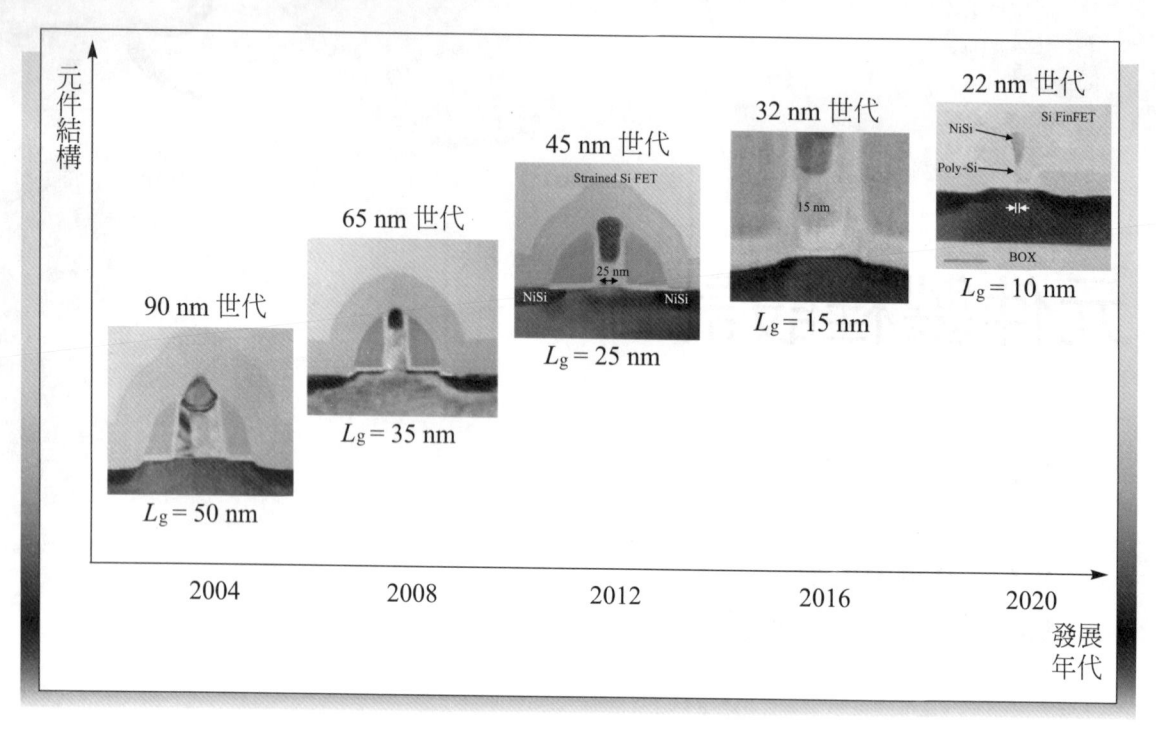

圖 9.1　電晶體縮小趨勢

資料來源：ITRS 2003

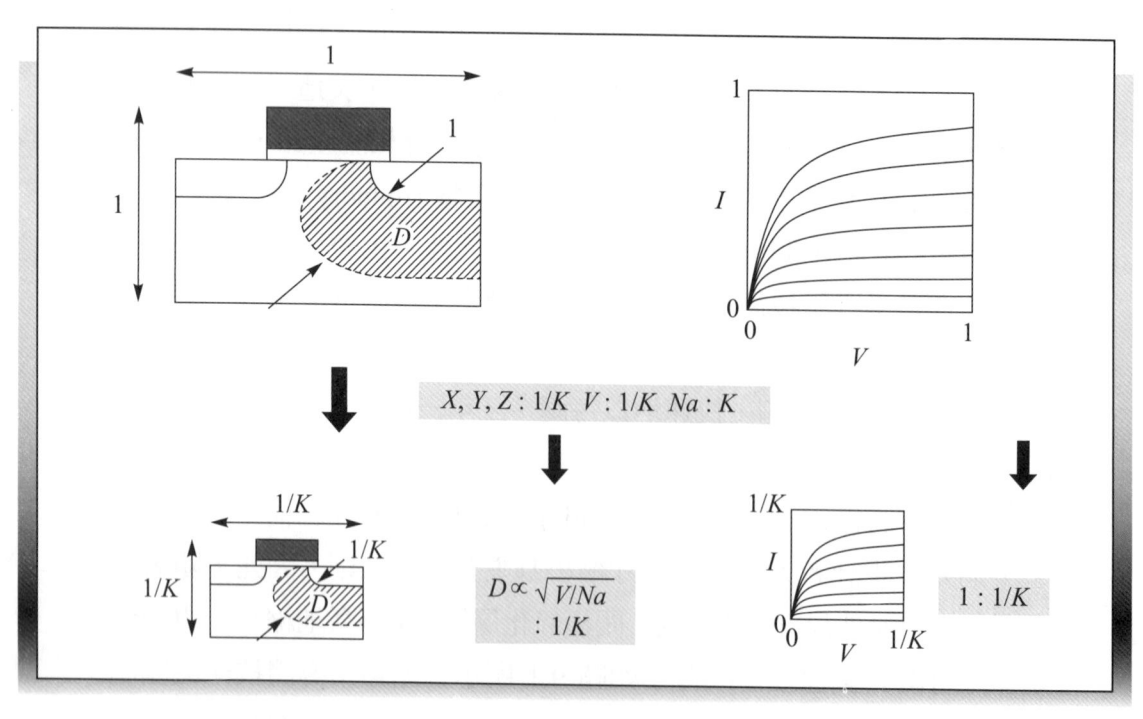

圖 9.2　MOSFET 的設計法則

未來十年 MOSFET 的發展里程圖。如今 MOSFET 已開始進入 45 nm 世代，準備開發 22 nm 世代之元件，此時 MOSFET 結構也開始面臨是否需要改變之關鍵時刻。一開始 MOSFET 只會將元件尺寸縮小，對於電壓並無相對地減少以換取較快的元件操作速度，直到深次微米世代 (< 0.25 μm)，元件必須考慮**短通道效應** (short channel effect)，因此設計元件開始審慎考慮元件是否需減少操作電壓，另一方面，也需考慮功率消耗以及低漏電流等問題，所以操作電壓也必須相對地減少，如圖 9.2 所示。除了減少操作電壓之外，**基板摻雜** (substrate doping) 濃度也必須相對增加，以防止短通道效應發生。

9.1 元件的設計法則

如圖 9.3 所示，目前 MOSFET 的設計法則大致可分為**定電壓**

	定電場	定電壓	S (縮小比例) < 1
操作電壓 (V_{dd})	S	1	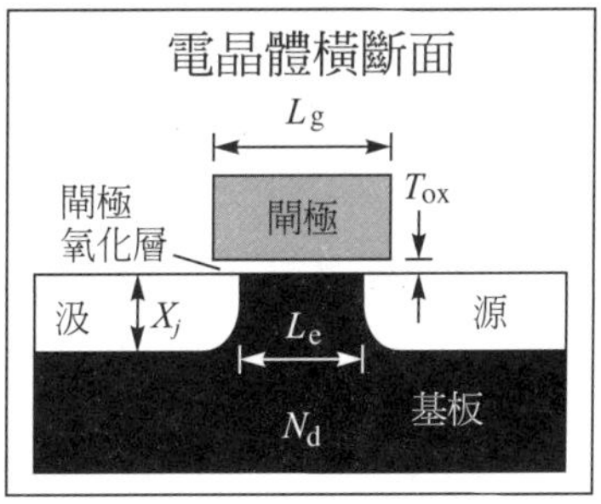
通道長度 (L_g, L_e)	S	S	
通道寬度 (W)	S	S	
閘極氧化層厚度 (T_{ox})	S	S	
基板摻雜濃度 (N_d)	S^{-1}	S^{-1}	
汲極電流 (I_d)	S	S^{-1}	($V^2 W/L_e T_{ox}$)
閘極電流 (C_g)	S	S	(WL_g/TO_x)
閘極延遲	S	S^2	($C_g V/I$)
操作功率	S^3	S	($C_g V^2$)

圖 9.3 MOSFET 的縮小法則

(constant voltage) 及**定電場** (constant electric field) 兩種。

定電場即指電壓與元件長同時等比例縮減，當元件長 (L)、寬 (W)、氧化層厚度 (T_{ox}) 等尺寸成比例減少後，相關之操作電壓就會影響元件之特性，如果操作電壓 (V) 不隨著 L 減少，則相對的**通道電場** (channel field) 就會增加，如此一來元件之操作電流 (I_D) 增加，元件傳遞速度會增加，即可減少**閘極延遲** (gate delay) ($\tau = C_g V/I_D$)，但元件之操作功率消耗 ($C_g V^2$) 就會相對地增加，另外會有**漏電流** (leakage current) 與**高電場** (high field) 效應，如**熱載子效應** (hot-carrier effect) 問題發生。

因此，如果為了減少元件功率消耗，則操作電壓就須隨著元件尺寸而減少，等電場即是另一設計法則。因為一旦 V 下降，元件消耗功率就會減少，但相對地會影響的是元件操作電流減少與元件閘極延遲。由以上之元件設計法則所製造出來的 IC 產品大致可分為**高性能** (high performance) 與**低功率** (low power) 兩種，因此 IC 設計工程師就需在此二大法則下設計出理想之產品，並同時修改相關製程以改善因此設計法則造成元件特性衰減之旁生效應。

9.2 臨界電壓

對一個深次微米元件而言，**臨界電壓** (threshold voltage, V_t) 是一個相當重要的參數，尤其是當元件已縮小到小於 0.1 μm (100 nm) 的程度時，開始出現元件失控問題。簡單來看，我們可以臨界電壓來描述深次微米元件之特性變化情況，一個 MOSFET 理想的臨界電壓方程式 $V_t = \Phi_{ms} - Q_{ox}/C_{ox} + Q_B/C_{ox} + 2\Phi_B$，其中 ($\Phi_{ms} - Q_{ox}/C_{ox}$) 又稱為**平帶電壓** (flat band voltage, V_{FB})，而影響 MOSFET 臨界電壓則有許多原因，最主要有以下三種：(1) 閘極絕緣層與 C_{ox} ($= k/T_{ox}$) 有關； (2) 閘極材料則與 Φ_m 有關；(3) **短通道效應** (short channel effect) 與基板摻雜濃度 (substrate doping) Q_B 有關。現在我們分別描述這些因素對元件特性之影響。

⊙ 9.2.1 閘極絕緣層

為了達到增加元件性能的目標，閘極氧化層厚度的調整是非常重要的關鍵，但被調整的介電質首先必須滿足小閘極漏電流和元件可靠性的要求。表 9.1 所示為閘極氧化層縮小趨勢，可見閘極氧化層厚度會隨著元件尺寸縮小而減少。在 90 nm 節點的**有效物理厚度** (effective physic thickness, $T_{ox\text{-}eff}$) 限制條件是 1.0 奈米，此時高性能與低功率元件所需滿足最少閘極漏電流則相差 1000 倍。傳統的二氧化矽 (SiO_2) 氧化層在薄到 1.0 奈米時會有以下幾個問題：

1. 直接穿隧漏電流的問題。薄氧化層已不是一個良好絕緣體，漏電流的機制將由佛洛-諾罕穿隧轉變為直接穿隧，使得漏電流的大小隨厚度減少呈現級數增加。
2. 通道電子漏失的問題；太大的漏電流使得電子無法在通道中累積，降

表 **9.1** 氧化層縮小趨勢

年　代	1999	2002	2005	2008	2011	2014	2017
技術世代 (nm)	180	130	90	50	45	32	22
MPU L_g (nm)	140	85	65	45	32	22	15
等效氧化層厚度	1.9~2.5	1.5~1.9	1.0~1.5	0.8~1.2	0.6~0.8	0.5~0.6	0.4~0.5
閘極漏電流 @100°C (nA/μm) H.P.	5	10	20	40	80	160	320
閘極漏電流 @100°C (pA/μm) L.P.	5	10	20	40	80	160	320

H.P.：High Performance Device (高性能)
L.P.：Low Power Device (低功率)

低元件電流的驅動力。

3. 載子遷移率下降的問題；氧化層厚度的減少使得垂直於通道的電場快速增加，因此表面散射的效應增強，導致通道中的載子遷移率下降。

國際半導體技術藍圖制定會 (International Technology Roadmap for Semiconductor, ITRS) 指出，為了因應低消耗功率的應用，會需要用到高介電薄膜。**等效氧化層厚度** (equivalent oxide thickness, EOT) 預期在 1.5 到 2 奈米，而閘極漏電流要低於 2.2 mA/cm^2。由於 MOSFET 元件操作電流 (I_D) 與閘極氧化層 (T_{ox}) 成反比，因此閘極氧化層縮小對電晶體特性有明顯的影響，如圖 9.4 所示。

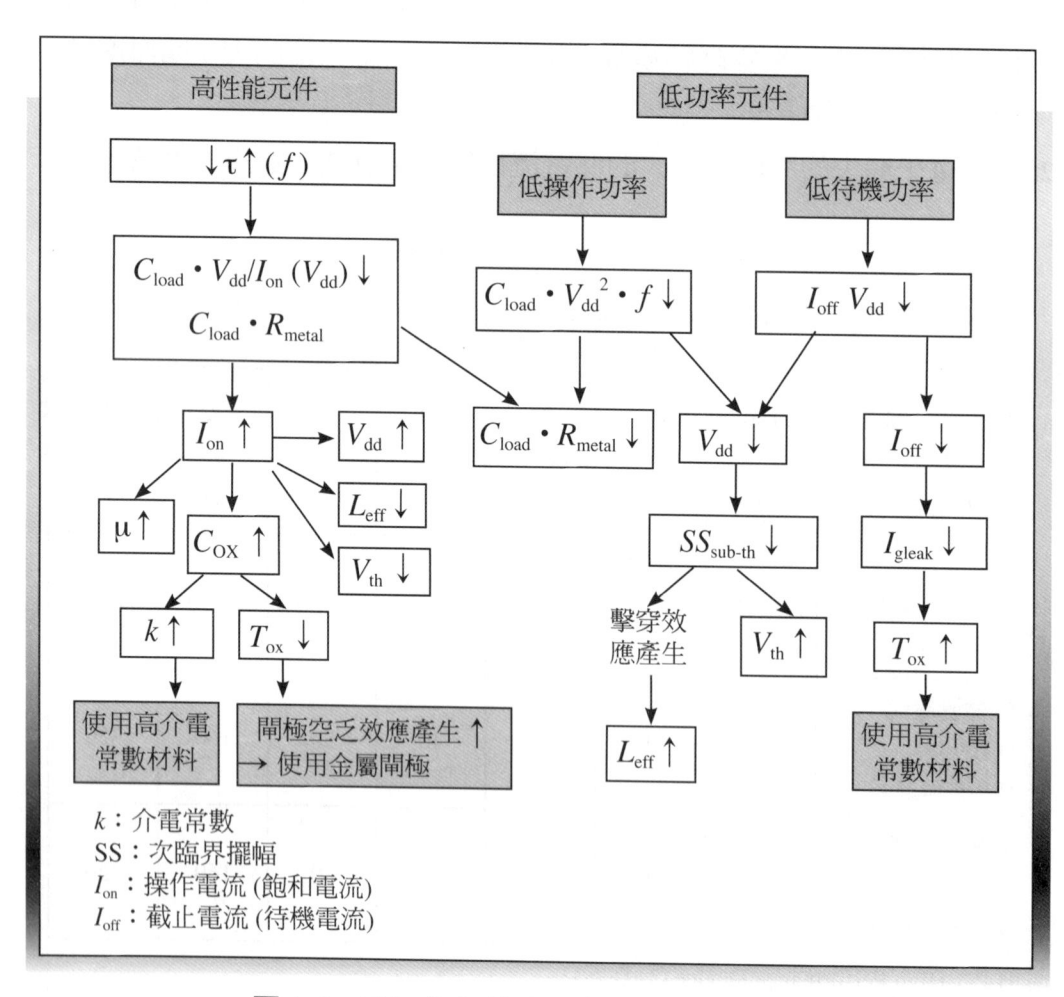

k：介電常數
SS：次臨界擺幅
I_{on}：操作電流 (飽和電流)
I_{off}：截止電流 (待機電流)

圖 9.4　閘極氧化層縮小對電晶體特性影響

對高性能元件而言，為了增加元件操作頻率 (f)，電晶體操作電流 (I_D 或 I_{on}) 必須要增加，在無法增加操作電壓下，縮小閘極氧化層是一有效的方法，但因需滿足最小閘極漏電流之要求，所以閘極氧化層厚度無法縮小太多，因此在保持閘極氧化層厚度 (即保持最小閘極漏電流) 下，為了增加 C_{ox} ($=k/T_{ox}$)，只好尋找**高介電常數** (high dielectric constant, high k) 材料來替代，此高介電常數材料不但可改善高性能 MOSFET 特性，也可以避免低功率 (尤其是待機功率) MOSFET 因閘極氧化層厚度減少所造成閘極漏電流。

另外為了改善因閘極氧化層厚度減少所造成閘極**多晶矽空乏** (poly depletion) 效應問題，**金屬閘極** (metal gate) 不可或缺。閘極氧化層除了**實際厚度** (physical thickness, $T_{ph.ox}$) 外，在 MOSFET 操作上需另外考慮因閘極空乏效應與**量子效應** (quantum mechanical) 所造成額外之厚度，即 T_{dep} 與 T_{inv}，因此在 MOSFET 操作時所反映之閘極氧化層厚度，稱之為閘極氧化層電性厚度 ($T_{elec} = T_{ph.ox} + T_{dep} + T_{inv}$)，如圖 9.5 所示。

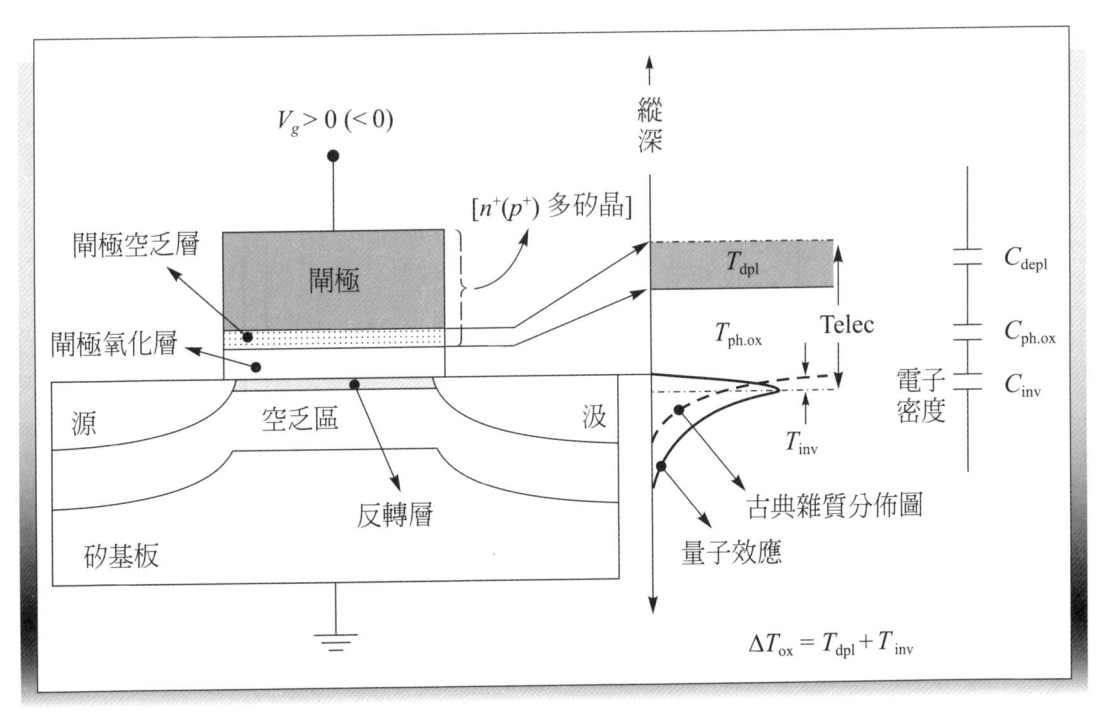

圖 9.5　閘極氧化層電性厚度

9.2.2 閘極漏電流

當閘極氧化層厚度逐漸減少時，相對閘極漏電流會增加，主要是**穿隧電流** (tunneling current) 所造成，穿隧電流機制可分為**佛洛-諾罕穿隧** (Fowler-Nordheim Tunnel, F-N tunneling)，如圖 9.6(a) 所示，與**直接穿隧** (direct tunneling)，如圖 9.6(b) 所示兩種。

A. 佛洛-諾罕穿隧

如圖 9.6(a) 所示，當所加電壓達到一定的值或是降在閘極介電層上面的電壓 (V_{ox}) 大於另一側電子所看到的障壁電位 Φ_B 將會因為閘極介電層尖端部分達到一個非常薄的狀態而直接穿隧過去，所以可以用 (9.1) 式來表示

$$J = \frac{A}{4\Phi_B} E_i \cdot \exp\left(-\frac{2B\Phi_B^{3/2}}{4E_i}\right) \tag{9.1}$$

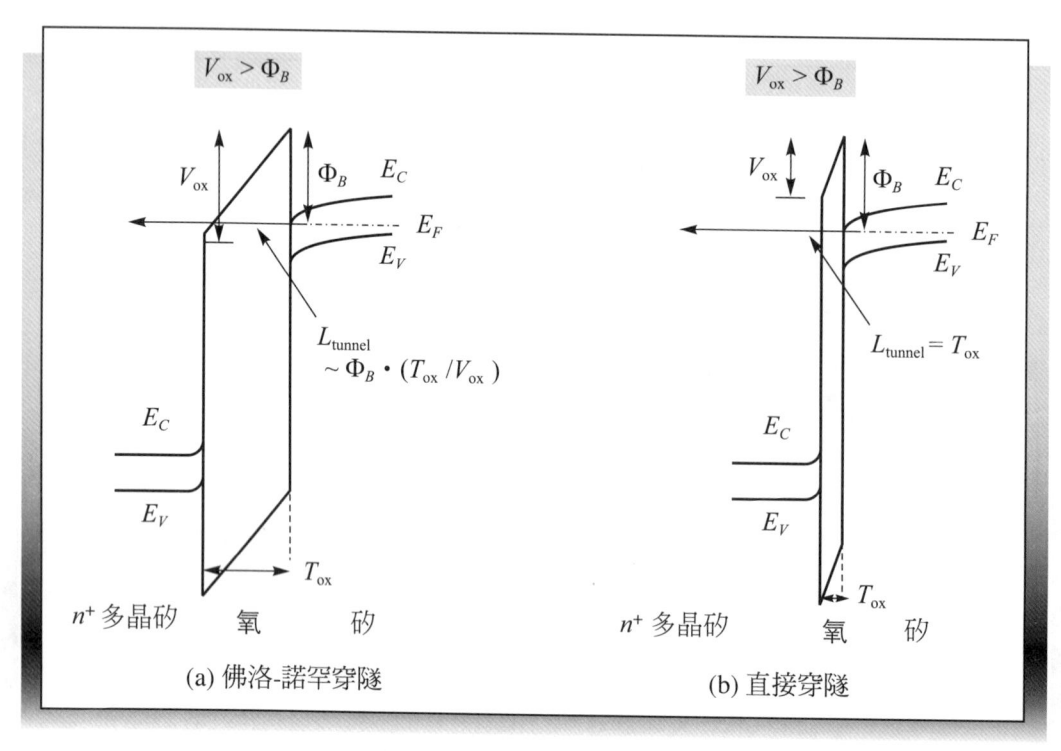

圖 9.6　閘極氧化層穿隧

式中的電場

$$E_i = V_{ox}/d \; ; \; A = \frac{q^2}{2\pi h} \; \cdot \; B = \frac{4\pi\sqrt{2m^2 q}}{h}$$

Φ_B 為基底彎曲能帶點到介電層能帶尖端處的差；其中 h 為**浦蘭克常數** (Planck's constant)，m 為**電子的有效質量** (effective mass of an electron)，另外在佛洛-諾罕穿隧時，因為電子穿隧閘極介電層，會引起閘極介電層內產生缺陷陷阱及抓陷現象，圖 9.7 可說明此現象，並用步驟說明：

(a) 經由**衝擊游離** (impact ionization) 產生**電子電洞對** (electctron-hole pair)；
(b) 缺陷陷阱接受被衝擊游離所產生的電子；
(c) 電子電洞對再復合；
(d) 在導電帶的電子穿隧。

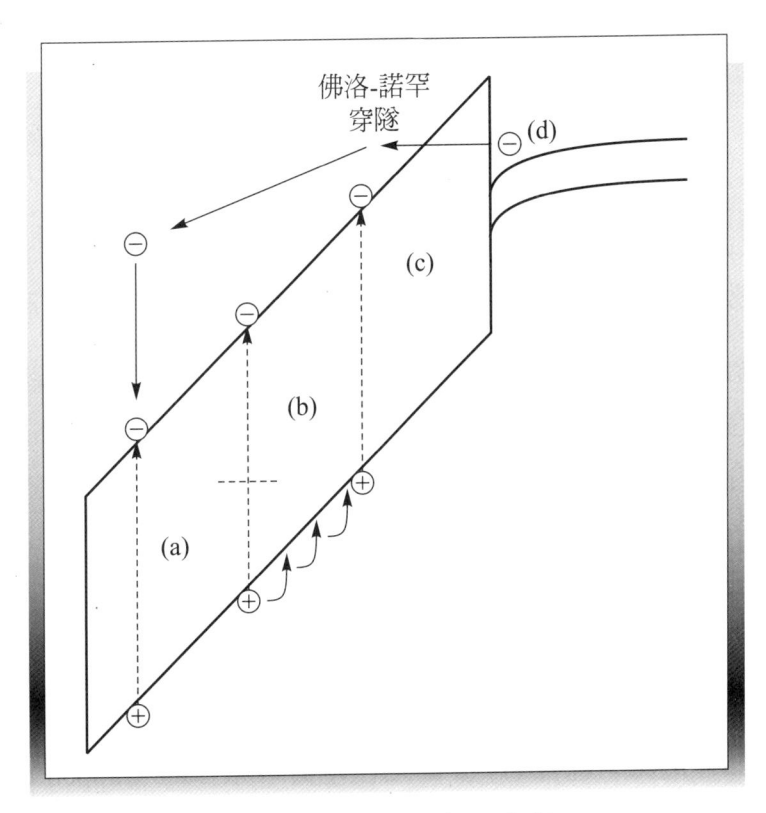

圖 **9.7** 佛洛-諾罕穿隧機制

佛洛-諾罕穿隧經注入電子後，會使原本緊密的鍵結斷裂，而成為缺陷陷阱及因衝擊游離產生的電子電洞對，而電洞經由缺陷陷阱的抓陷會造成閘極介電層的有效衰退，進而崩潰；所以若閘極介電層內部的缺陷陷阱愈多，將會影響到漏電流的多寡。

B. 直接穿隧

如圖 9.6(b) 所示，跟佛洛-諾罕穿隧不同之處，就是降在閘極介電層上面的電壓不用很高即可造成電子穿隧，原因是閘極介電層厚度達到一定的物理極限，其電流跟閘極介電層的厚度平方而成反比，可見 (9.2) 式，因為量子效應而出現的穿隧現象，此現象可說是未來元件尺寸縮小中最需要注意到的，因為閘極介電層的厚度已經到達物理極限。

$$J = \frac{A}{d^2} \left\{ \left(\Phi_B - \frac{V}{2} \right) \cdot \exp\left(-Bd\sqrt{\Phi_B - \frac{V}{2}} \right) \right. \tag{9.2}$$

$$\left. - \left(\Phi_B - \frac{V}{2} \right) \cdot \exp\left(-Bd\sqrt{\Phi_B - \frac{V}{2}} \right) \right\}$$

其中常數 $B = \frac{4\pi\sqrt{2m^2q}}{h}$，$V$ 為閘極所加電壓，d 為閘極介電層厚度。而兩種穿隧機制的電流的發生比較圖，可以由圖 9.7 看出佛洛-諾罕穿隧電流主要存在高電場情況下，而較明顯之**直接穿隧** (direct tunneling) 電流只有在閘極介電層厚度小於 5 nm 時發生。

◉ 9.2.3 氧化層電荷

以上閘極漏電流之產生並未考慮氧化層電荷現象，然而在成長氧化層時很容易因製程變異產生氧化層電荷，如圖 9.8 所示，氧化層電荷可區分為四種電荷，包含 (1) 介面陷住電荷 (interface trapped charge, Q_{it})；(2) 固定氧化物電荷 (fixed oxide charge, Q_f)；(3) 氧化層陷住電荷 (oxide

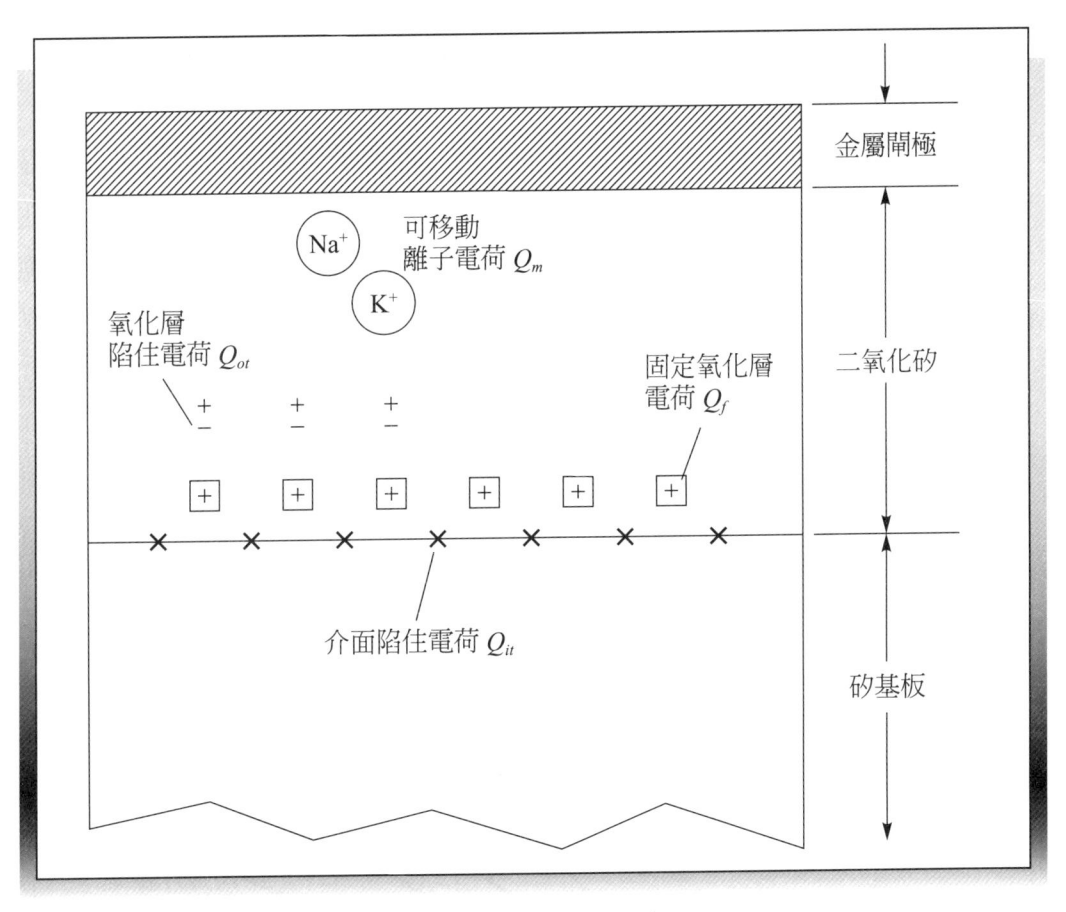

圖 9.8　閘極氧化層穿隧

trapped charge, Q_{ot})；(4) **可動離子電荷** (mobile ionic charge, Q_m)。

1. 介面陷住電荷 Q_{it} 產生起因於 Si-SiO₂ 介面的不連續性及介面上的未飽和鍵。通常 Q_{it} 的大小與介面化學成分有關。改善方法於矽上以熱成長二氧化矽的 MOS 二極體使用低溫 (約 450°C) 氫退火來中和大部分的介面陷住電荷，或選擇低阻陷的晶片 [即 (100) 晶片]。
2. 固定氧化層電荷 Q_f 產生原因為當氧化停止時，一些離子化的矽就留在介面處 (約 30 Å 處)，這些離子及矽表面上的不完全矽鍵結產生了正固定氧化層電荷 Q_f。改善方法可藉由氧化製程的適當調整，或是**退火** (annealing) 來降低其影響力或是選擇較佳的晶格方向。
3. 氧化層陷住電荷 Q_{ot} 產生原因主要是因為 MOS 操作時所產生的電子電

洞被氧化層內的雜質或未飽和鍵所捕捉而陷入。改善方法可利用低溫退火消除掉。

4. 可移動離子電荷 Q_m 產生原因通常是鈉、鉀離子等鹼金屬雜質，在高溫和高正、負偏壓操作下可於氧化層內來回移動，並使得電容-電壓特性沿著電壓軸產生平移。改善方法可藉由在矽氧化製成進行時，於反應氣體進行時加入適量 HCl，其中的 Cl 離子會中和 SiO_2 層內的鹼金屬離子。

9.2.4 高介電常數閘極絕緣層材料

我們已知為了避免因厚度縮小所造成閘極漏電流問題，由圖 9.9 可知

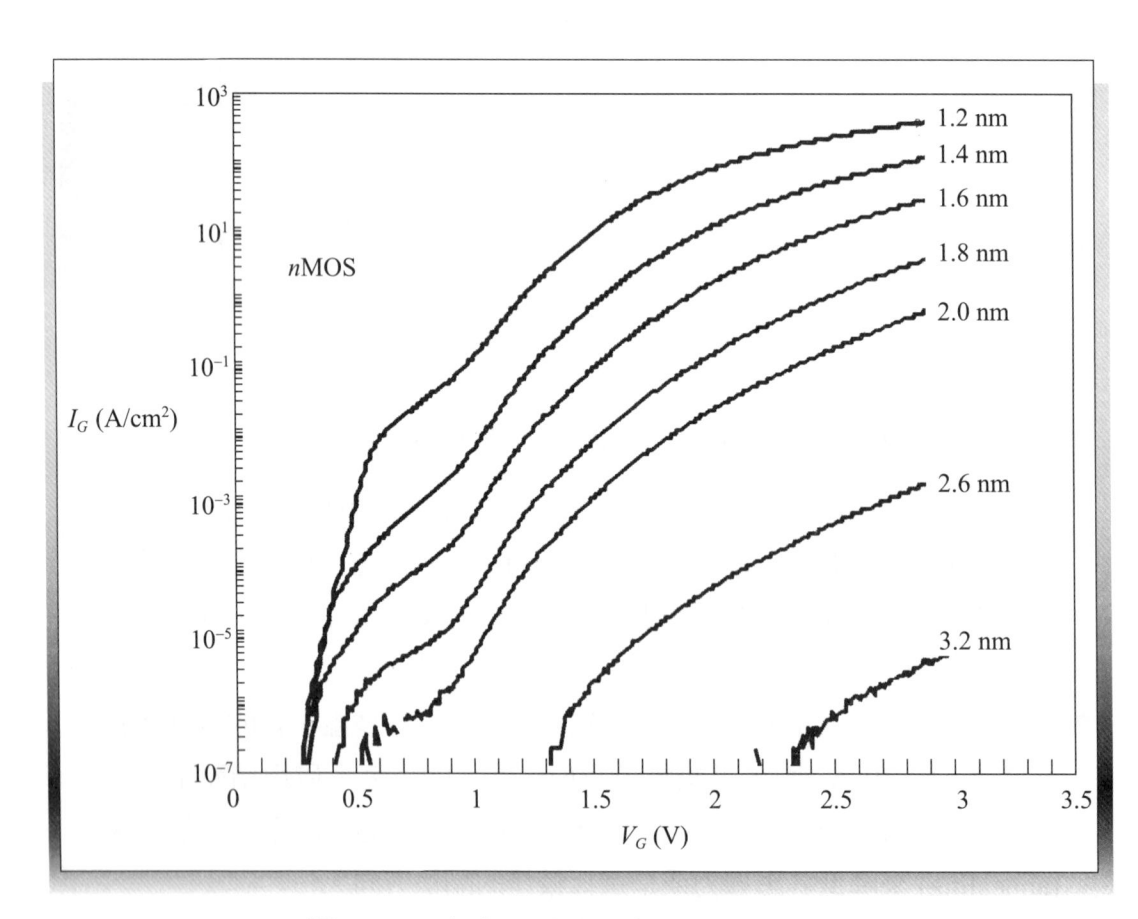

圖 9.9　閘極氧化層與閘極漏電流之關係

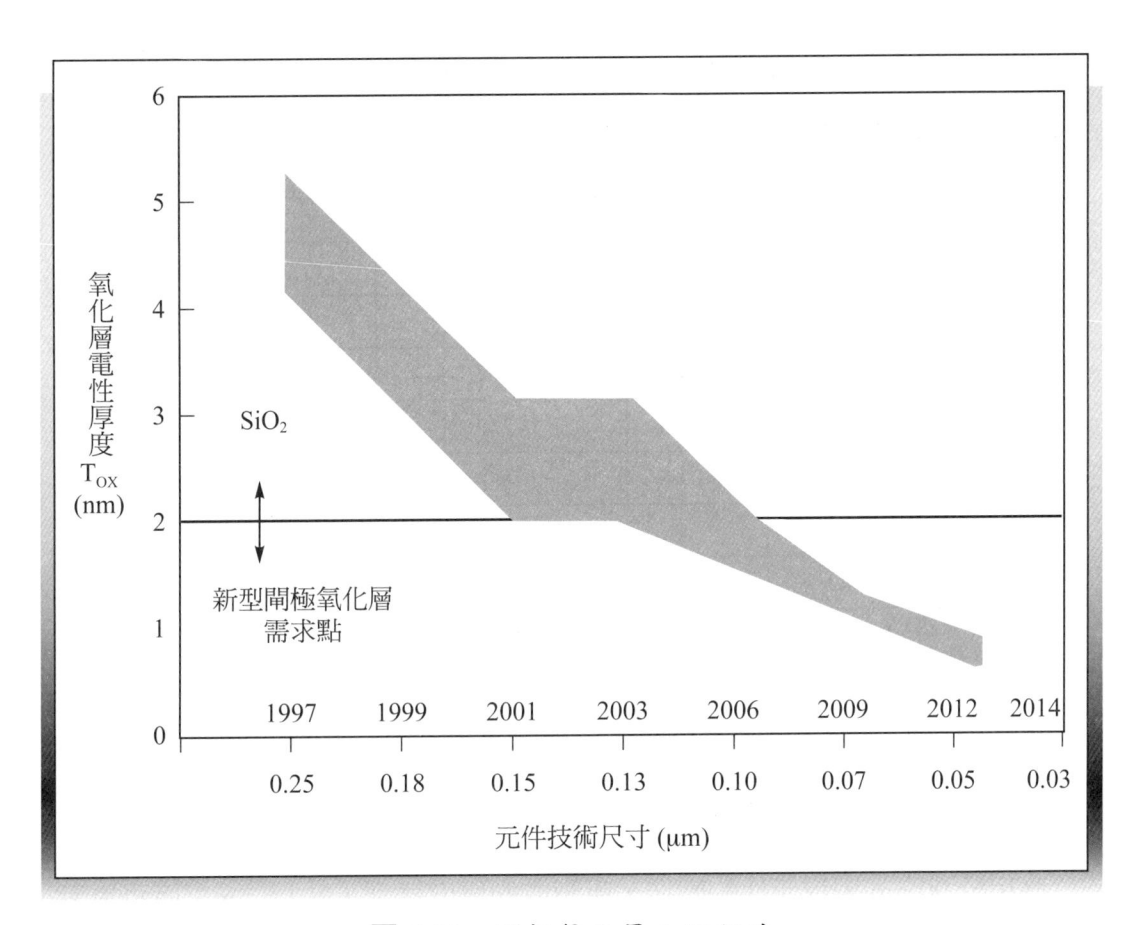

圖 9.10　閘極氧化層之里程碑

閘極氧化層在小於 1.2 nm 時閘極漏電流將大於 100 mA/cm^2，因此使用高介電常數材料是必然的。由第五章圖 5.23 所示已知，針對 1.2 nm 閘極氧化層 (SiO$_2$) 而言，如果選擇一特定高介質材料來取代，可提高到 3.0 nm 厚，因此閘極漏電流可減少為一百分之一，而且閘極絕緣層電容 (C_{ox}) 也可提高至 1.6 倍。因此各種不同閘極絕緣層被提出來替代閘極氧化層，而在選取電晶體的介電質材料時，必須考慮到傳導帶與價帶分別跟矽的位置關係，通常傳導帶至少要比矽的傳導帶高 1 eV，而價帶則是比矽低 1 eV，如此才有足夠高的位能障阻止矽中的電子電洞穿透過介電層，達到絕緣的效果。圖 9.10 表示閘極氧化層之里程碑，由圖可知，當氧化層厚度小於 2 nm 時，新的高介質材料必須被使用來替代 SiO$_2$。

表 9.2 所示為較常被研究之閘極絕緣層材料，除了 SiO$_2$ 外，在閘氧

表 9.2　閘極絕緣層之替代材料

材　料	介電常數	反應溫度 活化能 (Kcal/mole)	熔點 (°C)
SiO_2	3.9	−217	1730
Si_3N_4	7.8		~1900
Al_2O_3	8~10	−267	2050
ZrO_2	12~25	−262	2677
Ta_2O_5	25~65	−90	1870
HfO_2	~30	−266	2900
TiO_2	30~90	−226	1855
$BaSrTiO_3$	100~300		

化層中添加氮物質是防止從閘多晶矽到矽基板的「Boron 硼穿透」的先決條件，介電質中的氮物質還能用來降低閘漏電，透過採用去耦電漿氮化 (DPN) 技術和現場 RTP 熱處理製程，氧氮化層製作製程已經成功地被應用於 90 nm 製程元件的製造，所製成的厚度達到 1.2~1.6 nm。而將氧氮化物閘介質沿用至 65 nm 製程的挑戰在於既要滿足 1.0 nm 時的漏電和可靠性要求，又要不明顯地降低其遷移率。至於 65 nm 以下元件設計，Intel 於 2007 年宣稱高介質製程已經運用在 45 nm MOSFET 上，可見現在已進入高介質製程世代，而目前被認定較可行之高介質絕緣層以 HfO_2 為主，不久將普遍運用在相關 IC 產品上。

⦿ 9.2.5　閘極材料

傳統 MOSFET 的閘極材料絕大多數是多晶矽，再加上二氧化矽 (SiO_2) 閘極氧化層，如圖 9.11 所示。由於多晶矽/非晶矽/矽基板結構分別是 Poly-Si (多晶矽) /SiO_2 (非晶矽) /Si 基板 (單晶矽)，其介面問題已經被研究透徹，製程也比較好掌握。其中多晶矽阻值可由摻雜方式來調整，因此數十年來，MOSFET 的閘極材料大多以多晶矽/非晶矽為主，直到二

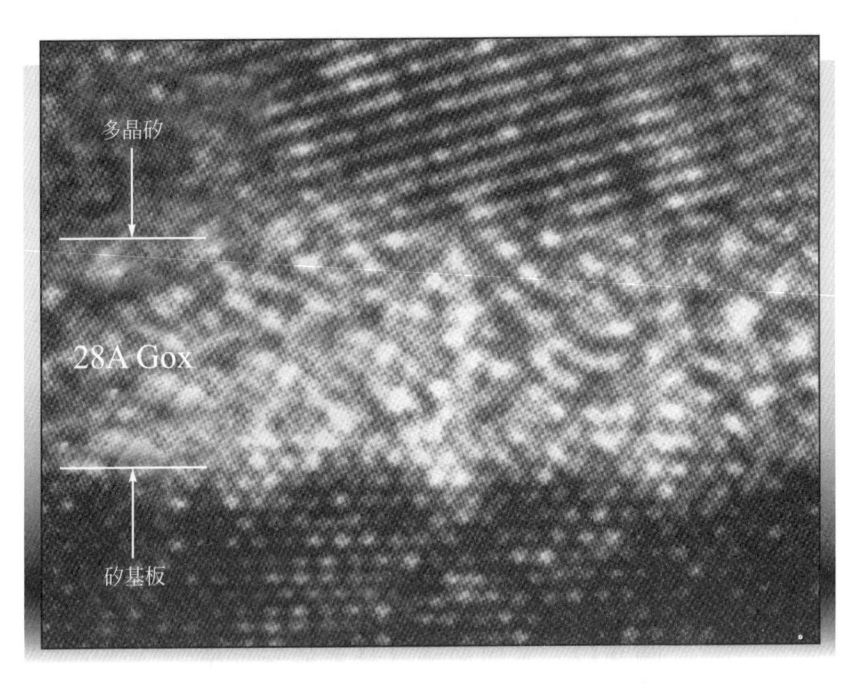

圖 9.11　傳統多晶矽/二氧化矽閘極

氧化矽因厚度縮小導致閘極漏電流太大與**多晶矽空乏** (poly depletion) 效應現象，必須改由高介電常數絕緣層取代時，設計者開始同時思考替換多晶矽閘極材料問題，因此有了**金屬閘極** (metal gate) 產生。由於金屬閘極可同時解決晶矽所面臨的空乏現象與阻值過大等問題，因此配合使用高介電常數閘極絕緣層材料的同時，一舉使用金屬替換多晶矽為閘極材料。如此一來，即可完全解決多晶矽/非晶矽閘極所面臨之問題，延長 MOSFET 結構之使用壽命。至於使用何種金屬作為閘極需配合元件所需之**臨界電壓** (threshold voltage)，如圖 9.12 所示，nMOS 與 pMOS 針對所需之截止電壓需要，選擇不同**能階位準** (energy level) 的金屬閘極以達到所需的**功函數** (work function, MS)，然而使用一種金屬即可同時運用在 n/pMOS 是較符合經濟成本的，因此選擇接近矽**能隙** (energy gap) **中間能位** (mid-gap) 的金屬是較理想的，但仍需解決截止電壓過高等問題。

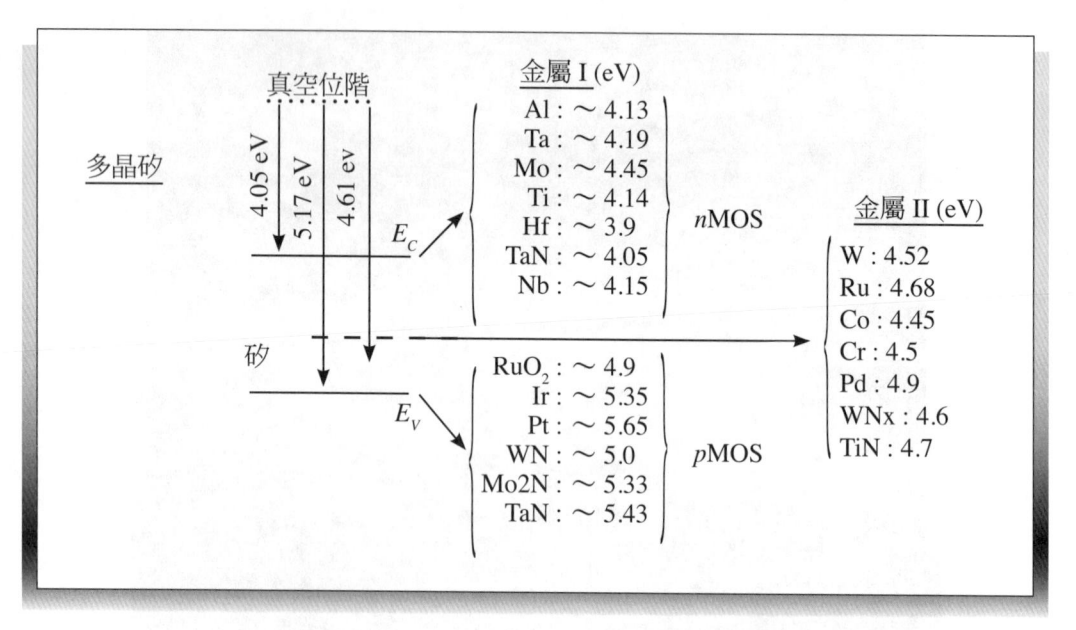

圖 9.12 不同閘極材料之能階位準

9.3 短通道效應

MOSFET 愈小，通道的長度將隨之縮短，因此電晶體的操作速度將加快。但是電晶體的通道長度並不能無限制的縮減，當其長度縮短到一定程度後，各種因通道長度變小所衍生的問題便會發生，這種現象稱為**短通道效應** (short channel effect)，如圖 9.13(a) 所示。仔細地說，短通道效應就是隨著通道長度遞減，在通道區域閘極所能控制的電荷數減少，且隨著汲極電壓增加，反向偏壓空間電荷區域在汲極會更往通道內延伸，造成閘極控制之電荷數減少，此時在汲極與基板通道接面處位能障高會因為空間電荷區域與閘極電荷之間的**電荷分享** (charge sharing) 而降低，形成**汲極引致位能障下降效應** (drain-induced barrier lowering, DIBL)，如圖 9.13(b) 所示，此結果將使截止電壓因汲極電壓增加而嚴重下降 [($\Delta V_T /\Delta V_D$) < 0]。

以 0.25 μm 為例，如圖 9.14(a) 所示，MOSFET 在固定 $I_D = 10^{-7}$A 下

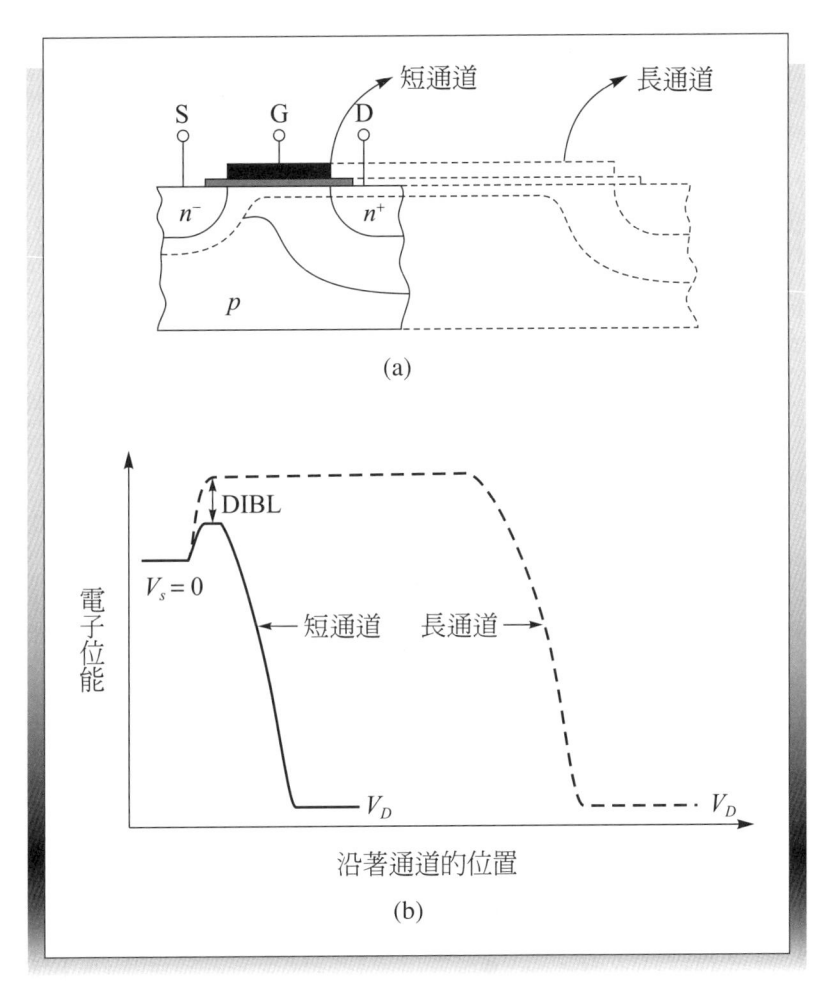

圖 9.13 短通道效應

截止電壓會下降約 0.2 V，造成元件漏電流、增加元件的功率消耗與不可靠度。當汲極至基板間的空間電荷區域，經由通道區域完全延伸到源極與基板間的空間電荷區域時，也就是說，通道完全由汲極至基板間的空間電荷區域和源極至基板間的空間電荷區域所佔據，此時**穿透** (punch through) 隨即發生，造成元件電性失常而影響到元件或性能的正常發揮。假如我們保持 MOSFET 所有參數設計不變，僅縮短 MOSFET 的通道長度設計 (L_G：即是源極與汲極在半導體表面所相隔的距離)，MOSFET 在操作時於源極和汲極所產生的**空乏層** (depletion layer)，將與通道產生重疊，則造成通道長度縮短、當其與 MOSFET 源極與汲極的缺乏層寬度愈

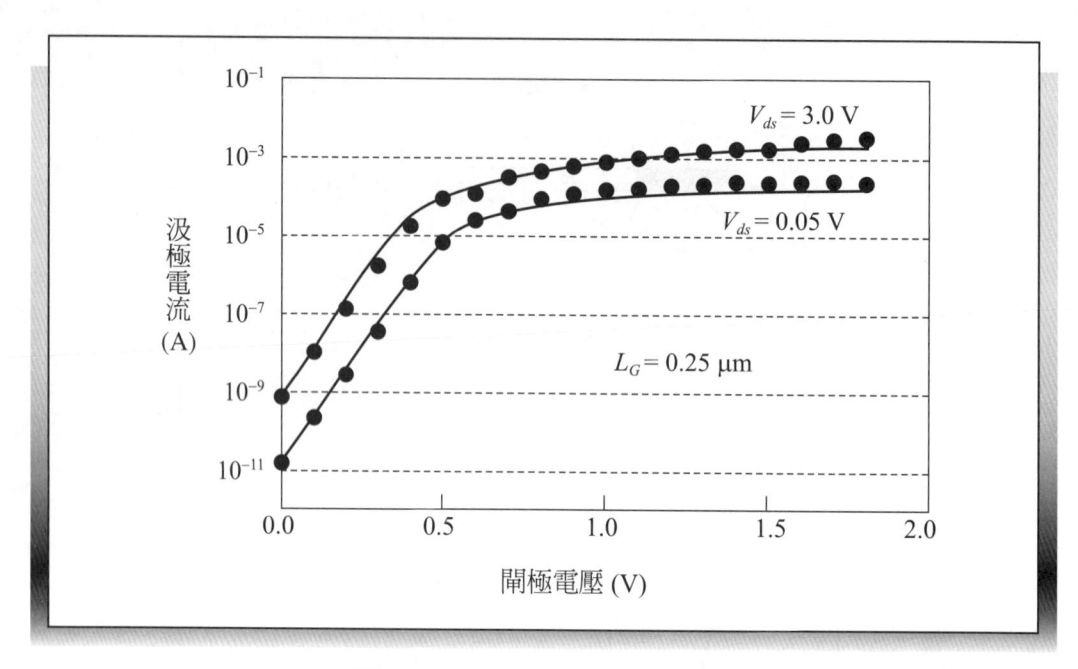

圖 9.14(a) 位能障下降效應

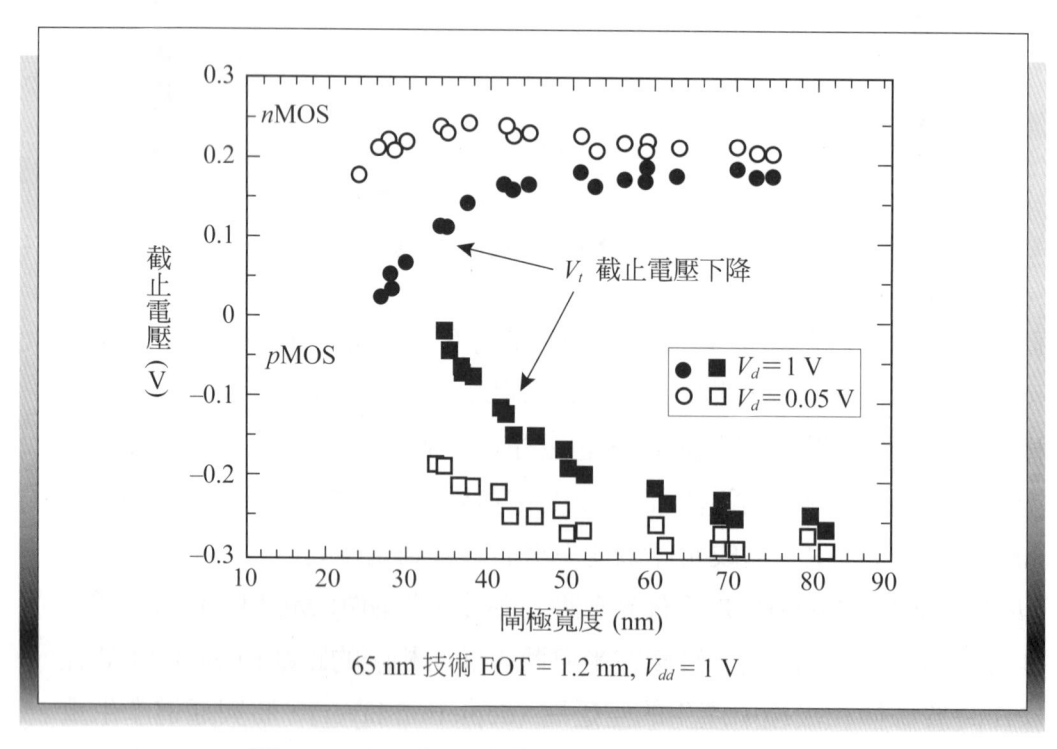

圖 9.14(b) 截止電壓下降效應 (V_t roll off)

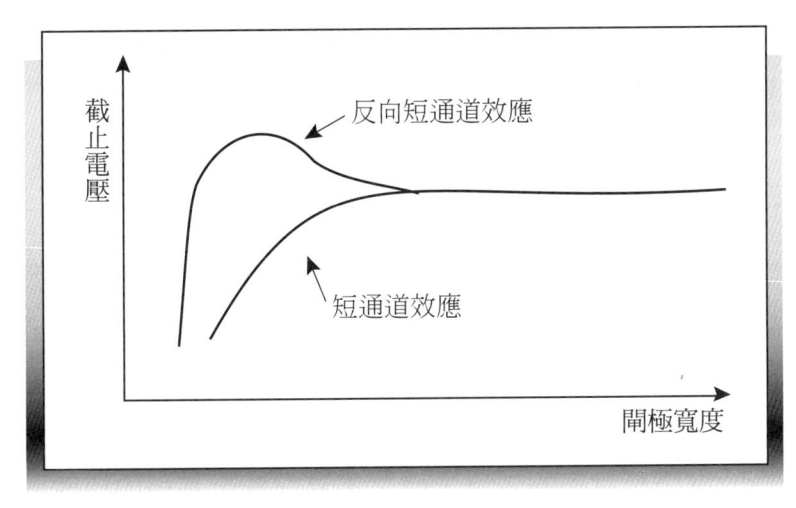

圖 9.14(c)　反向短通道效應

接近，產生重疊的比例將愈高。因為部分通道被源極及汲極的缺乏層共享，此時**次臨界電流** (subthreshold current) 將上升，使得 MOSFET 的 V_t 下降，即所謂截止電壓下降 (V_t roll off) 現象，如圖 9.14(b) 所示，嚴重時甚至出現使得 V_G 無法對 MOS 的汲極電流 I_D 做控制的情形，因為臨界電壓的下降往往會造成元件的**靜態漏電流** (off-state leakage current) 和**次臨界擺幅** (subthreshold swing, SS) 的增加。

由公式 $I_{off} \sim I_o \exp[-(\ln_{10}(V_t/\text{swing}))]$ 來看，過小的 V_t 與過大的 SS 會造成元件無法有效率的進行關 (off) 的動作。我們可藉由參數 L_{min} 來說明 MOSFET 短通道效應，即 $L_{min} = 0.4 \times [X_j \times T_{ox} \times (W_S + W_D)^2]^{1/3}$，當 MOSFET 的通道長度小於 L_{min} 時才會有明顯的短通道效應，通道長度大於 L_{min} 時，短通道效應並不會影響元件特性。明顯可見 L_{min} 受到 X_j、T_{ox} 影響，除了閘極絕緣層外，基板摻雜濃度 (影響 $W_{S/D}$) 與源/汲極之摻雜濃度 (影響 X_j) 是影響 L_{min} 之重要參數。因此如何抑制短通道效應，變成為長久以來研究的重點。

傳統上，抑制短通道效應的方法，可分為 (通道) **側向與縱向非均勻摻雜** (lateral and vertical non-uniform doping) 技術兩大類，即分為**基板工程** (substrate engineering) 和**源/汲極工程** (source/drain engineering) 兩方面。此兩類方法雖然改善了短通道效應，但因通道高摻雜的緣故，會造成反向

短通道效應 (reverse short channel effect, RSCE)，如圖 9.14(c) 所示，即間接抑制 V_t 截止電壓下降效應發生。

9.3.1 源／汲極工程

　　此一作法是在源／汲極延伸區的下方，形成一和井中摻雜類型相同，但濃度較高的區域，如圖 9.15 所示。一般簡稱為暈型 (halo) 分佈或口袋型 (pocket) 分佈，若以斜角度植入的形成方式，也稱為斜角反擊穿植入 (TIPS)，各個方法在程序上有差異，但形成的結構類似。此高濃度區對源/汲極的電場有遮蔽的效果，使之不易穿透至基板內以改善短通道效應，同時也因只提高局部濃度，所以不會增加太多的寄生電容，所以是蠻理想的作法。

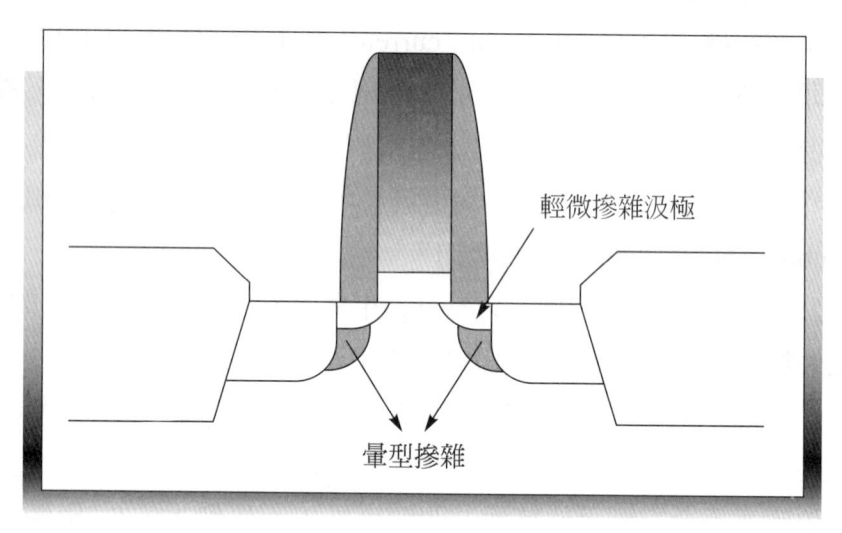

圖 9.15　環型暈型佈植結構

9.3.2 基板工程

　　在此所謂的基板工程，是指對矽基板的通道中及其附近之摻雜物濃度分佈的設計。摻雜物之加入可藉由植入或磊晶摻雜程序達成。其影響的元件特性包括 V_t 的設定、短通道效應、元件驅動力、關閉狀態下的漏電流、閂鎖效應等，所以是元件製作中非常重要的一環。前面已提過，

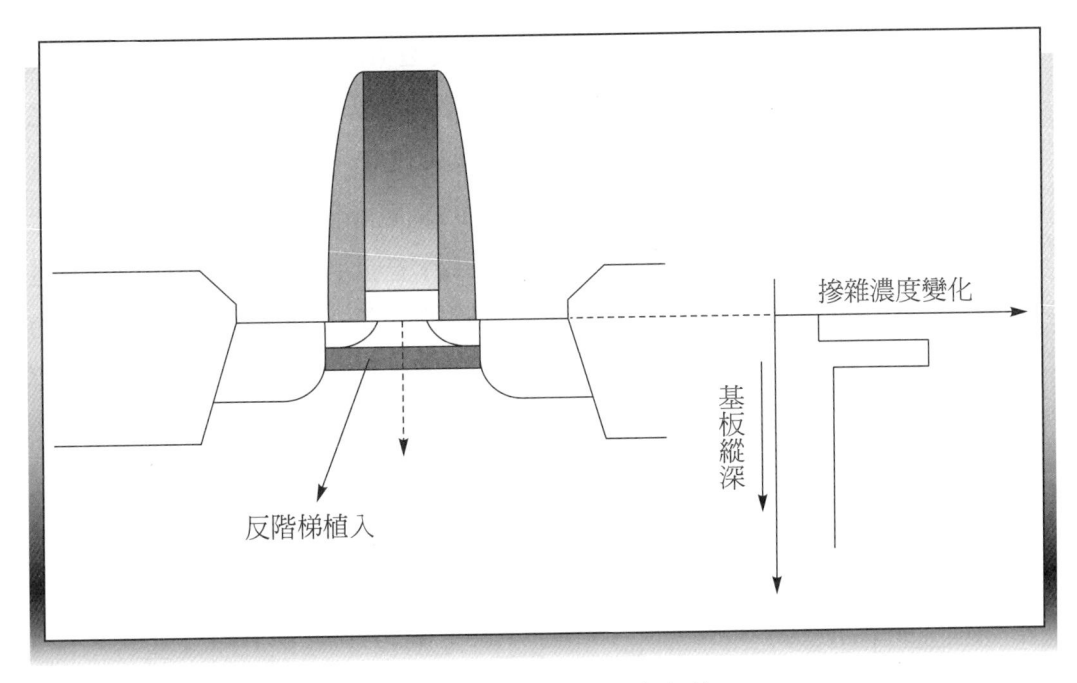

圖 9.16　反階梯通道分佈

為了加強對短通道效應的控制，基板摻雜物濃度須提高。方式則是在垂直通道方向形成一低-高-低 (low-high-low) 濃度的摻雜分佈，如圖 9.16 所示，一般稱之為**反階梯通道分佈** (retrograde channel profile, RCP)，其中靠近表面的通道區具有較低的濃度，可提升載子的遷移率。

　　埋在通道下的高摻雜區則和暈型摻雜類似，具有遮蔽電場的效用，因此也能改善短通道效應。當表面的低摻雜區，以一極陡峭的濃度變化切換至厚度薄但極高濃度的摻雜區，此類 RCP 結構稱為**超陡反階梯結構 (SSR)**。SSR 元件能幾乎完全將通道內的電場侷限在表面低濃度區，可以有效降低元件的 V_t 值，卻不會增加通道空乏區的寬度，對於特性的提升有相當的助益。

◉ 9.3.3　通道高電場效應

　　MOSFET 通道長度縮短，除了電晶體的短通道效應將更嚴重外，會發生**通道高電場效應** (high field effect)，就 nMOS 而言，已知其是利用電

子來傳導電性信號的金氧半導體，即是由**負型** (n-type) 摻雜形成的汲極與源極，與在氧化層上的閘極所構成。當閘極施以正偏壓時，就會在氧化層的下方感應出一層薄薄的電子。當**汲極** (drain) 外加一個偏壓之後，電子就可經由聚集的電子通道導通。當 nMOS 電晶體的通道長度縮小，若施加的電壓大小不變，通道內的橫向電場將增加 (電場＝電壓/長度)，這將使得通道內的電子藉由電場加速所獲得的能量上升，尤其是在通道的汲極相接的附近，電子能量將很高。此時汲極附近處於價帶的電子，有機會因為被這些**熱電子** (hot electron) 所撞擊而提升至導帶，而產生許多的電子電洞對，此為**熱載子效應** (hot-carrier effect)，如圖 9.17 所示。所以

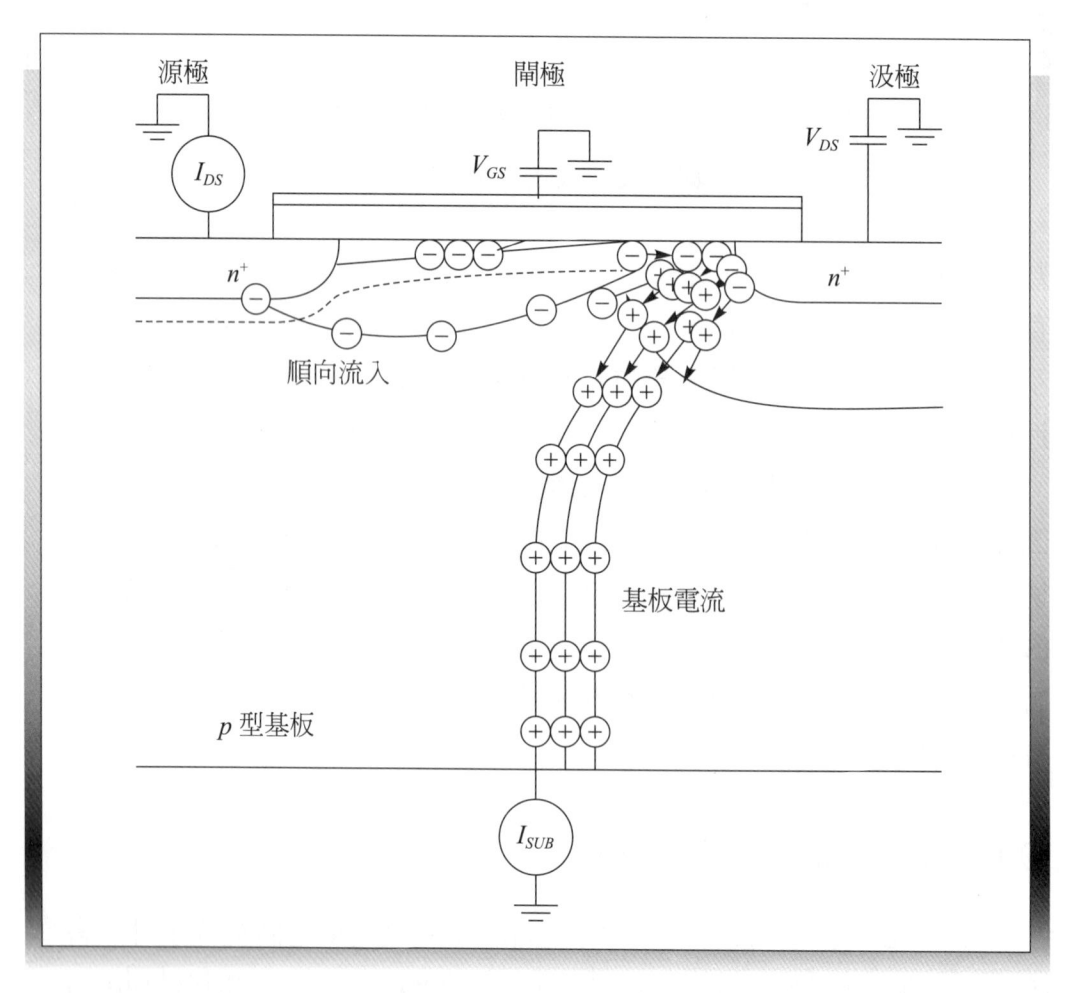

圖 9.17　熱載子效應

當 nMOS 的通道縮短，通道接近汲極地區的載子數量將上升。這個現象稱為**載子倍增** (carrier multiplication)。此因載子倍增所產生的電子，通常吸往汲極 ($V_D > 0$)，而增加汲極的電流大小。部分電子足以射入閘氧化層裡，造成缺陷；而所產生之電洞將流往基板，而產生**基板電流** (substrate current)；另一部分的電洞則被源極所收集，這使得橫向 n-p-n 現象加強，如圖 9.18 所示，熱載子的數量增加，促使更多載子倍增，甚至進而發生**電崩潰** (electrical breakdown) 的情形。元件設計者常利用**輕微摻雜汲極法** (lightly doped drain, LDD，如圖 9.15 所示) 來抑制熱電子效應，所謂 LDD 法乃是在原來的 MOS 的源極和汲極接近通道的地方，再增加一組摻雜程度較原來 n 型的源極與汲極為低的 **n 型區** (n-region)，有 LDD 設計的 MOSFET 的電場分佈，將往汲極移動，且電場的大小也將比無 LDD 的 MOSFET 為低，因此熱電子效應便可以被減輕。另外部分電子會跨過氧化層介面而往閘極前進，這些電子大多陷於氧化層內，使得氧化層的電荷改變，其將隨著 MOSFET 的操作電場增加而增加，而 LDD 的設計，也可減少這類問題的發生。而暈型分佈即植入在 LDD 之外環處。

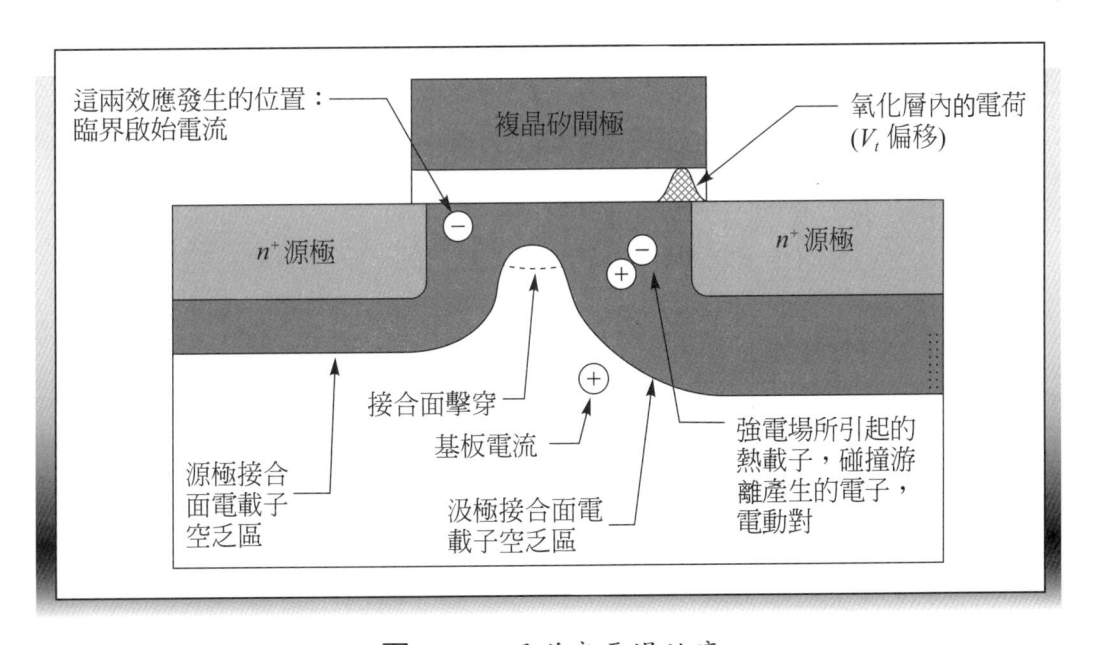

圖 9.18 通道高電場效應

9.4 深次微米元件設計

由於短通道效應會隨著通道長度縮短而更嚴重,因此在深次微米世代 (< 0.25 μm) 時,元件設計愈來愈困難,設計者常以元件**次臨界擺幅** (subthreshold swing, SS) 來當作元件之好壞,如圖 9.19 所示。當閘極電壓低於臨界電壓而半導體表面只稍微反轉時,理想上汲極電流應為零。然而實際上仍有汲極電流,稱為**次臨界電流** (subthreshold current),MOSFET 作為開關使用時,次臨界區特別重要,可以看出元件開關是如何打開及關掉。因此元件設計者常以元件的飽和電流 ($I_D @ V_D = V_G = V_{DD}$),稱之為**通態電流** (on-state current) I_{on},和元件的截止電流 ($I_D @ V_D = V_{DD}$;$V_G = 0$),稱之為**靜態漏電流** (off-state leakage current) I_{off},換言之,一理想 MOSFET 應具備大的 I_{on} 與小的 I_{off},即具備較大的 I_D-V_G 圖的斜率

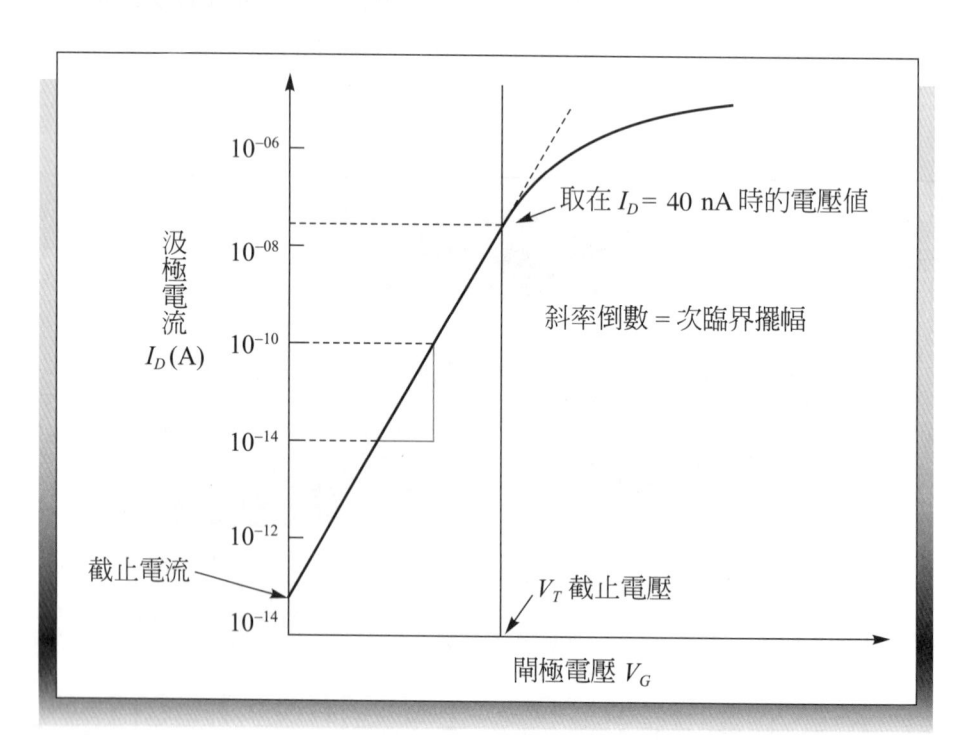

圖 9.19 次臨界擺幅

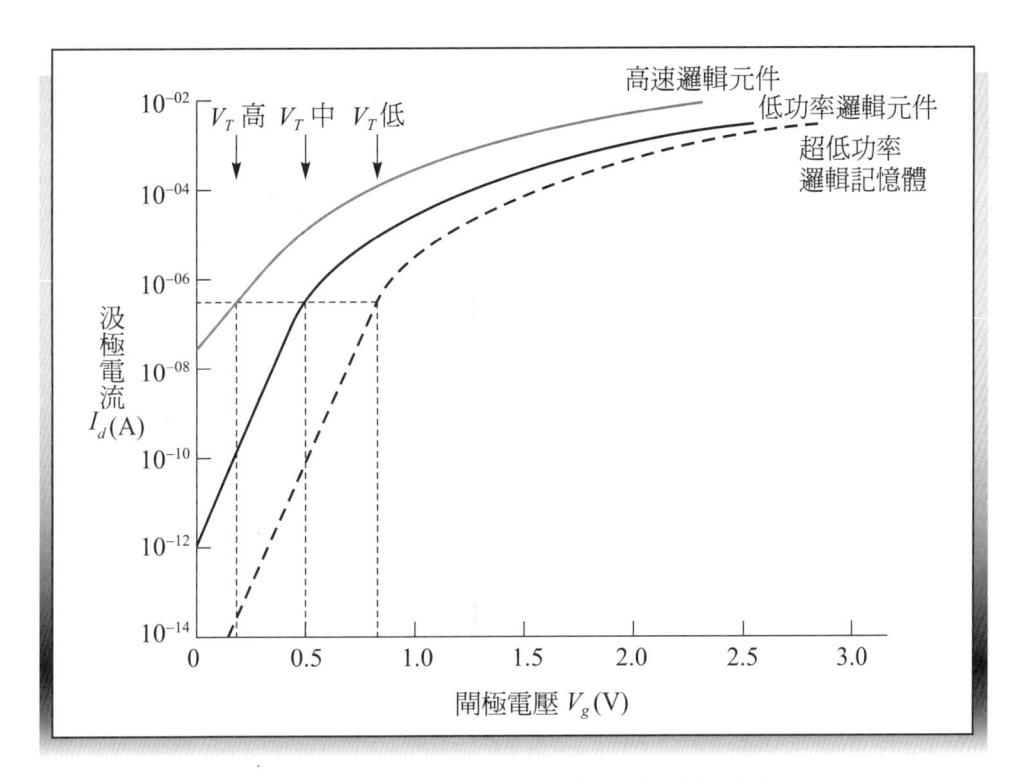

圖 9.20　不同元件之次臨界擺幅要求

(較小的 SS)，但是不同產品所注重之 I_{on} 與 I_{off} 不同，如圖 9.20 所示。

舉例而言，**高性能** (high performance) MOSFET 重視元件速度，因此 I_{on} 要求愈高愈好，因此只好允許較高的 I_{off}；反之記憶體元件重視的是元件漏電流，因此 I_{off} 要求愈小愈好，因此只好接受較低的元件 I_{on}，所以元件設計常需要**妥協** (trade-off)，即在可接受之範圍下，犧牲部分元件特性以達到所需之產品性能。

◉ 9.4.1　元件遷移率增強技術

已知在深次微米元件下，我們常利用高濃度的雜質摻雜來改善短通道效應，但相關的文獻皆已指出因為庫侖散射之作用力之影響，高濃度的通道摻雜更會降低載子**遷移率** (mobility)，如圖 9.21 所示。另外我們發現在高電場下，電子遷移係數會呈下降趨勢，這是由於**表面粗糙散射機**

圖 9.21　庫侖效應機制

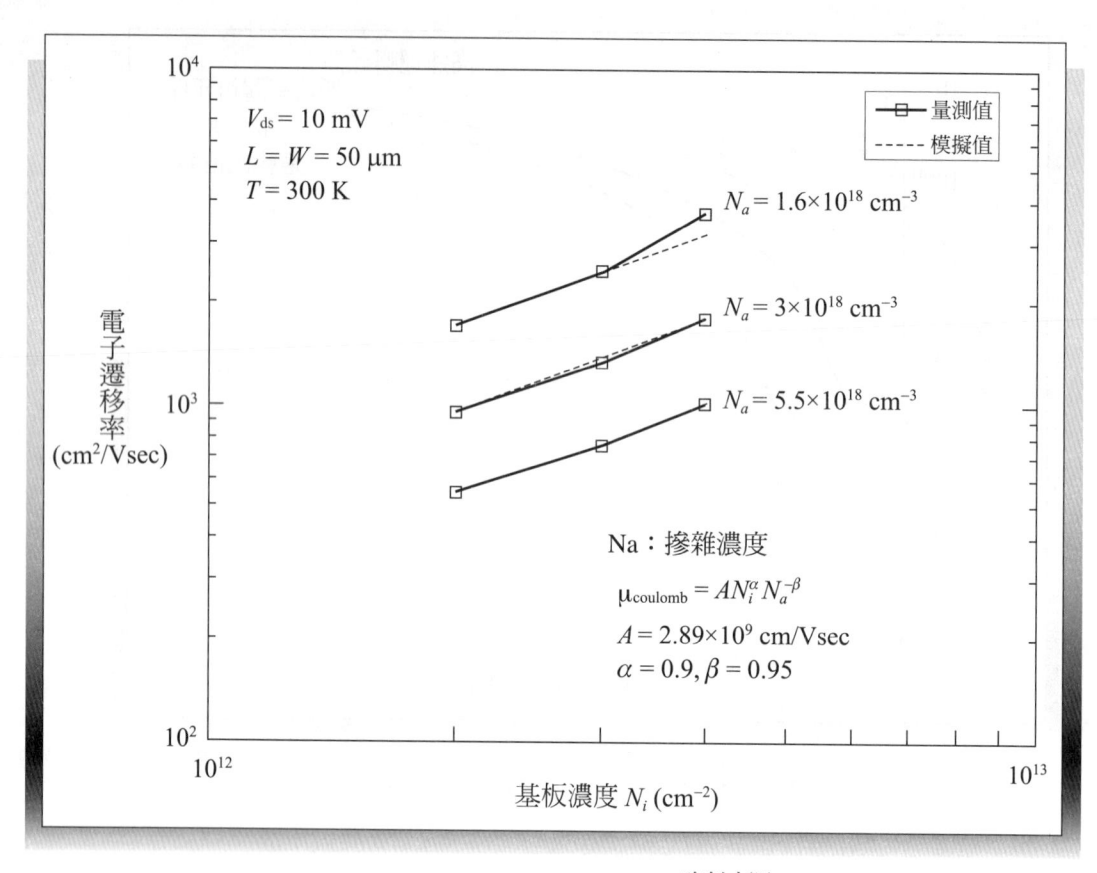

資料來源：H. M. Nayfeh, EDL-2003, p. 248

制 (surface roughness scattering) 主導之影響，當閘極介面品質愈良好，閘極粗糙程度愈低，此 (μ_{rough}) 就會相對提升，如圖 9.22 所示。若考慮較低電場與高摻雜濃度之條件下，可發現電子遷移係數也是有下降的趨勢，這是因為**庫侖散射機制** (coulomb scattering) 之影響，庫侖散射效應的強弱是由摻雜的濃度多寡來決定，當摻雜濃度提高時，會增加反轉層內摻雜的游離電荷量，使庫侖散射效應增加，導致低電場狀況下，電子遷移係數下降。

　　從上述的兩個散射機制，再加入一聲子和固定介面電荷散射機制可得到一載子移動率模型，它描述了載子移動率主要由三個物理散射所組成，分別是：庫侖散射機制、聲子和固定介面電荷散射機制和表面粗糙散射機制，由此即可計算出等效遷移係數，如 (9.1) 式，而圖 9.22 也表示

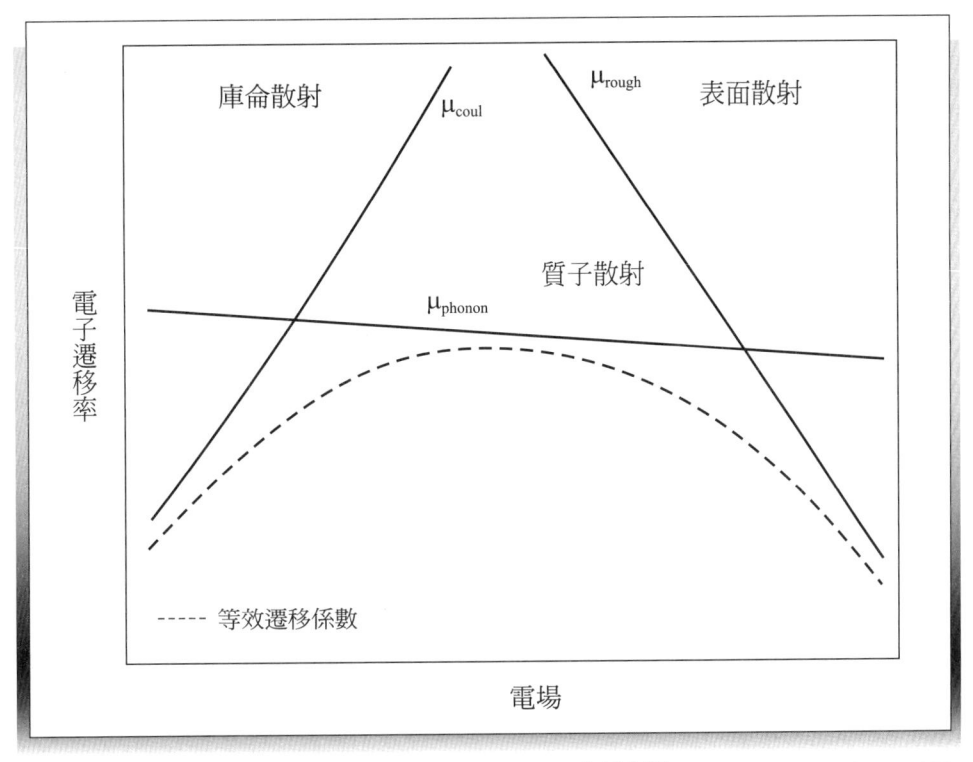

資料來源：S. Takagi, ED-1994-p. 2357

圖 9.22　等效遷移係數對不同散射機制之概要圖

了等效遷移係數對不同散射機制之概要圖。

$$\frac{1}{\mu_{eff}} = \frac{1}{\mu_{coul}} + \frac{1}{\mu_{phonon}} + \frac{1}{\mu_{rough}} \tag{9.3}$$

所可見載子移動率 μ 會受到元件製程影響，為了增加元件通道之載子移動率，相關**應變矽**技術 (strained-Si technology) 即被提出，以增加載子遷移率達 1 或 2 倍。目前**應變矽** (strained-Si) 製程技術可依作用範圍大小分為**局部應變** (local strain) 與**全面應變** (global strain)，而**應力** (stress) 更可分為**伸張應變** (tensile strain) 與**壓縮應變** (compressive strain)，表 9.3 顯示出局部應變與全部應變的種類。

　　局部應變主要是利用製程步驟來達成，如矽鍺源/汲極 (SiGe S/D)、淺溝槽隔離 (shallow trench isolation, STI) 與接觸孔蝕刻停步

表 9.3　局部應變與全部應變的種類

局部應變技術	全部應變技術
單軸應力	雙軸應力
製程變異造成 ◆ SiGe S/D ◆ STI ◆ CESL ◆ 閘極材料 (silicides, poly-Si)	基板設計造成 ◆ SiGe ◆ SGOI ◆ 基板晶格方向
低成本	高成本

層 (contact etch stop layer, CESL) 等製程相關結構，如圖 9.23 所示，此應變會隨通道上不同位置變化而改變，此類應變為單一方向的應力變化，又稱**單軸應變** (uniaxial-strain)。而全面應變是利用基板材料上自然晶格常數的差異來產生應變，如圖 9.24 所示。就局部應變而言，鍺 (Ge) 比矽具較高遷移係數，尤其在低電場，如圖 9.25 所示，因此鍺常被考慮作為替代矽材料來設計 MOSFET 以增加元件速度。另外，鍺還可以與矽結合成矽鍺化合物類 (SiGe)，並可利用

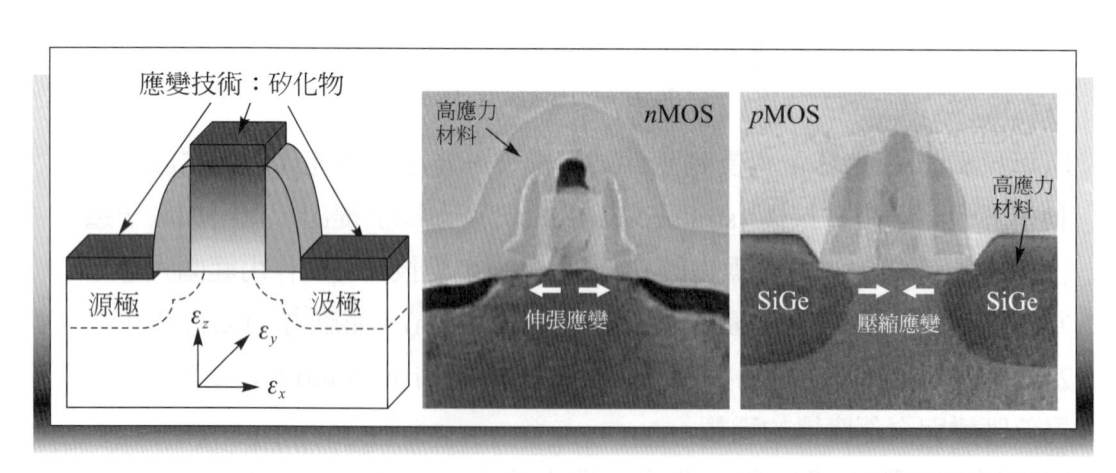

資料來源：IEDM 2003

圖 9.23　局部應變技術

第九章　元件製程設計

圖 9.24　全部應變技術

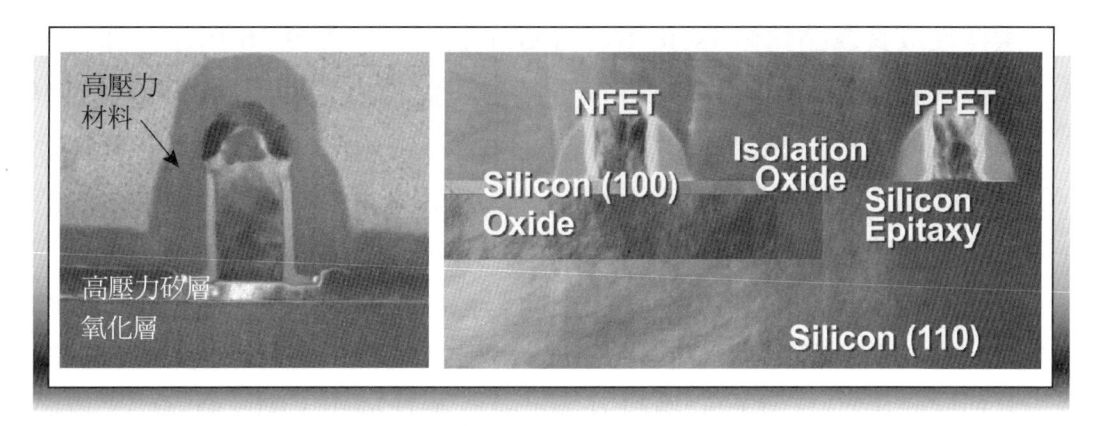

資料來源：IEDM 2003

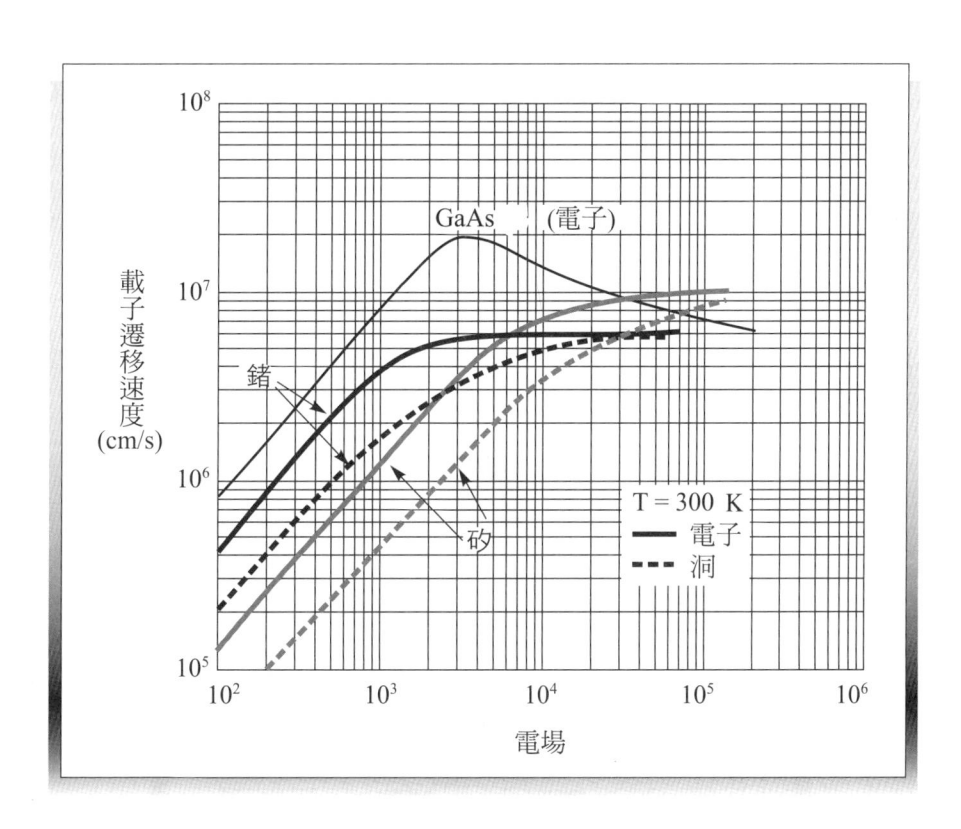

圖 9.25　鍺 (Ge) 與矽 (Si) 之遷移係數比較

選擇性成長磊晶鍺矽 (selective SiGe) 製程，如圖 9.26 所示，即在多晶矽閘極及源/汲極上成長矽或矽鍺層。此種方式即所謂的**升起式源/汲極** (raised S/D) 電晶體結構，因為選擇性矽或矽鍺磊晶層使源/汲極部分向上延伸。這種結構可使源/汲極在閘極氧化層下的接面深度變淺，對於元件的短通道效應控制有很好的效果且不會犧牲驅動能力。

研究顯示，在源/汲極區採用選擇性鍺矽可以顯著提高 (可達 20%) MOSFET 元件的驅動電流。除了改善與壓力有關的遷移率之外，鍺矽的其他好處是：(1) 鍺矽的**帶隙** (band gap) 要比矽小，因此會減弱半導體矽化物介面的蕭特基能障；(2) 鍺能夠提高摻雜劑在矽中的摻合度。在這兩方面因素的共同作用下，源/汲接觸電阻和面電阻被減少了，因而 MOSFET 元件的驅動電流和速度也獲得提高。

正由於應變矽於**矽鍺基板** (relaxed SiGe)、**絕緣層上矽鍺** (SiGe-on-

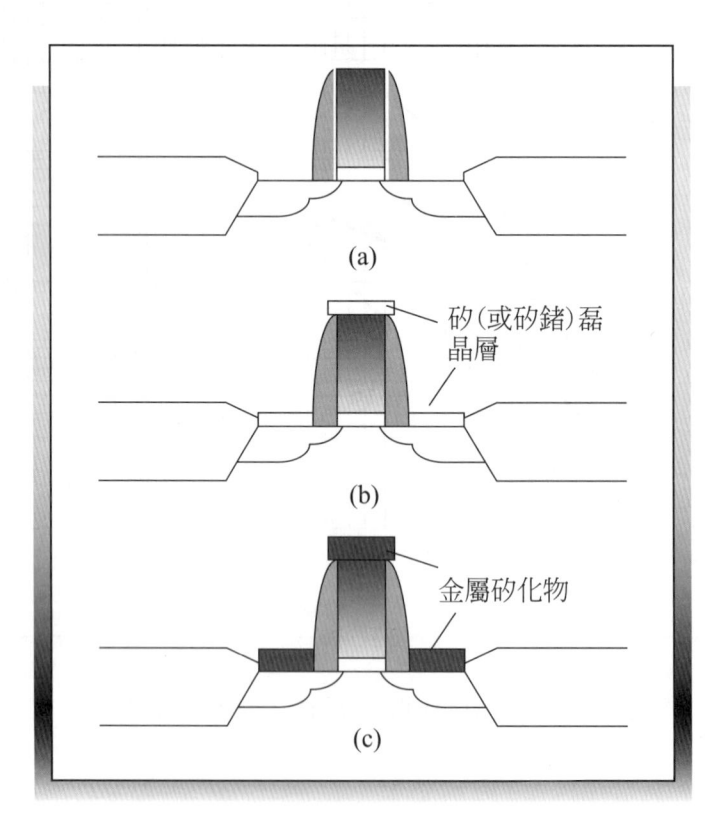

圖 9.26 選擇性成長磊晶鍺矽製程

表 9.4　雙軸與單軸伸張、壓縮應變通道對 CMOS 驅動電流的影響

應力技術	nMOS	pMOS	製　程
雙軸伸張	(+) 增加	(+) 增加	應變矽/矽鍺層
雙軸壓縮	(−) 減少	(+) 增加	矽鍺基板絕緣層上應變矽
單軸伸張	(+) 增加	(−) 減少	應變氮化矽層
單軸壓縮	(−) 減少	(+) 增加	矽鍺源/汲極

insulator, SGOI) 或是**絕緣層上應變矽** (strained-Si-on-insulator, SSOI) 等都屬於全面應變矽的製程方式，且元件皆位於相同基板上，因不同的通道位置具有相同的應力大小，所以又稱為**雙軸應變** (biaxial-strain)，因應變存於基板表面平行與垂直元件通道的兩個方向。表 9.4 表示關於雙軸與單軸伸張、壓縮應變通道對 nMOS 與 pMOS 驅動電流的影響。這些元件的特性表現可歸因於汲極電流公式裡載子遷移率受應變作用而變化，因此，針對載子**遷移率提升技術** (mobility enhancement technology) 而言，如何分析正確的載子遷移係數是非常重要的課題。

◉ 9.4.2　新元件設計

之前我們已說明，半導體元件設計者希望 MOSFET 結構能繼續保持下去，因此才有高介電材料/金屬閘極的重大發展，除此之外，一些可以保持 MOSFET 結構之製程也被提出，如圖 9.27 所示，例如 (1) SOI-based MOSFET，(2) 雙或三邊閘極 MOSFET，(3) 垂直閘極 MOSFET。

SOI 是 Silicon on Insulator 的簡稱，即在二氧化矽絕緣層上生長一層矽薄膜，而在此層薄膜上成長所需的主被動式元件以及相關電路。由於傳統的矽製程中，晶圓的厚度往往高達數毫米 (mm)，而且其中 90% 以上

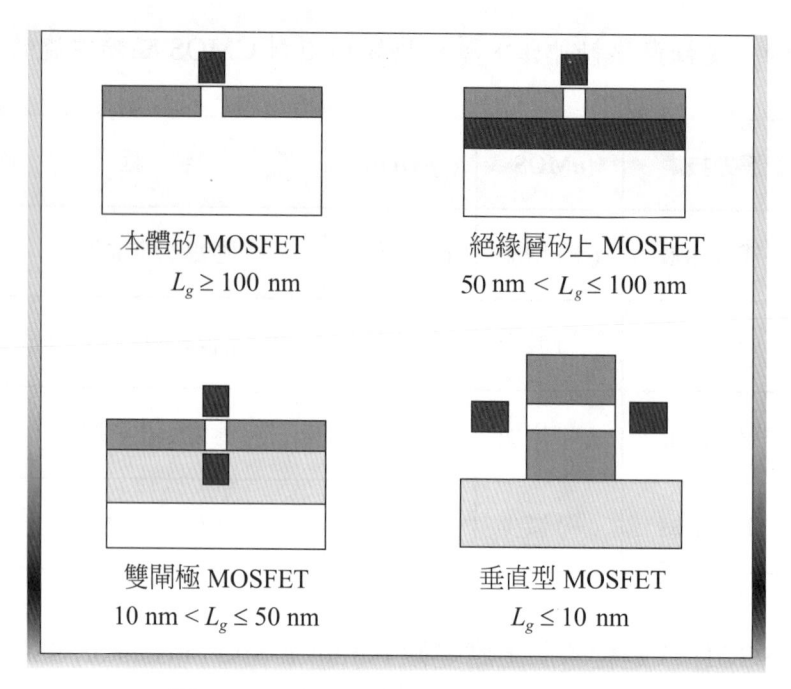

本體矽 MOSFET
$L_g \geq 100$ nm

絕緣層矽上 MOSFET
50 nm $< L_g \leq 100$ nm

雙閘極 MOSFET
10 nm $< L_g \leq 50$ nm

垂直型 MOSFET
$L_g \leq 10$ nm

圖 9.27　MOSFET 設計發展方式

是對元件操作沒有幫助的，反而會製造多餘的寄生效應，所以才會有 SOI 技術的發展。因為 SOI 多了一**埋層氧化層** (buried oxide-BOX)，元件之間彼此的間距可以經由去除 n 或 p 井而縮短元件間隔寬度，使得 SOI 元件的製造面積可以更小，線路可以更密集，同時因 BOX 的絕緣效果，減少了 p-n 基板與井之間接面的面積，因此減少了接面寄生電容。換句話說，在使用 SOI 技術的晶片上，以同樣的製程技術，我們可以得到比以往**本體矽** (bulk-Si) 製程密度更高，且速度更快的電路。

　　因為傳統本體矽製程在深次微米元件的微細加工技術上日益困難與 SOI 技術不斷的增進，加上現今行動通訊市場的需求，SOI 元件之製程技術已可被實現在 VLSI 矽製程上，因此只要設計上無問題，SOI 電晶體將有機會成為未來半導體元件的主流之一。SOI 電晶體可以大致分為**部分空乏型 SOI** (partially depleted SOI)，如圖 9.28(a) 所示，與**完全空乏型 SOI** (fully depleted SOI)，如圖 9.28(b) 所示。若矽層的厚度大於兩倍的最大空乏區寬度，即在 BOX 膜上源極和汲極間存在沒有載子的空乏層與眾多載子存在的中性領域，稱作**部分空乏型** (partially depleted)；相反的，中性領

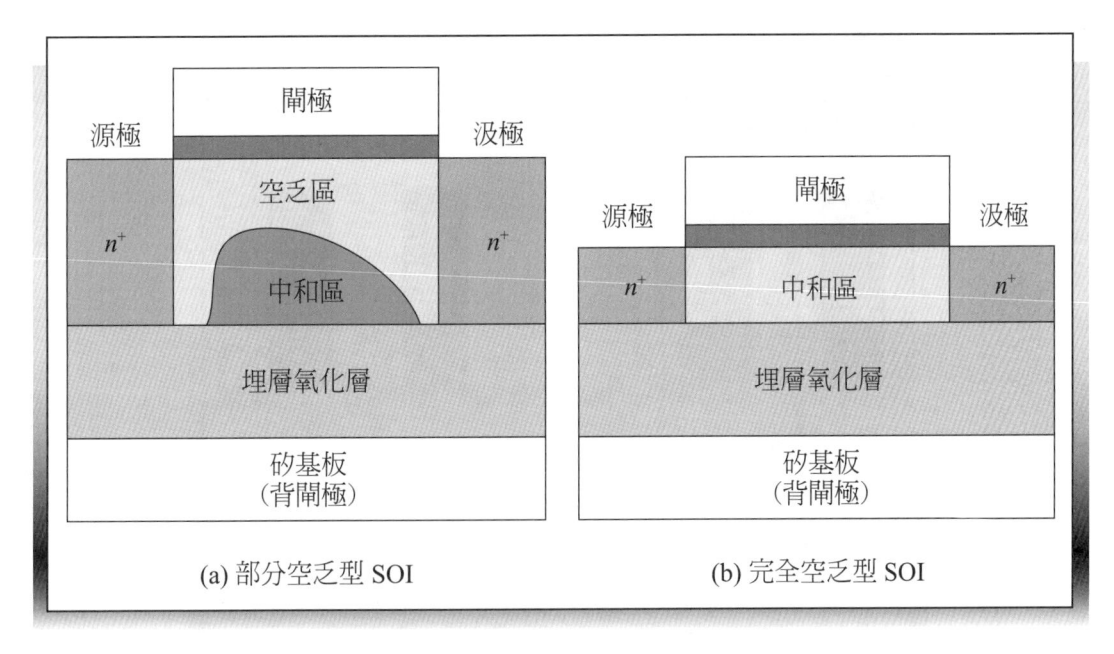

圖 9.28　絕緣層上矽元件結構

域不存在，載子僅由空乏層形成，我們稱為**完全空乏型** (fully depleted)。

A. 部分空乏型 SOI (PD-SOI)

　　部分空乏型 SOI 的 BOX 層厚度大多為 400 nm，此上面的元件領域的厚度約為 100～200 nm，如圖 9.29 所示，為運用部分空乏型 SOI 所設計之 SRAM 產品。在 PD-SOI 元件中，基板電荷並不完全被排斥掉，因此存在所謂的中和區，如果中和區的電荷無法被排除，就會降低源極與基極間的能障，產生所謂的**飄移效應** (floating body effect, FBE)，即**扭曲效應** (kink effect)，此乃因為 SOI MOSFET 基板並無接地端所致。此現象的產生主要是由於離子的**碰撞離子化** (impact ionization) 造成電子電洞對的分離使得電洞聚集在中和區，降低了源極與基極間的電位，此現象會造成操作電流與截止電壓不穩定，這種現象在邏輯電路上並不會造成太明顯的影響，但會影響到類比電路的操作，使得電晶體在操作時產生不安定性，造成電流不穩定的現象，也可能會發生一些錯誤動作的現象，讓設計者感到十分困擾。

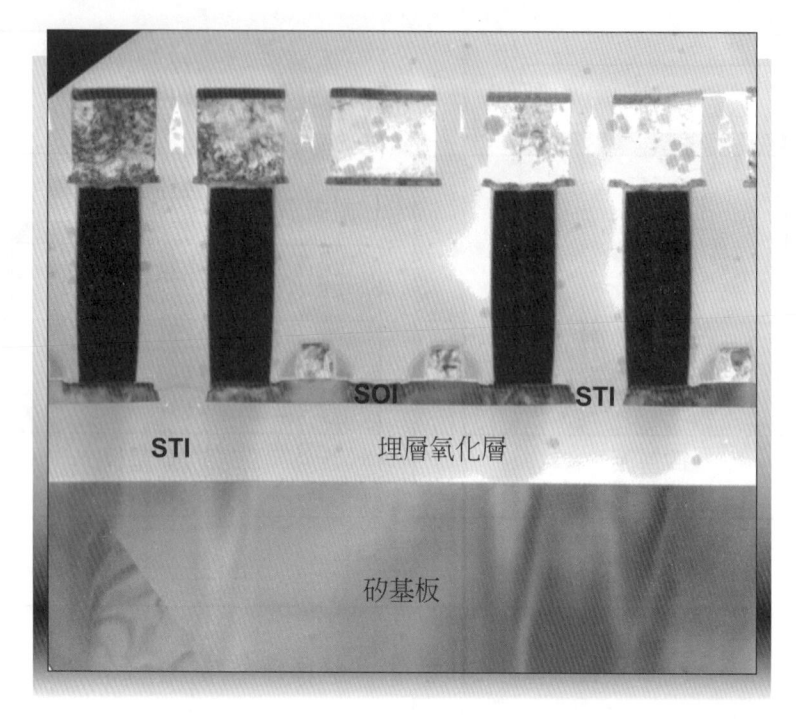

圖 9.29　靜態隨取記憶體在部分空乏型絕緣層上矽基板

另一問題是**自我發熱** (self-heating) 現象，此問題乃因為 BOX 的**低熱導性** (low thermal conductivity) 使 PD-SOI 元件在操作時產生之熱無法完全被有效的排除到晶圓外，進而造成**通道** (channel) 溫度升高，降低了載子之**遷移率** (mobility)，也間接影響元件的操作電流，此現象對邏輯線路影響較少，但對部分類比線路如 I/O 和 PLL 有明顯的效應，為了解決此問題，必須減少 BOX 之厚度去以增加熱的排出，然而此法會增加 SOI 晶圓製作的困難。避免 FBE 較有效的方法是設計**基板接觸窗** (body contact)，然而此方法會浪費額外的面積，基板接觸窗的結構除了需注意其可能造成旁生電容增加，與會產生 p-n 接面順偏之副作用之外，另外需要注意因 SOI 元件中矽層很薄，所以片電阻較高，而基板接觸窗往往被設計在離 MOS 元件較遠處，因此可能造成額外的片電阻，產生不必要的雜訊，因此將閘極與基板 (gate to body) 接在一起之 SOI 結構似乎較可行，此模式即**動態臨界電壓** (dynamic-threshold) **電晶體** (DT-MOS)，如圖 9.30 所示。它即是將閘極與基板連在一起，增加額外閘極在埋層氧化層內，形

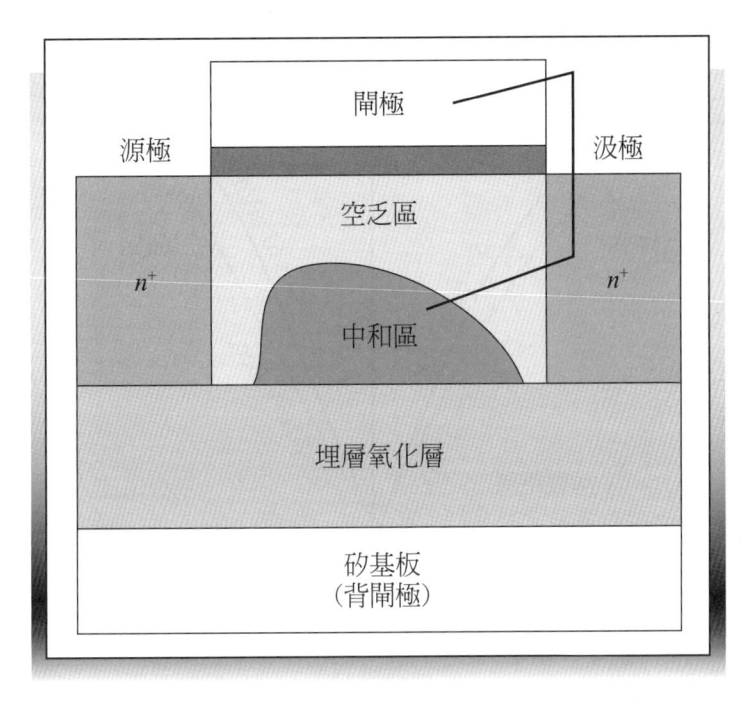

圖 9.30 絕緣層上矽之動態截止電壓 MOS 結構 (DTMOS)

成 SOI DT-MOS 結構，此為一不同的操作方法，如圖 9.31 所示。即當元件「開」時，會降低它的截止電壓，反當「關」時，會增加它的臨界電壓，即可有效減少**次臨界擺幅** (subthreshold swing, SS)，此結構很適合作為低消耗功率 (low power consumption) 與低電壓元件之設計使用。

B. 完全空乏型 SOI (FD-SOI)

完全空乏型 SOI 的 BOX 層厚度大多為 200 nm，此上面的元件領域 (矽層) 的厚度約為 50～100 nm。圖 9.32 所示為運用部分空乏型 SOI 所設計之 65 nm MOSFET，它的優點是因為沒有中性區域，不會有扭曲現象，而且具備良好的次截止電壓區域的特性 (S～60 mV/dec.)，然而因矽的厚度太薄，在製程上是一大挑戰，且元件特性會受到此矽薄膜厚度變化而變得不穩定。另外由於完全空乏 SOI 元件的基板電荷會完全被排斥掉，意味著空乏區完全蓋住基底而被排斥的電荷是固定的且會擴散到基板，當 V_G 加偏壓時，因通道載子會完全被排出形成空乏區，使得中間空乏層

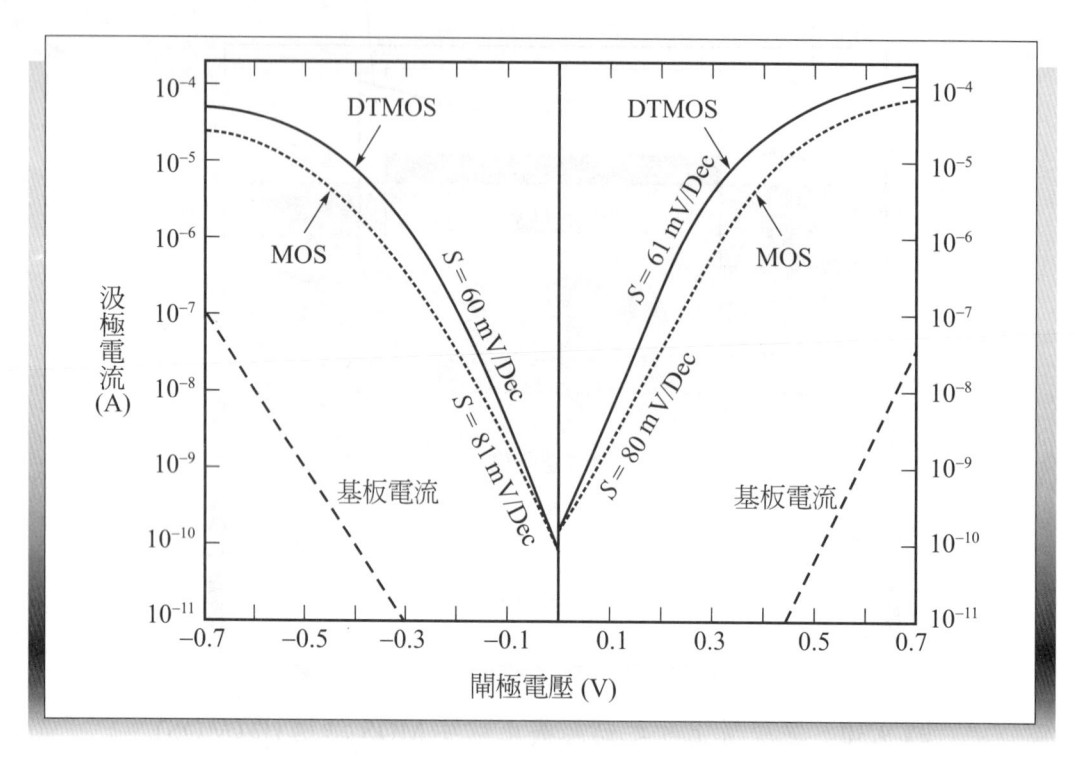

圖 9.31　絕緣層上矽之動態截止電壓 MOS 特性

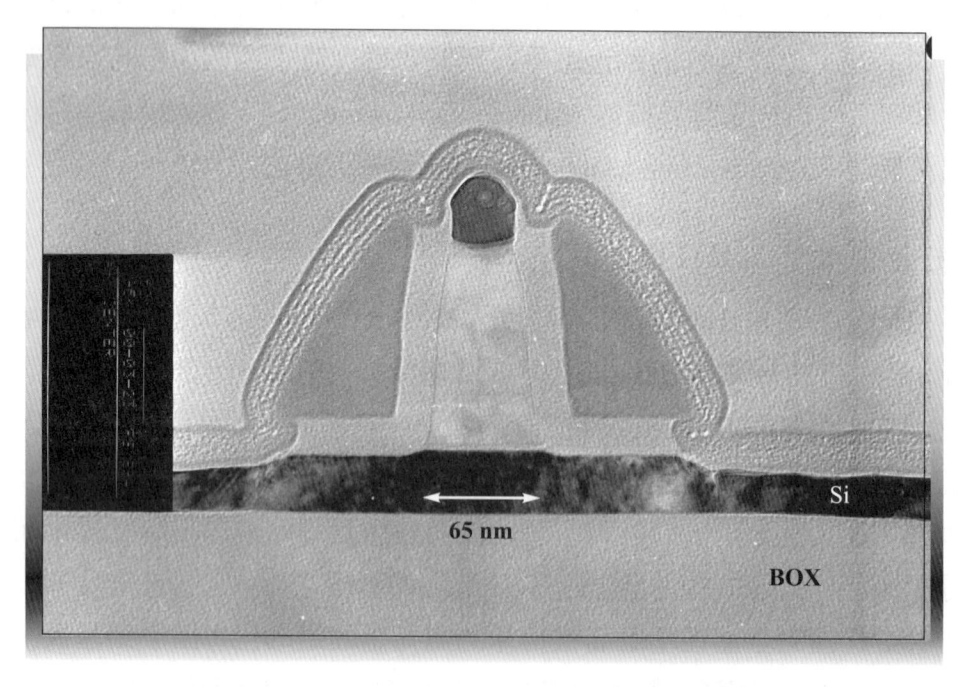

圖 9.32　65 nm 完全空乏型 SOI MOSFET

被閘氧化層與 BOX 夾合,而當 V_G 更增加時,通道會造成反轉區,形成閘氧化層與 BOX 並聯,因此會造成**耦合現象** (coupling effect),使前後二表面電位互相影響,且隨閘極與 BOX 之厚度變化而變動,所以 FD-SOI 元件之 I_D、G_m 會隨著閘極電壓 (V_G) 變動而明顯變化,使元件不易受控制。

　　MOSFET 元件設計者似乎從 SOI 得到靈感,為了能更有效控制元件特性,因此配合 SOI 基板之特殊 SOI MOSFET 被提出,包含 (a) 將本質矽晶片與 SOI 製作在同一晶圓上,(b) 雙閘極 SOI 元件;與 (c) 全閘極 MOSFET;目前 45 奈米以下 SOI 元件大多以設計雙閘極或三閘極元件結構為主,圖 9.33 說明多閘極 SOI 元件三種典型,大致可分為 (a) 平面式

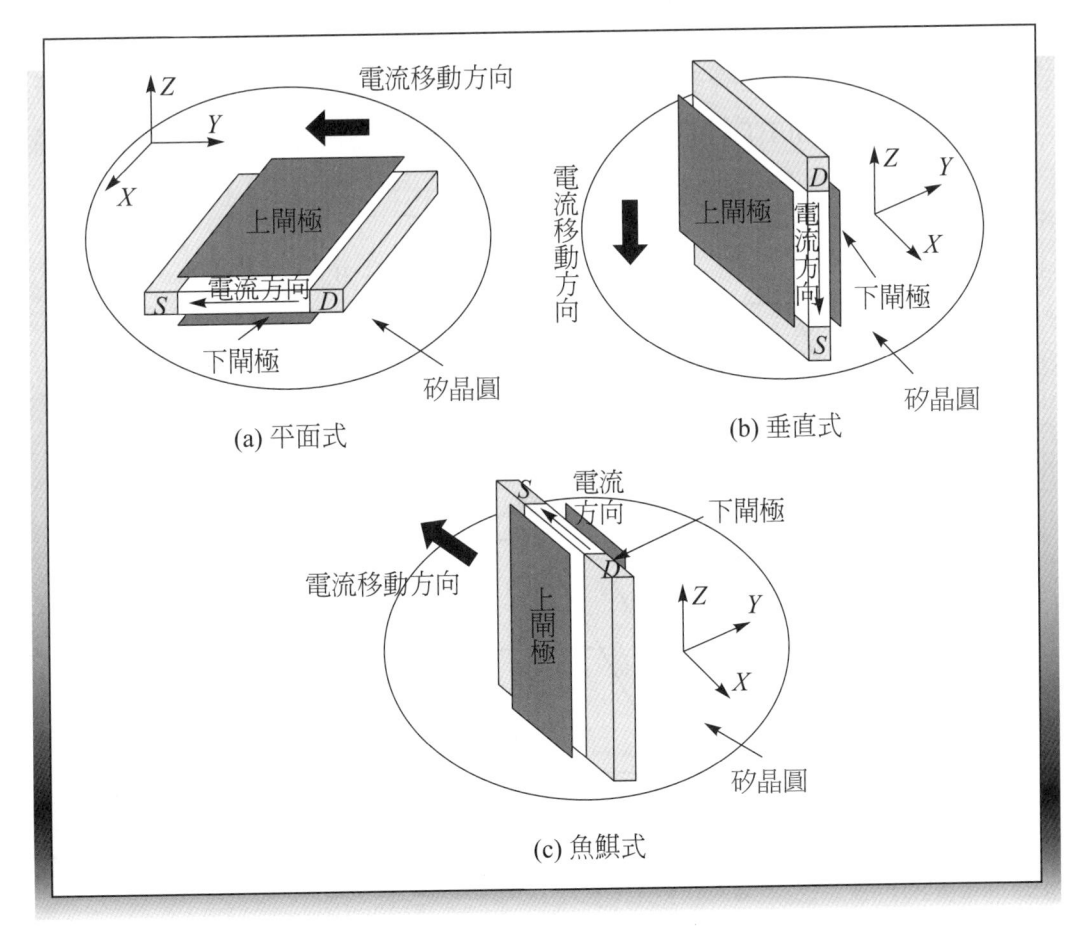

圖 9.33 特殊 SOI 元件

結構，(b) 垂直式結構，以及近年來較受世人矚目的**魚鰭式** (Fin-FET) 結構，如圖 9.33(c) 所示。由於此**魚鰭式** (Fin-FET) 結構可有效將元件縮小至 15 nm，因此有機會可取代傳統 MOSFET 結構，圖 9.34 說明一 Ω 型三閘極 SOI MOSFET。針對高介電材料/金屬閘極而言，應用在完全空乏型 SOI CMOSFET 可直接解決 (薄 SOI 層) 所遇到截止電壓變異的問題，因此世界上各半導體大廠也正在發展未來 22 nm 以下將高介電材料/金屬閘極 (high-k/Metal-gate) 結合完全空乏型 (Fully depleted) SOI CMOSFET 來提升元件特性。

9.4.3　MOSFET 元件設計瓶頸

由於改變 MOSFET 結構對設計者而言是非常大的工程，也帶給製造廠極大的困擾，因此許多元件設計者寧可要求製造廠改良製程或應用新材料以保持 MOSFET 結構，然而遲早會面臨 MOSFET 元件物理極限，屆

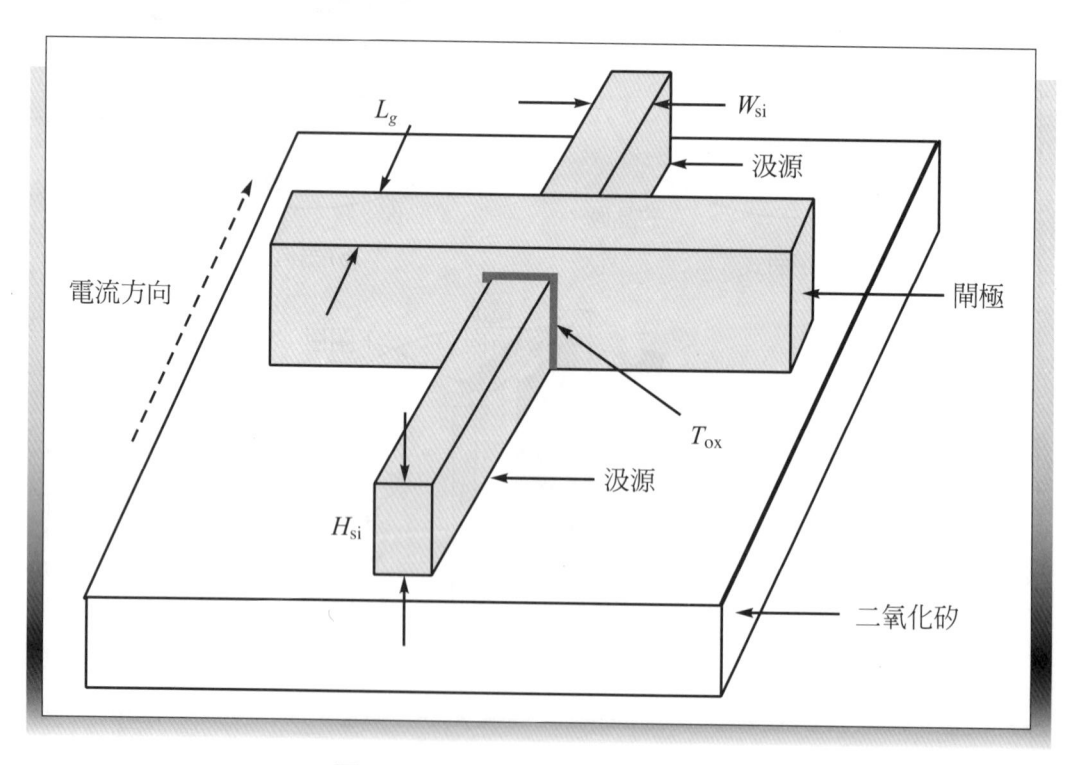

圖 9.34　Ω 型三閘極 MOSFET

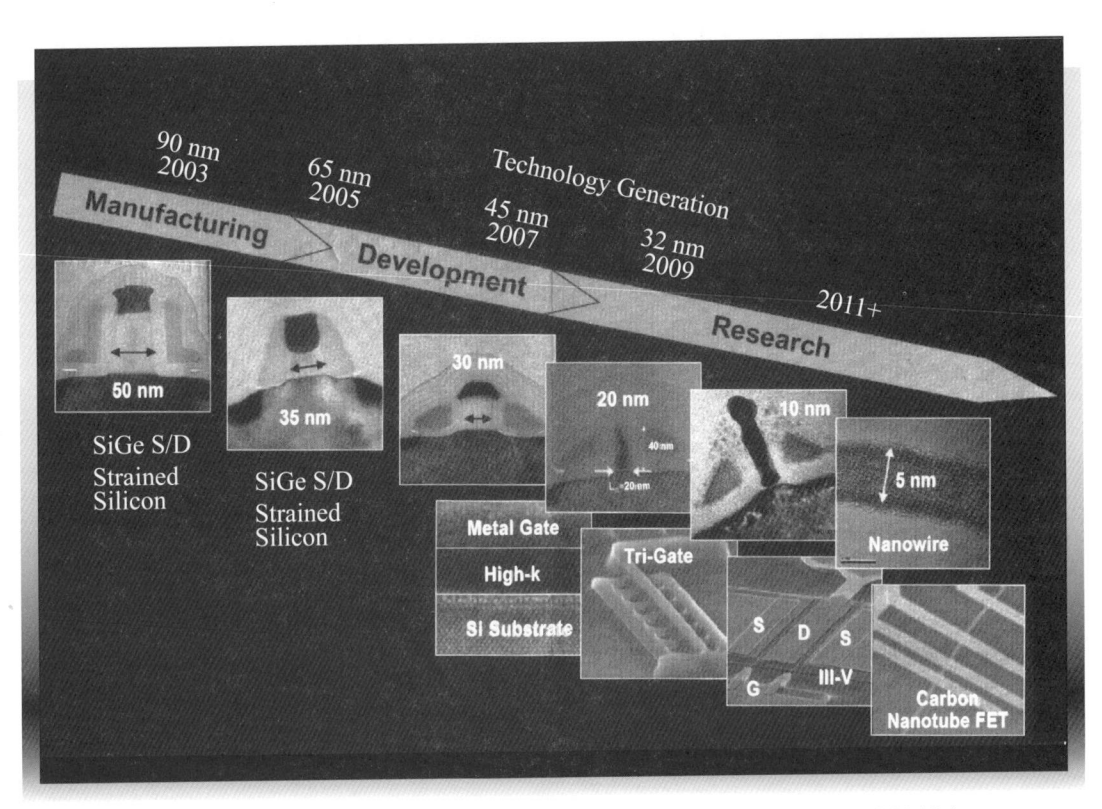

圖 9.35　奈米電子發展近況

時必須忍痛割捨 MOSFET 結構，而尋求新元件結構，因此目前許多科學家正如火如荼發展特殊元件結構。圖 9.35 所示為奈米電子發展近況，相關奈米電子技術發展包括應變矽技術 (strain-Si technology)、金屬閘極/高介電常數電晶體 (high-k/metal gate FET)、三閘極元件 (tri-gate FET)、三-五族基板元件 (III-V substrate devices)、奈米線元件 (nano-wire device) 以及奈米碳管元件 (carbon nanotube FET) 等，相信不久的將來，會有替代 MOSFET 結構之方法出現。

習題

1. 請說明元件的設計法則。
2. 請說明臨界電壓對 MOSFET 之影響。
3. 請說明閘極絕緣層對 MOSFET 之影響。
4. 請說明閘極絕緣層縮小所面臨之問題與解決方式。
5. 請說明氧化層電荷。
6. 請說明短通道效應與影響短通道效應之因素。
7. 如何抑制短通道效應？
8. 請說明暈型分佈或口袋型分佈。
9. 請說明反階梯分佈 (RCP) 工程。
10. 請說明通道高電場效應與解決方式。

IC 後段製程

10.1　金屬連線架構
10.2　金屬化需求
10.3　金屬化製程技術
10.4　金屬化結構演進
10.5　金屬材料發展
10.6　低介電質絕緣材料
10.7　銅金屬化製程整合

本章說明元件之間之金屬化連線後段製程與相關材料之要求。

當元件製造完成後,接下來即是元件之間的連結,而為保持傳遞訊號的完整,大多以低電阻係數 (resistivity) 之金屬來完成元件連結方式,因此金屬化製程是 IC 後段製程的主角,隨著半導體元件線幅之持續微型化,具有高速、高元件積集度、低功率消耗及低成本之超大型積體電路 (ULSI) 得以大量生產製造。相對於元件的微型化及積集度的增加,電路中導體連線數目不斷的增多,使得導體連線架構中的電阻 (R) 及電容 (C) 所產生的寄生效應,造成了嚴重的**阻容遲滯** (RC delay),而成為電路中訊號傳輸速度受限的主要因素。因此,在深次微米領域的多層導體連線製程中必須引入具有低電阻率的導線及低寄生電容值的導線間絕緣膜,

才能有效提升晶片之操作速度。

在降低導線電阻方面,由於金屬銅具有高熔點,低電阻係數 ($\rho=1.7$ $\mu\Omega$-cm) 及**高抗電子遷移** (electro-migration resistance) 的能力,已被廣泛地應用於連線架構中,來取代金屬鋁 ($\rho=2.7$ $\mu\Omega$-cm) 作為導體連線的材料。另一方面,在降低寄生電容方面,由於製程上和金屬導線電阻的限制,使得我們不考慮藉由幾何上的改變,例如改變導線面積,或改變導線間距來降低寄生的電容值。然而金屬化結構尺寸縮小化日益困難,難以滿足產品之需求,因此具有低介電常數的材質,便被不斷地發展。於是金屬銅導線以及低介電常數絕緣層所架構出的多層連線系統,就成為了現今高效能電路製作的指標,以下我們就此分別作一說明。

10.1　金屬連線架構

隨著半導體元件**積集度** (integrated density) 急遽的增加,使得晶片表面無法提供足夠的面積來製作所需的金屬連線,因此積體電路在金屬化結構製程設計上必須將連線架構垂直向上發展,以致形成多層金屬連線架構,如圖 10.1 所示。

積體電路在製程設計上則需要多層金屬連線架構。**接觸窗** (contact) 與**管洞** (via) 是連接各層金屬連線接點的名稱,如圖的最下方是**基板** (substrate),就是我們的**晶圓** (wafer),然後完成**多晶矽閘極** (poly-silicon gate) 後,再以接觸窗與上層金屬相接,金屬之間再以管洞相接。平行金屬連線的都叫做 Metal,依序疊上去,第一層的叫 M_1,然後是 M_2,如果還有第三與第四層則分別叫作 M_3 與 M_4,以此類推。另外 M_1 和基板的絕緣層(氧化層)習慣上我們稱之為**內層絕緣層** (inter-layer dielectric layer, ILD),而 M_1 以及所有以上連接之**金屬間絕緣層** (Inter-Metal-Dielectric, IMD),從下到上分別叫 IMD_1、IMD_2 與 IMD_3,以此類推。

最後一層金屬上面的絕緣層(氧化層)我們全都稱為**覆蓋層** (passivation layer),所有絕緣層皆隨著積體電路製程增進而改變製程方

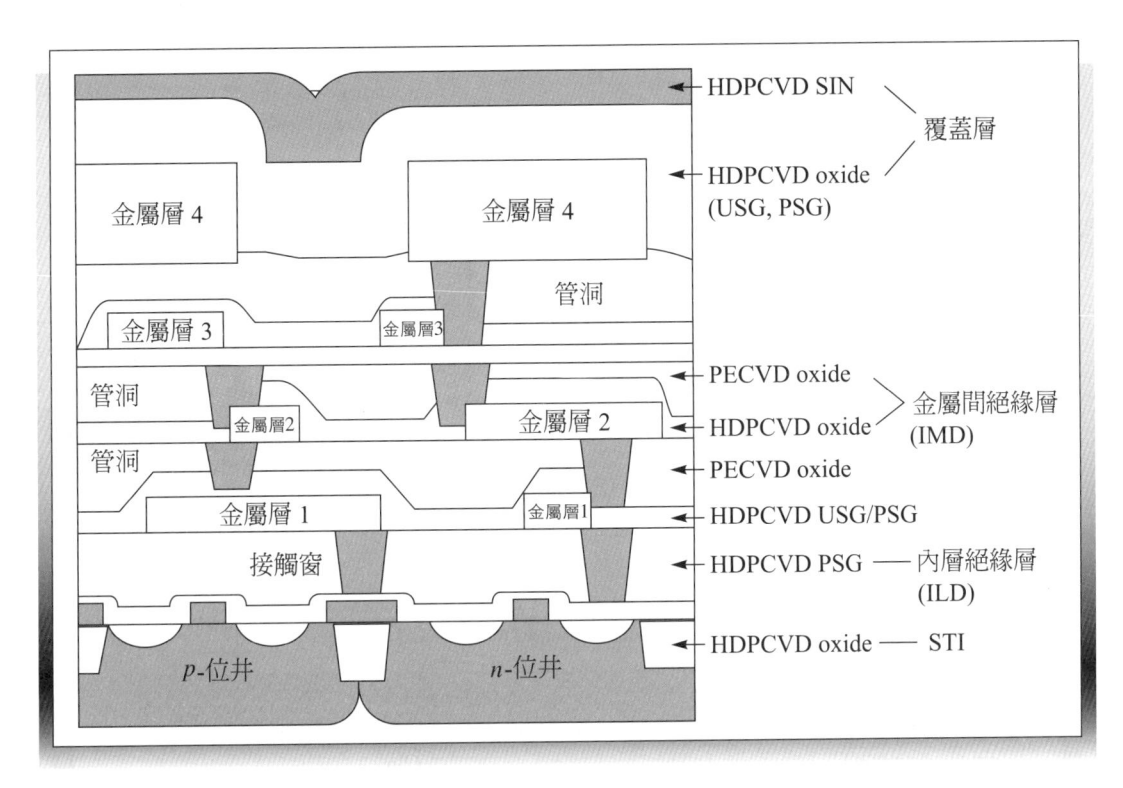

圖 10.1　金屬化製程結構

式，以符合可靠性要求。

10.2　金屬化需求

在半導體工業的發展，元件運算速度的提升一直是各家必爭的要點。直至目前，影響速度的因素已經落到導線本身阻值及層間介電質的電容大小二項上。當元件尺寸縮小時，金屬化結構也必須要縮小，然而當線寬與間距逐漸縮小之際，間接也造成了連線電阻以及連線間電容的增加，因此產生了**阻容遲滯** (RC delay) 效應，諸如使得訊號**傳遞速度降低** (propagation delay)、**交談噪音** (cross talk noise) 的增加及**功率消耗** (power consumption) 上升等。其中又以訊號傳遞速度影響最為嚴重，因此當半導體技術發展進入 45 nm 以下的世代時，阻容遲滯勢必成為製程突破上最

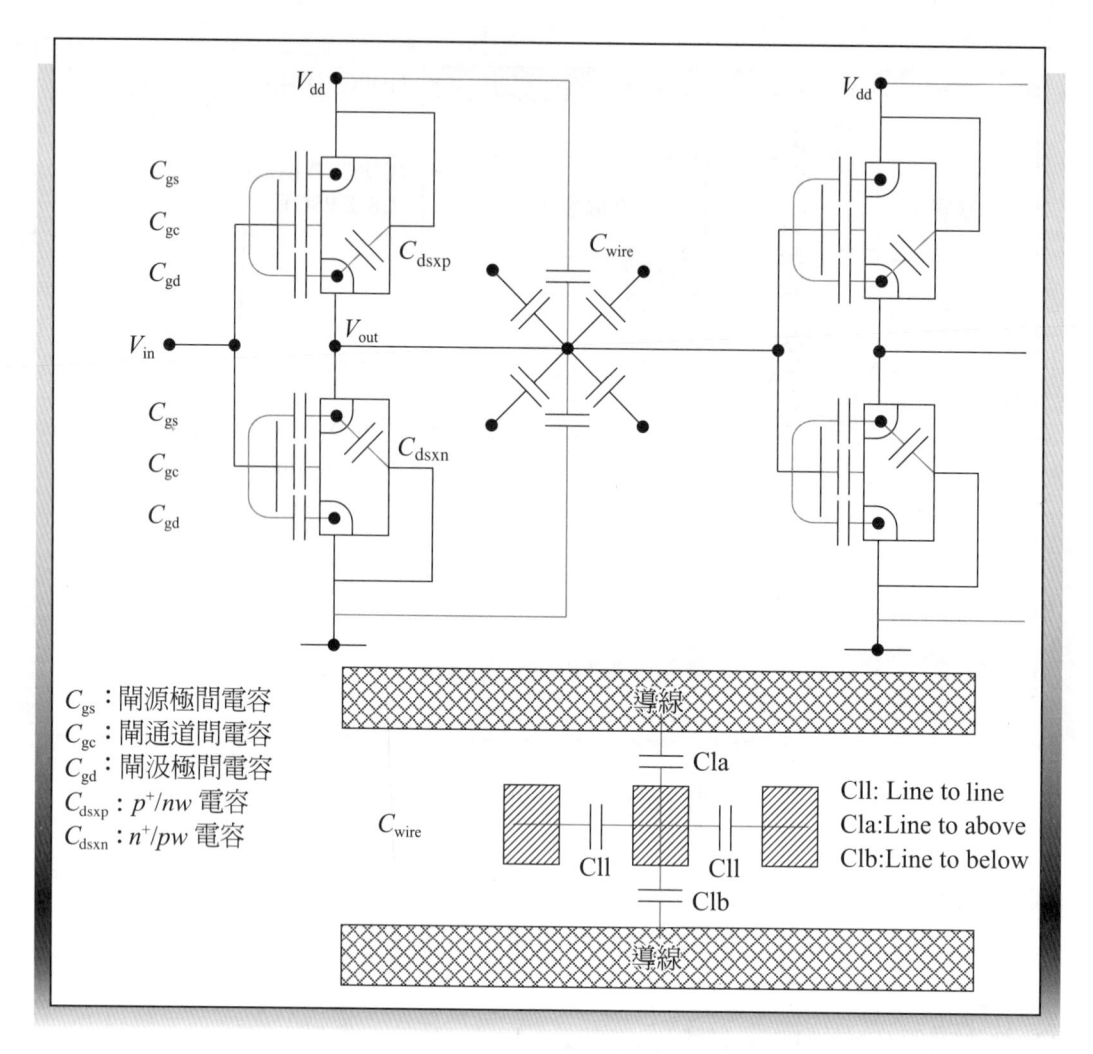

圖 10.2　MOSFET 之導線延遲效應

大的難題。

　　金屬化結構包含金屬導線本身與金屬間之絕緣層，其中金屬間之絕緣層所產生之旁生電容很多，連線的電容 (C) 決定於金屬間距和深高比，以及層級間介電材料的厚度與介電常數，由圖 10.2 所見可知因旁生電容產生之阻容遲滯可以 $\tau_d = RC = \rho \, (k_{ox}/d_{ox}) \, (l^2/t_M)$ 表示，其中 ρ 為金屬導線本身之電阻係數，k_{ox} 為絕緣層之介電常數，d_{ox} 為金屬間之絕緣層厚度，l 與 t_M 分別為金屬導線本身之長度與厚度。由此看來，決定阻容遲滯的原因，除了金屬導線尺寸之外，金屬導線本身之電阻係數與 k_{ox} 為絕緣層之

介電常數是影響阻容遲滯之兩大因數,因此連線電阻 (R) 及電容 (C) 已成為決定 IC 積集度、可靠度及製造成本的主要因素。

10.3 金屬化製程技術

由於**金屬化製程技術** (metallization) 的發展會隨著元件尺寸縮小顯得日益困難,針對增加金屬化密度與阻容遲滯而言,改進金屬化製程技術大致可朝 (1) 金屬尺寸縮小與 (2) 改變金屬化材料兩層面來進行。

10.3.1 金屬尺寸縮小

圖 10.3 所示為金屬連線基本架構,其中金屬導線之電阻 (R) 與絕緣層之電容 (C) 可以 $R=\rho L/A_t$ 與 $C=kA_L/d$ 分別來表示,L 為金屬連線長度,而 d 為金屬連線間隔距離,金屬尺寸縮小可以是固定金屬厚度下縮小**間隔** (space) [見圖 10.3(a)],也可以是金屬厚度與間隔同時縮小 [見圖 10.3(b)]。有趣的是,此兩種縮小方式雖然對 R 與 C 皆有不同程度的影響,但對阻容遲滯 (RC) 而言結果都一樣 (RC 皆增加為 S^2 倍),並沒減少,可見僅減少金屬尺寸雖可增加金屬化密度,但對阻容遲滯並沒有任何幫助。

10.3.2 改變金屬化材料

由前述可知解決阻容遲滯最簡單且最直接的方法乃設法降低電阻係數 (ρ) 與電容係數 (k),即改變金屬化材料及絕緣介質材料。目前改變金屬化材料的作法是以銅來取代傳統鋁導線,以期降低電阻;而降低電容方面則以低介電常數材料 (low-k) 來取代 SiO_2。如圖 10.4 所示,在相同金屬連線架構 (以 100 nm 技術為例) 下使用銅/低介電常數金屬化材料可比 Al/SiO_2 金屬化材料在金屬**連線遲滯** (interconnect delay) 上改善 67% (37 → 11),若考慮總遲滯 (sum of delay),即**閘極延遲** (gate delay) 加上金屬連線

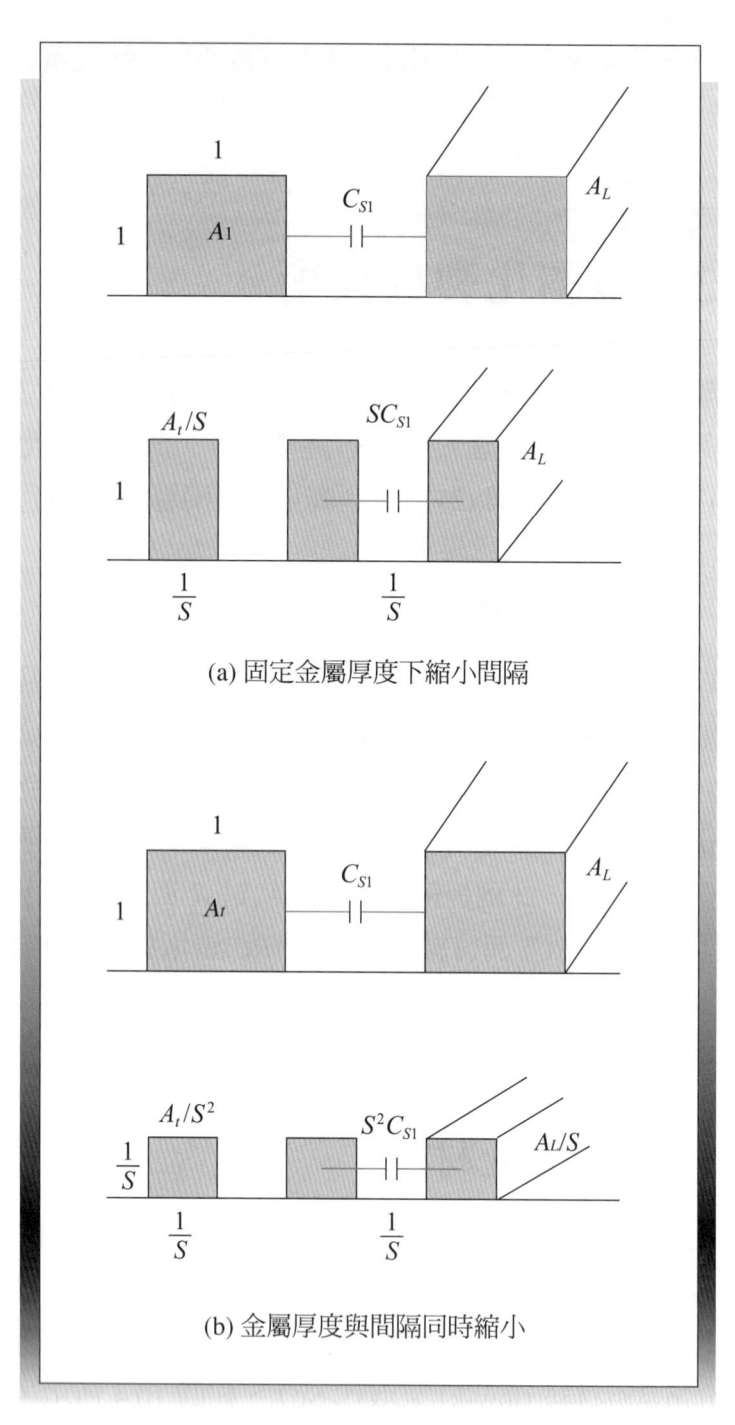

圖 10.3　金屬化結構縮小化

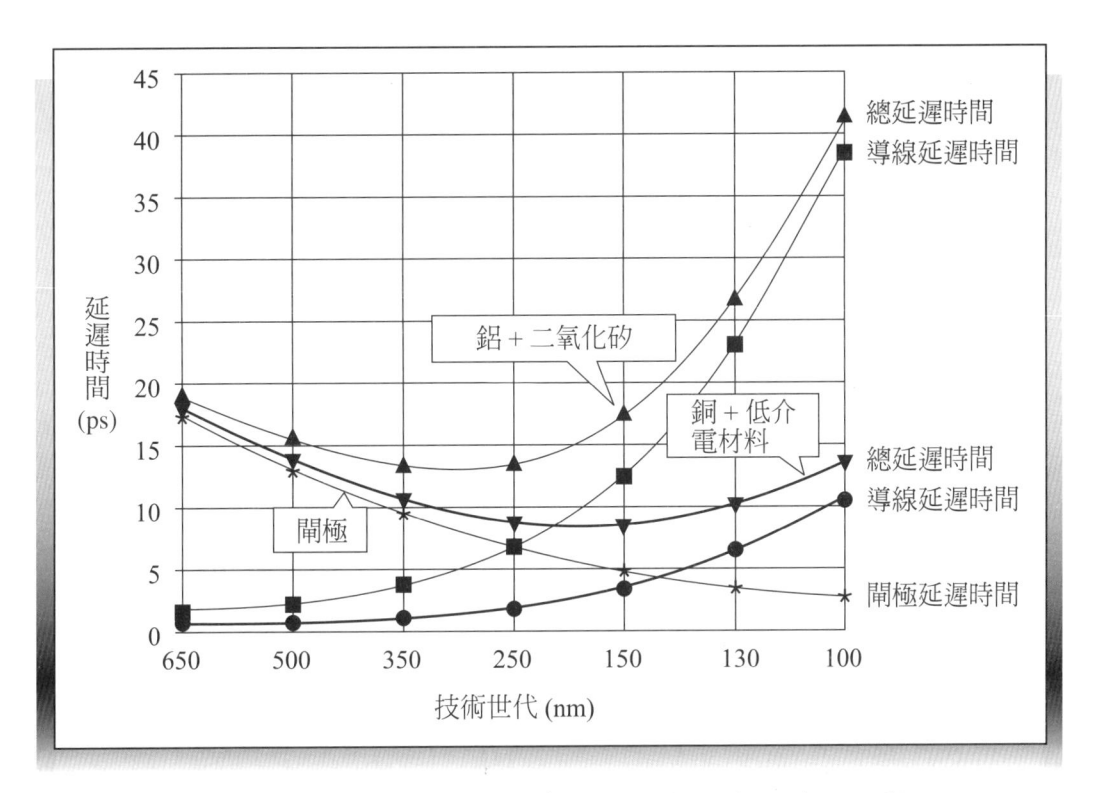

圖 10.4　使用銅的低介電常數與銅對阻容遲滯之影響

遲滯則可改善近 70% (42 → 13)，可見改變材料以降低電阻與電容是十分可行的方法。

　　另一方面由圖 10.4 可發現，當連線遲滯超過元件閘極延遲時，將嚴重到產生所謂的「連線危機」，即晶片性能強烈由連線的 RC 延遲主導，而不是由本質性的閘極延遲決定。然而為了傳送訊號到充滿閘極的更小區塊，較小的結構尺寸需要大幅降低金屬間距 (寬度＋間隔)；相對地，要達到高性能則必須增加金屬間距。結果設計者必須在密度與性能之間折衷，嚴重地阻礙了晶片的性能，因此發展出新的製程和設計方法乃勢在必行。舉例而言，如果連線的材料系統 (現在是 Al/SiO$_2$) 維持原樣，唯一降低 RC 延遲的方法是增加金屬的間距，如此一來 R 和 C 都降低 (導因於較大的金屬截面和間隔)，結果這些用於繞線晶圓的金屬其可用的單位面積與層次的淨長度也會減少。反之，如果必須維持容量密度，則將需要較多的金屬層次，來維持所希望金屬繞線的淨長度。

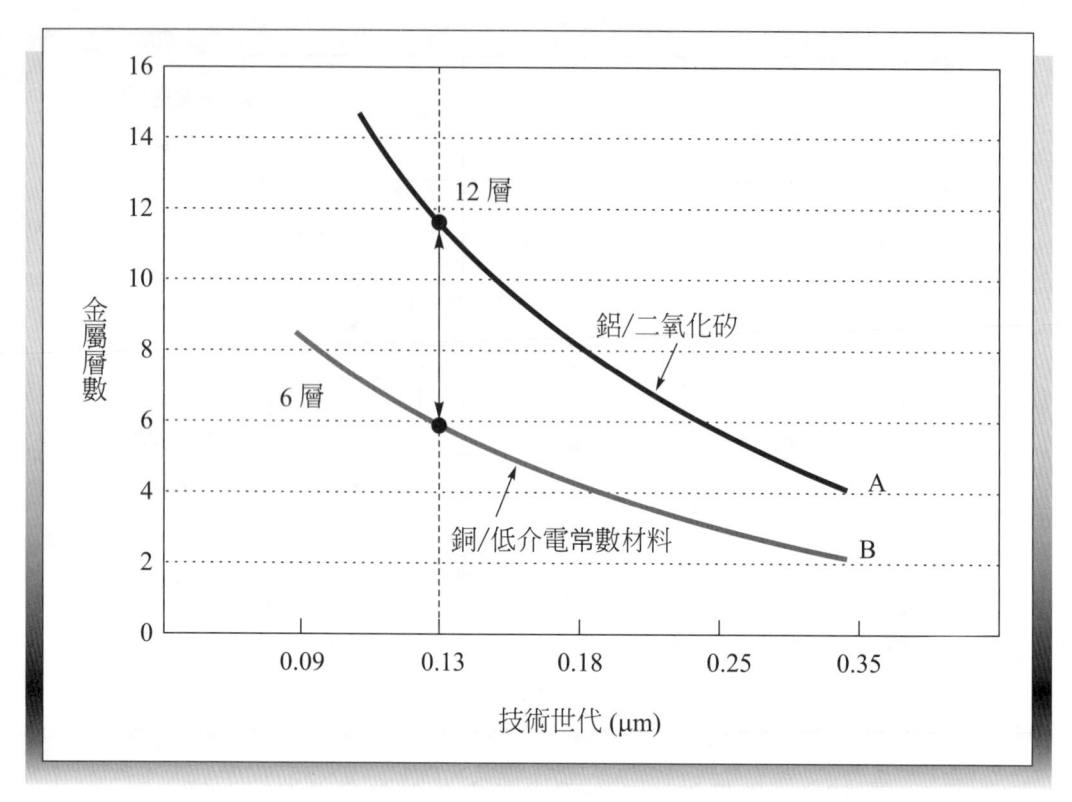

圖 10.5 銅/低介電常數材料與鋁/二氧化矽對金屬化結構之影響

事實上,即使在相當寬的設計規則下 (≥ 0.35 微米),10 層也可能無法製造,更何況是 0.13 微米的製程。為了限制 (N) 層數以及維持較窄的金屬線距,我們必須藉由使用新的材料來降低 R 和 C。由於銅的電阻係數大約比鋁低 35%,而低介電常數材料幫助降低 C,因此如圖 10.5 所示在 0.13 微米時,相對於 12 層的 Al/SiO_2 結構,銅/低介電材料結構的設計只需要 6 層就可以保持一定的 RC。

10.4 金屬化結構演進

傳統金屬化結構在接觸窗與管洞製程上所使用之材料與金屬連線不同,如圖 10.6 所示,接觸窗由基板開始需先沈積一層擴散阻障層 (barrier

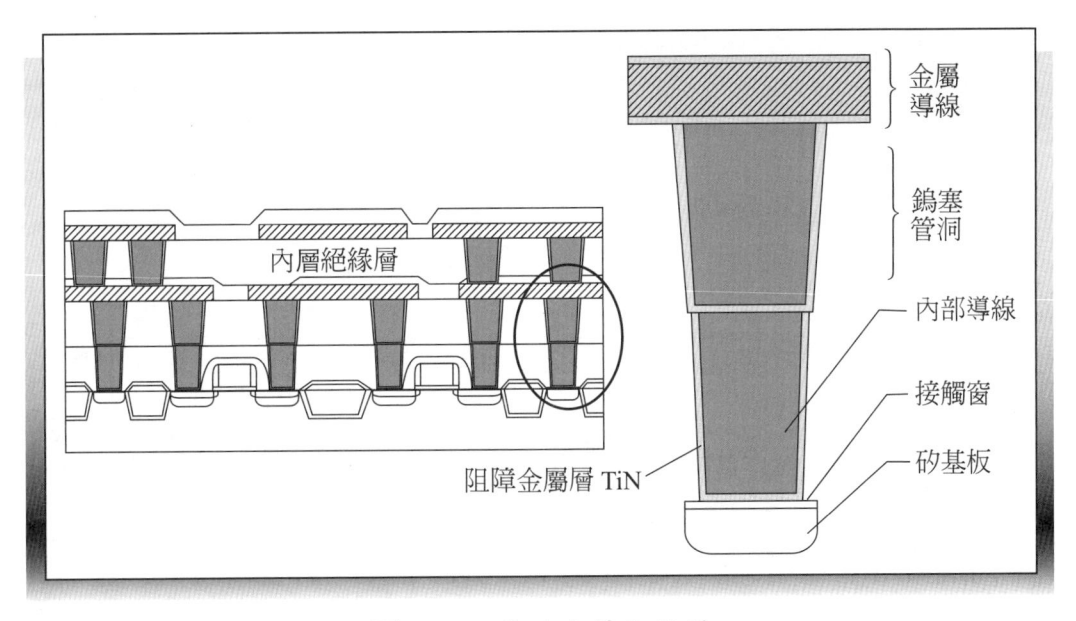

圖 10.6　傳統金屬化結構

layer)，常用材料為氮化鈦 (TiN)，之後利用 PVD 沈積鎢塞 (tungsten plug)，最後才沈積鋁金屬連線，管洞之形成也與此類似。另就尺寸的考量上，當關鍵尺寸往下移到 0.25 μm 或更小時，則管洞填充與擴散阻層將延伸出許多的問題。管洞深寬比增加及填充截面減少時，金屬連線的電阻會增加，此時阻障層的厚度即不能太厚，否則整體的電阻會上升；但又不能太薄，否則無法達到擴散阻層的效能。所以當關鍵尺寸到達 0.13 μm 時，鎢及鋁將變得不再適用，因它本身的阻抗已嚴重影響到元件的轉換速度，亦即**阻容遲滯時間常數** (RC time constant) 中的電阻 (*R*) 部分增加。因此傳統金屬化結構受到金屬尺寸縮小影響很大，在小尺寸金屬化結構下勢必更改新製程技術，例如使用**化學機械研磨** (CMP) 來達成平坦化以符合可靠性需求，如圖 10.7 所示。由於關鍵尺寸縮小化嚴重影響金屬化結構製作工程，所以金屬化材料在小尺寸與多連線層數金屬化結構下改變是勢所難免，故此時具低電阻率的銅材料將被使用在填塞及連線上，如此可降低其阻抗及增加抗電遷移能力。另一方面，降低電容方面則以低介電常數材料來取代 SiO_2，如此一來，金屬化結構將由一般 Al/SiO_2 金屬化結構演進至先進銅/低介電材料金屬化結構之變化，如圖 10.8

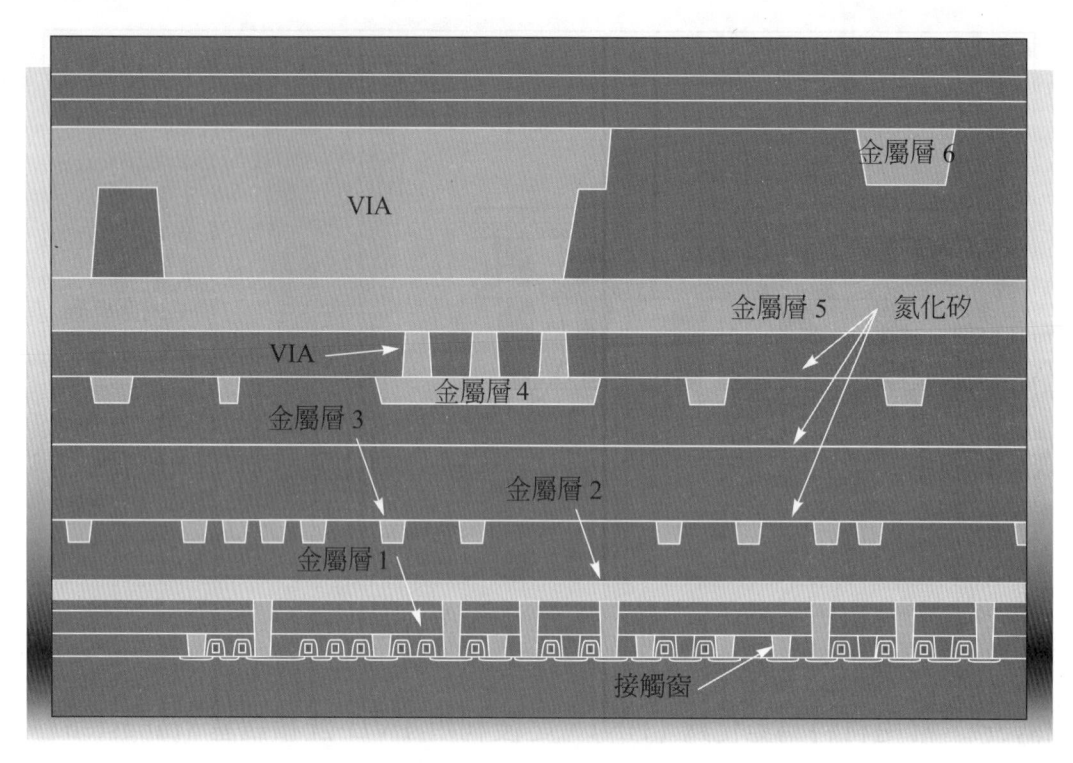

圖 10.7　金屬化結構

表 10.1　金屬化里程碑

年　代	2004	2007	2010	2013	2016
技術世代	90	65	45	32	22
介電係數 (k)	3.1～3.6	2.7～3.0	2.3～2.6	2.0～2.4	< 2.0
內層絕緣層介電係數 (k)	< 2.7	< 2.4	< 2.1	< 1.9	< 1.7
金屬間距 (nm)	275	195	135	95	65
金屬電阻係數 ($\mu\Omega$-cm)	2.2	2.2	2.2	2.2	2.2

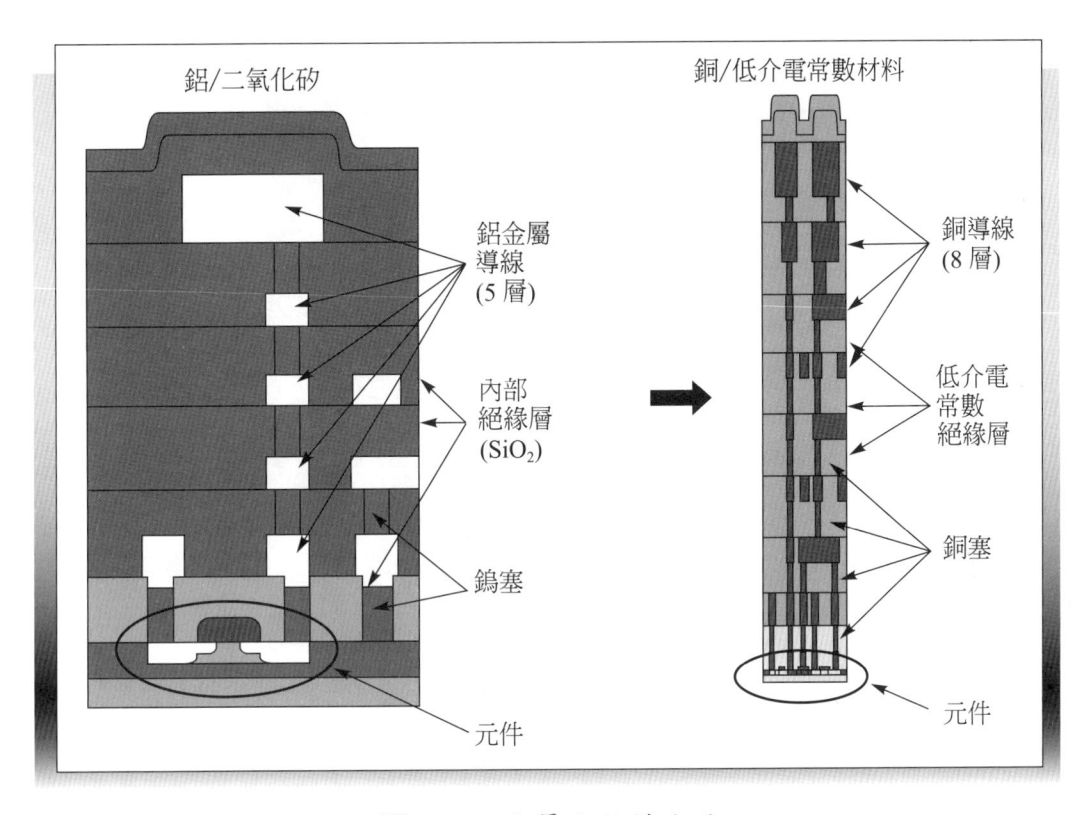

圖 10.8　金屬化結構演進

所示。由此看來，金屬化材料勢必要符合未來高密度與低阻容遲滯之雙重標準，表 10.1 所示為未來金屬化之需求，顯而易見，運用銅/低介電材料 (見圖 10.9) 可在不減弱阻容遲滯的前提下達到更大容量密度之設計。

10.5　金屬材料發展

　　鋁及它的合金已被廣泛地運用在 IC 工業上，然而當金屬連線的線幅續縮至深次微米時，鋁金屬將因本身具體較低的電遷移抗性而不再適用；且截面積縮小後，其產生較高的電阻率亦將不符合快速 IC 元件的要求。因此具低電阻率的其他金屬，由表 10.2 所示，銅、銀、金……等已被列入考量中。

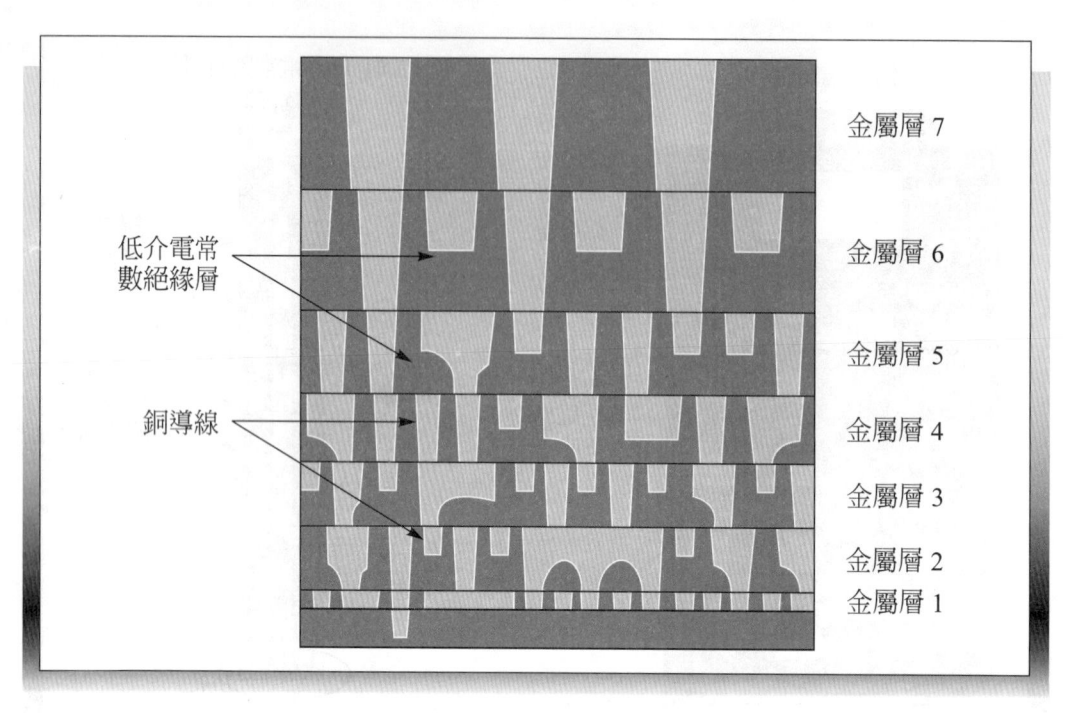

圖 10.9　先進金屬化結構

表 10.2　使用銅的動機與目的

特　性＼金　屬	銅	銀	金	鋁	鎢
電阻係數 (μΩ-cm)	1.67	1.59	2.35	2.66	5.65
楊氏係數 (10^{-11} dyn/cm^2)	12.98	8.27	7.85	7.06	41.1
熱導性 (W/cm^{-1})	3.98	4.25	3.15	2.38	1.74
熔點 (°C)	1085	962	1064	660	3387
比熱 (JKg^{-1}K^{-1})	386	234	132	917	138
抗腐蝕能力	差	極差	極佳	佳	佳
與 SiO$_2$ 的附著性	差	差	差	佳	差
濺鍍法	√	√	√	√	√
化學氣相沈積法	√	X	X	√	√
乾式蝕刻	?	X	X	√	√
濕式蝕刻	√	√	√	√	√
電子遷移阻抗能力	高	極低	極高	低	極高
RC 延遲 (ps/mm)	2.3	2.2	3.2	3.7	7.8

金 (Au) 金屬連線曾在早期的 IC 工業上被使用，因為金本身具有較低的電阻率及良好的抗腐蝕性與抗電遷移性。但其缺點為低溫下 (360°C) 易與矽金屬形成一複合中心，且不易進行乾蝕刻處理。至於銀 (Ag) 金屬雖可提供甚低的電阻率 (1.59 μΩ-cm)，但在一般的環境下極容易被腐蝕，所以被排除於 IC 工業的連線應用之外。銅 (Cu) 金屬已展現在多層金屬連線的運用上，主要理由乃其本身的低電阻率、高抗電遷移性以及可以化學氣相沈積與電鍍方式成長等的優點。銅的電阻率為 1.67 μΩ-cm，比金還低，且有不錯的可靠度，所以在深次微米元件的多層金屬連線運用上倍受矚目。雖是如此，存在於銅金屬應用的一些問題仍需予以了解及解決。例如：

1. 在氧和矽中，它擴散得非常快。如果不加以侷限，銅原子會到達到矽的區域並且破壞元件，造成嚴重的啟始電壓偏移以及**接面** (junction) 漏電。
2. 它不容易使用傳統的電漿蝕刻做圖形，因為缺乏揮發性的鹵化物，即副產物鹵化銅的蒸氣壓低。
3. 它容易在低溫的空氣中氧化 (< 200°C)，即易與矽反應形成 Cu_3Si 合金，形成非自我保護層，無法阻止進一步的氧化與腐蝕。
4. 與介電質的黏附性不佳且在電場的加速下能穿透介電質而快速的擴散，並造成深層的缺陷。

因此，為了防止銅到達矽的區域破壞元件，銅導線和栓塞必須在所有的方向與層次完全封住。目前針對上述問題的解決方法有：

1. 先鍍一層高穩定性的**擴散阻障層** (barrier layer)，以防止銅原子的擴散；
2. 利用化學機械研磨的**鑲嵌結構** (damascence structure) 以改善細微圖樣蝕刻的問題；
3. 加入鈦或鉻摻雜下形成自我保護封蓋層的製備，以保護銅金屬不被腐蝕。

關於**擴散阻障層** (diffusion barrier layer) 的研究與發展上，目前均致力

於 Ti、Ta、W、Mo……等高溫耐火之過渡金屬及其氮化物。阻障層必須有效防止銅擴散出去，並且必須夠薄到最佳化銅的截面面積，所以需要好的沈積阻障層坡度覆蓋性。阻障薄膜對於沈積銅應有良好的附著性，並且在銅的化學機械研磨中容易移除。之前用在鋁及鎢金屬填塞時的氮化鈦材質，似乎無法滿足銅金屬阻絕襯裡的需求。但由於 TiN 的技術已相當地成熟，一開始仍有很多的研究單位不願就此放棄，因 Ta 具有較高的穩定度，且不容易與銅形成合金，所以目前已經以化學氣相沈積成長的 Ta 金屬薄膜取代 TiN 的薄膜。

至於銅薄膜的成長方法有物理氣相沈積 (PVD)、化學氣相沈積 (CVD) 及電化學之電鍍法等數種。

1. **熱蒸鍍法**：可以熱源或電子束直接撞擊被蒸發之粒子，將其離子化後俾能在外加電場下加速至基板而鍍膜，此種技術可做基板表面的自我清除步驟，並獲得銅薄膜與基板更佳的結合。

2. 物理氣相蒸鍍法的**交流或直流濺鍍法 (RF or DC sputtering)**：因銅金屬具頗佳的濺出產率，例如在 600 V 電壓下每一氫離子可濺出 2.8 個銅原子，而鋁原子為 1.2 個，鎢則僅 0.6 個，因此若在外加偏壓的濺鍍下，高的濺出產率對引洞填充及平坦化製程有相當大的優勢。

3. **化學氣相沈積法**：目前已有諸種樣式的化學氣相沈積法被提出或廣泛的應用，主要以 Cu^+ 和 Cu^{2+} 前置物的化學氣相沈積薄膜成長，可利用加熱或電漿強化等加速分解而做 Cu 膜的沈積。其分解可如 Norman 等人利用 Cu+hexafluoroacetyl-acetonate trimethylvinylsilane (Cu^+ (hfac) TMVS) 來沈積。Cu 的反應式如 (10.1) 式所示：

$$(Cu^+ (hfac)TMVS_{(g)} \xrightarrow{> 130°C} Cu^0 + Cu^2 (hfac)_{2(g)} + 2TMVS_{(g)} \quad (10.1)$$

上述化學氣相沈積之前置物中，以 Cu^2 (hfac)$_2$ 最為常用，可以得到較佳的銅膜。最近有一種新的前置物 Cu^2 (tdf)$_2$ 被合成，此物質具有甚高的蒸氣壓，能夠提高沈積速率。

4. **電鍍法**：屬於一種簡單、便宜以及富調變性的技術，其中可分為**無電**

極電鍍 (electroless deposition) 及有電極電鍍 (electroplating) 兩種，也有利用此技術進行接觸點的選擇性沈積。雖然如此，此技術仍存有些許問題待克服，例如：(1) 無電鍍銅均需一層感鍍劑，因此需在一介電質表面下做引洞的金屬填塞，(2) 電鍍物的污染物會影響薄膜性質及其可靠度，(3) 無電鍍銅的銅表面保護方式，(4) 電鍍液將不容易進入小尺寸引洞的底部，以及 (5) 需要進行薄膜性質最佳化的退火處理等問題。綜觀上述之分析，化學氣相沈積製程相對於濺鍍或熱蒸鍍之物理氣相沈積方法而言是一種沒有損傷的製程；因物理氣相沈積製程中含有帶電離子或加速中子的撞擊。而且化學氣相沈積法有較佳細微的步階覆蓋性及選擇性沈積的可能，不會遭遇到電鍍法時所延伸的問題。

10.6 低介電質絕緣材料

由表 10.3 所示，**低介電質絕緣** (low-dieletic constant) 的材質主要可分為**有機高分子膜** (organic polymer) 及**無機高分子膜** (inorganic polymer)；若根據沈積方式不同，又可分為**化學氣相沈積** (CVD) 及**旋塗式塗佈法** (spin-on dielectric, SOD)，SOD 法以 IBM 為代表，CVD 法則以**應材** (applied material) 為主；如以旋塗方式製備有機膜 polyimide 及無機膜 HSQ，以及以**電漿輔助化學氣相沈積** (PECVD) 法所製備的氟化非結晶碳膜等。早期選用低介電常數為介電層之材料以取代傳統的二氧化矽 (SiO_2) 時，大部分使用 FSG (含氟矽石玻璃，SiOF) 為主，後來經過工程師與研究人員的努力之後，由化學氣相沈積法產生的 OSG (有機性矽玻璃) 層 ($k = 2.6$~3.1) 已整合至 0.13 μm 的製程中，k 值可以降至 2.1。後來旋塗式塗佈法又被提出以解決 $k < 2.0$ 的方案。

應材與康寧 (Dow Corning) 皆擁有 OSG 的製程專利權，此技術的基礎可說是由康寧發展的，但由應材將其擴展並成功整合進製程中，並研發出沈積多種低介電常數薄膜的技術能力。IBM 在 2000 年初宣佈於 0.13

表 10.3 使用低介質絕緣材料的動機與目的

介電材料化學名稱		沈積方式	介電常數
含矽氧性	SiO$_2$	電漿氣相沈積法	3.9～4.1
	SiOF	高密度電漿沈積法	3.2～4.0
	Hydrogen Silsesquioxane (HSQ)	旋塗佈法	2.6～2.8
	Methylsilquioxane (MSQ)	旋塗佈法	2.7
有機性	Ployimide	旋塗佈法	2.7～2.9
	Fluorinated Ployimide	旋塗佈法	2.3～2.5
	Fluoro Polymer	旋塗佈法	1.8～2.5
	Polysiloxane	旋塗佈法	2.7～3.0
	Ployimide Siloxane	旋塗佈法	3.3～3.5
效孔性	Nanoporous Silica (Aerogel)	旋塗佈法	< 2
	Xerogel	旋塗佈法	1.8～2.0
	Porous polymides	旋塗佈法	～2.0
空 氣	Air		1

μm 銅製程採用 SOD 法，另外 HSQ、MSQ 與多孔層 (porous film) 等材料相繼被提出。

雖然 SOD 法目前較 CVD 法昂貴，但 k 值的擴展性較佳，製造商希望在低介電常數所學經驗可直接應用至下一世代的超低介電常數。由於 SOD 法可以較容易的將 k 值繼續往下延伸，只要克服目前製程上的瓶頸，未來面臨更低 k 值的製程就可以如法炮製。而這些新材料介電值雖然皆小於傳統材料二氧化矽 (介電常數為 3.9)，但膜材在熱穩定性上的表現並不能滿足製程上的需求，所以膜材熱穩定性優劣的表現將是決定下一世代介電層材料代言人的重要考量因素之一，然而介電常數 k 是有極限的，最後只有不用介質絕緣材料即以空氣隔離 ($k=1$)，因此有人提出空氣間隙型之金屬化結構，如圖 10.10 所示，可以預見未來金屬化絕緣層技術將面臨極大之困難。

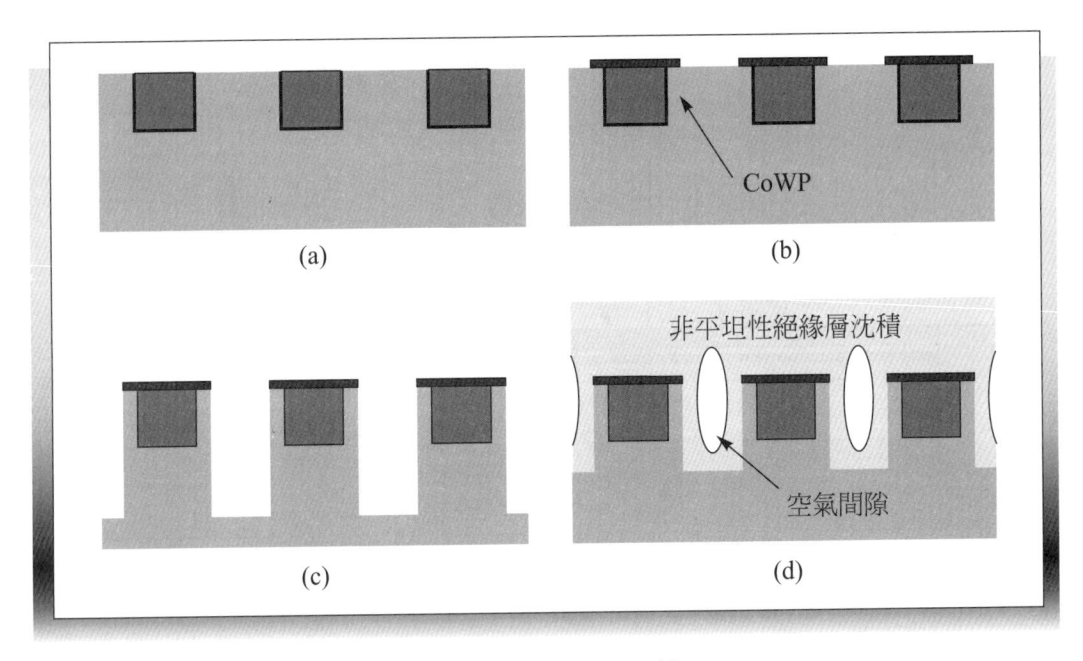

图 10.10　空氣間隙製程

10.7　銅金屬化製程整合

隨著半導體元件線寬縮減至 90 nm 以下、金屬導電層數超過十層以上，全面性平坦化製程已為不可忽略之關鍵製程，幾乎要借重 CMP 平坦化的製程才能解決微影的景深 (depth of focus) 問題。**化學機械研磨** (chemical mechanical polishing, CMP) 是由 IBM 所開發出結合化學反應與機械研磨的製程，如圖 10.11 所示，目前已經成為平坦化製程的主要技術。它不僅可以達成全面平坦化的目標，同時可增加元件設計的多樣性如新元件設計中的銅導線製程。在化學機械研磨的製程中所使用的化學品主要包括有**研磨液** (slurry) 及研磨後清洗液。化學機械研磨製程應用在晶片研磨上已超過五十年，但是在 1988 年才正式應用在後段製程的平坦化步驟上。

　　針對銅製程而言，至今尚未找出一種適當的乾式蝕刻製程來處理

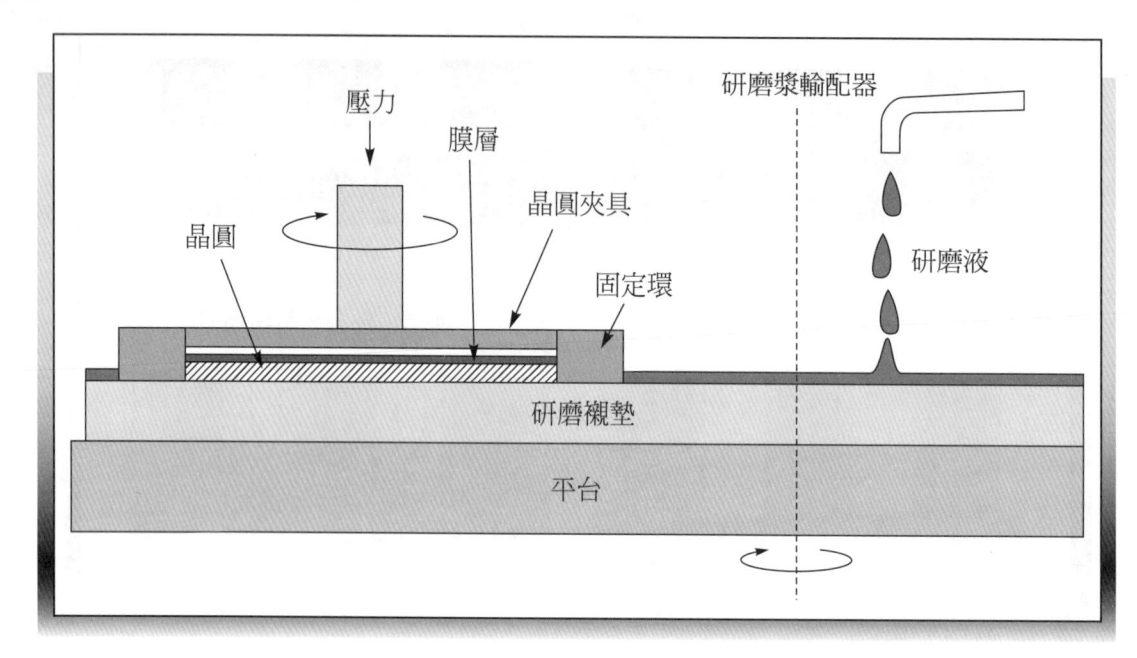

圖 10.11　化學研磨製程

銅的圖案化問題，目前只有借重 CMP 進行**雙重金屬鑲嵌銅連線** (dual damascence copper interconnection) 的製程才能完成銅連線圖案化的步驟。人類早在兩百年前就用 CMP 的技術來研磨天文望遠鏡的鏡面，所以 CMP 是一個老技術新應用的實例。銅雙鑲嵌流程如圖 10.12 所示，銅要利用鑲嵌結構達到圖形化，包括銅沈積到預先做好的氧化層溝槽，接著利用金屬 CMP，同樣地，銅線和管洞可以利用雙鑲嵌結構同時完成。鑲嵌製程可以做出圖形卻不需要金屬蝕刻，並且避免傳統鋁製程所遭遇的氧化層間隙填入的問題。然而雙鑲嵌結構將填充氧化層間隙的負擔轉移到填充金屬層，至少這兩種填充方式具有相同的挑戰性，整合包含溝槽及管洞的氧化層蝕刻，沈積阻障層和晶種層、電鍍、CMP 以及保護層。薄的氮化矽 (SiN) 用於蝕刻停止層與阻障層。

第十章　IC 後段製程

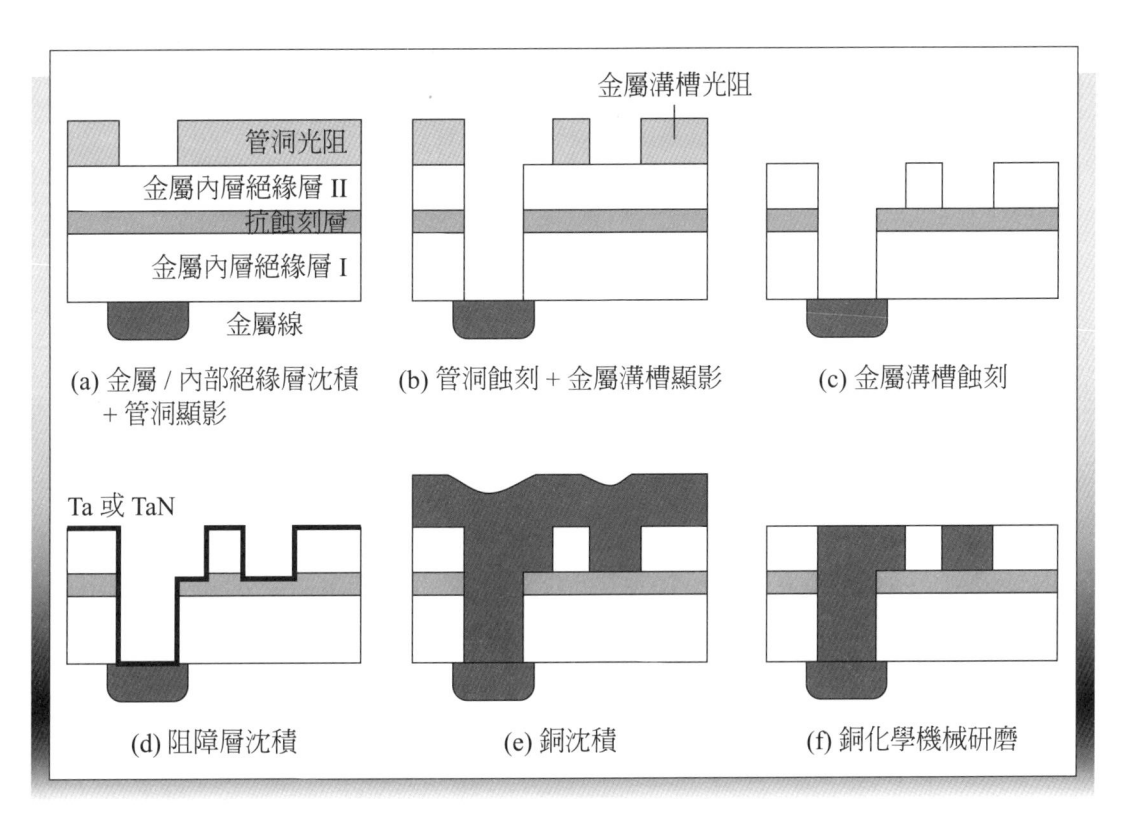

(a) 金屬／內部絕緣層沈積＋管洞顯影

(b) 管洞蝕刻＋金屬溝槽顯影

(c) 金屬溝槽蝕刻

(d) 阻障層沈積

(e) 銅沈積

(f) 銅化學機械研磨

圖 10.12　銅雙鑲嵌流程製程

習　題

1. 何謂阻容遲滯 (RC delay) 效應？
2. 如何解決阻容遲滯 (RC delay) 效應？
3. 何謂「電子遷移」破壞？
4. 對於金屬化，銅是唯一的選擇嗎？
5. 請說明低介質絕緣材料。
6. 請說明雙重金屬鑲嵌銅連線。

半導體製程之品質管理

11.1 半導體產業實施品質管理的必要性與重要性
11.2 全面品質管理的意義與重要性
11.3 全面品質管理的實施步驟
11.4 全面品質管理實施後的好處
11.5 全面品質管理與統計分析

本章目的在介紹積體電路產品在最後進入**量產** (mass production) 階段時首先必須注意之產品品質管理之相關的問題與程序，讓有志於從事於半導體產業品管之人員可一窺奧祕，且可在此領域找到可發揮的方向。

11.1 半導體產業實施品質管理的必要性與重要性

如果我們針對半導體產業做一有系統之解析，不難發現此產業有七個基本核心趨勢，包括：(1) 線寬愈來愈小；(2) 晶圓尺寸愈來愈大；(3) 生產步驟愈來愈繁複；(4) 操作 (啟動) 電壓愈來愈低；(5) 操作**運轉** (operation) 速度愈來愈快；(6) 穩定性與**可靠性** (reliability) 愈來愈嚴苛；

(7) 成本 (cost) 愈來愈低廉。綜觀至今，此七個趨勢有彼此間相輔相成或彼此制約的特性。

然而，此七大趨勢無異也透露另一項訊息，那就是生產流程的品質要求會愈來愈受重視，否則很難在此行業獲得利益。再者，台灣的科技發展已經讓全球刮目相看，且被譽為「科技島」，其背後除了有產業政策、大型基礎建設、增拓經營環境和機會外，台灣企業的實力和努力也是極為關鍵的因素，由於有這些優點才能夠吸引全球知名客戶下單，淬煉使台灣成為全球製造中心。

近期雖然整體經營環境已有很大改變，尤其「世界工廠」的角色也已經被中國取而代之，台灣企業的未來競爭優勢有哪些？何者可讓台灣在專業代工方面能夠脫穎而出，持續獲得全球知名公司的青睞？這是值得討論的議題。從政府和學術界的相關研究報告指出，品質管理、成本控制、交期和生產彈性是台灣企業爭取訂單的關鍵能力指標，在企業持續成長和獲利的雙重要求下，品質的重要性不言而喻，當然「品質管理」的重視也有其意義和必要性。

表 11.1 是根據國際半導體技術藍圖制訂會 (International Technology Roadmap for Semiconductor, ITRS) 對半導體技術時程的規劃，由於 ITRS 會議是全球性半導體技術預測會議，每年 4 月在歐洲、7 月在美國、12 月在亞洲各國舉辦，彙整五大地區專家之意見，提出精確詳實的技術修正，隨時提供產業最新的技術資訊，對半導體產業技術水準及國際市場競爭力之提升有極大的助益。由此表可見半導體產業有極大的品質管理需求，才有可能在每一世代有辦法獲利。

表 11.1　根據國際半導體技術藍圖對半導體技術時程的規劃

年　代	1997	1999	2002	2005	2008	2011	2014
設計法則 (μm)	0.25	0.18	0.13	0.90	0.065	0.045	0.015
動態記憶體	256M	1G	4G	16G	64G	256G	TG
晶片尺寸 (mm^2)	280	400	560	790	1120	1580	2240

圖 11.1　速度的追求是人類永恆的目標

　　正所謂科技始終來自人性，從最近三十年科技的發展軌跡，可歸納出七個合乎人性化的特色如下：(1) 輕、(2) 薄、(3) 短、(4) 小、(5) 便宜、(6) 速度快及 (7) 多功能，只有合乎人性化產品才會熱賣，產品銷售壽命才會長久。如圖 11.1 所示是車子騁馳之速度感，這已是人性化且永恆追求的特色之一。這七大特點的要求是一條永遠沒有盡頭的不歸路，且會繼續不斷地驅策著 IC 這個領域一直往前發展。

　　就品質管理與要求，從早先的汽車工業、航空產業乃至於現今的 IC 半導體產業均承接相同的概念與標準，因為此三大產業有著許多相同的產品屬性。然而，當要討論「何謂品質」時，一般研究者會從產品和服務品質的構面來說明。

　　圖 11.2 所示是每一項產品從構思想法開始歷經數個階段才到產品量售的過程，這一連串過程中，量產產品與雛型產品都必須要有品質控管與改善的動作要考慮，產品設計與開發流程包含問題分析與概念構思、初步設計、功能與使用性分析、細部設計、雛型製作、使用者測試與回饋、細部修改、製程規劃等，目的就是要讓符合使用者需求的產品以最快最好的方式進入量產階段，以便進入市場。傳統上，產品設計與開發流程為循序式。

　　圖 11.3 說明品質管理 (QM) 係指：(1) 以品質作為引導組織的力量；(2) 合作非競爭；(3) 持續與漸進發生改變；(4) 團隊工作非個人……等，

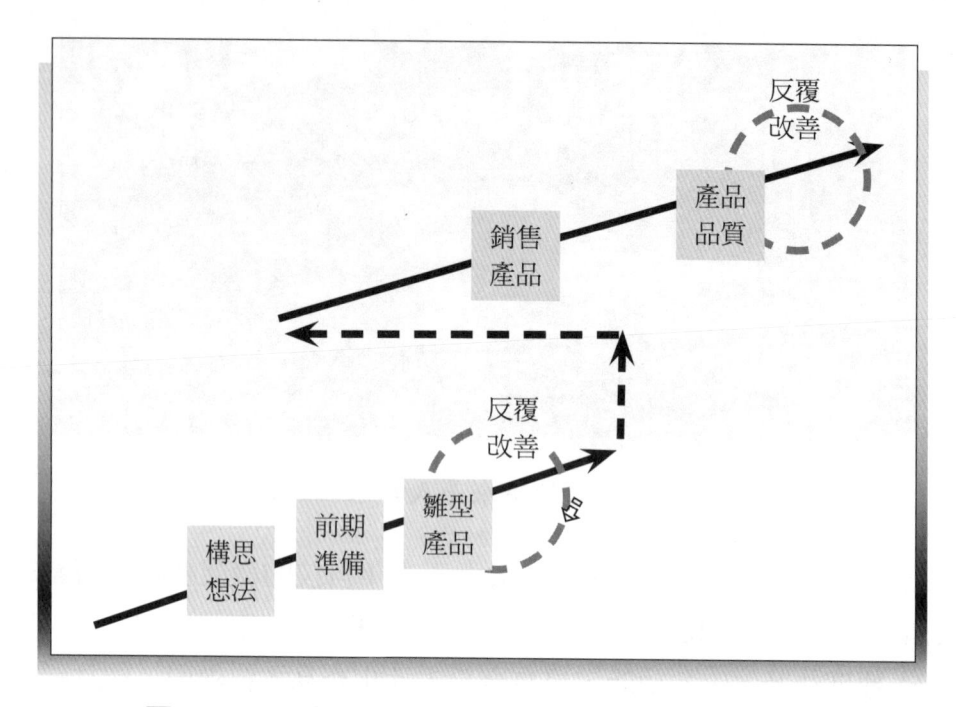

圖 11.2　半導體產品壽命週期與品質管理的說明圖

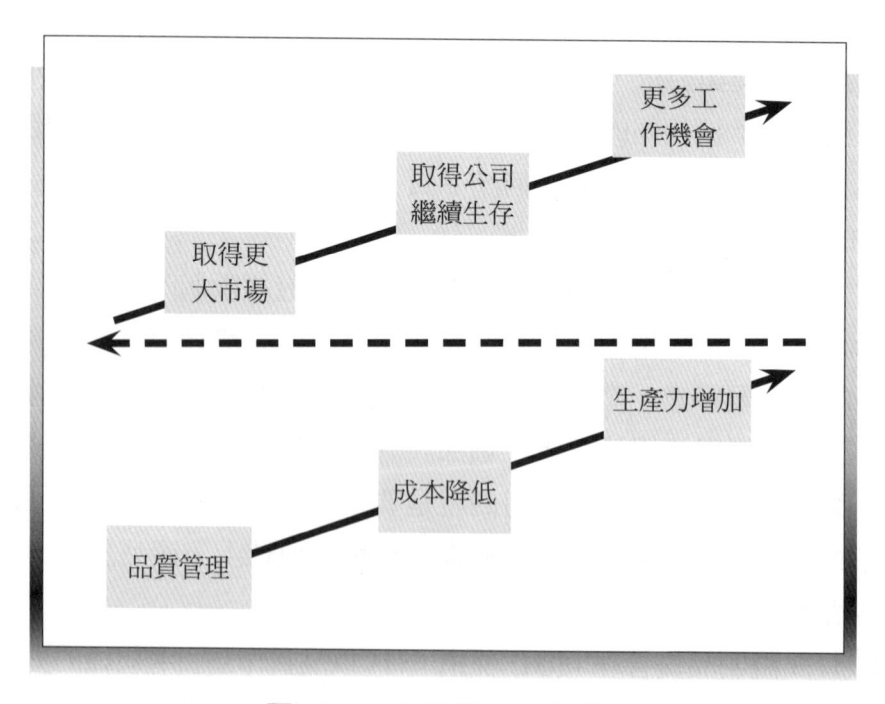

圖 11.3　品質管理的本質

符合特定質與量前提下，確保組織購買與提供的服務，能以最低成本生產或維持；(5) 有機會仔細檢視產品的工作進度，並著重製程前後工程關聯性，如此可達到品質管理有效控制。此圖的說明也道出品質管理也可達成社會責任，創造出新的工作機會，這是始料未及的發展。

在二十一世紀，很明確地，品質管理知識是所有半導體從業人員必須具備的關鍵知識之要項，而品質策略更是個人及企業在順境時的助力與迷惘時重要的指引。

1. 探討有關「產品品質」的解釋可引用哈佛大學商學院大衛‧蓋文 (David Garvin) 教授的論點來說明，蓋文在 1984 年曾提出產品品質可以有五種不同基準點的定義，更在 1988 年更進一步提出產品品質有八個構成面向。
2. **產品特性取向** (product-based) 的品質：品質概念是由產品特色來做評斷，嚴格一點甚至以其產品成分優劣來決定，所以理論上特性較多、成分較佳的產品其品質較好。
3. **需求取向** (user-based) 的品質：其理論基礎是品質為迎合顧客需求所衍生出來的產物，所以不符合顧客需求，或不是針對顧客實際潛在的真正需要所生產的產品就是非優良品質產品。
4. **價值取向** (value-based) 的品質：品質優劣可以是由產品實用性與價位此兩參數決定。換言之，如果具有同樣實用性，價格較低的產品代表較佳的價值品質。
5. **生產取向** (manufacturing-based) 的品質：品質優劣完全仰賴於生產過程的每一個動作要規範並明訂規格。若能達到生產規格，就是高品質產品。

以上五種產品定義其實都有不同的擁護者，在不同時期也曾主導過風潮，然而經過數十年演化，當前的產品品質定義已揉合以上五種部分菁華而衍生出時代性產品品質的定義。

此外，大衛‧蓋文教授以產品品質的外露特性，歸類為下列八個品質構成面向：

1. **產品表現與績效** (product performance)：是主要品質特性表現，例如產品的各項功能都能正常運作、加速順暢等；再例如所有車子的車主在談論車子品質時，都以某項表現與功能績效來交換資訊與心得。
2. **產品特別之特性** (product special features)：一般指的是超出標準或獨特的表現，例如某一款平價產品提供比同等級產品更多配備等；又例如豐田汽車公司的 Prius。
3. **產品之可靠性** (reliability)：特別指產品能持續發揮功能的機率，例如產品很少發生故障，經過時間的考驗，產品的表現是否依然可靠。
4. **產品之一致性** (product conformance)：產品與設計規格符合的程度，例如在工業革命後，大量生產的環境裡，產品之一致性尤其是衡量品質重要的依據。
5. **產品之耐久性** (product durability)：產品能正常發揮功能的期間，例如產品的使用壽命。
6. **產品之美學** (product aesthetics)：產品的外觀、感覺等，例如產品的外觀與內部儀表、空間等設計，產品如果無法呈現一種消費者喜歡的外觀、形式、聲音或材質，很難享有高品質的優勢。
7. **產品之服務與維修性** (product serviceability)：售後服務和抱怨處理等的回應，例如顧客抱怨的處理及維修。畢竟，再好的產品也有需要維修服務的時候，有時是否容易進行維修服務也是判斷產品品質的重要項目。
8. **產品之認知品質** (product perceived quality)：例如顧客對產品的品質評價，消費者在時間的累積與產品直接或間接互動下會逐漸形成一種認知的品質概念。

11.1.1 產品品質的定義

IC 積體電路的產品因牽涉製程步驟愈來愈繁複，所以不得不對品質管理有特別的要求，一般而言，**品質** (quality)，可以指物品的特徵、品性、本質，也可指商品或服務的水準、質量等等。然而，品質的定義隨

著時代也在改變，許多人 (或機構) 也針對品質提出一些特別的定義。試舉以下的一些人 (或機構) 對品質做不一樣的定義：

1. **國際品質管理標準 ISO9000 系列**：定義品質是一具固有特性產品 (在產品或服務中本身具有的特性) 本身符合需求的程度，ISO 廣義的**品質管理** (quality management) 是：「決定品質方針、目標與責任者，將其於品質系統中，透過品質計畫、品質管理手法、品質保證 (QA) 及品質改善 (QI) 等方式實施的所有經營功能的活動。」

2. **六個標準差 (6σ)**：品質管制管理學中，定義品質是在百萬次測試中的錯誤次數多寡，因為 6σ 法屬於統計學範疇且 6σ 的目標與方法相當明確，因此容易有效地評估改善方案的效果，美國奇異公司 (GE) 自 1995 年開始引進 6σ 管理進行再造，結果不僅品質更為精進、回饋盈餘更為可觀。

3. **管理學大師菲利浦·克勞士比 (Philip B. Crosby)**：品質就是符合需求 (conformance to requirements) 的指標。此處的需求並不一定完全反映了客戶的期待。克勞士比將此視為另一個獨立的問題[1]。

4. **約瑟夫·朱蘭 (Joseph M. Juran)**：品質就是適合使用 (fitness for use)。而是否適合則交由客戶來定義[2]。

5. **狩野紀昭 (Noriaki Kano)**：將品質視為一個二維的系統，二維的座標分別為當然的品質 (must-be quality) 及有魅力的品質 (attractive quality)。前者類似前文提到的「適合使用」。後者則是客戶會喜歡，但並未預期或沒有想到的特質，也可以簡化為一句話：符合或超越客戶期待的

---

[1] 克勞士比有一句名言：「品質是免費的 (Quality is free)。」之所以不能免費是由於「沒有第一次把事情做好」，產品不符合品質標準，從而形成了「缺陷」。美國許多公司經常耗用了相當於營業總額的 15%~25% 去消除缺陷。因此，在品質管理中既要保證品質又要降低成本，其結合點是要求每一個人「第一次就把事情做好 (Do it right at first time)」，亦即人們在每一時刻、對每一作業都需滿足工作過程的全部要求。只有這樣，那些浪費在補救措施上的時間、金錢和精力才可以避免，這就是「品質是免費的」的含義。

[2] 朱蘭的著作被視為是六標準差、全面品質管理、ISO9000 及其他重要品質管制的根源基礎；是一位舉世公認的現代品質管理的領軍人物。他出生於羅馬尼亞，1912 年隨家庭移民美國，1917 年加入美國國籍，曾獲電器工程和法學學位。在其職業生涯中，他做過工程師、企業主管、政府官員、大學教授、勞工調解人、公司董事、管理顧問等。

產品及服務。

6. 羅勃特・波西格 (Robert Pirsig)：品質是用心的結果 (the result of care)，符合或超越客戶期待的產品及服務。

克勞士比還總結出質量管理的四條定理，其中定理一強調「品質是符合標準」，定理三指出「工作標準必須是『零缺陷』的」。他指出：狹義的產品品質只要「符合標準」即可，並不一定要追求「零故障」、「零波動」、「零缺陷」。事實上這種要求既無必要也無可能。產品精度要視情而定，否則會產生不經濟的生產狀態。而過程的工作品質卻要求是「零缺陷」的。

朱蘭是朱蘭學院和朱蘭基金會的創建者，前者創辦於 1979 年，是一家諮詢機構，後者為明尼蘇達大學卡爾森管理學院的朱蘭品質領導中心的一部分。進入 1990 年代後，朱蘭仍然擔任學院的名譽主席和董事會成員，以九十多歲的高齡繼續在世界各地從事講演和諮詢活動。

朱蘭博士在品質管理領域有著赫赫聲名。他協助創建了美國馬爾科姆・鮑得里奇國家品質獎，他是該獎項監督委員會的成員。他獲得了來自十四個國家的五十多種嘉獎和獎章。如同品質領域中的另一位大師戴明博士一樣，朱蘭對於日本經濟復興和品質革命的影響也受到了高度的評價，因此日本天皇表彰他「……對於日本品質管理的發展以及促進日美友誼所做的貢獻」而授予「勳二等瑞寶章」勳章。美國總統為表彰他在「為企業提供管理產品和過程品質的基本原理和方法從而提升其在全球市場上的競爭力」方面所做的畢生努力而頒發國家技術勳章。

11.1.2　產品成本與品質的關係分析

我們可將產品成本分成 (1) 直接成本和 (2) 間接成本。直接成本包含 (1) 營運成本和 (2) 設備成本；至於間接成本則可細分成 (1) 客戶引發的成本，(2) 客戶不滿的成本與 (3) 商譽損失成本三種。

其中營運品質成本又分為兩大類，在管理上需要作衡量與取捨：

1. 失敗成本：良率與成本為負相關，良率愈高，則成本愈高。
2. 預防與鑑定成本：良率與成本為正相關，良率愈高，則成本愈低。

在管理學上有定義所謂「失敗成本」，就是東西已經做出來所產生的損失，可細分成：(1) 已經交給顧客的狀況，稱為外部失敗成本；(2) 若還尚未交給顧客，稱為內部失敗成本。外部失敗成本就是由客戶發現問題所產生的相關成本，像是抱怨處理、賠償、保固服務、維修處理、產品交換等成本；內部失敗成本就是內部品檢發覺已經造成的不良品所帶來的成本損失，像是報廢、重工 (rework)、閒置時間 (idle)、分析費用、次品處理損失。

此外，還有兩種成本：(1) 預防成本和 (2) 檢驗成本。預防成本就是事前能夠發覺問題產生所付出的成本，就是設計一套制度、品質會議、品管相關活動、訓練課程、新產品審核、供應商輔導。至於檢驗成本，又稱為評估成本，就是各種的檢驗方式、進料檢驗、製程檢驗、成品檢驗、儀器保養、材料因檢查的損耗和現場安裝實驗。

圖 11.4 是說明品質管理與成本的關係，品質改善其成本效益模式，在大多數不完美生產系統中，決策者可決定投資多少金額於品質改善。品質改善需要各種廣泛的衡量，並且能被量化，分析品質投資與投資產生之效益的關係，將幫助決策者做品質改善投資的判斷。一般，品質改善均可將以不完美之生產系統有效控制，以減少品質特性的變異 (Sigma) 以及平均值和目標值之間差距，提升製程能力，進而提升零組件可靠度與產品可靠度，降低產品失敗次數，乃至於降低產品保證成本。

圖 11.5 企圖以另一種說法探討產品品質管理與成本的關係，品質提高後因獲利能力增加而降低成本。一個產品的好壞除了要設計好之外，相對地在製造時亦要做好才可以。如果設計的品質很好，但生產線控制不好，造成不良率高升，報廢品、重修品增多，如此之下除了品質不佳外，亦要增加很多的人力成本、重修成本、報廢成本等的不良損失。而如何去加以降低，自然是予以增加管制，但增加管制就需增加管制成本了，如何去調和兩者來達到最佳化，甚至可將生產成本制度與品質成本

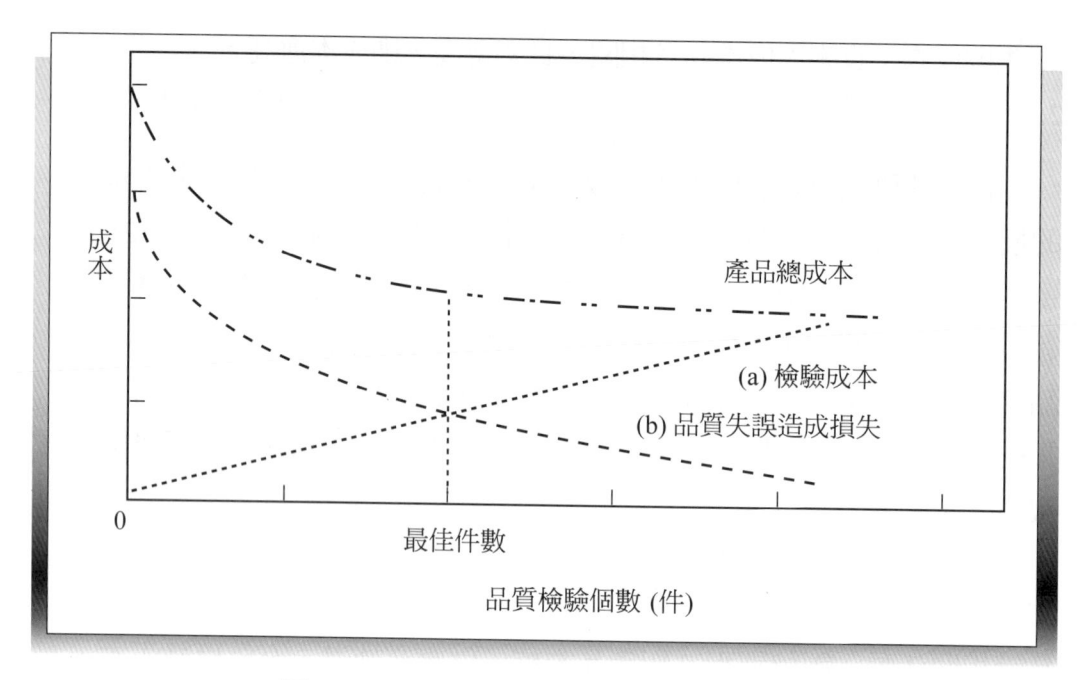

圖 11.4　品質管理與成本的關係示意圖

制度作一完美結合，才是重點。

11.1.3　產品品質的發展歷程

近年來整體品質成本的目光傾向於增加預防成本，以降低內部失敗及外部失敗與檢測成本，並進而使整體品質成本降下來。作法上係把顧客之品質要求，儘量避免多餘不必要的檢驗與品質保證，把注意力集中到重要的管制項目，重點放在不良品的預防上，將有限的資源運用到最能發揮功效的地方。圖 11.6 說明品質管理觀念變遷之年代，嚴格來講，品質觀念的發展可區分如下五個觀點：

1. 品質是檢查出來的。
2. 品質是製造出來的。
3. 品質是設計出來的。
4. 品質是管理出來的。
5. 品質是習慣出來的。

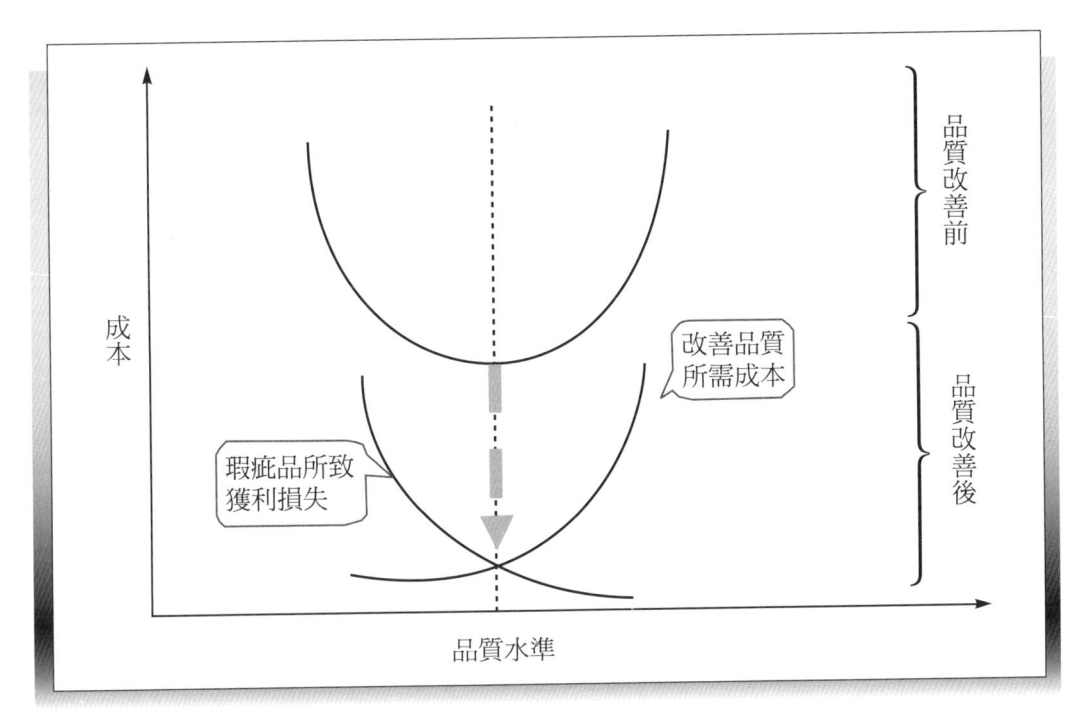

圖 11.5　產品品質與成本的關係示意圖

由此圖的說明可以供品管人員在作品質管理時有所依據，也可以在擬訂品質改善計畫時揭示出重點。

簡言之，透過品質管理的方法，去整合製造、設計與品管等品質活動之總體成績。品質保證的主要目的在於確保產品在既定時程與預算下，能圓滿達成預期品質水準與可靠度目標，並為建立後續可行品質管制方案鋪路，以維持產品由製造至使用期限之間的品質與可靠度。品質管理如果以發展歷程，可分成五個不同時期，包括：

A. 起始年代

品質運動最早可以追溯其根源到中世紀的歐洲，在十三世紀末期的工匠已開始組織工會稱之為同業公會 (guilds)，工會會員彼此間要求會形成一股對品質要求的力量。直到十九世紀初，製造業在工業化的世界中，已有走向工藝技術模式的趨勢。工廠系統用它來強調產品檢驗，它始於大英國協在和 1750 年代中期並成長到 1800 年代初期的工業革命。

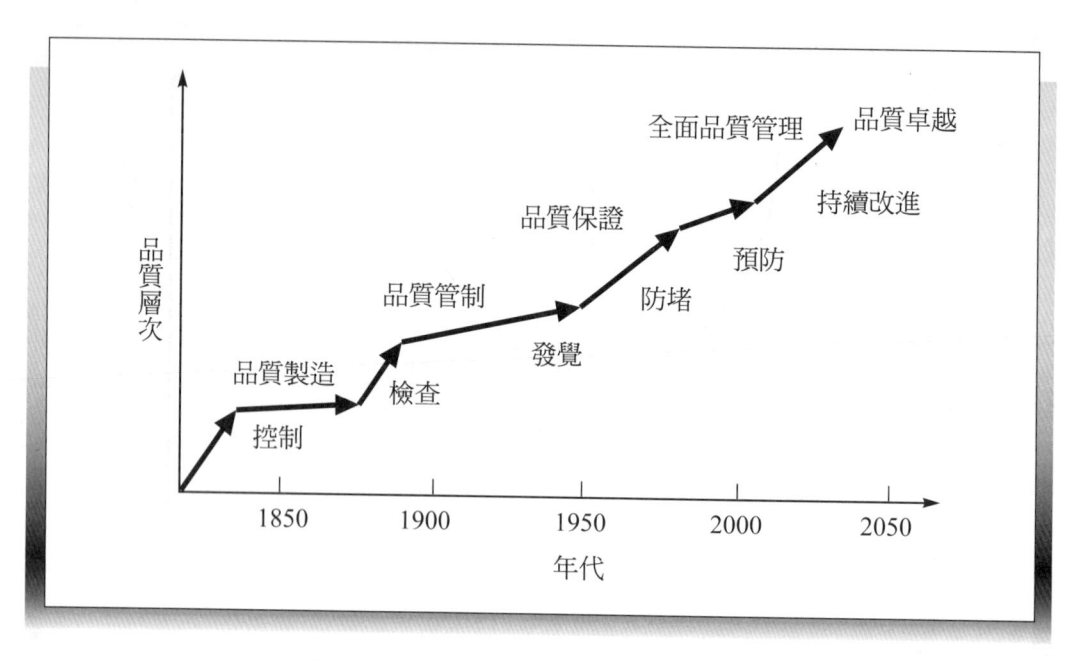

圖 11.6　品質管理觀念變遷示意圖

B. 品質管制 (Quality Control, QC) 年代

在二十世紀初，製造業者開始將品質過程納入品質實務運作中。迨美國進入第二次世界大戰之後，品質便成為戰力的關鍵成分。例如，在某一州製造的子彈，必須與另一州製造的步槍作用一致。最初武裝部隊幾乎對每一個單位的產品施以檢查，然後，簡化和加速這一過程，對安全性絕不妥協。其後，藉由軍事規格標準之問世與蕭華特的統計過程管制技術培訓課程之助，軍方開始採用抽樣檢驗技術。

C. 品質保證 (Quality Assurance, QA) 年代

在美國，全面品質的誕生係用來作為日本隨二戰後引發品質革命的直接回應。日本欣然接受接受了同為美國人的朱蘭和戴明品管理念；專注於經由所有使用過程者改進組織內過程，而不是集中注意力於檢驗。1950 年韓戰後，可靠度與維護度問題受到重視，品質始於設計，終於使用保證的概念因而產生。

D. 全面品質管理 (Total Quality Management, TQM) 年代

由二十世紀 70 年代，美國工業部門，如汽車與電子業已遭受日本的高品質競爭的猛烈進擊。美國的回應，強調不僅是統計技術，而是擁抱整個組織的管理方式，逐成為眾所周知的全面品質管理 (TQM)。二十世紀的後十年，許多企業界領袖把全面品質管理視為一種流行時尚，如今看來，它似乎已有點褪色，尤其是在美國，但其實務運作，仍會繼續下去。

E. 卓越品質年代

世紀之交迄今數年，品質運動似乎已經成熟至超越全面品質。新的品質系統已從戴明、朱蘭和日本早期的品質專家的基本作法，演進至卓越經營績效模式之使用，更進一步跨越製造業進入服務、醫療保健、教育和政府部門。此外，環保、有害物質、安全、節能減碳、永續經營、企業倫理等問題受到重視，企業追求永續性成功的號角，再度響起。

如圖 11.7 是透露所謂的「微笑曲線」，它是宏碁集團董事長施振榮先生在 1992 年為了「再造宏碁」所提出的理論。此圖在經過二十年的修正後已經演變成「產業微笑曲線」，可做為台灣各產業中長期發展策略的方向。

於 1992 年，宏碁開始推動台灣生產組件、海外事業單位組裝銷售的「速食店模式」，但部分員工不願放棄原本的組裝業務，施振榮因此分析產業的附加價值與會增值的空間，此圖說明電腦產業在生產變革後，原本附加價值最高的系統組裝在時代的演變下已經變成最沒有價值的部分。施振榮藉此說服員工，要維持競爭力，就要集中在專精的領域，必需放棄低附加價值的組裝工作，這就是「微笑曲線」。簡言之，微笑曲線是以「附加價值」的高低來分析企業競爭力，企業只有不斷往附加價值高的區塊移動與定位，才能找到持續發展與永續經營。以資訊產業而言，在研發—製造—配銷的價值鏈中，只有最前端擁有智慧財產權的研發設計，以及末端配銷的品牌、服務，有機會維持在高附加價值位置。

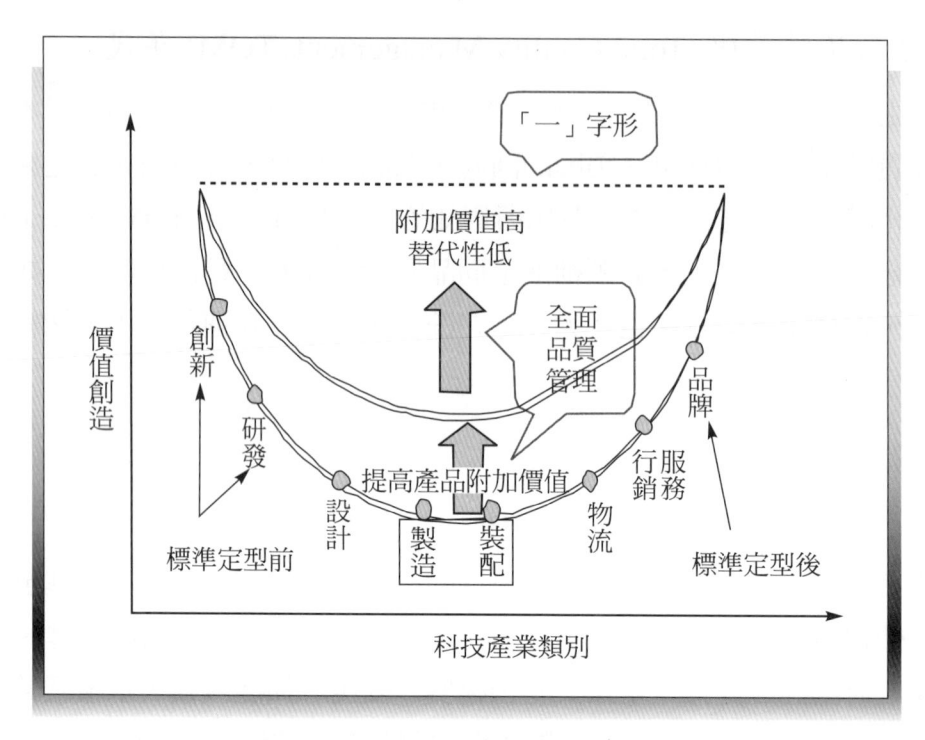

圖 11.7　科技產業的微笑曲線

　　而「產業微笑曲線」則針對一國產業競爭力的分析。施振榮從全球產業趨勢的觀點，提出台灣各種產業未來要有競爭力，必須往產業微笑曲線兩端移動。產業高附加價值的來源，一端是在上游的智慧權（專利權）、知識經濟，一端是在下游的綜合服務、品牌，而中游的製造是附加價值最低的區域，競爭力也較差。施振榮認為，未來台灣科技產業想要提高附加價值，在微笑曲線右端的研發方面，以關鍵性零組件的技術優勢主導全球創新數位產品；中間的量產製造上，利用產品快速創新設計，以及中國的廉價生產力，進行全球佈局；微笑曲線右端的品牌服務上，則應立足大中華地區、放眼世界，藉著資訊科技的創新運用來創造價值。瑞士洛桑管理學院教授特賓 (Dominique Turpin) 指出，「微笑曲線」的模型雖然簡單，卻非常正確，是二十一世紀的管理理論，放在台灣也非常合適。1992 年當施振榮提出微笑曲線後，這個理論就一直被台灣科技產業用來解釋代工製造業毛利率持續低迷的現象，若要提升獲利

與競爭優勢必須要藉由「全面品質管理」才可能完成，往通路、研發的佈局的動作可能會是更多，而原本貌似微笑的曲線，型態上可能會更往「一」字趨近。

11.2　全面品質管理的意義與重要性

圖 11.8 是半導體製程從**晶片下線** (wafer start) 至後段金屬化內連線 (interconnect) 主要生產站點 (stage) 的名稱，由此圖可深刻了解到半導體製程整體產品的良率 (yield) 或產品的品質是建立在所有動作的總和，每一個動作對最後的結果都有相同的影響，而且其影響的特性與相同積木堆高遊戲有類似的精神，玩過積木堆高遊戲的都了解，積木如果要堆的

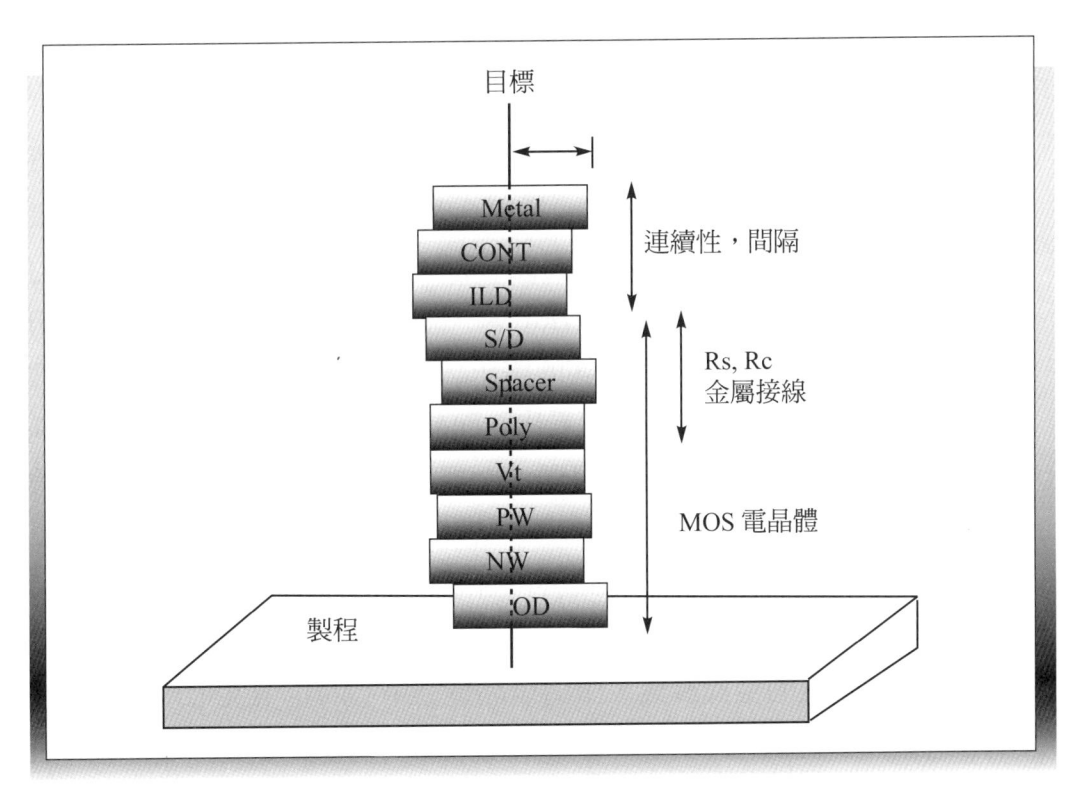

圖 11.8　半導體製程與良率的關係示意圖

高，每一次堆疊動作都要很小心，要訣是每一次堆積木塊要掌握與中心線目標值的距離要控制得宜，在適當的範圍內才不致於半途倒塌 (積木堆高倒塌就好比電子元件低良率) 而達到很不錯的成果。由此圖讓我們了解整個半導體製程的原則是在每一生產站中心線目標值的距離有技巧控管是第一要務。

◉ 11.2.1　全面品質管理的基本意義

「品質管理」又可稱為「品質管理」，其意義是指在為保障、改善製品的品質標準所進行的各種管理活動。所以不僅包括在產品的製造現場所進行的品質檢查，還包括在非生產部門為提高業務的執行品質而所進行綜合性的品質管理。品質管理之重要不僅可以使品質成本由 35% 降至 2.5%，原因是品質成本包含預防成本、鑑定成本、內在與外在成本等，透過品質管理活動，雖然增加了預防性支出，但是可以減少檢測等鑑定費用與相關失效改善之內外支出，即產品於設計階段將可靠度設計植入是必要，且有利於企業經營。

1980 年美國國防部為提升所屬軍用產品的品質而提出「全面品質管理 (TQM)」名詞，並定義為一種理念及一系列的指導原則，它主張建立一種持續不斷改善的組織。而此一方法便是應用統計的方法和人力資源，促使現在及未來都一直設法改善，並提供組織的物料和服務及組織內部所有的過程，以達到顧客的需求。圖 11.9 是初期全面品質管理 (TQM) 執行的示意圖，由此圖可看出全面品質管理 (TQM) 其實是很單純的一套理論，它包括：(1) 設定目標；(2) 設計實驗並蒐集資料；與 (3) 檢視資料與設定目標之一致性。

此外，再經由品質管理大師戴明、朱蘭 (Juran) 及費郡寶 (Feigenbaum) 之理念整合，及石川馨、田口亦一等技術的實證發展，以透過系統化過程改善，及企業的全員參與，塑造以品質為中心的企業文化。因此其全面品質管理的內涵，乃是了解顧客需求，並達到顧客意願，且持續的發展與改善，使得企業公司內全體員工，上至最高主管，下至基層員工均

第十一章 半導體製程之品質管理

```
        設定目標

檢視資料與        全面品質管理        設計實驗並
設定目標之                          蒐集資料
一致性
```

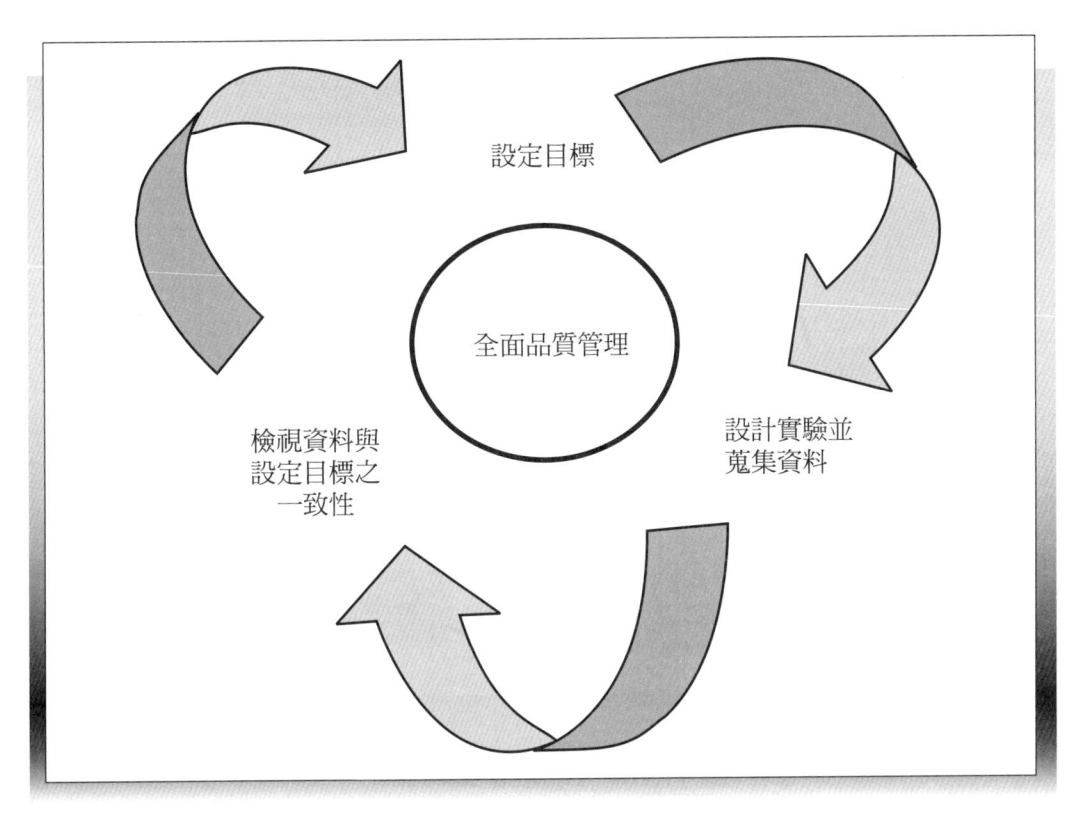

圖 11.9　基本全面品質管理的示意圖

要求品質責任,如圖 11.10 所示,呈現全面品質管理 (TQM) 其實是以達到企業經營績效為目的,故其基本原則是:(1) 達成顧客需求;(2) 持續改善;(3) 賦予品質責任;(4) 系統策略流程。換言之,在二十一世紀的現在,企業經營者應該以技術為念,並應用 TQM 的原則來改善產品、服務、系統、過程之活動,並應透過修繕 (repair)、改良 (refine)、革新 (renovate) 以及改造 (reinvent) 等行動的過程來創造企業的經營績效。同時激發內部顧客 (全體員工) 與外部顧客的需求得以達成,且充分援助員工,使得組織內每個人開始重視生產細節及產品的品質保證;並經顧客反應做有系統的回饋,得以有機會修正生產環結中每一項的缺失,如此一來方能臻至產品的完美境地。

　　全面品質管理的管理模式經過十餘年來的理論研究與實地實驗,已經趨於成熟。如果有機會綜合歸納相關理論及實務的文獻,對全面品質

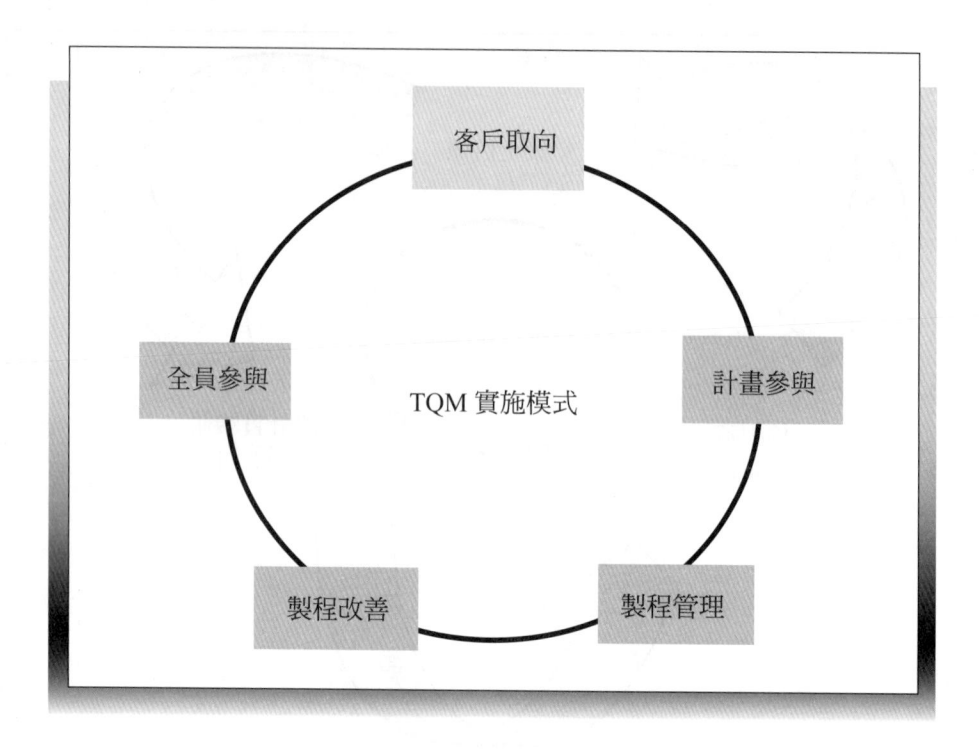

圖 11.10　TQM 實施的原則

管理的意義可整理如下重點：

　　所謂全面品質管理 (TQM) 其實是一個組織中所有成員、部門和系統整體一起不斷改進組織的產品及服務過程 (全面)，以滿足或超越顧客的期望及需求為品質目標，俾使組織得以找尋到「永續發展」的一套原則與程序。

　　換言之，全面品質管理旨在透過系統的原則與方法，引領組織中所有部門及人員不斷為滿足顧客的需求或超越顧客的期望而努力，使得組織可永續生存與發展。

　　如圖 11.11 所示，於此，我們可以歸納出：「品質」是藉由檢驗，在將產品送交顧客之前，先將不良品篩選出來；「品管」的概念則是更具系統，不單只靠檢驗，還必須要解決品質的問題；「品質保證」已不再侷限於生產作業的範圍，必須進一步擴大品管的責任，同時須有效運

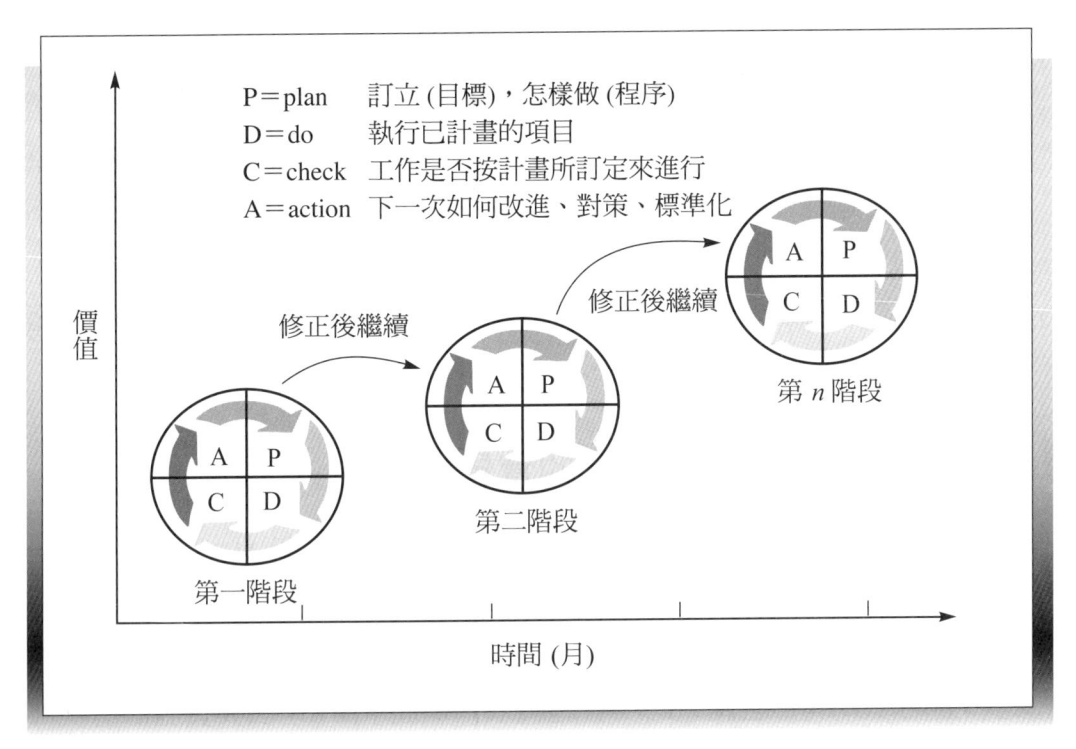

圖 11.11　使用 TQM 做品質改善圖

用品管的統計技術。至於「全面品質管理」，它不僅囊括了大多數之品管概念，甚而發展出以顧客為中心，以團隊為導向，以統計為本位的理念，管理的重點也由遇事反應 (事情發生，才做出反應)，演變成主動出擊 (事情發生前，就採取對策)，已全然邁入一個新紀元。

　　PDCA 為循環是由美國蕭華特博士提出。戴明 (W. Edwards Deming) 博士在 1950 年受邀日本，在日本大力推廣蕭華特循環 (Shewhart cycle) 有成後，後來日本人將其改稱為**戴明循環** (Deming cycle)。此循環包含四個階段：規劃 (planning)、執行 (doing)、查核 (checking) 和處置 (acting)。PDCA 大多由「plan」規畫開始，透過現況資料的蒐集，擬定改善的計畫後執行，再進行查核成果是否達成設定之目標？若達成，則將新方法標準化，以防錯誤再發生，若未達成目標，則再改試其他對策行動。訂定目標的方式常運用「5W1H 觀念」；「do」即是執行，按照計畫實施，是確保落實計畫；「check」是查核階段，依據擬定的評估基準查

核實際績效，也就是檢驗目標值與實際績效是否已達成，此階段有控制 (control)、監督 (supervision) 以及檢測 (examination) 的意義；最後一個階段「action」，若目標未能達成，首先採取緊急對策消除未達成目標之原因，然後再進行「PDCA」循環，設法防止相同的問題重複發生，如此不斷的應用 PDCA 循環的做法，若已達成目標，甚至超越設定之目標後，就這種新對策加以標準化，成為日常管理，為公司的作業規範 (SOP)，藉此來提升公司的市場競爭力。

11.2.2　全面品質管理的實質內容

如果要實際了解全面品質管理的實質內容，可由圖 11.12 得知原貌。一般而言，圖 11.12 是所謂全面品質管理的 3D 立體實施所展開的內容上，包括有：(1) 理念、態度層次部分—屬於「策略規劃面」；(2) 制度面層次部分—為有形且龐大的「實施績效指標面」；(3) 法與實施面層次部分。其內容大致分述如下：

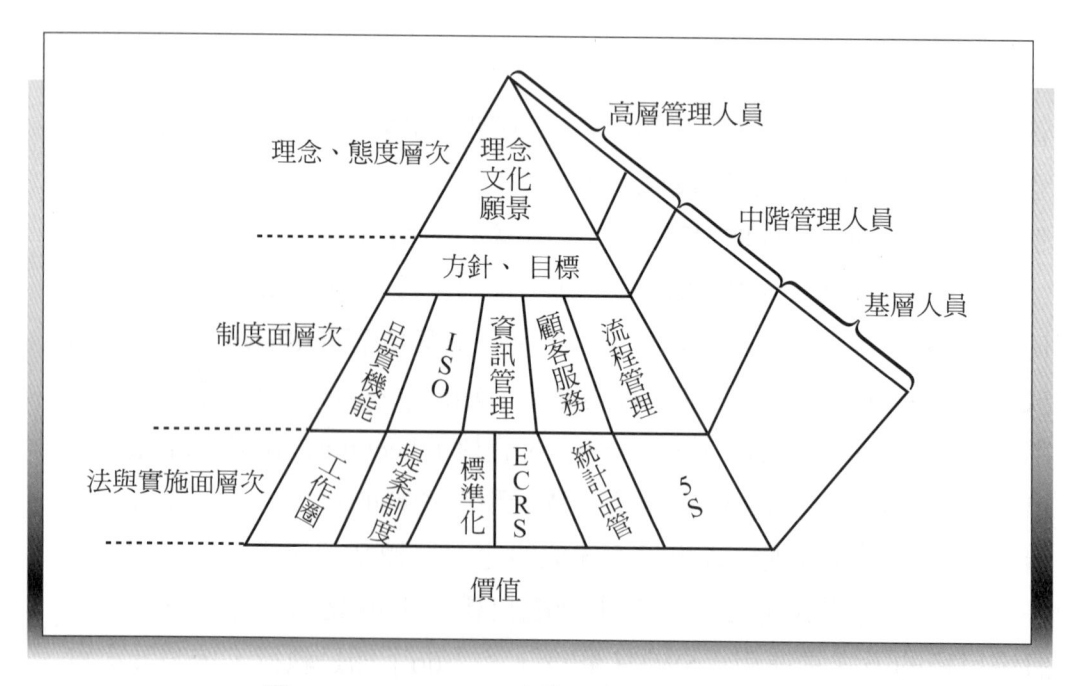

圖 11.12　TQM 品質管理三度空間示意圖

1. **願景和目標**：共同願景的精髓是在於將成員個人的願景融合成為團隊的願景。首先要找出個人願景，並在充分討論和溝通下產生團隊之願景，而願景實現的具體方法就是擬定出團隊目標了。
2. **策略**：分為授權、公平的資源分配及在組織中導入團隊的概念，並正式成立加以運作三大項。
3. **文化**：此為組織中的次級文化，每一個團隊因為任務性質和領導人的不同而有差異的文化，企業應鼓勵可產生高效率的團隊次文化。
4. **共識**：團隊可藉由平時的溝通、會議、團隊決策等來凝聚共識，以增進成員的士氣和行動能力。
5. **激勵**：團隊必須配合激勵制度，才能產生良好的功效；而成員績效的評估尤其是重點，必須使其公平公開；而組織則是要提供適當和外在的報酬。
6. **學習**：首先成員必須去除自己英雄主義、自我設限、安於現狀等學習上的障礙，並且藉由一般的教育訓練，以促進個人學習和整體團隊的學習。

原則上，TQM 是一種實用科學，而且在實施幾十年的經驗中累積的寶貴的心得再次回饋到系統，所以目前 TQM 有一些核心價值，分析如下說明：

A. 重要理念

全面品質管理的理念經過理論界的整合以及實務界的驗證，已經發展出系統性的知識體系，其主要理念如下：

1. **事先預防**：全面品質管理強調事先預防的概念，希望能「每一次的第一次就做對」。如果事先缺乏周延的思慮及驗證，就把產品推出市面，很容易因為無法獲得顧客的滿意而殃及公司及產品的形象，進而失去顧客。因此，全面品質管理特別重視事先的研究及試驗，希望每一次新產品一上市即能贏得顧客的心。
2. **系統導向**：全面品質管理的另一個重要理念是凡事要從整體團隊來思

考，從設計到生產到售後服務，每一部門、每一個人的表現都會影響到品質的好壞。其中的一個環節出了差錯，產品的品質就有問題。因此，「環環相扣、相互倚賴」是全面品質管理所強調的第二個理念。

3. **動態導向**：多數人對於使用的產品有「喜新厭舊」的傾向，因此，如果要長期掌握顧客，必須配合顧客的心理，不斷推陳出新，求新求變。我們在市面上經常發現同一品牌的產品過了一陣子之後，就以改頭換面的方式用另外一個形式上市，這種不斷在商標以及內容上求變化，就是為了能充分掌握顧客的心理。

4. **前瞻導向**：產品除需不斷求新求變以滿足購買者的需求之外，全面品質管理進一步強調要能帶領風潮以「掌握先機」。求新求變雖能滿足顧客的需求，但是在眾多產品也都不斷推陳出新的情況下，產品的競爭力會相對降低。因此，如何推出具有前瞻性的產品，帶起流行風潮，以完全掌握顧客，是全面品質管理最終的追求目標。

B. 實施原則

在事先預防、系統、動態以及前瞻導向下，實施品質管理必須遵守下列七項原則：

1. **以客為尊**：全面品質管理以顧客滿意為核心，提供廣受歡迎的產品及服務。顧客又分為內部顧客及外部顧客兩部分，內部顧客是指參與組織各項設計、生產以及服務的相關部門或人員之間，其中接受前一階段的部門或人員之各項設計、生產以及服務者就是前一階段部門或人員的顧客；外部顧客是指組織外購買產品或接受服務的對象，也就是一般所指的顧客。全面品質管理強調兼顧內外顧客的滿足。由於品質的良窳，顧客最能實際感受到，因此，顧客應是品質的最後決定者，亦即組織必須致力於滿足並超越顧客的需求和期望，並不斷地加強與顧客進行溝通與聯繫，主動蒐集資訊以了解顧客實際需求，並將有關意見轉化成產品的詳細特徵。

2. **全員參與**：過去的管理理念強調由「品管部門」專門負責品質管制的

工作，因此，常發生部門間互為推諉的情形。全面品質管理則強調組織中的所有部門、所有人員都肩負著品管的責任，也享受生產高品質產品之後所帶來給每一個人的福利。這種夥伴關係 (partnership) 的建立，是實施全面品質管理的重要策略。

3. **品質承諾**：全面品質管理的實施首須仰賴上層的認同，並親自推動、身體力行。上層人員必須重視並全力推動品管工作，全面品質管理才有實施的可能。其次，組織必須營造追求品質的氣氛，使所有人員齊心一致共同為提升產品及服務品質而努力。

4. **永續改進**：永續改進的工作包括兩個部分，第一部分是指組織內部的持續性品質改進，第二部分是指不斷了解外部顧客的需求情形，推出新產品。一件產品或服務措施在尚未正式問市之前，必須不斷徵詢顧客的意見以進行修改，直到大家都滿意為止，以求一旦上市就能立即獲得顧客的欣賞。此外，設計、製造、服務過程以及人員、制度的不斷自我改進等都是內部持續改進的要素。而隨著顧客需求的改變，不斷提供新的產品及服務，則是外部持續改進的重點。

5. **事實管理**：一個組織如要持續改進品質以滿足顧客的需求，必須隨時掌握可靠的資訊，因此，事實管理 (management by fact) 或資訊的有效蒐集、處理與解讀是實施全面品質管理必須掌握的重要原則。資訊的內容包括內部的工作表現以及外部顧客的需求情形。

6. **事先預防**：全面品質管理所重視的是「事前預防」，而非「事後檢測」，也就是品質應是可管理出來的，對於產品製造過程中可能發生變異的關鍵點均須加以列管、控制，要求組織的各部門對各項事務的實施程序，都應有清楚的認定，使變異尚未發生之前，即能早期發現，並儘速予以改善調整，而非一味地事後檢測缺失，以有效提升產品品質，並可避免產生瑕疵品或錯誤，而在重做或延誤過程中增加製造成本。因此，全面品質管理強調「每一次的第一次就把事情做對、做好」，以事先預防為前提，不以事後補救來彌補。公司內部應採取「錯誤可事先設計予以消除」之態度，經由嚴格控管每個環節而把失誤減到最低，並主動積極探索影響歷程和成果的不良因素，以達到品

質保證的要求。

7. **教育訓練**：教育訓練是採用人事心理學的觀點，強調在組織中要發展個人潛能，重視員工的在職進修與訓練。全面品質管理非常重視組織成員的在職訓練，戴明 (1986) 指出，必須訓練成員，否則再好的機器設備，也無法達到預期的效果，反而是一種浪費。因此，教育訓練是激勵組織邁向全面品質管理的重要因素，必須安排各種教育訓練計畫，讓成員持續地接受在職訓練，以提升成員的專業知識與技術，協助了解組織任務、目標與發展方向，並增進問題解決與工作執行能力。公司應鼓勵員工不斷自我學習與創新，支持新教育理念和方法，並提供一套完整的進修計畫，提升專業能力與知識。

11.3　全面品質管理的實施步驟

創建品質文化，就是要經由全面品質管理的推動，將現有的組織轉換為全面品質管理的價值及規範，其中包含改由服務對象確認品質、內外部顧客的滿意、發揮團隊精神、灌輸品質觀念、強化員工能力、強調合作而非競爭、重視雙向溝通、建構科學分析的決策體系，才能成功地運用 P-D-C-A 的管理循環，有計畫地推動 TQM。

TQM 的所有實施步驟如下：

步驟 1：竭盡可能去建立全面品質管理之管理與文化環境在公司內部。
步驟 2：以月會或以溝通為目的之機會去界定組織內各單位之任務。
步驟 3：設定績效改進之時機、目標與優先順序。
步驟 4：設定改進之行動順序。
步驟 5：訂定改進計畫及行動方案。
步驟 6：運用改進方法執行改進計畫實施。
步驟 7：構思一套評估制度並呈現改進結果。
步驟 8：檢討改進成效，並重複運用各項改進步驟。

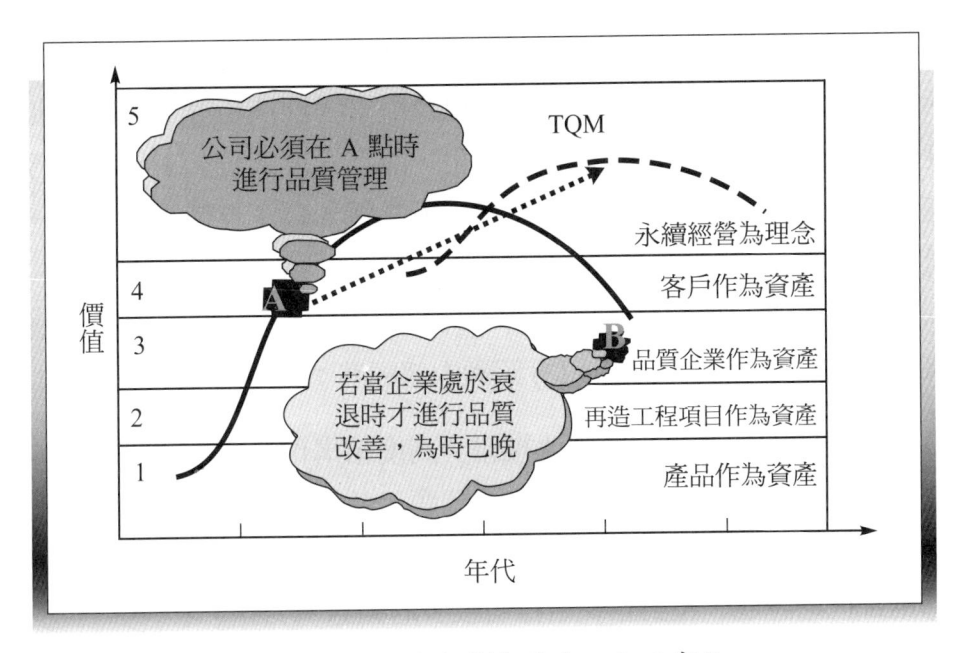

图 11.13　公司演變步驟與 TQM 實施

步驟 9：診斷不良成員，進行補救行動。

　　圖 11.13 在說明公司演變步驟與 TQM 在公司內部實施之最佳時機，一般來說，以 ISO-9000 為藍本之全面品質管理系統實施之最佳時機有二：(1) 在申請認證的過程一併實施；或 (2) 公司財務進行到損益兩平時也是一個不錯的時機，更何況在最佳時機做對的事是讓一家公司避免掉入衰敗的惡性循環之中。

11.4　全面品質管理實施後的好處

　　如果以全面品質管理作為持續改進質量的依據，來為客戶提供滿意服務的管理理念和方法，是要從根本上增強公司的競爭優勢，從而在劇變的環境中作為繼續繁榮和發展的提升力量。因此，全面品質管理其實是具有戰略意義的，它應透過公司內部策略規劃的形式，為長期發展指明方向，並為全面品質管理的具體實施提供指導和幫助。

全面品質管理的成功實施涉及「硬體」和「軟體」兩方面。硬體包括品質管理系統、品質管理工具，以及品質管理技巧等；而軟體則指態度和價值觀，也就是一個組織的文化。品質管理系統、工具和技巧透過適當的培訓和教育，可以很快為員工所掌握，真正具備「客戶第一，質量第一」的觀念。

　　全面品質管理的實施好處有：(1) 可提供公司管理上新的洞察及策略；(2) 打破部門間的藩籬；(3) 照顧內部顧客；及 (4) 持續改善的力量。

1. **打破部門間的藩籬**：像其他複雜、高度結構化及水平式的組織，藉著問題解決團隊，提出特定的業務問題，並發展一種解決問題的知識分享工具及技術，工作人員不僅個人成長，他們亦學習到及參與影響其他部門的課題，及對組織目標有較多的概念。
2. **重視內部顧客需求**：內部顧客是指在組織內部、且接受組織作業輸出的人——不論是資訊或服務，並且運用在自己的工作上。以下有四個重要問題，可幫助界定內部顧客的需求，例如：
   (1) 什麼是你需要從我這裡獲得的？
   (2) 我給你的，你用來做什麼？
   (3) 你所需要的及我給你的之間，有無代溝？
   (4) 我給你的，是否有你不需要的？
3. **持續不斷改善品質**：持續改善是運用特定的方法及評量，有系統地蒐集及分析資料，以改善達成組織任務所必須的重要作業程序。持續改善的內涵包括一套哲學，及一套圖形的問題解決工具或技術：腦力激盪、流程圖、控制圖、散佈圖、柏拉圖。
   持續改善是基於一個前提，即是一個結構化的、解決問題的程序，會比非結構化者產生較佳的結果。且持續改善以量化績效指標，及監督達成目標的工作進行情形，可以使公司管理上建立評量目標。

　　任何一種品質管理的制度一經建立，要把握以下幾個原則：(1) 應持續進行；(2) 隨時監督；(3) 定期考核。此種情形難免給予同仁很大的壓力，甚至有排斥抗拒的情形。因此，主管必須堅持全面品質管理的推

行，時時強調品質的觀念及顧客滿意經營的重要性，方能維繫品質的永續經營。

11.5 全面品質管理與統計分析

在公司內部推行 TQM 制度時，必須注意一些原則，對下列原則務必先有些認識，在實施時可以減少阻力，甚至化阻力為助力：

1. 建立激勵制度，切莫用懲罰來要求或替代。
2. 宣告開始推動 TQM 活動，以公開儀式宣告，可以收宏大助益。
3. 實施全面品質經營教育訓練計畫，此項原則是實施全面品質的最重要關鍵。
4. 選擇導入之技術或活動 (例如：品保系統之建立、日常管理模式建立等)。
5. 建立示範案例，示範案例建立愈多，推動 TQM 活動阻力相對降低。
6. 舉行成果發表會，一樣以公開儀式舉行，可以收宏大助益。
7. 擴展到其他相關單位或案例，原因是平行推展是示範案例後續的工作。
8. 使用品質改善工具完成改善循環，所有品質改善的工具都強調以統計學為基礎去處理數據，讓大量數據去呈現品質的原貌。
9. 改善遠景與目標達成狀況，此原則是改善計畫另一改善循環的依據。

11.5.1 品質管理與統計分析的關係

圖 11.14 是「統計分析方法」(簡稱「統計方法」) 之示意圖，為蒐集數據、分析結果、顯示資料及尋求對策之一種技術，在 ISO 品質文件上常稱之為「統計技術」。在工程品管作業中，我們會蒐集到很多品質數據，每種數據都會有若干程度之差異，這些原始數據若未經整理，可能

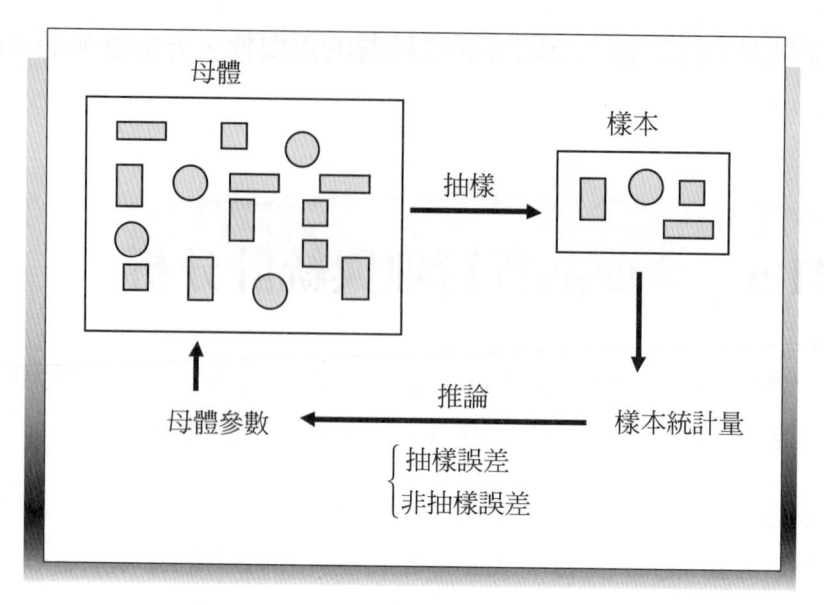

圖 11.14　統計分析的意義示意圖

會顯得雜亂無章，很難理解它代表了什麼。透過統計分析，我們可以獲得其中間值、高低變化程度、合格率或變化趨勢等等訊息，在經過統計分析後會有「去蕪存菁」的效果，這些都可以作為品質管理上之重要資訊。

　　工程品質常受到 4M1E 因素：人 (Man)、材料 (Material)、機器 (Machine)、方法 (Method) 及環境 (Environment) 等許多因素的波動影響所致糾葛結果，不可能絕對簡單、均勻，這種不均勻性是隨時存在的，可以說是一種無法避免的自然波動現象。波動又可分為兩種：正常波動和異常波動。正常波動是偶然性原因 (不可避免因素) 造成的。它對產品品質影響較小，在技術上難以消除，在經濟上也不值得消除。異常波動是由系統原因 (異常因素) 造成的。它對產品品質影響很大，但能夠採取措施避免和消除。因此，工程品管必須面對一些不確定性問題，可利用統計方法作有效的處理，以統計方法為基礎的品管技術稱為「統計品管」為現代工程品管的基礎。

　　換言之，品質數據經過適當的統計分析變成品質資訊，品質資訊可作為品質管理的依據，因此，統計分析可以讓數據說話。

此外，平常我們用經驗方法處理不確定性問題，一般分成以下五個步驟：

1. **蒐集經驗資料**：可為過去的經驗資料，若無過去的經驗資料可先作一些實驗獲取資料。
2. **整理經驗資料**找出其變化規律，如平均值及高低變化範圍等。
3. **選擇冒險率**：我們對不確定性問題作任何決定都會有若干冒險性；若失敗後果嚴重，冒險率訂低些以求安全，也就是安全係數訂高些；若失敗後果輕微，冒險率訂高些以求經濟，也就是安全係數訂低些。
4. **作決定**：在考慮冒險率大小之前提下，我們會作適當之決定。
5. **整體考量**：統計分析某些參數可以讓整體考量呈現。

採用統計分析方法進行研究，是讓品質系統達到高水平的客觀要求，應用統計分析方法進行科學研究，有以下幾個基本特徵：

1. **科學性**：統計分析方法以數學為基礎，具有嚴密的結構，需要遵循特定的程式和規範，從確立選題、提出假設、進行抽樣、具體實施，一直到分析解釋數據，得出結論，都必須符合一定的邏輯和標準。
2. **直觀性**：現實世界是複雜多樣的，其本質和規律難以直接把握，統計分析方法從現實情境中蒐集數據，透過次序、頻率等直觀、淺顯的量化數字及簡明的圖表表現出來，這些數據的處理，將我們的研究與客觀世界緊密相連，從而提示和洞悉現實世界的本質及其規律。
3. **可重複性**：可重複性是衡量研究質量與水平高低的一個客觀尺度，用統計分析方法進行的研究皆是可重複的。從課題的選取、抽樣的設計，到數據的蒐集與處理，皆可在相同的條件下進行重複，並能對研究所得的結果進行驗證。

圖 11.15 是統計分析方法中在面對品質瑕疵時常用來分析問題、釐清缺陷讓數據呈現真正樣貌的最常用手法，也是俗稱的 QC 七大手法，亦指品質管理的工具，包括如下項目：

1. **流程圖**：表示製程中步驟的圖形，釐清問題時可以呈現生產流程先後關係。
2. **檢核表**：整理與蒐集資料的工具，釐清問題時可以呈現將問題與其他事件依類別計量。
3. **直方圖**：釐清問題時可以呈現觀察得來的次數分佈的圖形。
4. **柏拉圖**：依類別將發生次數從最多排列到最少的圖形(重點管理)。
5. **散佈圖**：表示兩變數間關係的方向與程度的圖形。
6. **管制圖**：樣本統計量(樣本平均值)時間數列的統計圖。
7. **特性要因圖**：又稱魚骨圖或石川圖，針對問題的原因整理研究的圖。

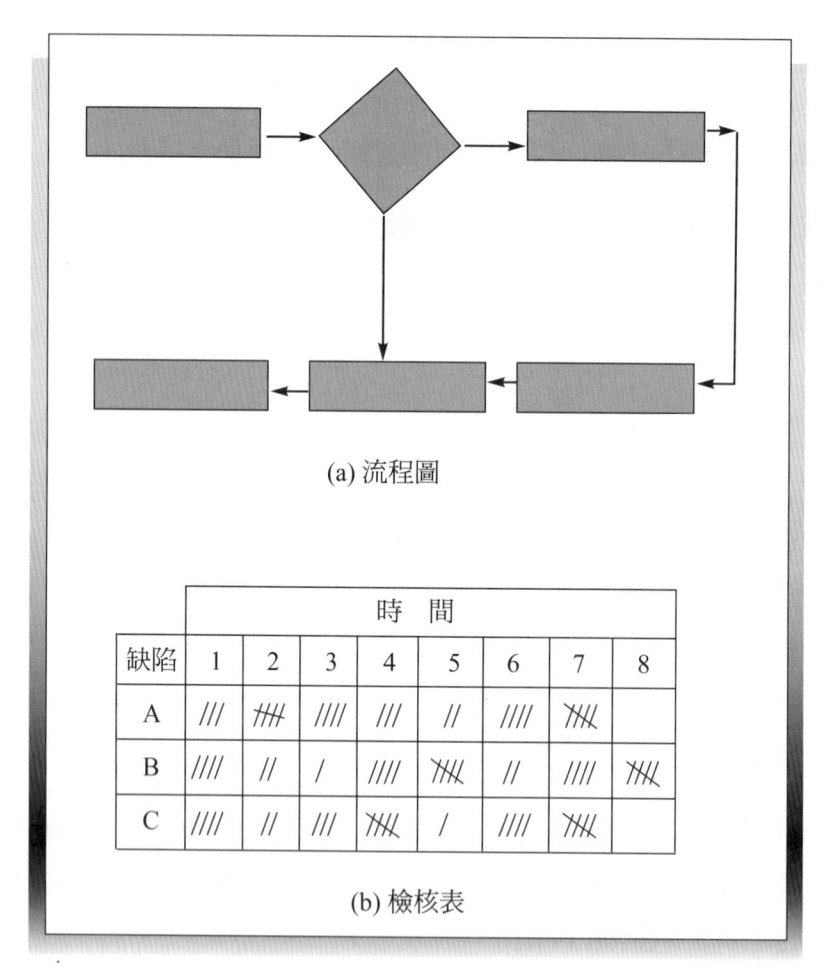

(a) 流程圖

(b) 檢核表

圖 11.15 品管七大手法

(c) 直方圖

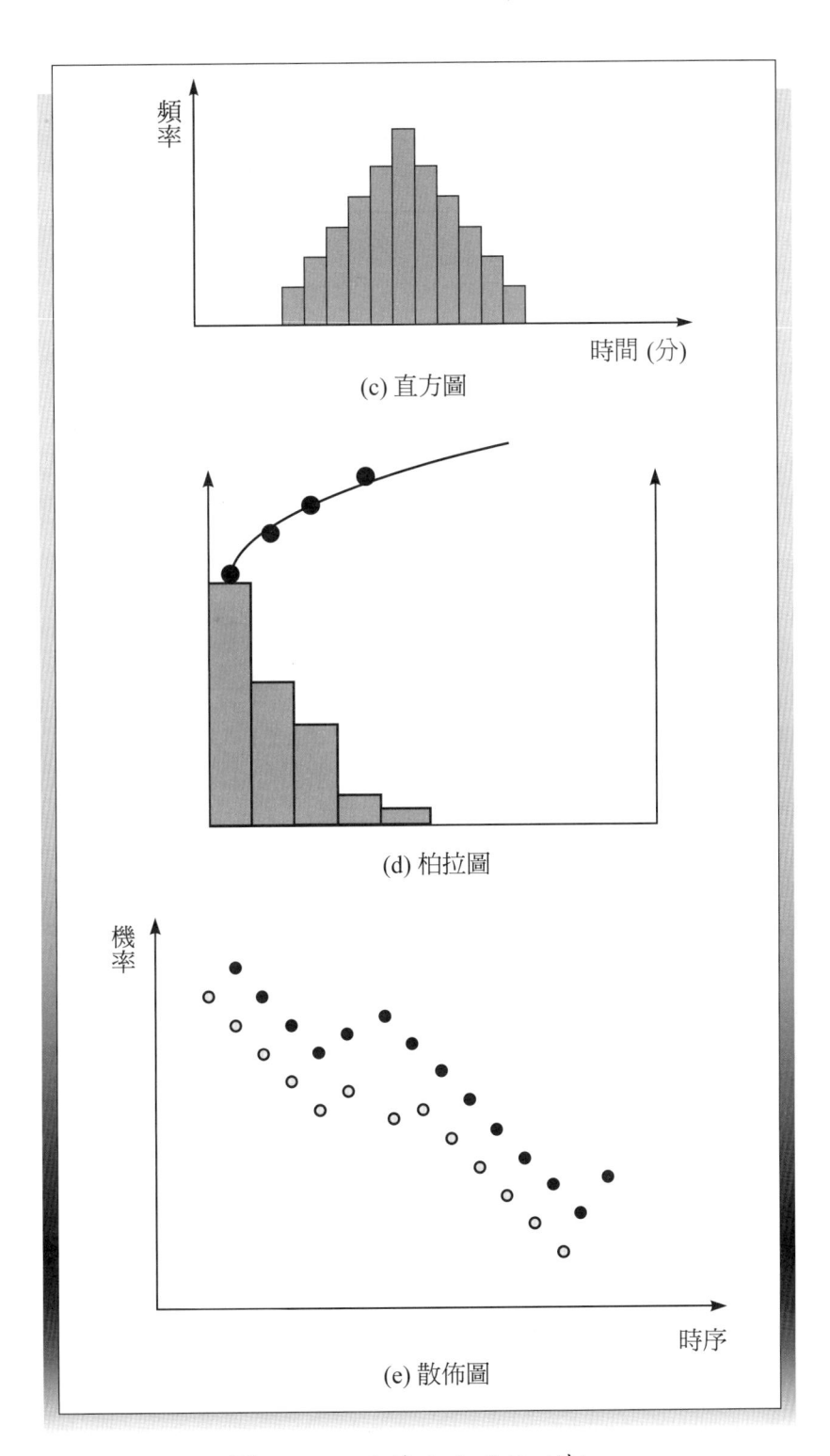

(d) 柏拉圖

(e) 散佈圖

圖 11.15　品管七大手法(續)

(f) 管制圖

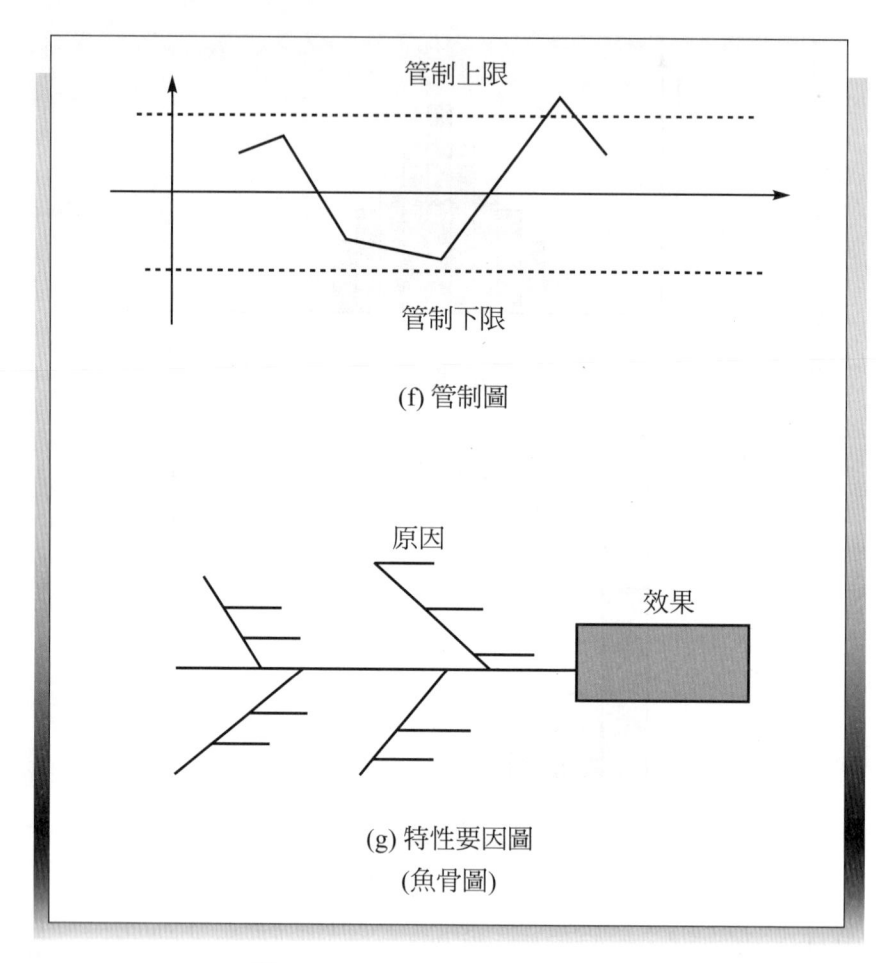

(g) 特性要因圖
(魚骨圖)

圖 11.15 品管七大手法 (續)

習題

1. 試說明半導體產業有哪些核心趨勢？
2. 科技始終來自人性，試說明合乎人性化的特色有哪些？
3. 試以哈佛大學商學院大衛‧蓋文 (David Garvin) 教授的論點來說明何謂產品的品質？
4. 何謂品質的定義？
5. 何謂品質觀念的演進？
6. 全面品質管理的內容為何？
7. 何謂「微笑曲線」？
8. 半導體製程品質管理與何種遊戲有類似的精神？要掌握哪些要訣？
9. 全面品質管理實施的七項原則為何？
10. 何謂 QC 七大手法？
11. 工程品質常受到 4M1E 因素所干擾，何謂 4M1E 因素？

12

統計製程管制

12.1 統計製程
12.2 管制圖應用
12.3 品質管制
12.4 常用品質管理工具
12.5 管制圖分類
12.6 異常處理系統介紹
12.7 製程能力指數

　　當晶圓製程進入奈米階段甚至更微型化的階段時,其所需面對的製程問題更為複雜。半導體積體電路晶圓的製造過程非常高度精密且相當複雜,在愈來愈微型化的晶圓製程中,常常帶給製程技術愈來愈嚴厲且複雜的技術難題。對於半導體晶圓製造工廠而言,產品良率的改善成為各晶圓廠商競爭的重要課題之一,晶圓製程電性的良率乃半導體製造產業中最關心的指標,而不管在研發階段或是量產階段,對於各個模組之製造程序之品質管制,**統計製程管制** (statistical process control, SPC) 是提升製程良率的重要工具之一,透過有效的運用統計製程管制,對於半導體製造的各個製造模組如:薄膜、微影、蝕刻、擴散等,甚至**製程缺陷** (process defects) 監控;能夠提早發現製程異常,便能夠提早發現問題並減少不良產品的損失。透過 SPC 掌握晶圓製程管制,分析各製程模組生

產之產品品質變異原因,並採取適當對策與製程改善,建立 SPC 製程管制之制度,決定需管制項目、實施製程標準化、繪製解析生產管制圖,利用製程能力指數 (Cp、Cpk) 之評價方式,檢討製程管制界限與規格界限之適合性與穩定性。

12.1 統計製程

半導體晶圓製造統計製程管制,乃是利用統計的方法來對於製程進行監控,確定各個生產過程在有效管制的狀態下,以降低產品品質之變異。統計製程管制其特色為:預防性之品質管制手段,持續監控製程以確保產品品質;讓顧客滿意,分析產品設計與半導體晶圓製程,並可協助辨別在製程發生問題的類型與發生頻率。統計製程管制主要目的是能迅速地偵測出製程中可歸屬變異原因的發生或製程異常,以便在更多不良品被製造出來之前,就能針對製程進行診斷並採取修正的措施。**管制圖** (control chart) 就是為了這個目的所設計使用在製程線上 (on-line) 之製程改善工具而對於半導體製程有效的統計製程管制,能建立適合製程特性的管制圖,以有效地偵測異常。然而大多數的半導體晶圓製程具有高度複雜性,一般基礎的生產管制圖根本不敷使用,而生產管制圖的不當使用更容易造成錯誤警訊。任何生產製造過程中,晶圓各個模組製程中常會受到許多不可控制外在的因素所干擾而產生變異,而這些變異通常很微小,對品質特性的影響並不大,在製造統計品管上稱這些因素為**機遇原因** (chance cause) 或共同原因 (common cause)。另一方面,生產製程也可能因為某些特殊因素 (例如:生產機械失當、人為操作失誤、製程參數、製程整合或原料等) 所引起的較大的變異,對晶圓製程與電性品質特性的影響便很大,造成品質水準降低,這些因素則稱為**可歸屬原因** (assignable cause) 或**特殊原因** (special cause)。

12.2 管制圖應用

在許多先進科技產品的製程中,晶圓製程管制圖的運作方式為:生產製造管理者每隔一段時間 (例如:一小時、每天等),對每一生產機台,或生產製程中之每批 (lot) 晶圓中抽出一組樣本,計算其每批晶圓樣本統計量後,再將所取得的樣本點繪製至管制圖中來判斷其製程是否在管制狀態。典型的管制圖是由一條中心線 (central line, CL) 和兩條管制界限:**生產管制上限** (upper control line, UCL) 和**生產管制下限** (lower control line, LCL) 所構成。如圖 12.1,在所生產每批產品中,若所取得樣本點落出生產管制界限時,認定此批產品的製程不在管制狀態,則應對此批產品及製程進行診斷以尋找在生產製造中異常之歸屬原因。

在晶圓製程中,製程管制圖已廣泛地使用於 SPC 中。生產與製程管制圖其主要功用為:

1. 可以改善各模組製程生產力。

2. 可以有效地預防製程缺失,降低變異。

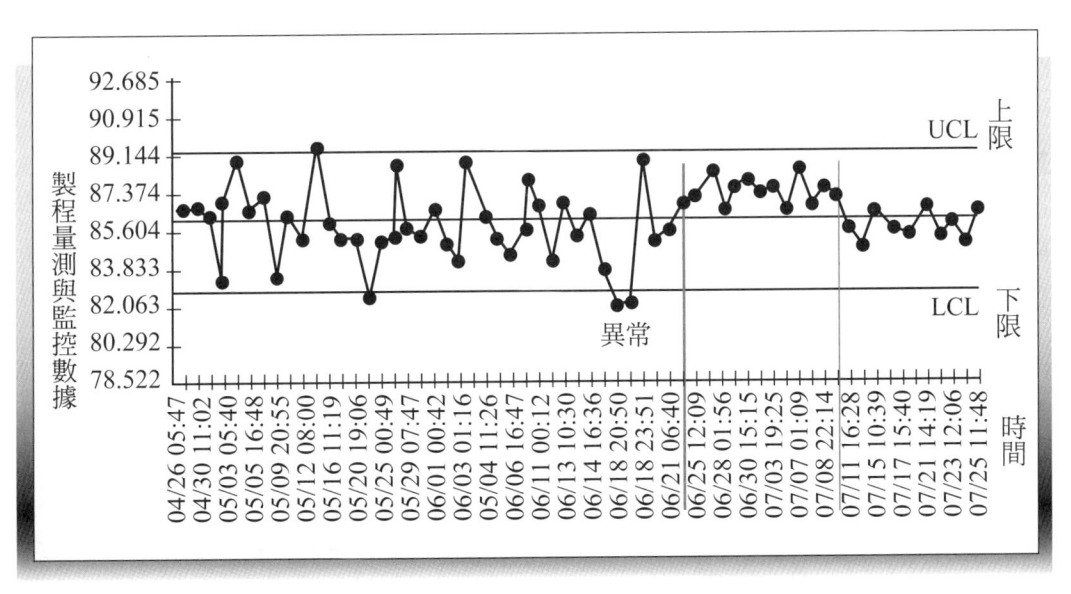

圖 12.1 藉由 SPC 可掌握製程穩定度的變化

3. 可以防止不必要的製程異常與參數調整。
4. 可以提供模組製程、製程整合、元件分析等問題診斷的訊息。
5. 可以提供有關各**模組製程能力** (module process capability) 與**製程整合** (process integration) 之品質資訊。

　　統計製程管制 (SPC) 的範圍：SPC 的管制對象要從晶圓產品的品質進一步提升到生產過程中的各種影響因素及各製程模組上，對產品進行預防性的品質管制。品質控制和產品成本不僅是生產製造管理者本身關注的焦點，更是研發單位關心和客戶持續下單的關鍵重要因素。

　　在晶圓製程品質中之所以有問題，許多的原因乃是各個製造過程中產生了變異；而製造過程之品質變異的來源要想根本解決，就必須減少或消除製造過程中的變異，才能進而控制產品的品質，降低生產成本與減少變異。因為晶圓製程非常複雜，在製程可能的重大品質變異出現之前，就必須先採取必要的措施，以消除變異或降低製程問題帶來的損失，使製程能力能穩定在期望的水準。

　　在晶圓製程中之製程管制有許多重要的考慮因素如圖 12.2，設備參數如加工環境真空值、沈積溫度、原物料純度、電壓強度、水的阻質、反應室壓力等等；SPC 的管制對象要從產品的進料品質，一直到生產製

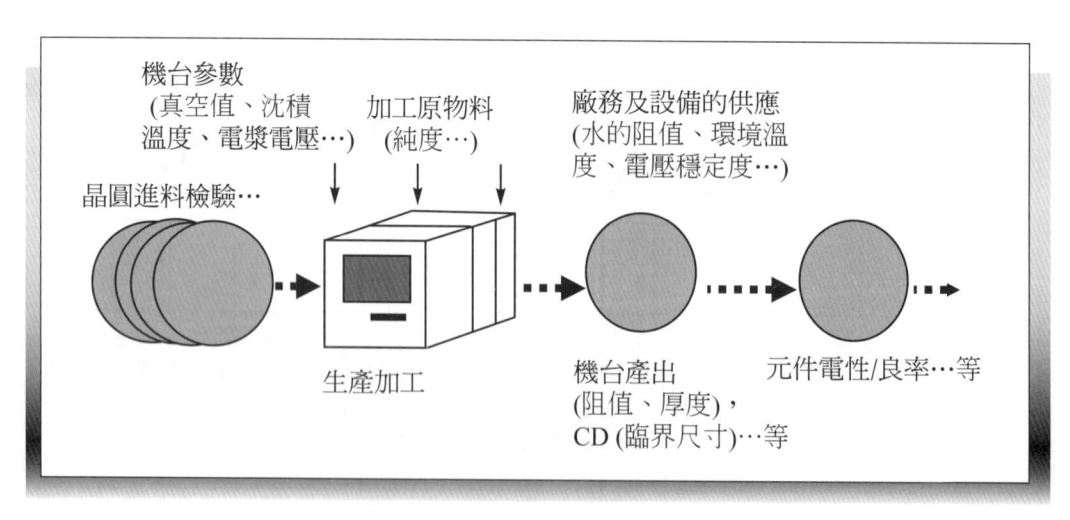

圖 12.2　晶圓製程 SPC 範圍

程過程中及產品出貨過程,進行製程預防性的品質管制。

⊙ 12.2.1　PDCA 運用

PDCA 循環的概念最早是由美國品質管制專家戴明提出來的,**PDCA (Plan-Do-Check-Action)** 循環是品質管理循環,針對品質與工程按計畫、執行、檢查與行動來進行活動,以確保可靠度目標之達成與製程改善。在晶圓製程之製程管制中,運用品質大師的管理理念──戴明循環 PDCA 循環的運用,當在 SPC 管制圖發生異常時執行步驟 PDCA 循環,如圖 12.3。在製程改善過程中,訂定策略與計畫、執行改善行動方案、監控是否達成目標與持續反覆修正到完成目標與生產規範。根據計畫,持續改善才能夠展開行動,才能夠完成任務,並能提升產品良率與製程的可行性。

- **P (plan)**──計畫:確定方針和目標,選擇製程關鍵問題,蒐集資料與分析異常。
- **D (do)**──執行:實地去做,適當運用統計管制圖進行製程控管。
- **C (check)**──檢查:找出問題,對於製程異常掌握,了解與分析製程能力。
- **A (action)**──行動:對結果進行處理快速處理變異,有效提升生產製程能力。

品質特性代表我們所關心的品質之特徵值,因此持續性地利用製程管制的方法與善用品質管理工具將對晶圓製程改善有極大的幫助。

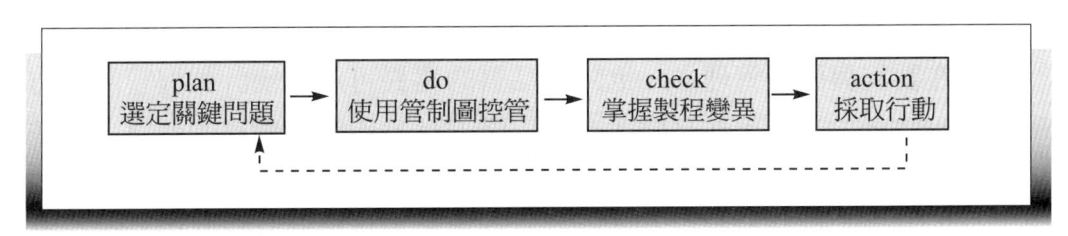

圖 12.3　SPC 執行步驟 (PDCA 循環)

12.3 品質管制

在晶圓生產的**品質管理** (quality management) 中，製程能力包括：品質提升和穩定製程。對於生產製造中之品質管理，需找出問題、擬定方針、確定目標與責任，然後在生產品質系統內，運用品質工具，執行品質規劃、品質保證改善等。

統計製程管制是工程師作好分內工作的必要工具，而管制圖則用來監控製程；製程能力分析則提供目前製程能力水準為何，以決定朝哪方面提升製程水準。而品質管理的七個工具亦為常用於製程改善與監測中之常用工具，工程師除了製程技術方面的知識外，更應具備品質意識、處理問題意識、改善品質意識，尋求良率的改善方法，並能將管理應用統計技術的方法運用於製程技術改善。

資料型態依蒐集方式的不同可分為下列兩大類：

A. 計量型數據

經由量測的方式取得資料，例如：重量、反應室溫度、薄膜厚度。

B. 計數型數據

經由計數的方式取得資料，例如：產品不合格數、製程缺點數、不合格率或單位缺點數等。

製程管制的目標為降低變異，減少平均數與目標值間的差距，及減少標準差之大小。

在製程與研發管理中，欲降低品質的變異可運用統計製程管制的方法，將統計方法運用在品質改善上以降低產品與製程變異的做法，為統計製程管制。

在工廠生產管制中，品質管制數據特徵與常用統計量分別為原始數

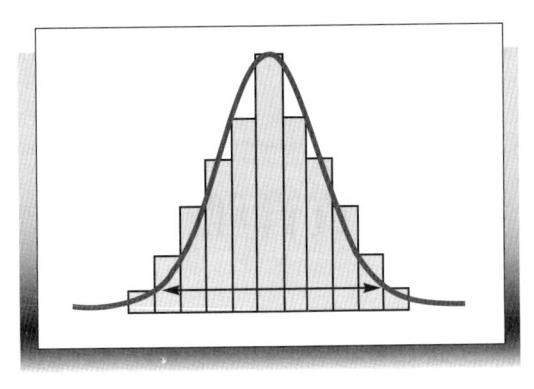

圖 12.4　集中趨勢

據特徵，主要可分為以下兩大類：

1. **集中趨勢**：如圖 12.4 表示一組數據中央點位置所在的一個指標。最常用的集中趨勢指標為

    平均數 (mean)：$\bar{x}=(X_1+X_2+\cdots+X_n)/n$；$n$ 表樣本大小。

2. **離中趨勢**：如圖 12.5 表示一組數據間差異或數值變化的一個指標，如全距變異數標準差等。最常用的離中趨勢指標有：
    (1) 全距 (range)：$R=$最大值－最小值。
    (2) 變異數 (variance)：資料值與期望值差異平方和平均，即

    $$s^2=\sum_{i=1}^{n}(x_i-\bar{x})^2/n-1$$

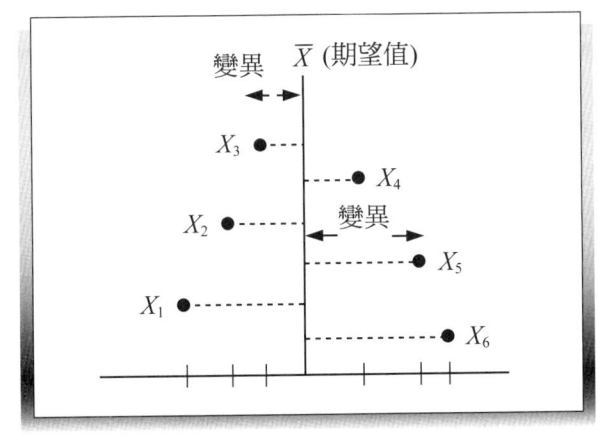

圖 12.5　離中趨勢

(3) 標準差 (standard deviation)：變異數的平方根，$\sigma=\sqrt{s^2}$

12.4　常用品質管理工具

常用品質管理工具包含：散佈圖 (scatter)、直方圖 (histogram)、柏拉圖 (pareto)、特性要因圖 (cause-effect diagram)、檢查表 (data collection form)、層別法 (stratification)、管制圖 (control chart)。

A. 散佈圖

「散佈圖」為研究兩個變量間的相關性，而蒐集成對兩組數據，兩個特性值之間相關情形的圖形，又稱相關圖，用於分析兩變數之間相關關係，藉由散佈圖找出兩者的關係。圖 12.6 分別比較正相關、負相關、無關三種不同情況。

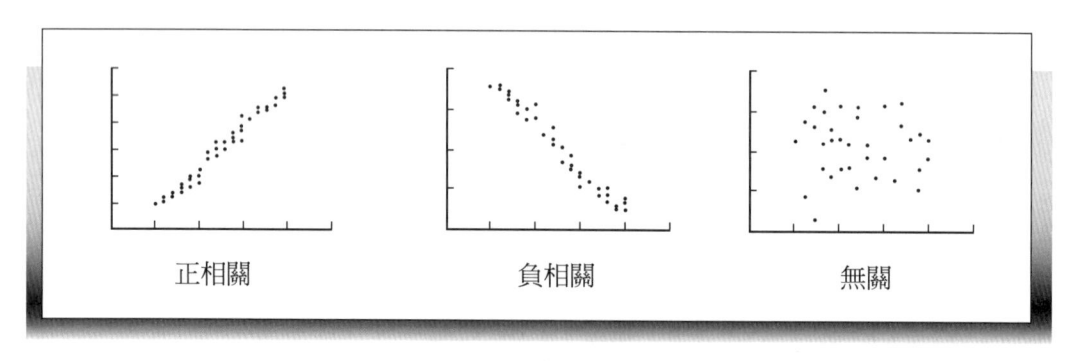

圖 12.6　散佈圖

B. 直方圖

「直方圖」如圖 12.7 所示製程中量測光阻厚度的數據記錄，為將一群量測數據範圍，區分成幾個相等的區間，並將各區間內數據所出現的次數 (frequency)，用條形表示出來的圖形。使用直方圖其功用是用以了解生產製程中一群數據之分佈狀況及其中心值與變異之情形。直方圖是

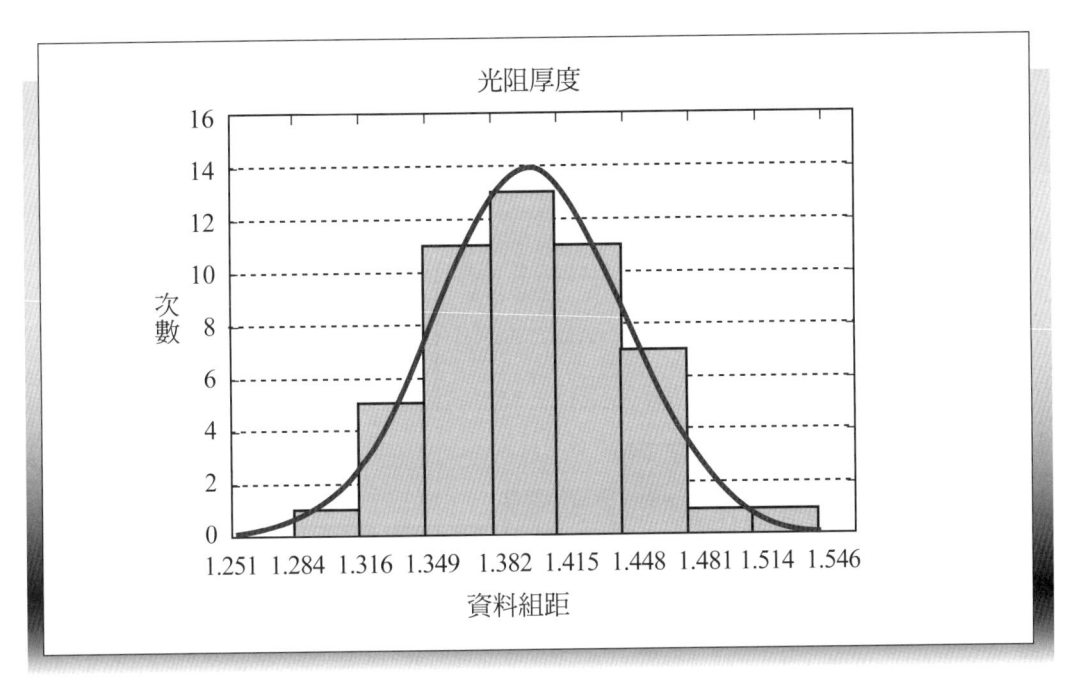

圖 12.7　直方圖

將所生產時蒐集的測定值或數據之全距分為幾個相等的區間作為橫軸，並將各區間內之測定值所出現次數累積而成的面積，用柱狀排起來的圖形。常常用於如臨界尺寸 (CD) 量測、厚度量測時判斷量測值的穩定度與分佈。

C. 柏拉圖

柏拉圖如圖 12.8 所示，其緣由是在經濟學家柏拉圖統計歐洲各國的國民所得分配時，發現全國 80% 的收入歸於 20% 的人口所有，乃提出柏拉圖法則 (80/20 原理)；一般來講，問題點的 80~90% 都是集中在主要 二、三項原因而已，因此藉由柏拉圖分析，可以找到製程發生異常影響較大的項目，發掘製程異常的重要問題點；作為降低生產中製程或機台特性主要不良的依據，以決定改善的目標，確認改善製程。柏拉圖提供了我們在最經濟的狀況下，運用柏拉圖可得到影響全局較大的重要因素。依據資料而抓住關鍵問題的方法，以解決問題。例如圖 12.8，使用

図 12.8　柏拉圖

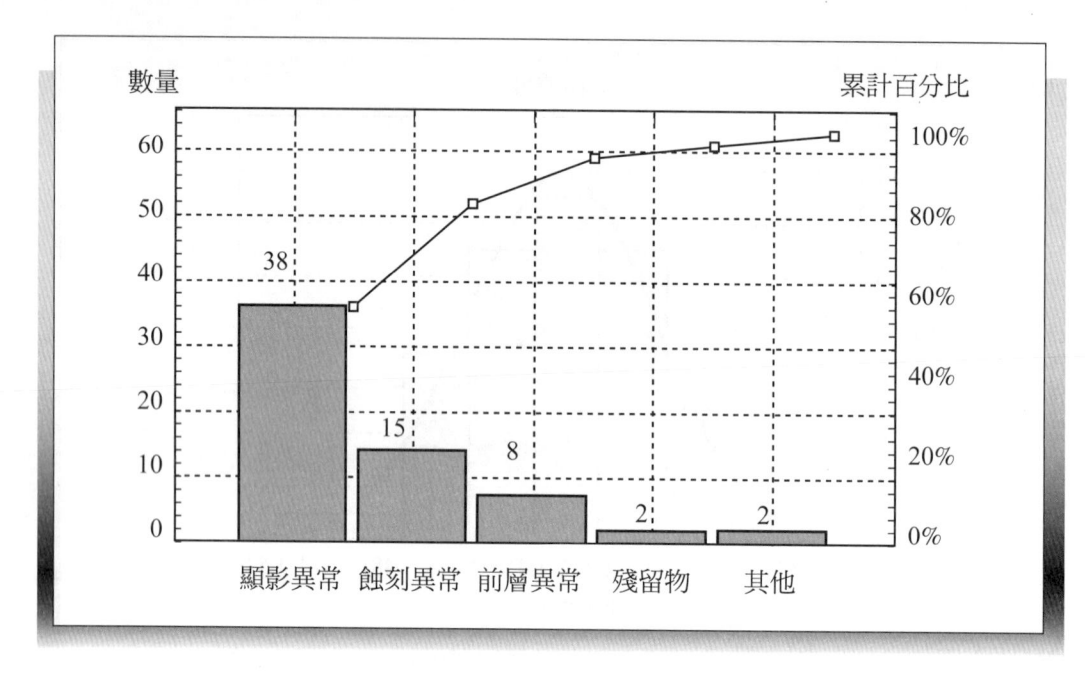

柏拉圖於製程分析不良／缺陷項目依數量之大小排列，橫座標為不良／缺陷項目，縱座標為不良／缺陷數量或累積百分比，分析出重點不良／缺陷項目，供品管人員及製程人員作為改善製程之參考。

柏拉圖製作方法為製作檢查表，求出累積數量、百分比、累計百分比。在座標軸的縱軸有兩種衡量尺度，一邊是品質特性發生數量，另一邊是百分比。橫軸是分析的項目，項目排列的順序是從大到小，其他在最後。

D. 特性要因圖

「特性要因圖」也稱為「因果圖」，如圖 12.9 所示，為 1952 年日本品管權威學者石川馨博士所發明，又稱「石川圖」；在製程中常常遇到許多不可預測的問題，當製程發生問題的結果受到一些原因的影響時，工程師需將這些原因與問題加以整理，成為有相互關係而且有系統的關係，這個關係圖形稱為特性要因圖。由於特性要因圖形狀像一條魚的骨頭，因為魚頭通常表示某一特定結果 (或問題)，因此常常稱做「魚骨

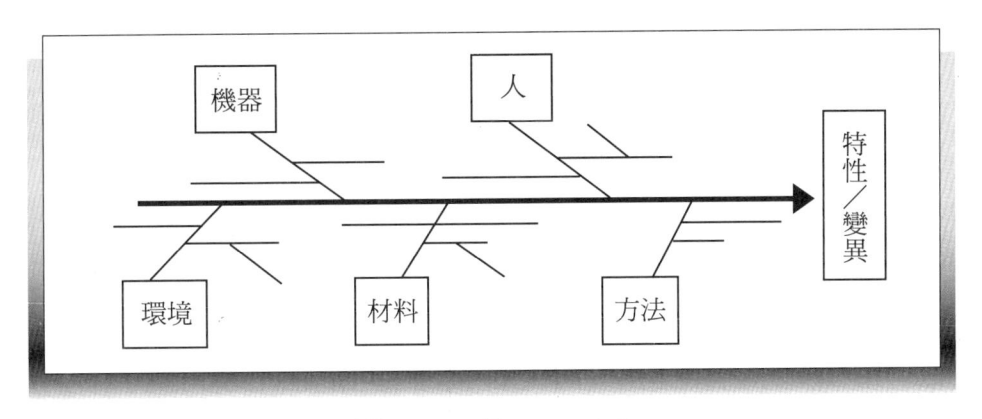

圖 12.9　特性要因圖

圖」。魚骨圖為將一個問題的結果，與造成該特性之重要原因歸納整理而成之圖形。魚骨側代表造成該特性之重要原因，包括、大骨、中骨、小骨……，分別代表大要因、中要因、小要因……，而成為完整之魚骨圖。

在晶圓廠或高科技廠中，在製程缺陷檢測中發現缺陷數驟增的異常現象，因此可用如圖 12.9 一特性要因圖分析原因；特性要因圖在製程管理與開發中可藉由**腦力激盪法** (brain storming)，首先在魚頭記錄待解決之問題 [例如：**良率** (yield) 降低、**缺陷** (defects) 驟增、電性異常等問題]，即可針對人、機器、材料、方法、環境等探討，即所謂的「人機材方環」；並針對製程歷史紀錄與製程管制圖，找出每一批 (lot) 與每一批變異、每片晶圓變異、操作員所造成的變異、量測機台間差異的變異，以 4M1E (Man、Machine、Material、Method、Environment) 法找出大原因；再以 5W1H 之思維模式找出中小原因 (What、Where、When、Who、Why、How)。如圖 12.10 為製程缺陷檢測異常特性要因圖。

E. 檢查表

如圖 12.11 為在積體電路製程中之檢查表，檢查表為了在製程或實驗便於蒐集生產或實驗數據，使用簡單表格記錄並予統計整理，以作進一步分析或作為核對每批產品生產製造檢查之用而設計的一種表格或圖表。在製程中可用檢查表蒐集之數據以調查製程不良項目、製程不良主

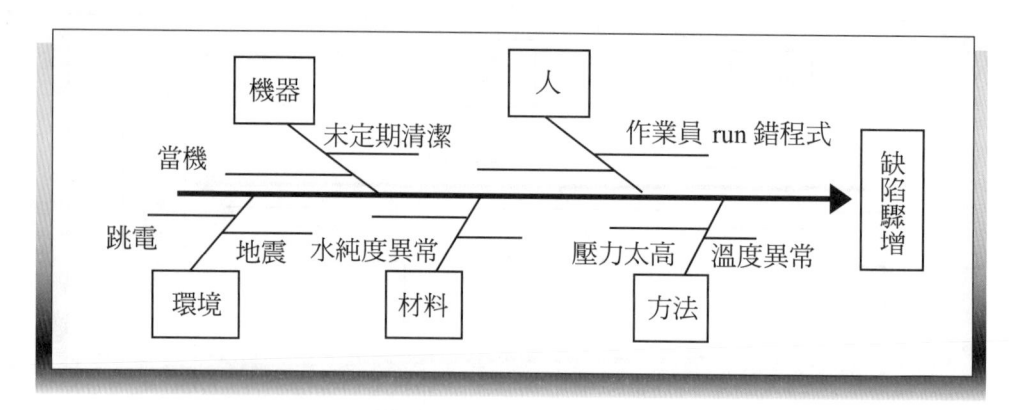

圖 12.10　製程缺陷檢測異常特性要因圖

圖 12.11　檢查表

因、製程缺陷位置等情形,再對所蒐集的數據資料予以層別,來發現製程異常的主因。主要功用是為要確認生產作業情形、機台的情形及預防製程發生不良或人為的遺漏或疏忽造成產品缺失,逐一檢視並記錄與確認。

F. 層別法

根據資料分析所蒐集來的數據，按照其發生的原因共同的特徵加以分類，按層分類，分別統計分析；將問題發生性質相同的數據歸納在一起，以便進行比較分析。因為在實際生產製程中，影響製程異常變動的因素很多且複雜，如果不把複雜的因素區別開來，難以得出問題的規律。即為了區別每一種不同的原因對製程異常的影響，而以重要的個別原因為主，來分別統計分析的一種方法。

舉例來說：產品的良率與製程技術能力、品質好壞、製程模組整合……等方面有關，因此問題點的探究，可透過這些調查與實驗，將這些數據蒐集統計與分析，就可得知從何處改善。可透過 4M1E：(1) MAN——人；(2) MACHINE——機器；(3) MATERIAL——材料；(4) METHOD——方法；(5) ENVIRONMENT——環境。來層別問題發生的原因。

另外，亦可利用如圖 12.12 所示的盒鬚圖 (Box Plot) 來做問題點的比較分析，將所分析的資料利用圖形顯示法，可同時清楚標示出資料的

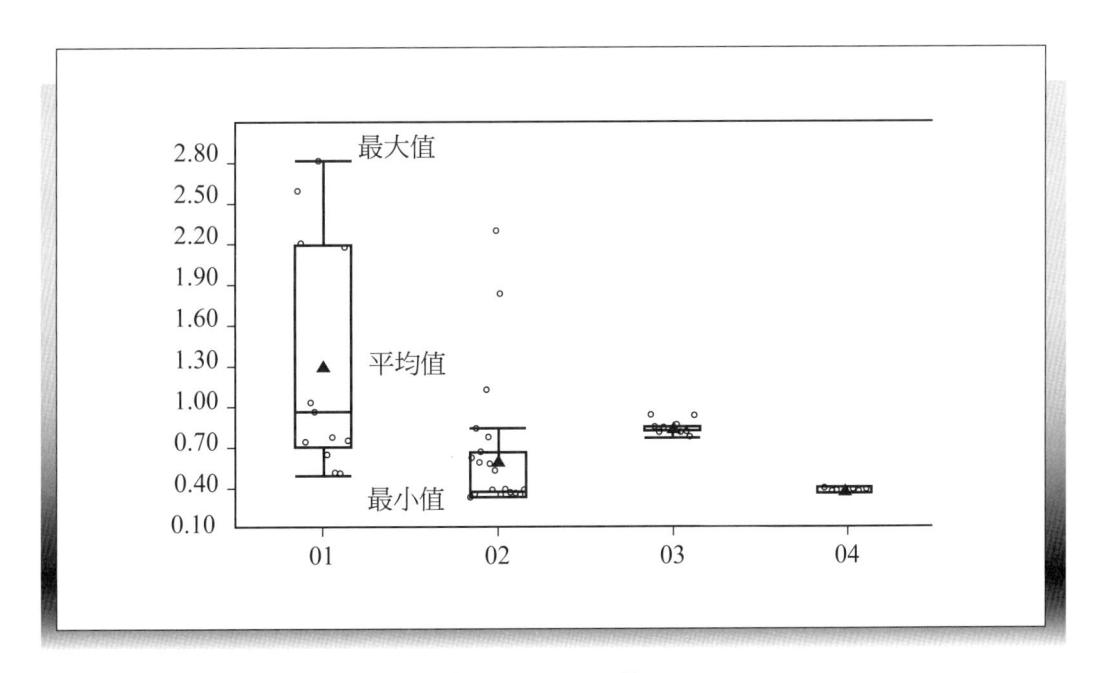

圖 12.12　盒鬚圖

集中趨勢、離中趨勢、最小值、最大值、平均值等；並可針對不同的數據與資料作層別與比較。可針對許多組資料，同時比較多組數據的中心值，並了解各組資料的變異情形。可辨認出數據中的離群值；常用於機台間能力、不同參數實驗的比較。

G. 管制圖

管制圖是一種以實際產品品質特性與根據過去歷史經驗所判斷與監測的製程程能力的管制界限比較，而以時間順序用圖形表示；可監測生產/量測機台之穩定性及能力監控分析與穩定性，如圖 12.13 是一種以實際產品之品質特性與根據過去產品生產的歷史經驗的製程能力的管制界限比較，依生產的時間順序表示，用來分析品質特性集中趨勢變化的平均數管制圖，為 1924 年由蕭華特 (W. A. Shewhart) 提出之一種品質圖解記錄。包含**中心線** (central line) 及**生產管制上限** (upper control limit) 及**生產管制下限** (lower control limit)，超出管制界限或出現特殊圖樣，則判定為異常；反之，則稱為穩定狀態。在生產歷史紀錄比較與日常生產監測，即可利用管制圖作為產品品質控制的準則。由平均值與管制圖顯示：所有點皆在管制界限內，且無特殊之圖形出現，可判定此製程為穩定狀態。

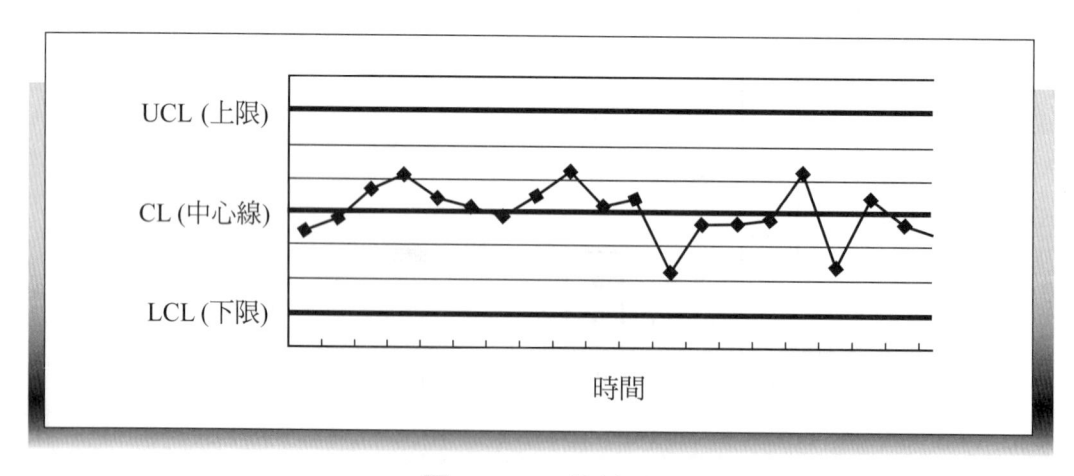

圖 12.13　管制圖

12.5　管制圖分類

　　管制圖亦可區分為兩種：一為解析用管制圖，另一為管制用管制圖。

1. **解析用管制圖**：可用於新製程量產前或新機台正式量產製造前，評估新製程或新機台是否穩定，且能力是否符合要求，為建立生產製造管制用管制圖前之分析用管制圖。在晶圓產品試產與實驗階段，管制圖可用來估計新製程中重要參數的穩定度及製程能力，並作為機台或產品是否可進入量產階段之依據。
2. **管制用管制圖**：經解析用管制圖分析製程或機台能力穩定且符合要求時，所建立用以後續監控製程或機台是否異常之管制圖；在運用於產品量產階段，管制用管制圖可被用來在量產中偵測穩定度並控制製程可靠性。

$$\text{平均值 } \overline{X} = \frac{X_1 + X_2 + \cdots + X_n}{N}，\text{代表集中趨勢}$$

$$\text{標準差 } \sigma = \sqrt{\frac{(X_1 - \overline{X})^2 + (X_2 - \overline{X})^2 + \cdots + (X_n - \overline{X})^2}{n-1}}，\text{代表分散程度}$$

　　在圖 12.14 中，可設定管制圖控制原則，來作為製程穩定度之監測與掌控；依據製程或機台特性所量測與記錄的數據資料，作為管制圖的判斷是否異常的選擇。

　　管制圖控制原則：

1. 一點超過三個 σ (標準差)——A。
2. 連續三點中有兩點超過兩個 σ (標準差)——B。
3. 連續五點中有四點超過一個 σ (標準差)——E。

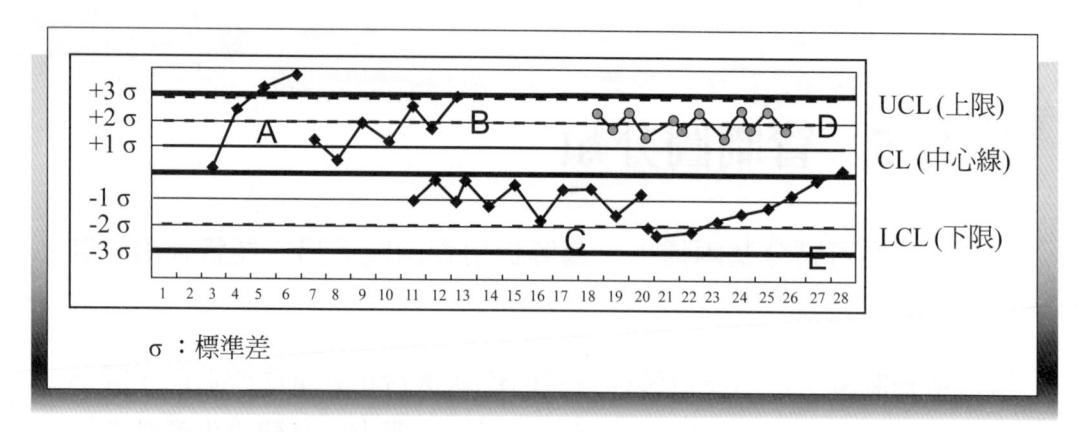

圖 12.14　管制圖異常判定法則

4. 連續八點在中心線的同一側──C、D。
5. 可依各製程需求而訂定。

12.6　異常處理系統介紹

12.6.1　OOC

OOC (Out of Control) 違反製程管制圖 (SPC chart) 定義的控制規範 (control rule) 稱之。當 OOC 預設警示值發生時，即表示某產品在某站別連續發生不良，由製造執行系統 (MES) 自動通知送出警訊給機台及產品負責工程師，工廠線上負責工程師即應依據異常處理流程 (OCAP) 處理。負責工程師應對該 OOC 事件，記錄「原因分析」及「改善對策」於製造執行系統內，以對於該 OOC 異常事件做一完整的處置。OOC 製程管制可用於在生產過程/機台管控、物料使用管控、製程條件、參數使用正確性管控；並可結合資訊管理系統與生產設備結合，以納入製造執行系統自動管控。

12.6.2 OOS

OOS (Out of Specification) 統計製程管制圖 (SPC chart) 超出量測值、超出產品規格稱之。在晶圓生產製造中，產品製程技術的快速進步與變化，整合製程變得複雜，並且產品組合及晶圓生產週期時間長，OOS 不只可用於生產製造管理，在半導體晶圓製造過程中，亦可用於良率或電性是否超出產品所制定的規格。當產品在生產線上 SPC 量測值超出產品規格 (USL 或 LSL) 時，任何偏離規格 (OOS) 的結果發生時，預警措施應即追查異常發生源、找出問題根因、擬定對策與方法，並執行異常處置之對策，使產品特性或製程能夠回復穩定狀態。

12.6.3 OCAP

OOC 後的標準處理作業程序，是在超出統計製程管制時，工程師了解每一個設備、參數、產品及其能力。利用 OCAP (Out of Control Action Plan) 可快速找出超出統計製程管制的根源，並及時行動，能將影響產品生產與製造的時間減到最低。管制圖用來監控製程，製程能力分析則提供目前製程能力水準為何，以決定朝哪方面提升製程水準，並採取改善製程改善行動或其他品質改進手法，才能真正解決製程問題，提升產品性能與製程能力。

12.7 製程能力指數

在晶圓廠中對產品的生產管制工作而言，面對瞬息萬變的製程與客戶的元件電性的需求，如何縮小品質特性值的變異是最艱鉅的挑戰，製程能力判斷包括：產品與品質要素和穩定製程及品質要素 6M——人員 (Men)、方法 (Methods)、材料 (Materials)、機器 (Machines)、量測系統 (Measurements) 及廠務條件 (Mother natures) 等。在製程能力與製程與量

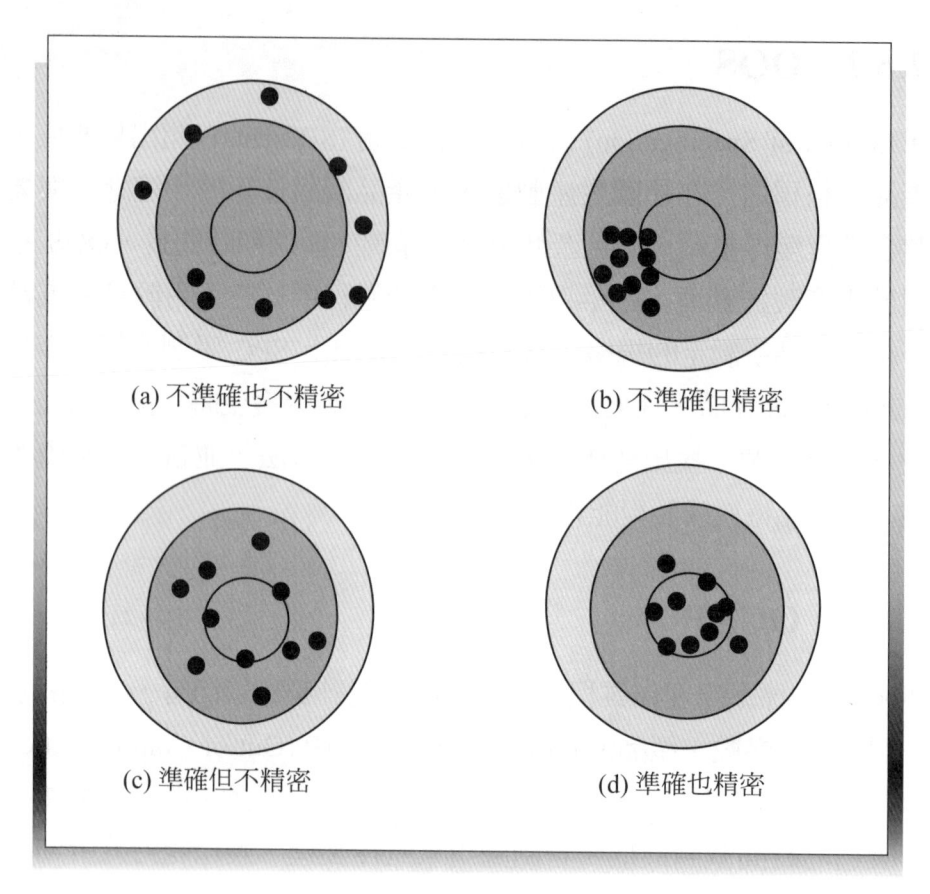

312 積體電路製程技術與品質管理

(a) 不準確也不精密
(b) 不準確但精密
(c) 準確但不精密
(d) 準確也精密

圖 12.15 製程能力指數準確與精密的判定法則

測系統能力的判斷中,可以如圖 12.15 之準確性與精密性來判斷,在製程中的**製程能力指數** (process capability),乃判斷產品製程的品質或特性的好壞,是統計製程管制的一個很重要的指標,可用來表示量測與記錄生產數據與製程特性中心管制值的偏移程度,距離愈小,即偏移愈小;距離愈大,偏移愈大。

製程能力可以如圖 12.16 之表示指數來作為判斷法則,在製程管制中,可使用 Cp、Ca、Cpk 等製程能力指數,來反映產品水準的狀況。傳統製程品管上僅針對 Ca 處理,但電子產業生產過程中,多以 Cpk 作為製程能力指數,因為使用 Cpk 可同時來判斷製程或品質的**準確度** (Capability of Accuracy) 與**精確度** (Capability of Precision);對於製程能力的考量標準,考量精度是參考 Cp 值,考量準度是參考 Ca 值,對精度與準度兩者

> Ca (Capability of Accuracy)：製程能力的準確度
> Cp (Capability of Precision)：製程能力的精確度
> Cpk (Complex Process Capability Index)：綜合製程能力的判斷指數

圖 12.16　製程能力的判斷法

都考量是參考 Cpk。

在傳統的統計製程品管中，品質水準與中心值與變異 (即標準差) 有重要的關係，因此生產管制的製程能力指數 (Cp 或 Cpk 的能力指數) 必須至少大於等於 1，因此，若製程做不到 1，表示此製程或產品不具備生產製造此項產品的能力。當製程能力指數的要求是 Cpk＝1，良率是 99.73%；而後來之生產管制 Cpk 出現時要求的是 Cpk＝1.33；更先進製程需求，先縮小變異與增加良品率為產品特性提升的重要關鍵因素，則要求提升到 Cpk＝1.67，為半導體產業製程管制之品質水準。

製程能力之 6σ 管理如圖 12.17，最早是源自於美國 Motorola 公司於 1986 年在其公司內部應用與推展，爾後在 1970 年代末期，Motorola 公司發現公司本身的產品品質和日本同性質產品的品質有相當大的差距。在 1985 年代，當時 Motorola 公司的產品的品質水準約為 Cpk＝1.33 (4σ)，因此產生了 Cpk＝1.67 (6σ) 管理，達到六標準差，即意味著生產流程中僅會有百萬分之 3.4 的不良率 (Defects per Million Opportunities, DPMO)；製程品管使用正負 3σ (標準差)，假設晶圓量產產品的生產品質或特性值遵守常態分配，而中心值加減 3σ (標準差) 為其管制界線，一般稱之為管制品質特性規格值「管制上限」和「管制下限」，產品品質特性值或特性值出現在管制上下限內的機率值為 99.73%，這個部分即構成品質管制中所謂統計製程管制── SPC 的六標準差 (6σ)，這是指在生產情況下每十億個量測值中，其缺點只有兩個機會，亦即 2PPB (Part Per Billon)，也就是良品率有 99.9999998%。換句話說，這表示產品已經接近完美狀況。工程師乃肩負著將 Cpk 提升的重責大任。

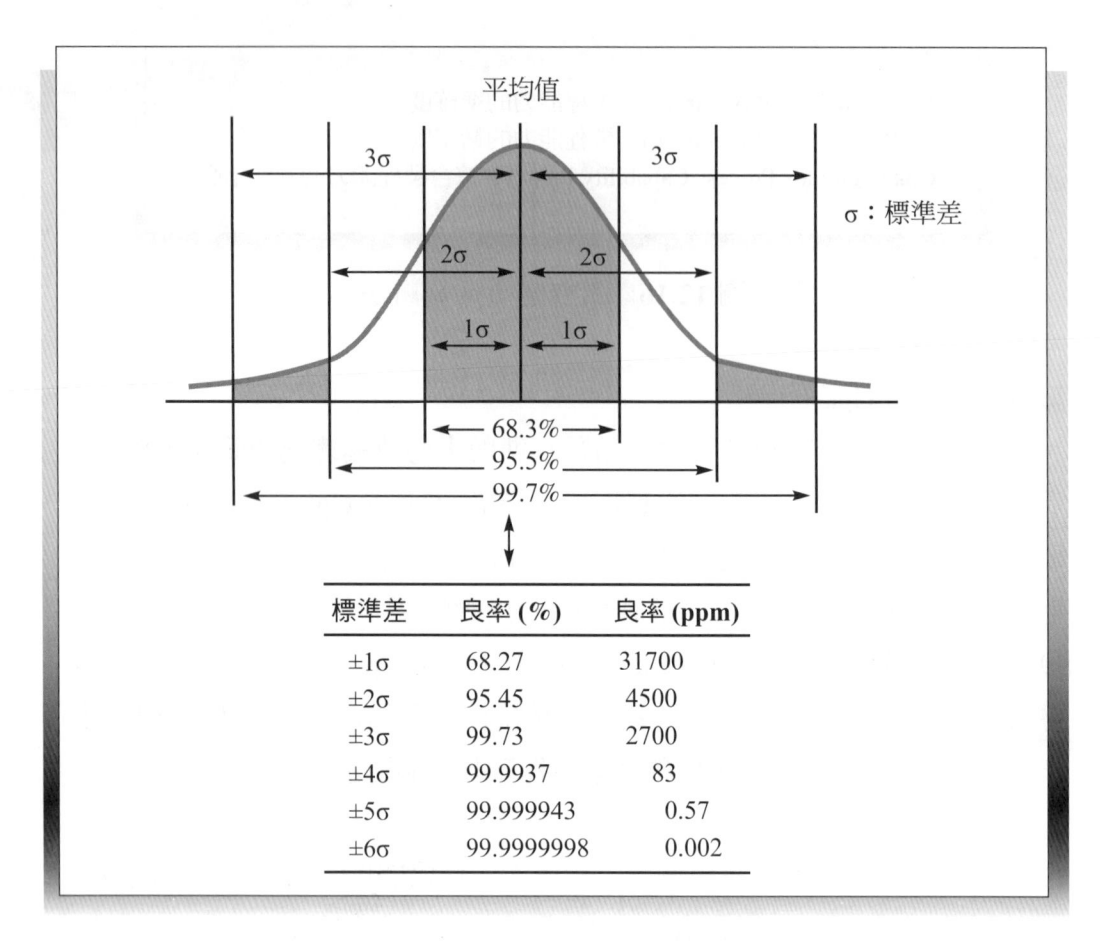

標準差	良率 (%)	良率 (ppm)
±1σ	68.27	31700
±2σ	95.45	4500
±3σ	99.73	2700
±4σ	99.9937	83
±5σ	99.999943	0.57
±6σ	99.9999998	0.002

圖 12.17　製程能力之 6σ 管理

製程能力 (process capability) 指在晶圓製造過程中對各種技術的參數與品質的管制能力。探討製程所用設備的精度的目的，一般可藉由量測數據、計算其平均值及標準差來表示，但此平均值及標準差之數值並無法直接顯示設備是否能生產合乎管制規格的高良率產品。因此製程能力可採用 Ca 值、Cp 值及 Cpk 值來表示作為製程品質控制；控管機台與製程的 Ca、Cp 與 Cpk 值，將有助於製程良率提升。

Ca：製程準確度 (Capability of Accuracy) 如圖 12.18。檢驗目前生產品質特性的「集中趨勢」或製程特性中心位置的偏移程度，Ca 等於零，即不偏移，Ca 值愈小表示製程平均值離規格中心愈近，Ca 值愈大偏移愈大。

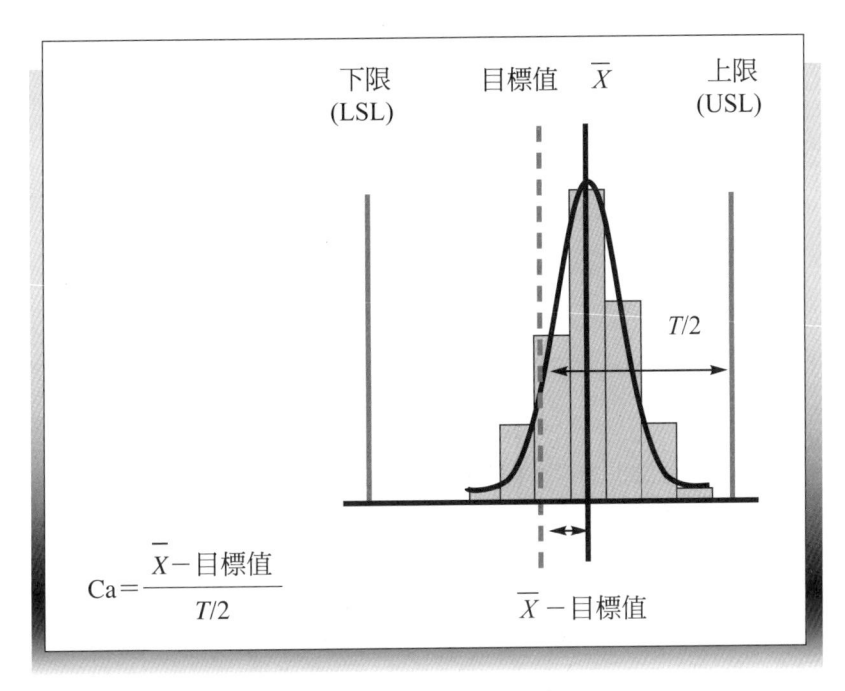

$$\text{Ca} = \frac{\overline{X} - 目標值}{T/2}$$

$T=$ 上限 (USL) $-$ 下限 (LSL) $=$ 規格公差
目標值 (Target) $=$ (USL $+$ LSL)/2

Cp：製程精確度 (Capability of Precision)，是一種製程檢驗的「離中趨勢」，如圖 12.19 表示製程特性的一致性程度，即製程檢驗量測的中心值偏離規格中心值，即製程能力與規格差異之程度。Cp 值愈大表示製程變異愈小，製程能力集中，製造能力愈強，所製造產品的品質數據常態分配愈集中，Cp 值愈小表示製程變異愈大，製程能力愈分散。

$$\text{Cp} = \frac{T}{6\sigma}$$

$T=$ 上限 (USL) $-$ 下限 (LSL) $=$ 規格公差
$6\sigma=$ 六倍標準差

積體電路製程技術與品質管理

下限 (LSL)　　　　　　　上限 (USL)

$$Cp = \frac{T}{6\sigma}$$

$(T = USL - LSL)$

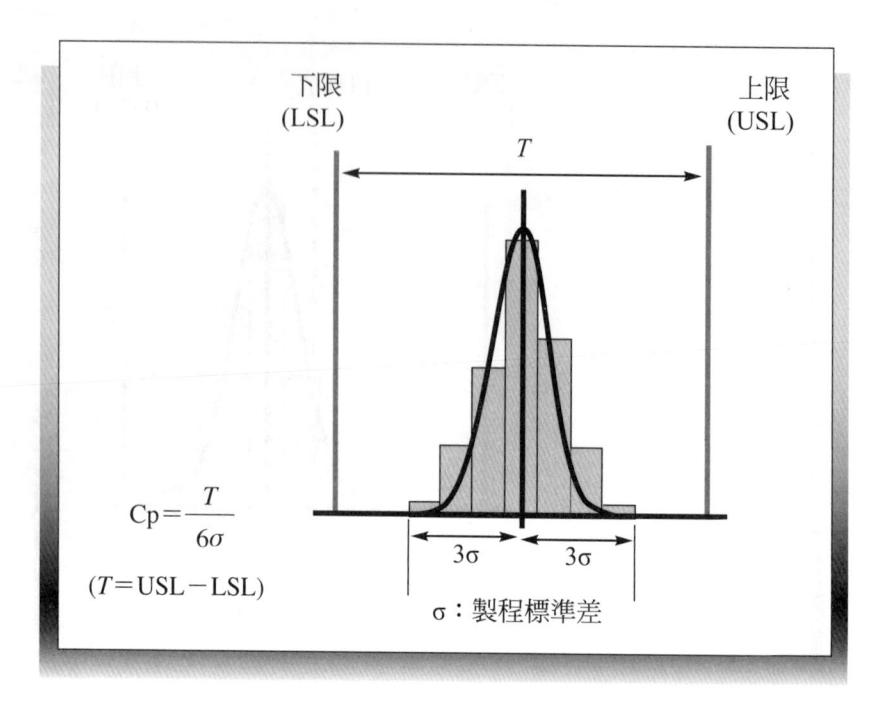

σ：製程標準差

圖 12.19　製程精確度 Cp

Cpk：綜合製程能力指數 (Complex Process Capability Index)，為同時結合製程準確度 Ca 與製程精確度 Cp 兩值之製程能力判斷指數，並且考慮偏移及一致程度，如圖 12.20，檢驗目前製程能力之集中、離中趨勢，Cpk 值愈大，表示品質愈佳；反之，Cpk 值愈小，表示品質愈差；可依製程能力分為 N (製程能力不佳)、G (製程能力好──Good)、E (製程能力優秀──Excellent)、S (製程能力卓越──Superior) 等數個等級，以作為製程能力等級的參考依據。

$$Cpk = Min\left(\frac{\overline{X} - LSL}{3\sigma}, \frac{USL - \overline{X}}{3\sigma}\right)$$

$$= Cp \times (1 - |Ca|)$$

$T = $ 上限 (USL) $-$ 下限 (LSL) $=$ 規格公差
$3\sigma = $ 三倍標準差

在半導體製程中，統計製程管制是工程師的必要工具。使用製程管

$$Cpk = \text{Min}\left(\frac{\overline{X}-LSL}{3\sigma}, \frac{USL-\overline{X}}{3\sigma}\right)$$
$$= Cp \times (1-|Ca|)$$

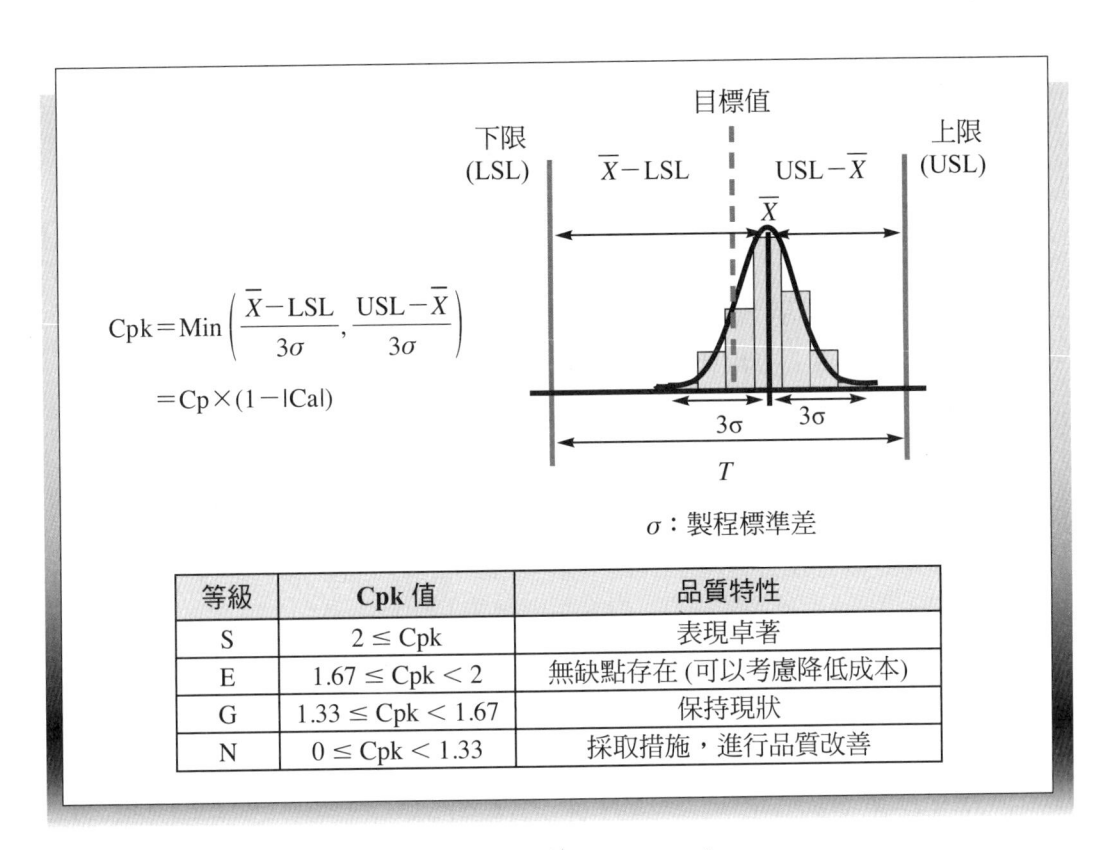

σ：製程標準差

等級	Cpk 值	品質特性
S	2 ≤ Cpk	表現卓著
E	1.67 ≤ Cpk < 2	無缺點存在 (可以考慮降低成本)
G	1.33 ≤ Cpk < 1.67	保持現狀
N	0 ≤ Cpk < 1.33	採取措施，進行品質改善

圖 12.20　綜合製程能力指數 Cpk

制圖用來監測製程，並用來分析製程能力，以提供目前產品生產製程能力水準，並採取改善製程行動或品質與產品特性改進，才能真正解決問題、提升生產與製程能力，並改善產品特性與良率。

習題

1. 何謂製程能力指數之 Ca、Cp、Cpk？
2. 何謂 PDCA 運用？
3. 何謂計量型數據？何謂計數型數據？
4. 常用品質管理工具為何？
5. 何謂 SPC？

6. 何謂 OOC？OOS？
7. 何謂生產品質管制之平均數？變異數？標準差？
8. 在工廠品質管制中，何謂集中趨勢？何謂離中趨勢？分別可用何種指標來表示？
9. 運用哪一種品質管制圖可同時表示所記錄數據的發生頻率、累積百分比之數據，以提供品質與製程人員參考？
10. 特性要因圖 (魚骨圖) 的功能為何？可主要針對哪些因素探討？
11. 何謂品質管理之 4M1E？
12. 製程品質管制圖該如何表示及運用於製程中？

附錄
製程整合

　　本附錄簡單敘述 IC 製造流程，由於晶圓製作動輒需數百道手續，每一道細節皆有其重要性，本章僅就主要步驟做一敘述與說明。

　　目前 IC 製程大致分為前段製程，即由空白晶圓下線至元件製作完成為止，接下來就進入後段製程，即將分別的元件利用金屬化製程串接起來完成所需線路之製作。製作流程大致如下：

1. 首先需先將需要製作元件的**主動區** (active region) 定義出來，即以淺溝槽製程作隔離為例，開始需以氮化矽 (SiN) 作為蝕刻圍幕來分出主動區。

- 氮化矽沈積
- 主動區定義 (光罩#1)：
  光阻塗佈＋曝光＋顯影
- 氮化矽蝕刻
- 光阻去除

氮化矽

矽基板

圖 A.1　淺溝槽矽基板線路定義

2. 再利用乾蝕刻將淺溝槽之矽層圖案蝕刻出來。

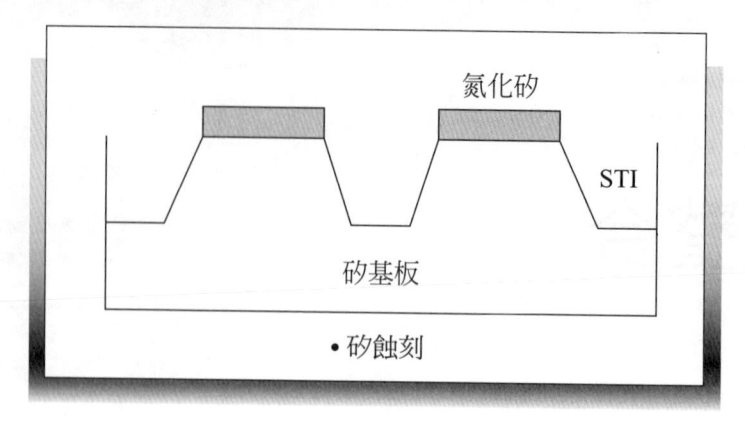

- 矽蝕刻

圖 A.2　淺溝槽

3. 回填入氧化層 (常用 APCVD Oxide)。

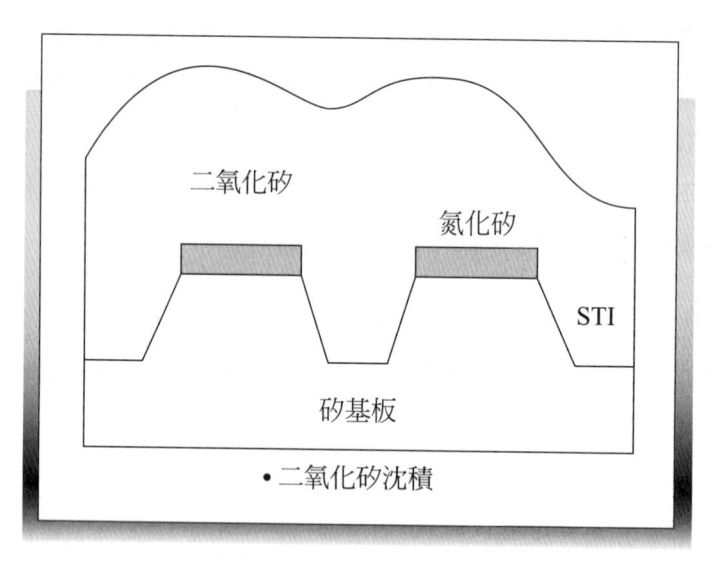

- 二氧化矽沈積

圖 A.3　淺溝槽回填

4. 利用反向蝕刻將氧化層部分蝕刻，減少高低起伏，使平坦化。

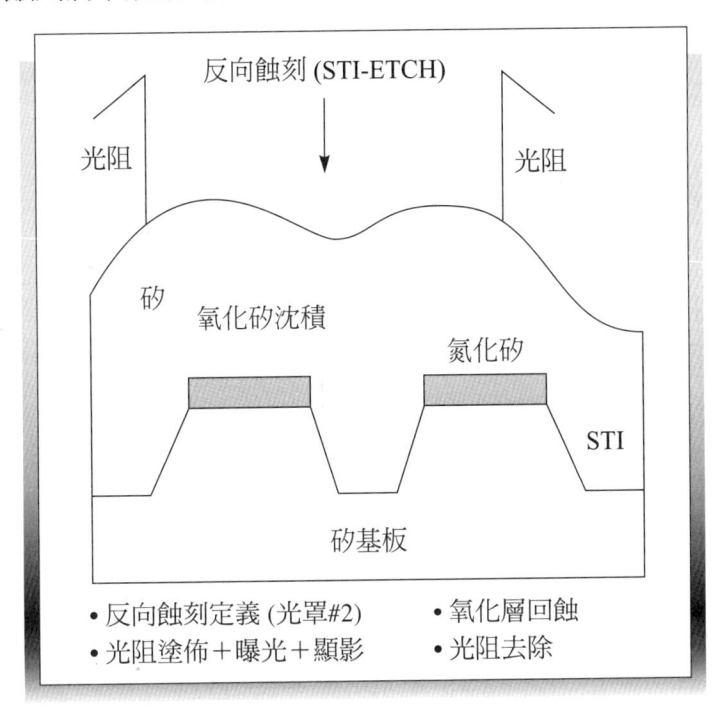

圖 A.4　淺溝槽反向蝕刻

5. 再經由化學機械研磨將氧化層平坦化後，去除氮化矽後定義出主動區 (詳見第四章)。

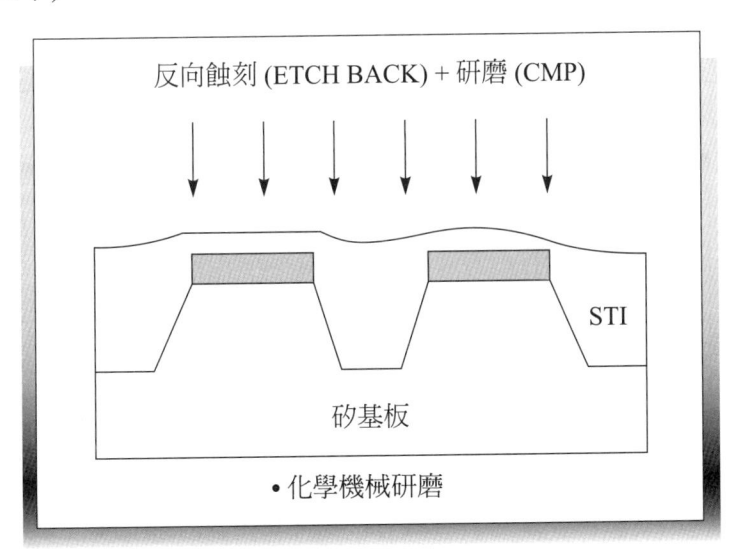

圖 A.5　淺溝槽研磨

6. 分別對基板形成 n 位井 (pMOS) 與 p 位井 (nMOS)，分別植入包含位井植入、防止元件崩潰植入以及 V_T 植入 (詳見第六章)。

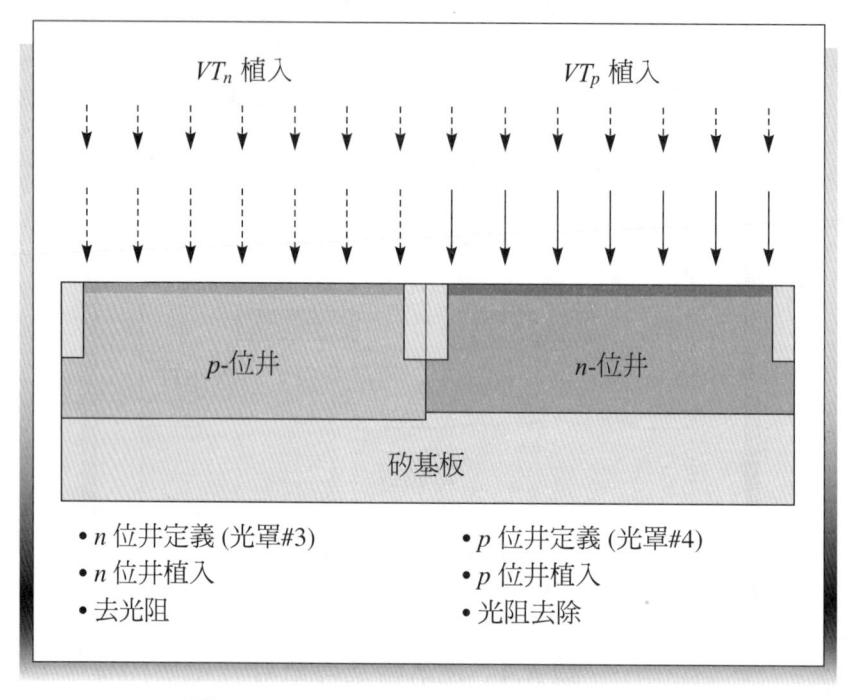

- n 位井定義 (光罩#3)
- n 位井植入
- 去光阻
- p 位井定義 (光罩#4)
- p 位井植入
- 光阻去除

圖 A.6　位井 WELL/V_T (離子植入)

7. 成長閘極氧化層 (或高介質材料)，再沈積多晶矽 (或金屬材料)，再經由微影與蝕刻定義出 MOSFET 元件閘極圖案。

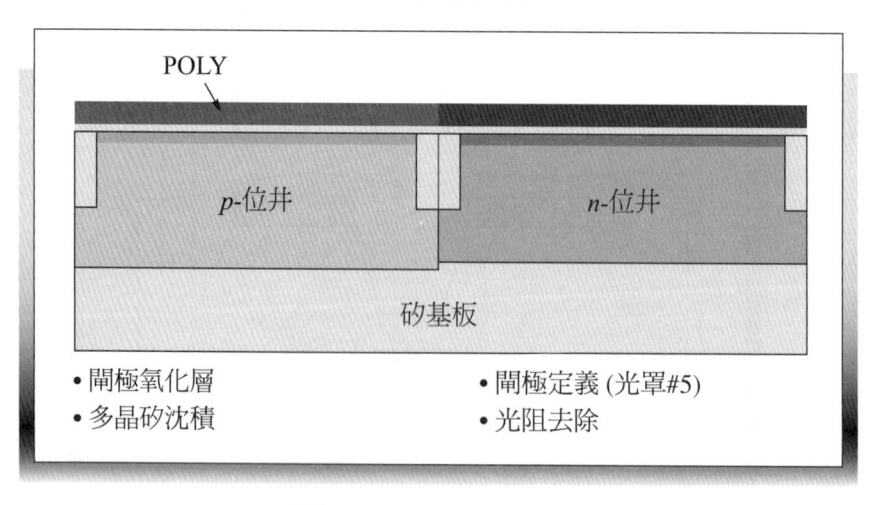

- 閘極氧化層
- 多晶矽沈積
- 閘極定義 (光罩#5)
- 光阻去除

圖 A.7　閘極沈積

8. 對 nMOS 與 pMOS 植入不同之離子植入，高電壓元件植入較高能量與濃度之雜質 (詳見第六章)。

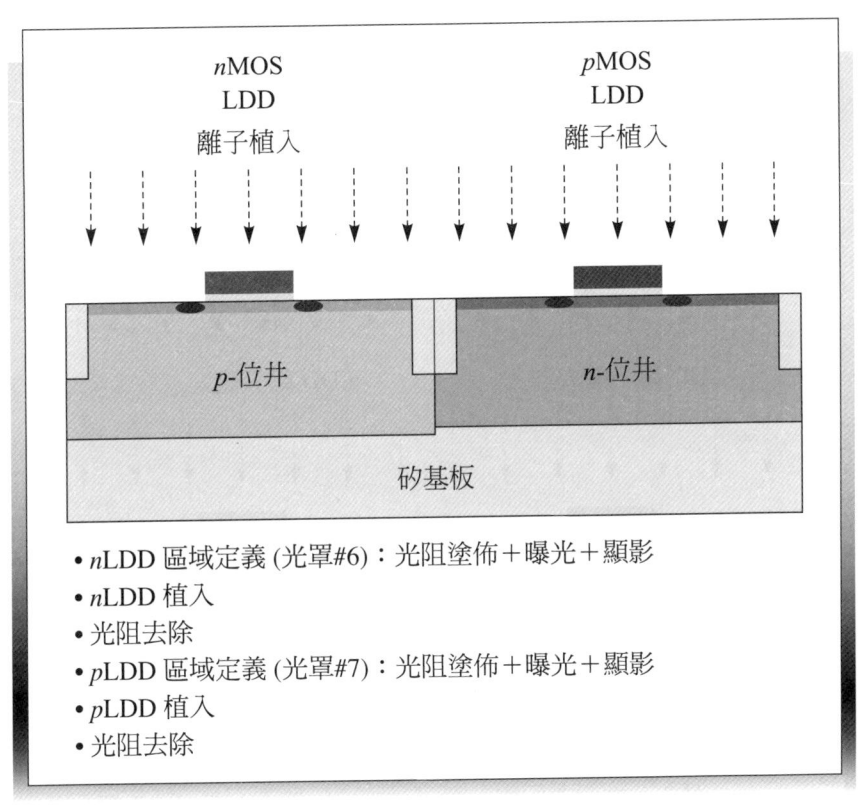

- nLDD 區域定義 (光罩#6)：光阻塗佈＋曝光＋顯影
- nLDD 植入
- 光阻去除
- pLDD 區域定義 (光罩#7)：光阻塗佈＋曝光＋顯影
- pLDD 植入
- 光阻去除

圖 A.8　閘極/高電壓元件 (HV-LDD) (離子植入)

9. 對 *n*MOS 與 *p*MOS 植入不同之離子植入，針對低電壓元件植入較低能量與濃度之雜質，且需額外利用暈型植入去提高元件的通道濃度，以降低**擊穿** (punch through)，減少元件漏電流 (詳見第六章)。

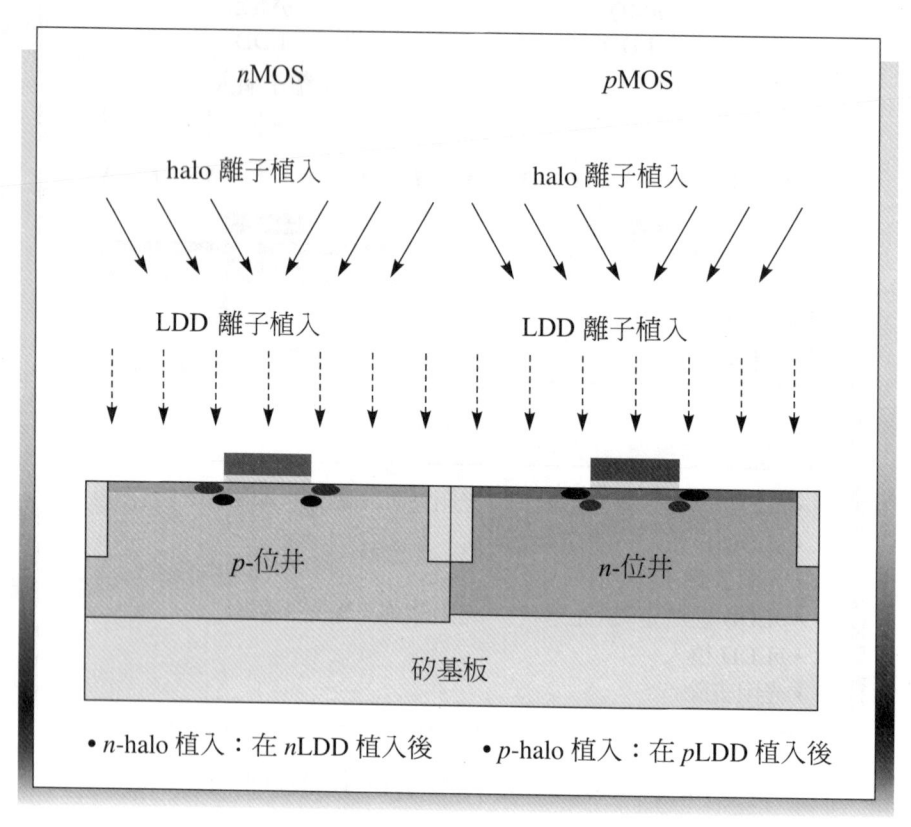

圖 A.9　低電壓元件 (LV-LDD) (離子植入)

10. 沈積氧化層後利用乾式蝕刻將薄氧化層 (thin oxide) 與氮化矽 (SiN) 層蝕刻成間隙層，再植入雜質形成深源/汲極區域。

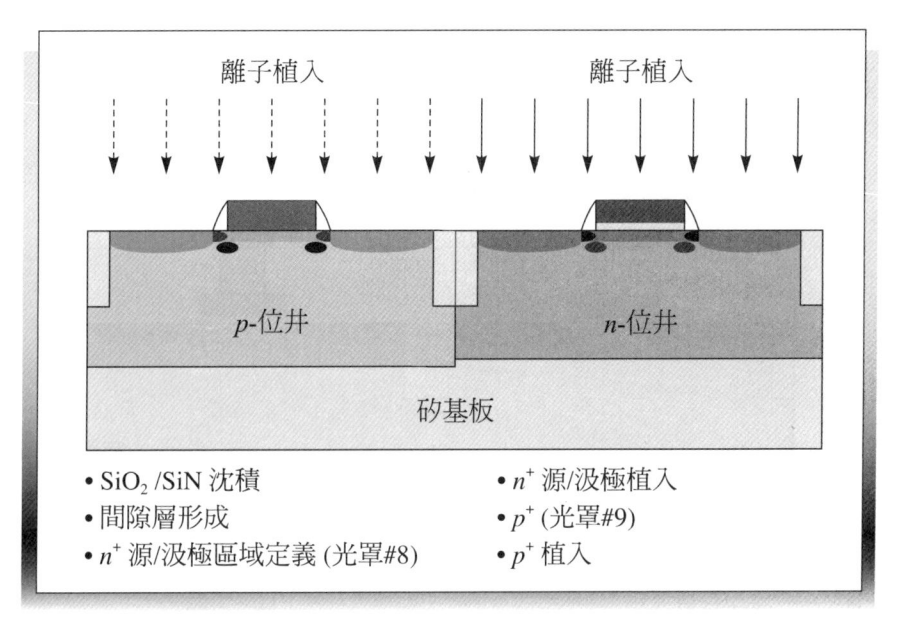

- SiO_2 /SiN 沈積
- 間隙層形成
- n^+ 源/汲極區域定義 (光罩#8)
- n^+ 源/汲極植入
- p^+ (光罩#9)
- p^+ 植入

圖 A.10　SPACER 源/汲極 (SD) 離子植入

A. 利用自動對準矽化製程形成金屬矽化物 (詳見第九章)，之後沈積氧化層 (或低介質絕緣材料) 形成 ILD。

- 自動對準矽化製程
- ILD 沈積 (SiO_2)

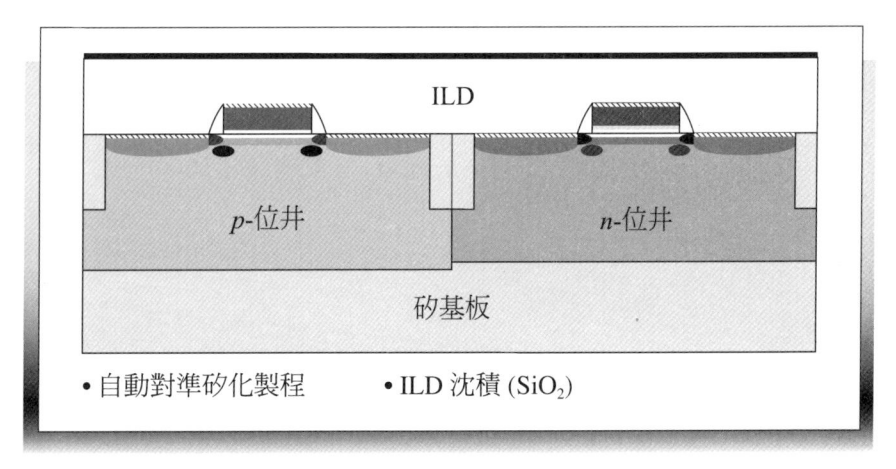

圖 A.11　薄膜沈積 (SALICIDE/ ILD) 前後段介面

12. 利用微影技術將接觸窗定義出來，再利用乾式蝕刻將接觸窗蝕刻出來(詳見第八章)。沈積阻障層 [如鈦化氮 (TiN)] 後，再填入金屬材料 [如鎢 (W)]，接下來沈積第一層金屬鋁，利用微影/蝕刻技術將金屬線定義出來。

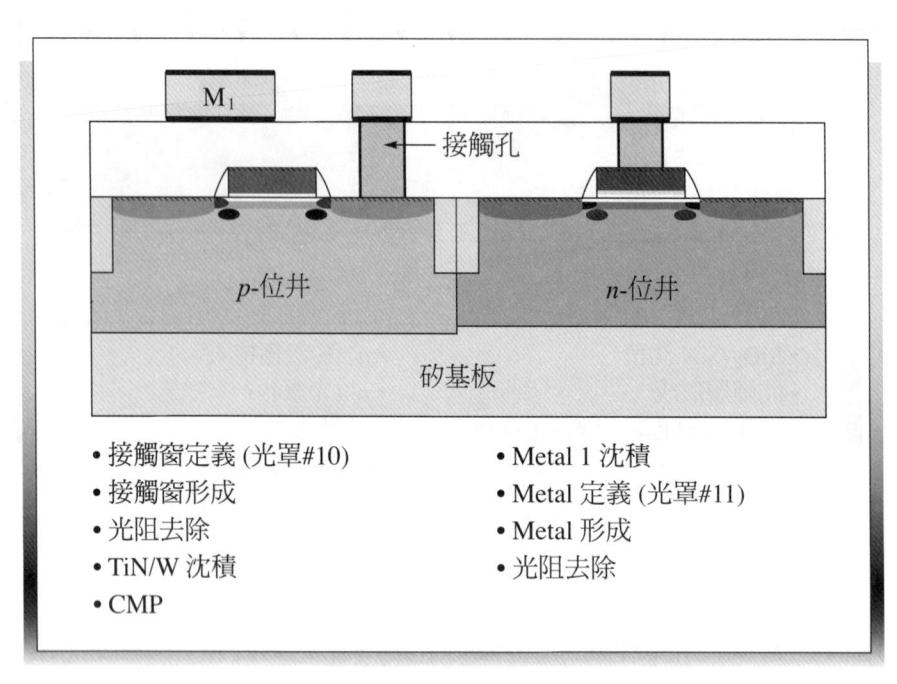

- 接觸窗定義 (光罩#10)
- 接觸窗形成
- 光阻去除
- TiN/W 沈積
- CMP

- Metal 1 沈積
- Metal 定義 (光罩#11)
- Metal 形成
- 光阻去除

圖 A.12　接觸孔/金屬層第一層 (M_1) 線路較細

之後可分兩種金屬化製程：

(A) 傳統金屬化製程 [鋁 (Aluminum) 製程]

13. 沈積氧化層 (或低介質絕緣材料) 形成 IMD。利用乾式蝕刻將管洞蝕刻出來，沈積阻障層 [如鈦化氮 (TiN)]，再填入金屬材料 [如鎢 (W)] 後，再沈積第二層金屬鋁，經由微影/蝕刻完成第二層金屬線。

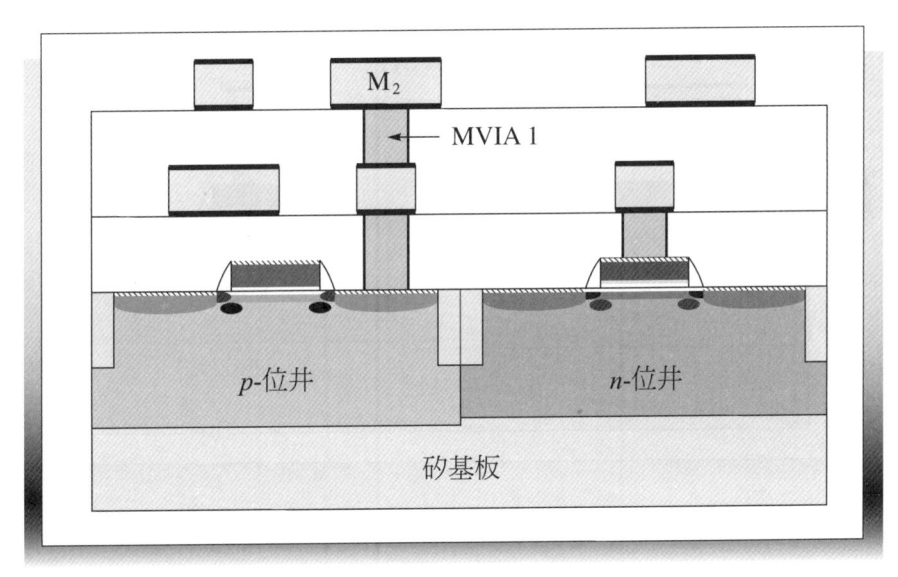

圖 A.13 金屬孔第一層 (MVIA1)/ 金屬層第二層 (M$_2$) 線路較細

14. 依序將金屬化製程做到**最上層金屬** (top metal) 後完成所有金屬線。

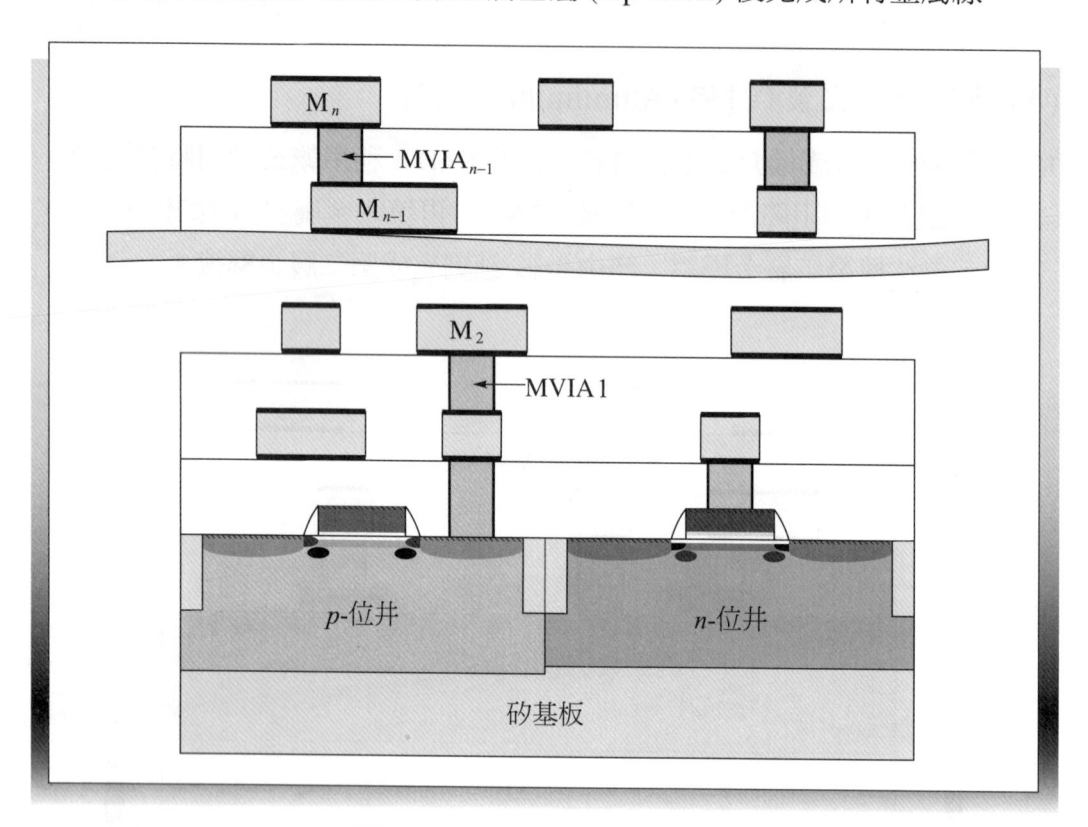

圖 A.14　上層金屬線路較寬

15. 沈積氮化矽作為線路之保護層，整個線路製程即告完成。

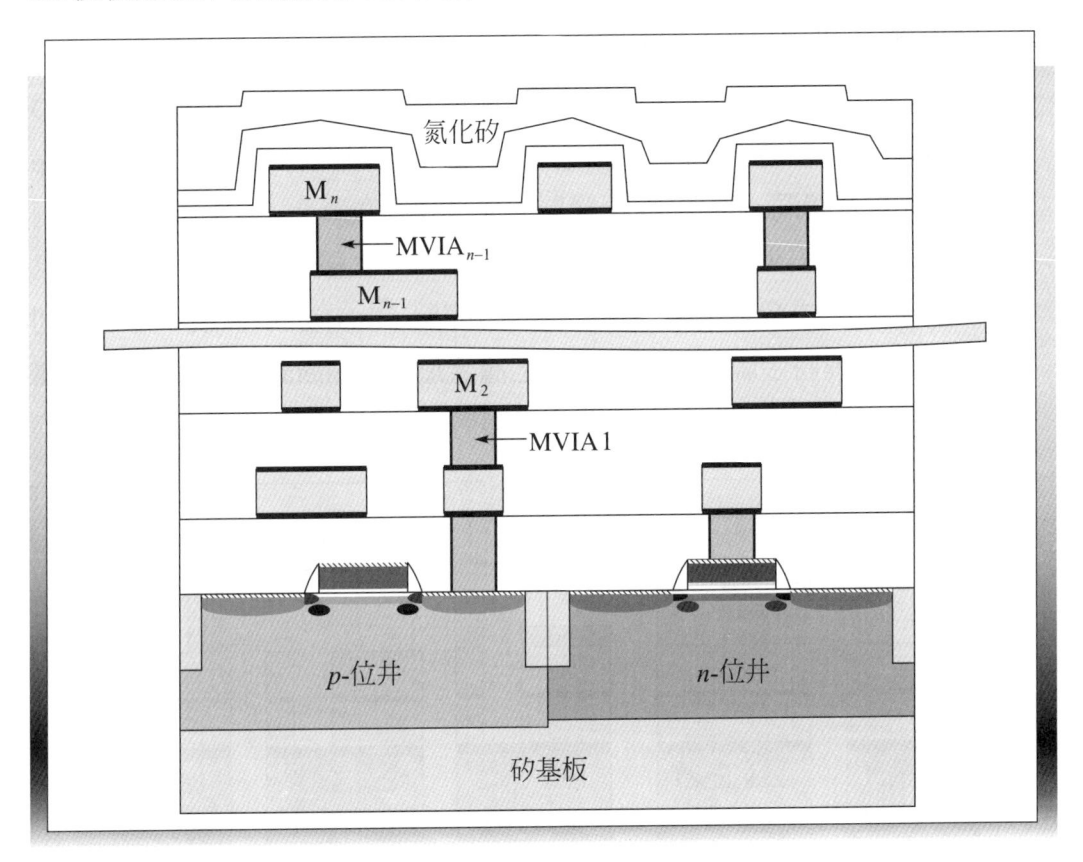

圖 **A.15** 保護層 (PASSIVATION)

(B) 先進銅金屬化製程(銅 Copper 製程)，雙鑲嵌製程(damascence)
    (參見第十章 10.7 節)

16. 接續圖 A.12 步驟後，沈積氧化層 (或低介質材料) 形成 IMD，將 IMD 沈積，包含預留金屬線位置之溝槽絕緣層、**蝕刻停止層** (etching stop layer) 以及**管洞** (via hole) 絕緣層，之後利用微影/蝕刻技術分別將管洞與溝槽蝕刻出來後，沈積銅阻障層 (TaN)，沈積銅金屬後，利用化學機械研磨完成金屬化製程，沈積銅阻障層 (TaN) 加以保護。再依序利用鑲嵌製程將金屬化製程做到**最上層金屬** (top metal) 後完成所有金屬線。最後沈積氮化矽作為線路之保護層，整個線路製程即告完成。

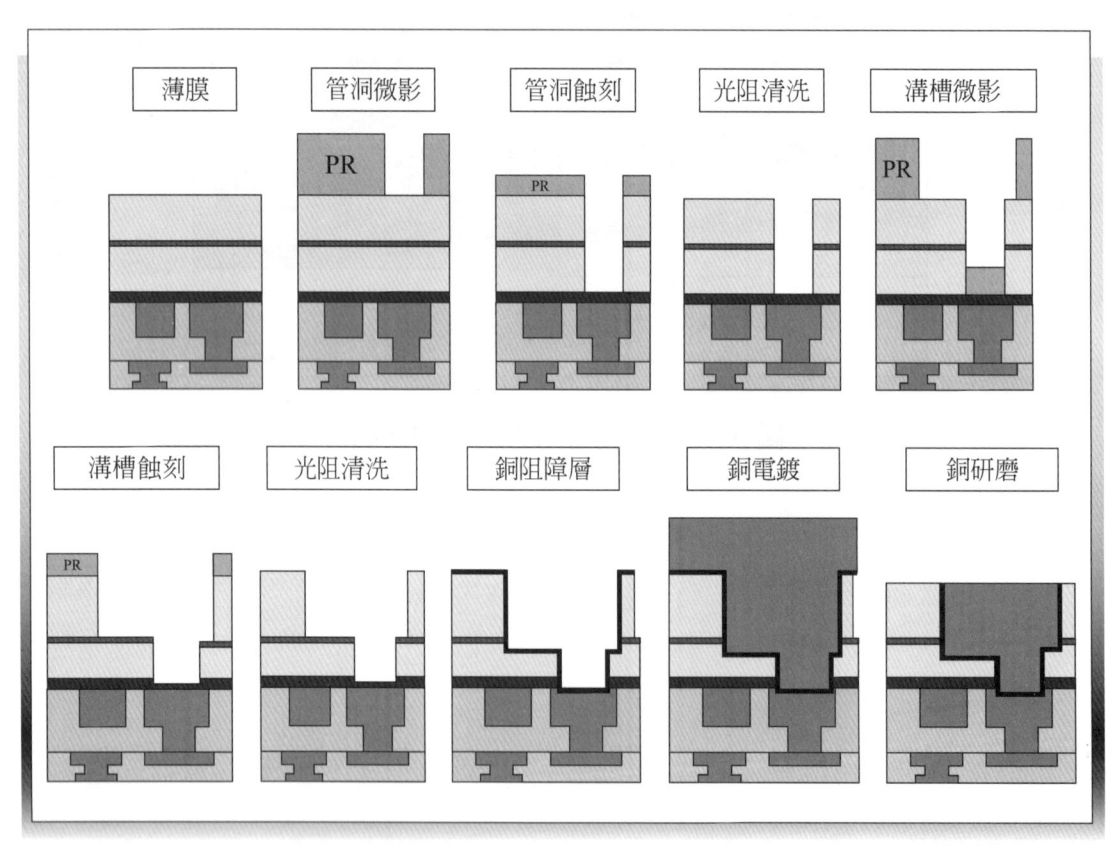

圖 A.16　銅製程雙鑲嵌製程

參考書籍

1. 柯鴻禧、黃琪聰編譯，CMOS 積體電路設計概論 (Weste & Harris: CMOS VLSI Design 3/e)，2007，高立圖書。
2. 莊達人，VLSI 製程技術，2007，高立圖書公司。
3. 半導體製程技術導論，HONG XIAO 著，羅正忠、張鼎張譯。
4. 莊達人，基礎 IC 技術──應用、設計與製造，2006，全威圖書。
5. 楊志能，VLSI 設計概論 (Pucknell & Kamran Eshragnian: Basic VLSI Design 3/e)，2005，高立圖書。
6. 羅正忠、李嘉平、鄭湘原譯，James D. Plummer, Michael D. Deal, Peter B. Griffin 原著，半導體工程──先進製程與模擬，2005，普林斯頓。
7. 羅正忠審閱，許招墉譯，最新圖解半導體製程概論，普林斯頓。
8. 劉博文，半導體元件物理，2006，高立圖書。
9. 施敏、梅凱瑞原著，林鴻志譯，半導體製程概論 (May: Fundamentals of Semiconductor Fabrication)，2005，國立交通大學。
10. 施敏著，黃調元譯，半導體元件物理與製作技術，2007，國立交通大學。

11. 刁建成審閱，魏聚嘉譯，前田和夫著，半導體製造程序，2005，普林斯頓。
12. 羅正忠，半導體元件物理與其在積體電路上的應用，2007，歐亞書局。
13. 半導體工程：先進製程與模擬，蕭宏著、羅正忠、張鼎張譯，半導體製程技術導論，台灣培生教育出版有限公司，2006，歐亞書局。
14. 羅文雄、蔡榮輝、鄭岫盈譯，劉文超等校閱，半導體製造技術 (Quirk)，2003，培生教育。
15. 姜庭隆譯，半導體製程 (Zant 4/e)，2001，滄海書局。
16. 楊賜麟譯，半導體物理與元件 (Neamen)，2005，滄海書局。
17. 劉傳璽、陳進來，半導體元件物理與製程——理論與實務，2007，五南書局。
18. 張勁燕，半導體製程設備，2008，五南書局。
19. 張景學、吳昌崙，半導體製造技術，2003，文京出版機構。
20. 簡禎富、施義成、林振銘、陳瑞坤，半導體製造技術與管理，2005，全華圖書。
21. 林明獻，矽晶圓半導體材料技術，2007，全華圖書。
22. 孫清華，詳解半導體 IC 用語辭典，1997，全華圖書。
23. 吳孟奇、洪勝富、連振炘、龔正、吳忠義，半導體元件 (6/e Streetman)，2007，東華書局。
24. John P. Uyemura, *Chip design for submicron VLSI: CMOS layout and simulation,* Toronto: Thomson/Nelson, c2006.
25. Muller, Richard S., Theodore I. Kamins, *Device electronics for integrated circuits,* 2d, New York: Wiley, 1986.
26. Sze, Simon M., *Physics of semiconductor devices* (2nd ed.), John Wiley and Sons (WIE), 1981.
27. James D. Plummer, Michael Deal, Peter B. Griffin., *Silicon VLSI technology, fundamentals, practice and modeling,* Upper Saddle River, NJ: Prentice Hall, c2000.

28. Turley, Jim, *The Essential guide to semiconductors*, Prentice Hall PTR, 2002.

29. John Y. Chen, *CMOS devices and technology for VLSI*, Englewood Cliffs, N.J.: Prentice Hall, 1990.

30. Yu, Peter Y., Cardona, Manuel (2004), *Fundamentals of semiconductors: Physics and materials properties*, Springer, ISBN 3-540-41323-5.

31. C. Y., Chang, *ULSI technology*, McGraw-Hill, 1996.

32. Pimbley, J. M. *Advanced CMOS process technology*, San Diego: Academic Press, 1989.

33. Chen, John Y., *CMOS devices and technology for VLSI*, Englewood Cliffs, N.J.: Prentice Hall, 1990.

34. Pimbley, J. M., *Advanced CMOS process technology*, San Diego: Academic Press, 1989.

35. Badih El-Kareh and Richard J. Bombard., *Introduction to VLSI silicon devices: Physics, technology, and characterization*, Boston: Kluwer Academic Publishers, 1986.

36. Badih El-Kareh, graphics and layout, Richard J. Bombard, *Fundamentals of semiconductor processing technologies*, Boston: Kluwer Academic Publishers, 1995.

37. Stanley Wolf, Richard N. Tauber, *Silicon processing for the VLSI era*, Sunset Beach, Calif.: Lattice Press, 1986.

38. James D. Plummer, Michael Deal, Peter B. Griffin., *Silicon VLSI technology: Fundamentals, practice and modeling*, Upper Saddle River, NJ Prentice Hall, 2000.

39. S. M. Sze., *VLSI technology*, New York, McGraw-Hill, 1998.

40. Y. Tarui, *VLSI technology: Fundamentals and applications*, Berlin, Springer-Verlag, c1986, New York.

41. Otto G. Folberth, Warren D. Grobman, *VLSI, technology and design*, New York: IEEE Press, c1984.

42. Stanley Middleman, Arthur K. Hochberg, *Process engineering analysis in semiconductor device fabrication*, New York, McGraw-Hill, 1993.
43. Badih El-Kareh and Richard J. Bombard, *Introduction to VLSI silicon devices: Physics, technology, and characterization*, Oston, Kluwer Academic Publishers, 1986.
44. Yale Strausser and Gary E. McGuire; consulting editor, C. R. Brundle; managing editor, Lee E. Fitzpatrick, *Characterization in compound semiconductor processing*, Boston, Butterworth-Heinemann, 1995, Greenwich, Manning.
45. Gary E. McGuire, *Characterization of semiconductor materials: Principles and methods*, Park Ridge, N. J., U. S. A.: Noyes Publications, 1989.
46. Kenneth A. Jackson, *Compound semiconductor devices: Structures and processing*, Weinheim, Wiley-VCH, 1998, New York.
47. Peter Van Zant, *Microchip fabrication, a practical guide to semiconductor processing*, New York: McGraw-Hill, 2000.
48. W. R. Runyan, K. E. Bean, *Semiconductor integrated circuit processing technology*, Reading, Mass.: Addison-Wesley Pub., 1990.
49. Mikhail Levinshtein, Michael S. Shur, *Semiconductor technology: Processing and novel fabrication techniques*, New York: Wiley, 1997.
50. Betty Prince, *Fundamentals of silicon integrated device technology*, Chichester, Wiley, 1991, New York.

半導體產業相關重要組織與協會

1. ITRS, 國際半導體技術藍圖制定會 (International Technology Roadmap for Semiconductors) (http://www.itrs.net/)。
2. WSTS, 全球半導體貿易統計組織 (World Semiconductor Trade Statistics) (http://www.wsts.org/)。
3. IEDM, 國際半導體元件會議 (International Electron Device Meeting)。
4. VLSI Symposium, 國際積體電路技術會議 (http://www.vlsisymposium.org/)。
5. SICAS, 半導體國際產能統計協會 (http://www.sicas.info/)。
6. SIA, 國際半導體協會 (Semiconductor Industry Association, USA) (http://www.sia-online.org/)。
7. WSTS, 全球半導體貿易統計組織 (http://www.wsts.org/)。
8. TSIA, 台灣半導體產業協會 (http://www.tsia.org.tw/)。
9. CIC, 國家晶片系統設計中心 (http://www.cic.org.tw/cic_v13/)。
10. 台灣 SoC 推動聯盟 (http://www.taiwansoc.org/)。

索 引

二 劃

二次電子 (secondary electrons) 85
二極體 (diode) 3

三 劃

三五族基板元件 (III-V substrate device) 239
三區高溫爐 (3-zone furnace) 93
三閘電晶體 (tri-gate FET) 239
口袋植入 (pocket implant) 124
大氣壓化學氣相沈積 (atmospheric pressure CVD, APCVD) 89
大斜角度植入 (large-angle-tilt implanted punch through stopper, LATIP) 124

上管制界限 (upper control limit) 308
下管制界限 (lower control limit) 308

四 劃

不影響線路的圖案 (dummy patterns) 73
中心線 (central line, CL) 297, 308
中性基 (radical) 188
中間能位 (mid-gap) 215
互動電視控制器 (Set-Top Box) 10
互補型 (complementary) 58
介面陷住電荷 (interface trapped charge) 210
介電材料 (dielectric material) 42
元件 (device) 2
元件完成 (device formation) 65

337

元件退化 (device degradation) 6
元件寬度 (channel width) 71
內建電位 (built-in potential) 44, 116
內部位井隔離 (intra-well isolation) 65
內層絕緣層 (inter-layer dielectric layer, ILD) 109, 242
分子束磊晶 (molecular beam epitaxy, MBE) 81, 82, 99, 101
分佈圖 (profile) 118
切片 (slicing) 31
化合物 (compound) 16
化學反應 (chemical reaction) 173
化學放大 (chemically amplified) 142
化學倍增式阻劑 (chemically amplified resist, CAR) 157
化學氣相沈積 (chemical vapor deposition, CVD) 72, 79, 88, 255
化學機械研磨 (chemical machanical polishing, CMP) 31, 72, 110, 113, 249, 257
反向偏壓 (reverse bias) 45, 47
反向短通道效應 (reverse short channel effect, RSCE) 219
反向飽和電流 (reverse saturation current) 47
反崩潰 (anti-panchthrough) 63
反階梯通道分佈 (retrograde channel profile, RCP) 221
反階梯位井 (retrograde well) 66, 115, 123
反階梯位井工程 (retrograde well engineering) 75
反應性離子蝕刻 (reactive ion etching, RIE) 173, 188
反應源 (precursor) 96
反擴散層 (barrier layer) 81
反轉 (inverted) 58
反轉態 (inversion) 108
天線比 (antenna ratio) 198
天線效應 (antenna effect) 198
太陽電池 (solar battery) 20
孔 (hole) 177
尺寸 (cell size) 68
引洞 (via) 177, 178
水解 (hydrolosis) 143
升起式源/汲極 (raised S/D) 230

五　劃

主氣流 (main stream) 89
主動元件 (active device) 1, 4
主動區 (active region) 68, 319
代工廠 (foundry) 201
加速管 (acceleration tube) 119
功函數 (work function) 108, 215
功率消耗 (power consumption) 243
半導體 (semiconductor) 15
半導體製程模組 (IC process module)

13
半導體製程整合 (IC process integration) 13
去水烘烤 (dehydration bake) 139
去疵法 (gettering) 36, 97
去裸帶 (denuded zone) 37
去離子水 (deionized water) 185
可抹除且可程式唯讀記憶體 (erasable programmable read only memory, EPROM) 3
可動離子電荷 (mobile ionic charge) 211
可控制性 (controllable) 23
可靠性 (reliability) 34, 63, 262
可靠性問題 (reliability issue) 2
可歸屬原因 (assignable cause) 296
外質半導體 (extrinsic semiconductor) 25
外質去疵法 (exterinsic gettering) 36
巨觀負載效應 (macro loading effect) 195
布里基曼法 (Bridgeman) 32
平坦化 (planarization) 109, 177
平坦化製程 (planarization) 86
平帶電壓 (flat band voltage, V_{FB}) 204
平衡電漿 (equilibrium plasma) 93
本質半導體 (intrinsic semiconductor) 24, 40
本質去疵法 (intrinsic gettering) 36

本體矽 (bulk-Si) 232
生命週期 (life time) 105
生產管制上限 (upper control line, UCL) 297, 308
生產管制下限 (lower control line, LCL) 297, 308
石英管 (quartz tube) 93

六　劃

交流或直流濺鍍法 (RF or DC sputtering) 254
交流射頻電源 (radio frequency) 188
交談噪音 (cross talk noise) 243
光阻去除 (photo-resist stripping) 192
光阻劑 (advanced photoresist) 156
光阻劑 (photo resistance) 137
光阻劑 (resist) 164
光活性化合物 (photoactive compound, PAC) 143
光敏阻器 (photo resistor) 19
光罩 (mask) 7, 165
光罩 (photo mask) 150
光解離 (photoionization) 187
光電 (optical) 16
光酸 (photoacid) 157
光學投射校正技術 (optical proximity correction, OPC) 158
光學鄰近修正術 (optical proximity correction, OPC) 161

全面應變 (global strain) 227
共同原因 (common cause) 296
共基極接線 (common base configuration) 47
共價鍵 (covalent bond) 18
再結合 (recombination) 23
再擴散 (out-diffusion) 77
再擴散 (re-diffusion) 126
同形覆蓋 (conformal coverage) 88
回流 (reflow) 110
回蝕刻 (etch back) 177, 178
多孔層 (porous film) 256
多媒體 (multimedia) 10
多晶 (poly crystal) 79
多晶式高電子遷移率電晶體 (PHEMT) 97
多晶矽 (poly crystal Si) 99
多晶矽 (poly-Si) 60
多晶矽 (poly-silicon) 29
多晶矽空乏 (poly depletion) 107, 207, 215
多晶矽金屬化 (polycide) 62
多晶矽閘極 (poly-silicon gate) 242
多數載子 (majority carrier) 27, 116
尖峰 (spiking) 185
成核 (nucleation) 81
有效物理厚度 (effective physic thickness) 205
有電極電鍍 (electroplating) 255

有機物 (organic) 34
有機金屬 (organometallic) 96
有機金屬化學氣相沈積 (metal-organic CVD, MOCVD) 90, 96
有機金屬氣相磊晶 (OMVPE) 96
有機高分子膜 (organic polymer) 255
次表面 (subsurface) 37
次臨界電流 (subthreshold current) 219, 224
次臨界擺幅 (subthreshold swing, SS) 219, 224, 235
自生電壓 (self bias) 191
自由基 (radical) 170, 187
自由電子 (free electron) 16, 22, 24
自我發熱 (self-heating) 233
自我對準 (self-aligned) 59
自動摻雜 (autodoping) 102
色像差 (chromatic aberration) 165

七　劃

位井 (well) 66
位井工程 (well engineering) 66
位準位移 (alignment shift) 194
位障寬度 (barrier width) 53
佛洛-諾罕穿隧 (Fowler-Nordheim Tunnel, F-N Tunnel) 106, 208
伸張應變 (tensile strain) 227
低介質絕緣 (low-dieletic constant) 255

低功率 (low power) 204
低溫電漿 (low temperature plasma) 95
低熱導性 (low thermal conductivity) 233
低壓化學氣相沈積 (low pressure CVD, LPCVD) 89
低壓電漿 (low pressure plasma) 95
冶金級矽 (metallurgical grade silicon, MGS) 31
吸附 (adsorbed) 86, 89
吸附 (adsorbing) 101
吸附 (adsorption) 81
吸附 (sink) 36
吸附原子 (adatoms) 86, 89
吸解 (desorbed) 89
吸解 (desorption) 82
均勻覆蓋 (conformal) 86
妥協 (trade-off) 225
完全空乏型 (fully depleted) 233
完全空乏型 SOI (fully depleted SOI) 232
局部氧化隔離 (localized oxidation isolation, LOCOS) 66
局部應變 (local strain) 227
夾止 (pinch-off) 55
快閃記憶體 (flash memory) 3
快速氣相摻雜 (rapid vapor doping, RVD) 130
快速熱退火 (rapid thermal annealing, RTA) 132
抗反射層 (anti-reflection coating, ARC) 71, 150
抗反射層 (anti-reflection layer) 71, 150, 185
抗乾式蝕刻能力 (dry etching resistance) 156
扭曲效應 (kink-effect) 71, 233
批次型式 (batch-type) 93
投射式電子束微影術 (electron beam projection lithography, EPL) 162
投影式 (projecter) 151
投影範圍 (project range) 120
材料科學 (material science) 1
步進機 (stepper) 151, 153
沈積/蝕刻/沈積 (dep-etch-dep) 112
沈積室 (deposition chamber) 91
沈積鎢塞 (tungsten plug) 249
汲極 (drain) 54, 222
汲極工程 (drain engineering) 63, 115
汲極引致位能障下降效應 (drain-induced barrier lowering, DIBL) 216
汲極引發能障衰退 (drain-induced barrier lowering, DIBL) 61
良率 (yield) 34, 40, 180, 305
防止元件崩潰 (anti-punch through) 115

八　劃

兩段式後續熱退火 (two step activation anneal) 135
取代 (replacement) 119
受階 (acceptor level) 28
受體 (acceptor) 27
固化 (curing) 110
固定氧化物電荷 (fixed oxide charge) 210
固相源擴散 (solid phase diffusion) 130
固態理論 (solid state theory) 1
奈米碳管元件 (carbon nanotube FET) 239
奈米線元件 (nano-wire device) 239
定電場 (constant field) 204
定電壓 (constant voltage) 203
底切 (under cut) 171, 186, 188
延伸區源/汲極 (extension S/D) 130
承接器 (holder) 100
物理性轟擊 (physical bombard) 172
物理氣相沈積 (physical vapor deposition, PVD) 79, 82
直方圖 (Histogram) 302
直接穿隧 (direct tunneling) 106, 208, 210
直通 (channeling) 132
直寫 (direct writing) 156, 166

矽化 (silicidation) 130
矽金氧半場效電晶體 (silicon-based metal-oxide-semiconductor field effect transistor) 1
矽金屬化 (salicide) 61
矽部 (zone) 32
矽晶層 (silicon layer) 79
矽晶錠 (ingot) 29
矽磊晶 (epitaxial Si) 97
矽鍺基板 (relaxed SiGe) 230
空乏層 (depletion layer) 42, 217
空白矽晶圓 (pure wafer) 7
空位 (vacancy) 130
空洞 (vacancy) 119
表面不平坦 (field oxide thinning) 68
表面粗糙散射機制 (surface roughness scattering) 225
表面遷徙 (surface migration) 81
表現 (performance) 63
近接 X 射線微影術 (proximity X-ray lithography, PXL) 162
金氧半場效電晶體 (metal-oxide-semiconductor field-effect transistor) 3
金屬化製程技術 (metallization) 245
金屬有機物 (metal-organic) 96
金屬有機氣相磊晶 (MOVPE) 96
金屬矽化物 (metal silicide) 129
金屬間絕緣層 (IMD) 242

金屬間連結洞插栓 (intermetal-via-hole plug) 186
金屬閘 (metal gate) 108
金屬閘極 (metal gate) 2, 62, 207, 215
金屬閘極/高介電常數電晶體 (high-k/metal gate FET) 239
金屬層 (metal layer) 79
金屬線聯接 (metal interconnection) 65
金屬離子 (metal ion) 34
阻容遲滯 (RC delay) 241, 243, 259
阻容遲滯時間常數 (RC time constant) 249
阻塞效應 (crowding effect) 128
阻障層 (barrier layer) 248, 253
非化學放大 (non-chemically amplified) 142
非平衡電漿 (non-equilibrium plasma) 95
非平衡摻雜效應 (non-equilibrium doping effect) 134
非晶化表面 (amorphization) 132
非晶矽 (amorphous Si) 97
非晶矽 (amorphous silicon) 120
非晶硒 (α-se) 20
非晶質 (amorphous) 20
非等向性 (anisotropic) 172
非等溫電漿 (non-isothermal plasma) 95
非結晶 (amorphous) 79

九 劃

前段製程 (front end process) 73
後段製程 (backend process) 111
後續熱退火 (post-annealing) 132
施階 (donor level) 27
施體 (donor) 27
柱狀晶錠 (ingot) 31
洗淨 (cleaning) 31
活化 (activation) 62
活化率 (activation rate) 120
活性自由基 (active radical) 170
相偏移光罩 (phase shift mask) 160
相轉變光罩 (phase-shift mask, PSM) 158
研磨液 (slurry) 257
研磨終止層 (polish stop layer) 72
穿透 (punch through) 217
穿透閘極植入 (through-the-gate implant) 126
穿隧效應 (tunneling effect) 54
穿隧電流 (tunneling current) 63, 106, 208
突起 (hillocks) 185
突陡分佈 (sharp distribution) 126
突變接合面 (abrupt junction) 47
負型 (n-type) 222
負載效應 (loading effect) 182, 195

重複且步進 (step and repeat) 152
重疊電容 (overlap capacitance) 133
閂鎖效應 (latch-up) 66, 97
面通道 (surface channel) 60, 64
柏拉圖 (Pareto) 302
品質 (quality) 267
品質管理 (quality management) 267, 300

十　劃

倒角 (bevelling) 31
個人數位助理 (personal digital assistant) 10
剖面圖 (cross-section SEM) 6
原子團 (radical) 85, 187
埋層氧化層 (buried oxide-BOX) 232
射頻 (radio frequency, RF) 95
差別溶解度 (differential solubility) 143
庫侖散射機制 (coulomb scattering) 226
旁生效應 (side effect) 6
核島 (island) 82
栓塞 (plug) 81
栓塞 (plug-in) 86
氣相 (gas phase) 85
氣相塗蓋 (vapor coating) 139
氣相磊晶 (vapor phase epitaxy, VPE) 99, 100

氣簾 (air curtain) 90
氧化 (oxidation) 104
氧化閘極 (gate oxide) 71
氧化層 (IMD) 194
氧化層內襯 (liner oxide) 72
氧化層陷住電荷 (oxide trapped charge) 210
氧化層隔離 (oxide isolation) 66
消耗功率 (power consumption) 2
浦蘭克常數 (Planck s constant) 209
浮帶製程 (floating zoom) 32
純固態 (solid state) 8
能帶 (energy band) 22
能帶間隙 (energy gap, E_g) 23
能階位準 (energy level) 215
能隙 (energy gap) 215
能障寬度 (barrier width) 54
記憶體 (memory) 4, 12
退火 (annealing) 60, 211
閃鋅礦 (zincblende) 18
高介電常數 (high dielectric constant) 8, 207
高介電常數 (high-k dieletric) 106
高介電常數材料 (high dielectric constant material) 2, 107
高抗電子遷移 (electro-migration resistance) 242
高性能 (high performance) 204, 225
高密度電漿 (high density plasma)

110
高密度電漿化學氣相沈積系統 (high density plasma chemical vapor deposition, HDP CVD) 111
高電場 (high field) 204
高電場效應 (high field effect) 221
高製程條件容許度 (process latitude) 156
高寬比 (aspect ratio) 196
高壓電漿 (high pressure plasma) 93
特性要因圖 (Cause-Effect diagram) 302
特殊原因 (special cause) 296

十一　劃

乾式清洗 (dry cleaning) 39
乾式蝕刻 (dry etching) 170, 171
側向與縱向非均勻摻雜 (lateral and vertical non-uniform doping) 124, 219
側壁條痕 (sidewall striation) 180
偏軸式曝光 (off-axis illumination, OAI) 158
副產品 (by-product) 196
動量轉換 (momentum transfer) 85
動態隨機存取記憶體 (dynamic random access memory, DRAM) 3
動態臨界電壓 (dynamic-threshold) 234

國際半導體技術藍圖制定會 (International Technology Roadmap for Semiconductor, ITRS) 206, 262
基板 (substrate) 6, 7, 29, 242
基板工程 (substrate engineering) 219
基板接觸窗 (body contact) 234
基板電流 (substrate current) 223
基板摻雜 (substrate doping) 203
基板摻雜濃度 (substrate doping) 204
密化 (densify) 73
密度累積 (current density accumulation) 127
崩潰 (breakdown) 42
崩潰效應 (breakdown) 7
接面 (junction) 42, 253
接面二極體 (junction diode) 8
接面尖峰 (junction spiking) 185
接面深度 (junction depth) 63, 120, 133
接面場效電晶體 (junction field effect transistor, JFET) 43, 54
接腳 (bonding pad) 177
接觸孔蝕刻停步層 (contact etch stop layer, CESL) 227
接觸區源/汲極 (contact S/D) 130
接觸窗 (contact) 177, 178, 180, 242
接觸電阻 (contact resistance) 134, 185

捷拉斯基 (Czochralski) 31
掃描式電子顯微鏡 (scanning electron microscope) 164
掃描機 (scanner) 151, 153
斜角度植入 (titled implantation) 126
旋塗式塗佈法 (spin-on dielectric, SOD) 255
旋轉塗佈 (spin coating) 109, 139
液相磊晶 (liquid phase epitaxy, LPE) 99
淡摻雜源極 (LDD) 63
淺源/汲極延伸 (shallow source/drain extension) 132
淺溝槽隔離 (shallow trench isolation, STI) 68, 75, 227
淺溝槽隔離技術 (shallow trench isolation, STI) 71
混合 IC (hybrid IC) 3
混頻 (mix signal) 3
深次微米的領域 (deep-submicron region) 6
深紫外光 (deep UV, DUV) 164
球面像差 (spherical aberration) 165
異質接面雙極性電晶體 (heterojunction bipolar transistor, HBT) 49
異質接面雙載子電晶體 (HBT) 97
累積 (accumulation) 127
帶隙 (band gap) 230

移位 (displacement) 119
移動率 (mobility) 234
終點偵測 (end point detection) 180
莫爾定律 (Moore's law) 4, 201
被動元件 (passive component) 3
設計法則 (design rule) 193
軟烤 (soft bake) 139
軟錯誤 (soft error) 97
通道 (channel) 60, 234
通道電場 (channel field) 204
通態電流 (on-state current) 224
連線遲滯 (interconnect delay) 245
部分空乏型 (partially depleted) 232
部分空乏型 SOI (partially depleted SOI) 232
部分解離氣體 (partially ionized gas) 187
魚鰭式 (Fin-FET) 238
鳥嘴 (bird's beak) 68
酚醛樹脂 (phenol formaldehyde) 142
缺陷 (Defects) 305

十二　劃

最上層金屬 (top metal) 328, 330
最小口徑 (minimum size) 194
最小距離 (minimum rule) 193
單一多晶矽閘極 (single poly gate) 60
單一晶格之磊晶片 (Epi-wafer) 66

單晶 (single crystal) 79
單晶成長 (single crystal growth) 29
單晶矽 (single crystal Si) 97
單軸應變 (uniaxial-strain) 228
單體 IC (monolithic IC) 3
場放射 (field emission) 187
場氧化層 (field oxide) 68, 104
提高源/汲極 (elevated S/D) 129
散佈圖 (scatter) 302
晶片下線 (wafer start) 275
晶粒 (die) 34
晶圓 (wafer) 1, 13, 29, 242
晶圓代工 (foundry) 13
晶圓代工廠 (foundry) 7
晶圓空片 (pure wafer) 29
晶圓針測製程 (wafer probing) 7
晶圓處理製程 (wafer fabrication) 65
晶種 (seed) 31
晶隙性 (interstitial) 115
景深 (depth of focus) 146, 167, 257
替代性 (replacement) 115
氮化矽 (nitride) 177
測試製程 (initial test and final test) 7
殘留 (stringer) 181
無電極電鍍 (electroless deposition) 254
無塵室 (clean room) 31
無對準管洞 (unlanded via) 194
無摻雜質 (non-doped) 66

無機高分子膜 (inorganic polymer) 255
無邊界接觸窗 (borderless contact) 193
發光二極體 (LED) 96
短通道效應 (short channel effect) 6, 60, 63, 203, 204, 216
硬質遮罩 (hard mask) 197
等向性蝕刻 (isotropic etching) 171
等效氧化層厚度 (equivalent oxide thickness, EOT) 107, 206
等溫電漿 (isothermal plasma) 93
統計製程管制 (statistical process control, SPC) 295
絕緣層 (insulator layer) 79
絕緣層 (roadmap) 113
絕緣層上矽鍺 (SiGe-on-insulator, SGOI) 230
絕緣層上應變矽 (strained-Si-on-insulator, SSOI) 231
絕緣層蝕刻 (insulator film etching) 178
絕緣體 (insulator) 15
散佈圖 (Scatter) 302
費米能位 (Fermi level) 23, 27, 62
越界擴散 (out-diffusion) 102
超大型積體電路 (ULSI) 10
超陡反階梯 (super-steep retrograde) 115

超陡反階梯位井 (super-steep-retrograde well) 125
超陡反階梯結構 (SSR) 221
超高真空 (ultra high vacuum, UHV) 102
超淺接面技術 (ultra-shallow junction, USJ) 132
量子元件 (quantum devices) 239
量子效應 (quantum mechanical) 207
量產 (mass production) 261
間隔 (space) 245
間隔位井隔離 (inter-well isolation) 65
間隙 (interstitial) 130
間隙原子 (interstitial) 119
間隙壁 (spacer) 177, 178
階梯覆蓋 (step coverage) 86, 178, 185
階梯覆蓋率 (step coverage) 86
順向偏壓 (forward bias) 44, 47
黃光 (yellow light) 138
黃光微影技術 (photo-lithography) 79

十三 劃

傳遞速度降低 (propagation delay) 243
傳導帶 (conduction band) 22
催化 (catalysis) 157

塗佈玻璃 (spin-on-glass, SOG) 177, 178
填洞 (hole filling) 86
塊體 (bulk) 108
微波 (microwave) 16
微控制器 (micro controller) 3
微處理器 (micro processor) 3
微影工程 (photo-lithography engineering) 137
微影技術 (photo-lithography) 7, 137
微影製程技術 (lithography technology) 155
微觀負載效應 (micro loading effect) 180, 196
感光劑 (sensitizer) 141
暈型 (halo) 63
暈型植入 (halo implantation) 124
極性 (polarity) 119
極短紫外光微影技術 (EUV) 155
極紫外線 (extreme ultra violet, EUV) 155, 162
溶劑 (solvent) 141
源/汲極工程 (source/drain engineering) 219
源/汲極延伸 (S/D extension) 128
源/汲極接觸窗區域 (contact S/D) 135
源/汲極提升工程 (elevated S/D engineering) 63

索 引

源極 (source) 54
溝渠 (trench) 39
準分子雷射 (excimer laser) 134
準確度 (Capability of Accuracy, Ca) 312, 315
碰撞離子化 (impact ionization) 233
禁止能帶 (forbidden band) 23
罩幕式唯讀記憶體 (mask read only memory, mask ROM) 3
腳位 (pad) 178
解析度 (resolution) 144, 146, 167
解析度改善技術 (resolution enhancement technology, RET) 148, 158
解吸 (desorb) 101
解離 (dissociation) 85
解離碰撞 (ionization collision) 187
較陡分佈圖樣 (sharp profile) 77
較深之接觸窗 (deep contact) 39
載子 (carrier) 24
載子空乏的現象 (carrier depletion effect) 62
載子倍增 (carrier multiplication) 223
載流氣體 (carrier gas) 96
過蝕刻 (overetch) 181
過度蝕刻 (over-etching) 193
運轉 (operation) 261
閘流體 (thyristor) 43, 49
閘極延遲 (gate delay) 204, 245

閘極氧化層 (gate oxide) 60, 68, 104
閘極電極 (gate electrode) 107
閘極漏電流 (gate leakage) 6
雷利準則 (Rayleigh criterion) 146
雷射 (laser) 16
雷射二極體 (laser diode) 97
雷射退火 (laser annealing) 134
雷射摻雜 (laser doping) 130
電子 (electron) 24
電子伏特 (electron volts, eV) 23
電子束 (electron beam) 150
電子束投影微影 (EPL) 155
電子束微影術 (e-beam lithography, EBL) 162
電子的有效質量 (effective mass of an electron) 209
電子級矽 (electronic grade silicon, EGS) 31
電子迴旋共振 (electron cyclotron resonance) 95, 187
電子迴旋共振式離子反應電漿蝕刻 (electron cyclotron resonance plasma etching, ECR plasma etching) 173, 190
電子迴轉加速器 (electron cyclotron) 189
電子電洞對 (electctron-hole pair) 209
電子槍 (electron gun) 164

電子遷移 (electron migration) 185
電子親和力 (electron affinity) 50
電阻率 (resistivity) 15, 62
電洞 (hole) 16, 24
電崩潰 (electrical breakdown) 223
電荷分享 (charge sharing) 216
電荷耦合元件 (Charge Coupled Device, CCD) 20
電晶體 (DT-MOS) 234
電晶體 (transistor) 3
電極板 (electrodes) 85
電磁透鏡 (condenser lens) 164
電漿 (plasma) 39, 84, 187, 192
電漿損害 (plasma damage) 180
電漿摻雜 (plasma doping) 130
電漿蝕刻 (plasma etching) 170, 172, 173, 188
電漿輔助化學氣相沈積 (plasma enhanced CVD, PECVD) 89, 255
飽和電流 (saturation current) 71

十四　劃

像散像差 (astigmatism) 165
圖型 (pattern) 137
圖案轉印 (pattern transfer) 143, 172
塵埃 (particle) 34
墊氧化層 (pad oxide) 71
實際厚度 (physical thickness) 207
對比 (contrast) 144
對準不良 (misalignment) 194
對準標記 (alignement mark) 151
截止電壓 (threshold voltage) 68, 105
摻質 (dopant) 25, 27
摻質分佈 (dopant profile) 99
摻雜 (doping) 7, 15, 25, 60, 115
摻雜原子 (dopant atoms) 108
構裝 (packaging) 7
漏電流 (leakage current) 71, 204
漂移電流 (drift current, J_{drift}) 44
漸變接合面 (linearly graded junction) 47
磁圈 (magnet coil) 190
磁場強化反應性離子蝕刻 (magnetic enhanced RIE, MERIE) 191
碟形下陷 (dishing) 73
管制圖 (control chart) 296, 302
管洞 (via hole) 39, 180, 330
管洞 (via) 39, 240, 332
網路傳真機 (fax-moden) 3
聚合物 (polymer) 189
聚異戊二烯 (polyisoprene) 143
聚焦深度 (depth of focus, DOF) 146
蒸鍍 (evaporation) 82, 83
腦力激盪法 (brain storming) 305
精確度 (Capability of Precision) 312
綜合製程 (complex process capability index) 316
蝕刻 (etching) 7, 31, 69

蝕刻工程 (etching engineering) 186
蝕刻停止層 (etching stop layer) 332
蝕刻速率 (etching rate) 170
蝕刻劑 (etchant) 171
蝕刻選擇比 (etching selectivity) 180
製程空間 (process margin) 193
製程空間 (process window) 130, 147
製程缺陷 (process defects) 295
製程能力 (process capability) 314
製程能力指數 (process capability) 312
製程準確度 (Capability of Accuracy) 314
製程精確度 (Capability of Precision) 315
製程整合 (process integration) 298
輕微摻雜汲極法 (lightly doped drain, LDD) 223

十五　劃

價殼層 (valence shell) 22
價電帶 (valence band) 22
價鍵 (valence bond) 16
增強型 (enhancement mode) 58
層別法 (stratification) 302
影像力 (image force) 50
影像感測器 (image sensor) 20
數位訊號處理 (digital signal processor, DSP) 3
數值孔徑 (numerical aperture) 146, 164
槽 (trench) 177
模型 (model) 201
模組 (module) 7
模組製程能力 (module process capability) 298
歐姆 (ohmic) 52
潔淨室 (clean room) 34
潔淨級 (Class) 35
潛通道 (buried channel) 60, 64
熱回流圓滑法 (glass thermal flow) 110
熱載子效應 (hot carrier effect) 63, 105, 204, 222
熱載子陷阱 (hot-carrier trapping) 71
熱電子 (hot electron) 222
熱壁 (hot wall) 93
熱擾動 (vibration) 24
磊晶 (epitaxy) 99, 126
聚合物 (polymer) 189
綜合製程能力指數 (Complex Process Capability Index, Cpk) 316
線寬 (line width) 144
緩衝氧化矽蝕刻液 (buffer oxide etcher, BOE) 176
緩衝劑 (buffer agent) 175
耦合現象 (coupling effect) 237
衝擊游離 (impact ionization) 209

複晶矽 (poly) 177
複晶矽化物/複晶矽 (polycide/poly) 177
複晶矽金屬矽化物 (polycide) 186
複晶矽閘極 (poly-Si gate) 108
輝光放射 (glow discharge) 95
輝光放電 (glow discharge) 172
輪廓 (profile) 170
遷移係數提升技術 (mobility enhancement technology) 231
遷移率 (mobility) 123, 225, 234
鄰近效應 (proximity effect) 166
鋁栓塞 (Al-plug) 86
層別法 (Stratification) 302
廠務條件 (Mother natures) 312
標準差 (Standard Deviation) 302

十六 劃

凝結 (condensation) 101
導電性 (conductivity) 15
導線 (interconnects) 81
導體 (conductor) 15
操作速度 (operation speed) 1
整合型工具 (cluster tool) 39
整流 (rectify) 47
橫向擴散 (lateral diffusion) 133
樹脂 (resin) 141
激發 (excitation) 85
磨蝕 (erosion) 73

積集度 (integrated density) 242
積體電路 (integrated circuit, IC) 1, 3, 201
蕭特基效應 (Schottky effect) 50
蕭特基能障二極體 (Schottky barrier diodes) 50
蕭華特循環 (Shewart cycle) 279
辦公室自動化 (office automation, OA) 10
選擇比 (selectivity) 171
選擇性成長磊晶鍺矽 (selective SiGe) 230
選擇性磊晶成長 (selective epitaxial growth, SEG) 130
靜態漏電流 (off-state leakage current) 219, 224
靜態隨機存取記憶體 (static random access memory, SRAM) 3
模組製程能力 (module process capability) 298
機遇原因 (chance cause) 296

十七 劃

壓縮應變 (compressive strain) 227
應力 (stress) 227
應材 (applied material) 255
應變矽 (strained-Si) 227
應變矽技術 (strained-Si technology) 227, 239

戴明循環 (Deming cycle) 279
擊穿 (punch through) 77, 116, 120, 324
擊穿防止 (anti-punch through) 125
檢查表 (Data collection form) 302
檢驗 (inspection) 31
濕式清洗 (wet cleaning) 39
濕式蝕刻 (wet etching) 169, 170
濕潤層 (wetting layer) 86
環氧樹脂 (novolac) 142
瞬間退火 (spike annealing) 133
縮小 (scaling) 106, 201
總遲滯 (sum of delay) 245
縱深比 (aspect ratio) 177
臨界電壓 (threshold voltage) 77, 116, 120, 204, 215
薄膜成長 (thin film) 7
薄膜沈積 (thin film deposition) 79
薄膜電晶體 (thin film transistor) 20
螺旋感應線圈電漿 (inductively-coupled plasma, ICP) 112
鍵結 (bonding) 132
黏合層 (glue layer) 81
黏附性 (adhesion) 144

十八 劃

擴散 (diffusion) 75, 85, 118, 119
擴散防止層 (diffusion barrier) 186
擴散法 (diffusion) 123
擴散阻障層 (diffusion barrier layer) 253
擴散電流 (diffusion current, J_{diff}) 44
濺擊 (sputtering) 85
濺擊蝕刻 (sputter etching) 173, 187
濺鍍 (sputtering deposition) 85
濺鍍 (sputtering) 82
濺鍍法 (sputtering) 84
繞射極限 (diffraction limit) 146
藍寶石上的矽晶 (silicon on sapphire) 100
覆蓋層 (passivation layer) 242
鎢栓塞 (W-plug) 177
離子化 (ionization) 85
離子化的氣體 (partially ionized gases) 85
離子佈植 (ion implantation) 60, 118, 123
離子束蝕刻 (ion beam etching) 173
離子穿隧效應 (ion channeling) 120
離子轟擊 (ion bombardment) 85
離軸照明 (off-axis illumination, OAI) 159
雜質分佈 (dopant profile) 75
雙多晶矽閘極 (dual poly gate) 61
雙位井 (twin well) 115, 123
雙重金屬鑲嵌銅連線 (dual damascence copper interconnection) 258

雙軸應變 (biaxial-strain) 231
雙極性電晶體 (bipolar transistor) 43, 47, 49, 116
雙載子電晶體 (bipolar transistor) 3

顯影 (development) 138
鑲嵌 (damascence) 113
鑲嵌結構 (damascence structure) 253
鑲嵌製程 (damascence) 81

十九　劃以後

曝光 (exposure) 138
曝光前預烤 (pre-exposure bake) 139
邊界層 (boundary layer) 88, 89, 170
邊緣機械研磨 (edge-rubbing) 31
類比 (analog) 4
爐管 (furnace annealing, FA) 132
爐管 (furnace) 119
飄移效應 (floating body effect, FBE) 233
轟撞 (bombarding) 86
轟擊 (bombardment) 112
彎曲 (bending) 74
邏輯 (logic) 4
邏輯開關 (logic switch) 124

英文開頭

MOS 電容 (MOS capacitor) 41
n 型 (negative) 25
n 型井區 (n-well) 69
n 型區 (n-region) 223
n 型通道 (n channel) 42, 58
n-p-n 雙載子電晶體 (n-p-n bipolar) 41
p 型 (positive) 25
p 型井區 (p-well) 69
p 型通道 42
PDCA (Plan-Do-Check-Act) 299
p-n 接面 (p-n junction) 42
p-n 接面二極體 (p-n junction diode) 41